现代农业 生物技术育种

XIANDAI NONGYE SHENGWU JISHU YUZHONG

罗俊杰　欧巧明　王红梅 主编

兰州大学出版社
LANZHOU UNIVERSITY PRESS

图书在版编目（CIP）数据

现代农业生物技术育种 / 罗俊杰，欧巧明，王红梅
主编. -- 兰州：兰州大学出版社，2020.9
ISBN 978-7-311-05807-4

Ⅰ．①现… Ⅱ．①罗… ②欧… ③王… Ⅲ．①现代农
业－作物育种－生物工程－研究 Ⅳ．①S336

中国版本图书馆CIP数据核字(2020)第181431号

策划编辑　朱茜阳
责任编辑　张　萍
封面设计　陈　文

书　　名　现代农业生物技术育种
作　　者　罗俊杰　欧巧明　王红梅　主编
出版发行　兰州大学出版社　（地址：兰州市天水南路222号　730000）
电　　话　0931-8912613(总编办公室)　0931-8617156(营销中心)
　　　　　0931-8914298(读者服务部)
网　　址　http://press.lzu.edu.cn
电子信箱　press@lzu.edu.cn
印　　刷　兰州国奥印务有限公司
开　　本　787 mm×1092 mm　1/16
印　　张　24
字　　数　583千
版　　次　2020年9月第1版
印　　次　2020年9月第1次印刷
书　　号　ISBN 978-7-311-05807-4
定　　价　52.00元

资助项目

甘肃省农业科学院科技创新项目（生物育种专项）"小麦分子育种平台创建与品种选育"子课题"小麦单倍体培养及重要性状基因遗传背景分析"（2019GAAS05）

甘肃省农业科学院科技创新工程"现代农业生物技术集成与应用"学科团队（2015GAAS02）

国家特色油料产业技术体系胡麻兰州综合试验站（CARS-14-2-23）

甘肃省农业科学院科技创新项目"紫苏核心种质分子评价及优良新品种培育"（2017GAAS37）

甘肃省农业科学院科技创新项目（生物育种专项）"粮饲兼用作物种质鉴定与品种选育"（2019GAAS07）子课题"种质分子鉴定"

甘肃省农业科学院科技创新项目"甘肃名优特农产品标识"子课题："兰州百合等甘肃名优特农产品DNA指纹图谱及分子身份证标识体系构建"（2016GAAS59-02）

编辑委员会

序

现代农业生物技术育种是生物技术学科的一个重要分支，它是一门在分子水平和细胞水平上研究并培育作物新品种的学科，是以现代生物技术（如基因克隆及转基因技术分子设计育种技术、分子标记辅助育种技术、细胞工程育种技术等）应用为支撑，与传统育种理论和技术相结合的新学科。

传统作物育种在实践中普遍存在育种周期长、定向选育难度高、选择群体大、主观倾向性明显等特征。现代生物育种理论和技术能够较大程度提高作物遗传性状改良的效率和目标性，并引领着现代生物育种新概念、新理论和新技术不断深入研究。

尽管如此，农业生物技术育种理论与技术仍有许多难点问题在理论上和实际应用中未能很好地解决，需要通过不断的探索和研究，并在实践中凝练和总结。

编著者在近十多年，特别是在"十二五"期间，得益于国内外相关专家、学者的指导和帮助，在多项国家、省部级重点项目及国家自然科学基金项目的支持下，开展现代生物育种应用基础研究、作物育种技术研究，尤其在甘肃主要作物育种方面进行了较为系统的理论探索和实践应用，并取得了一些阶段性成果。为了对这些理论与技术成果进行总结和梳理，甘肃省农业科学院生物技术研究所"现代农业生物技术集成与应用创新团队"根据多年研究与实践，参阅相关资料，组织省内外有关农业生物技术专家，编写了《现代农业生物技术育种》一书。旨在通过对近十来年在现代农业生物技术育种理论与技术方面的相关知识、技术与方法进行总结，以提升相关研究的能力与水平，从而推动甘肃省农业生物技术育种研究的稳步发展。

相信此书会成为农业生物技术育种工作者的一本便利实用、触类旁通的参考书，在宣传和普及农业生物技术理论与技术方面起到一定的推动作用。

甘肃省农业科学院　　院长　　研究员

前　言

现代农业生物技术育种是生物技术学科的一个重要分支，它是一门在分子水平和细胞水平上研究并培育出高产优质、多抗高效作物新品种的学科。

由于客观世界的复杂性、广泛存在的不确定性以及人类认识上的局限性，农业生物育种技术仍有许多难点问题在理论和实际应用上未能很好地解决。随着现代科学技术的发展，农业生物技术在理论及应用上都有了很大的发展，也增添了许多新的内容，有必要编写一本反映现代农业生物技术发展的专著。

现代农业生物技术有别于传统农业生物技术，主要表现在"现代"（Modern）二字上。它应该是农业生物技术上全新的概念、思路和方法的总结。具体地说，是以现代新技术（如基因克隆及转基因技术、分子设计育种技术、分子标记辅助育种技术、细胞工程育种技术等）应用为支撑，在与传统育种理论和技术相结合的基础上进行深入研究。传统作物育种理论和技术在实践中，存在育种周期长、定向选育难度高、选择群体大、主观倾向性明显等问题，而现代生物育种理论和技术能够较好地解决这些问题，从而极大地提高作物育种的目标性和效率，也促进了现代生物育种新概念、新理论和新技术的不断深入研究。

编著者在最近的数年中，特别是在"十二五"期间，得益于国内外相关专家、学者的指导和帮助，主持和参与国家、省部级重点项目，国家自然科学基金项目以及其他横向研究项目，在现代生物育种基础研究、作物育种技术应用研究，特别是在甘肃主要作物育种方面进行的理论探索和实践应用上，进行了较为系统的研究工作，取得了一些阶段性成果。本书试图在总结过去研究与实践工作的基础上，阐述现代农业生物技术的理论、方法及应用，为生物育种技术研究提供参考和借鉴。

全书共分两篇。其中：第一篇介绍了现代农业生物技术育种的理论与方法，包括现代农业生物技术育种方法概述、基因组学及基因克隆技术、植物遗传转化的主要方法、植物遗传转化的鉴定与分析、细胞工程育种技术、分子标记辅助选择育种、转基因植物的生物安全性检测与评价等。第二篇介绍了甘肃现代农业生物技术育种研究概况及实例，包括甘肃省现代农业生物技术育种研究概况、基础及应用研究实例，其中基础及应用研究实例又包括基因克隆与功能基因研究、植物转基因及种质创新研究、细胞工程育种技术研究、作物种质资源及优良性状基因挖掘、分子标记及分子标记辅助选择育种研究、作物育种新技术、新方法及新品种。

本书是一部系统介绍当今农业生物技术育种研究进展的专著，但并不能包罗现代农业生物技术育种的全部内容，而是主要体现现代农业生物技术育种的重点内容以及作者的主要研究成果。同时，也必须指出，现代农业生物技术育种是飞速发展的，用"日新月异"来概括一点也不为过。因此，本书的内容应在今后研究的基础上不断更新。希望本书起到"抛砖引玉"的作用，有助于推动现代农业生物技术理论与应用研究的发展。

十分感谢甘肃省农业科学院周文麟研究员、倪建福研究员、胡越研究员、张正英研究员，兰州大学王亚馥教授，中国农科院裴新梧研究员，西北师范大学令利军教授等在此具名和未具名的专家、学者为本书的完成提供了大量的研究资料。此外，本书参考和引用了许多文献的有关内容，部分已在书中列出，限于篇幅仍有部分未加注出处或列出。在此，我们谨向原作者表示诚挚的感谢和歉意。

本书的研究工作得到了国家转基因生物新品种培育重大专项、国家自然科学基金、国家现代农业产业技术体系胡麻体系兰州综合试验站、甘肃省科技计划、甘肃省农科院科技创新专项、甘肃省农业科学院"现代农业生物技术集成与应用"学科团队等项目的资助，以及其他横向研究课题的支撑，特此向支持和关心作者研究工作的所有单位和个人表示衷心的感谢。

本书可供农业科研人员参考。由于编者水平有限，书中难免有错讹、疏漏之处，恳请广大读者批评指正，我们不胜感激。

罗俊杰

甘肃省农业科学院生物技术研究所所长

国家胡麻产业技术体系兰州综合试验站站长

甘肃省农业科学院"现代农业生物技术集成与应用"

学科团队首席科学家

2019年5月20日

目 录

第一篇 现代农业生物技术育种的理论与方法

第二篇　基础及应用研究实例

第一篇

现代农业生物技术育种的理论与方法

第一章　现代农业生物技术育种方法概述

第一节　基因工程技术

一、基因工程的基本概念

基因工程（gene engineering）指在体外将核酸分子插入病毒、质粒或其他载体分子，构成遗传物质的新组合，并使之参入原先没有这类分子的寄主细胞内，且能持续稳定地繁殖[1]。基因工程强调人为地、有计划地将一种生物体（供体）的基因在体外与载体重组，然后转入另一种生物体（受体）并使之按照预先的设计持续稳定地在受体中表达和繁殖。基因工程技术分为上游技术和下游技术两部分，上游技术指基因克隆、重组、表达和载体构建，下游技术指外源基因的转化、外源基因在受体中的复制和基因产物的表达、分离纯化过程。

在现代分子生物学领域，基因工程又称转基因技术（transgenic technology）、遗传工程（genetic engineering）、重组DNA技术（recombinant DNA technique）、分子克隆（molecular cloning）等，其实这些技术各有侧重点，各自有不同的内涵。

二、基因工程技术的基本内容和操作流程

基因工程技术与基因的研究密不可分，包括以下五个基本内容和操作流程：

（1）外源目的基因的分离、克隆或目标基因的人工合成及其结构与功能研究。

（2）适合外源基因转移、表达的载体构建或外源基因的表达调控结构重组。

（3）受体系统的建立和外源基因向受体的导入。

（4）外源基因在受体基因组中的整合、表达及检测。

（5）转基因生物的遗传特性及表达调控分析。

其中（1）和（2）为基因工程的上游技术，可以简化为"切、接、转、增、检"五个字。（3）（4）和（5）为基因工程的下游技术。

三、基因工程的发展历程

基因工程技术诞生于20世纪70年代。1972年，美国学者Berg和Jackson等人将猿猴病毒SV40基因组DNA、大肠杆菌λ噬菌体基因以及大肠杆菌半乳糖操纵子在体外重组获得成功。次年，美国斯坦福大学的Cohen和Boyer将大肠杆菌体内的两个不同抗性的质粒提取出来，拼接成一个杂合的质粒。当杂合质粒被导入大肠杆菌后，它能在大肠杆菌内复制并表达双亲质粒的遗传信息。这是基因工程的第一个成功的克隆转化实验，标志着基因工

程的诞生。Cohen 和 Boyer 的实验向人们证实，基因工程可以打破不同物种之间的界限，可以根据人们的目的和意愿定向地改造生物的遗传特性，甚至创造新的生命类型。之后，1977 年日本的 Tfahura 及其同事首次在大肠杆菌中克隆并表达了人的生长激素释放抑制素基因，随后美国的 Ullvich 克隆表达了人的胰岛素基因。1978 年美国 Genentech 公司开发出利用重组大肠杆菌合成人胰岛素的先进生产工艺，从而揭开了基因工程产业化的序幕。

1980 年科学家首次通过显微注射法培育出世界上第一个转基因小鼠，1983 年科学家又采用农杆菌转化法培育出世界上第一例转基因烟草，此后基因工程进入迅速发展阶段。1985 年人类基因组计划（human genome project，HGP）启动，1988 年穆里斯发明了 PCR 技术，使基因工程技术得到了进一步发展和完善，1990 年美国政府首次批准一项人体基因治疗临床研究计划，用基因治疗法成功救治一名因腺苷脱氨酶基因缺陷而患有重度联合免疫缺陷症的儿童，开创了分子医学的新纪元。1997 年第一例体细胞克隆技术复制的克隆羊"多莉"（Dolly）诞生，标志着基因工程技术应用的腾飞。

四、基因工程的应用

1. 在食品工业领域的应用

基因工程在食品工业中的应用主要包括改良食品原料品质与加工性能，改良食品工业用菌种酶制剂，改良果蔬采收后品质，增加其储运保鲜性能和食品检测等方面。

基因工程应用于植物食品原料品质的改造，如低还原糖含量马铃薯[2-5]、高直链淀粉玉米和马铃薯[6-9]、提高烘焙性能的麦谷蛋白和麦醇溶蛋白含量比改变的小麦[10-15]、低醇溶蛋白大麦[16-19]、高油酸油菜[20-23]、抗蚜虫小麦[24-27]、耐储运番茄[28-29]、高赖氨酸生菜[30]等，这些食品原料品质的改良，大大提高了其加工性能。2003 年我国台湾地区中兴大学科研所研究人员培育出含芝麻 2S 清蛋白基因的转基因水稻——芝麻营养米，其蛋白质中的蛋氨酸含量提高了，更符合人体需要。基因工程在改良油料作物脂肪酸组成方面也发挥了重要作用，美国 DuPont 公司导入硬脂酸-ACP 脱氢酶的反义基因，硬脂酸-COA 可使转基因作物中的饱和脂肪酸含量下降，不饱和脂肪酸含量增加，其中油酸含量可增加 7 倍。这种新型油具有良好的氧化稳定性，很适合用作煎炸油和烹调油。通过基因工程可提高油菜中 α-生育酚含量，提高油料作物油脂中抗氧化剂的含量，改变脂肪酸链长度（UC-FatB1 基因）。科学家还利用基因工程技术向油料作物中导入新的不饱和脂肪酸，如 6-脱饱和酶基因导入油料作物产生 γ-亚麻酸和花生四烯酸。降低油脂中的有害成分，如降低棉酚、芥子酸的含量等。

基因工程酶制剂含蛋白酶（用于乳酪生产、啤酒去浊、浓缩鱼胨、制酱油）、淀粉酶（麦芽糖生产、醇生产等）、脂肪酶（鱼片脱脂、毛皮脱脂等）、糖化酶（酶法制糖）和植酸酶等酶（将饲料中的植酸盐降解成无机磷类物质）、果胶酶（用于葡萄酒和果汁的澄清及减少其黏度）、纤维素和半纤维素酶（乙醇生产，植物油抽提物澄清和将纤维素转化为糖）的生产。基因工程运用于食品工业中菌株的改造最典型的是酱油酿造菌（羧肽酶和碱性蛋白酶）增加酱油中氨基酸含量，和啤酒酵母（α-乙酰乳酸脱羧酶）用于降低啤酒中的双乙酰。

基因工程在果蔬食品的储运保鲜性能改良方面最成功的案例为反义 RNA 技术抑制 ACC 氧化酶的转基因番茄，转基因番茄中 99.5% 的乙烯合成被抑制，同时叶绿素降解和番茄红素合成也被抑制，果实不能自然成熟，在人工喷洒乙烯后成熟[31]，该研究为应用基因工程技术生产耐储运果蔬打开了崭新的篇章，随后扩大到梨[32-33]、香蕉[34]、甜瓜[35-36]、樱桃[37]、猕猴桃[38]、青花菜[39]等耐贮运果蔬的研发。其他与乙烯合成相关的酶还有ACC还原酶、ACC脱氨酶。PG基因即多聚半乳糖醛缩酶基因编码蛋白具有降解细胞间果胶质量的作用，对果实软化有很大影响，反义抑制PG基因表达的转基因桃，具有抗裂果、抗机械损伤，不易感染的优点[40-41]。

2.在化学工业领域的应用

基因工程在化学工业领域的应用可分为传统化学工业中有机物发酵菌中的改造和生产石油酒精等替代品两方面。

丁醇是理想的石油替代燃料，基因工程菌生产丁醇的研究一直是行业热点。Mermelstein等于1993年首次通过基因改造丙酮丁醇梭状芽孢杆菌菌株提高了菌株丁醇产量。其后，研究者在通过构建大肠杆菌、酿酒酵母、乳酸杆菌表达系统来表达丁醇代谢途径基因来生产丁醇。周鹏鹏构建了产丁醇基因工程大肠杆菌，通过敲除代谢副产物产生途径的基因，使丁醇产量最高达154.5mg/L[42]。在乙醇的生产中，科研人员致力于构建能代谢五碳糖和六碳糖的高效产乙醇的基因重组菌。利用基因工程技术将大肠杆菌、酿酒酵母和毕赤酵母等菌株表达系统进行改造，获得了能够将木糖和葡萄糖混合物发酵产生乙醇的重组菌株。

3.在环境保护等领域的应用

基因工程在环境保护领域方面的应用包括降解污染物基因工程、抗除草剂抗虫抗病植物基因工程和肥料高效利用基因工程等内容。

通过已分离到的降解性质粒或者将降解工业污染物的基因转移到微生物菌中，用这些微生物降解环境中的污染物，从而达到环保的目的。如马里兰大学的Coppella博士将水解酶基因opd转化到strepomyces lividans中，转化菌株能稳定水解硫磷，此菌发酵液可用于农药厂废水处理中。

通过基因工程技术将抗除草剂基因（bar、cp4-epsp等）、抗病基因（杀虫结晶蛋白基因icp、蛋白酶抑制剂基因pi、病毒外壳蛋白基因cp等）导入作物，使转基因作物具有抗除草剂、抗病和抗虫特性，从而减少了大田中除草剂和农药的施用，保护了环境。几丁质酶基因和β-1,3-葡聚糖酶基因是基因工程中用得较多的抗真菌基因，据报道，导入几丁质酶基因和β-1,3-葡聚糖酶基因的油菜对立枯丝核菌的抗性增强。导入这两个基因的烟草对白粉病和枯萎病表现出明显的抗性。

4.基因工程在医药领域的应用

基因工程技术在医药领域的应用包括药物研发生产、基因诊断、基因治疗和转基因动物器官移植四个方面。

研发生产新药以及对传统药物进行改造是基因工程技术最重要的应用领域。基因工程技术解决了传统的药物材料来源困难或制造技术存在的问题，研发生产的新药主要包括三类，即生理活性物质、抗体、疫苗。利用基因工程技术生产的生理活性物质有胰岛素、重组人生长激素、重组人促卵泡激素、干扰素、集落刺激因子、白细胞介素、肿瘤坏死因子、趋化因子、转化生长因子β、重组链激酶及重组组织型纤维酶原激活剂等。基因工程抗体又称重组抗体，是继多克隆抗体和单克隆抗体之后的第三代抗体，主要包括人源化抗体（嵌合抗体、CDR移植抗体）、小分子抗体（单链抗体、双特异性单克隆抗体、二硫键稳定抗体）和某些特殊类型的抗体（双功能抗体、抗原化抗体、内抗体、抗体酶）。基因工程疫苗包括基因工程亚单位疫苗、基因工程载体疫苗、核酸疫苗、基因缺失或突变疫苗。

基因诊断是利用基因工程技术从DNA水平检测人类遗传性疾病的基因缺陷或检测特定基因存在与否、结构变异和表达状态的过程，从而对疾病做出诊断。基因诊断可以辅助遗传病的临床诊断，进行疾病易感性及患病风险预测，疗效评价及用药指导等，尤其是出生缺陷的产前诊断、植入前遗传诊断、遗传筛查方面和通过检测癌基因及抑癌基因进行肿瘤的预测性诊断方面，具有重要意义。基因诊断分为直接诊断和间接诊断，应用范围包括检测病原微生物的侵入，如肝炎、艾滋病、支原体、细菌、寄生虫等，诊断先天遗传性疾患、产前诊断，检测后天基因突变引起的疾病和亲子鉴定、个体识别等。

基因治疗是指将人的正常基因或有治疗作用的基因通过一定方式导入人体靶细胞以纠正基因的缺陷或者发挥治疗作用，从而达到治疗疾病的目的的生物医学新技术。基因治疗的靶细胞分为体细胞和生殖细胞两大类。目前开展的基因治疗只限于体细胞。基因治疗目前主要是治疗那些对人类健康威胁严重的疾病，包括遗传病（如血友病、囊性纤维病、家庭性高胆固醇血症等）、恶性肿瘤、心血管疾病、感染性疾病（如艾滋病、类风湿等）等。从长远来看，基因治疗这一技术将会推动医学革命，有望在肿瘤、艾滋病和遗传病的治疗方面取得成功。

五、基因工程的安全性与发展前景

基因工程技术是21世纪发展最迅猛的高新技术，是当代最先进、最前沿的科学技术之一。在人类文明史上，每一项技术的出现都伴随有不可预测的后果或影响。因此，基因工程技术在给人类社会带来巨大经济、社会和生态效益的同时，对人类、生物和环境是否安全成了人们关注的焦点，基因工程技术主要存在以下六大争议：

1. 食品安全争议

自1996年美国第一批转基因西红柿上市以来，全球约有2亿多人食用过数千种转基因食品，目前为止尚未报道过一例食品安全事件。但针对转基因食品的安全问题的争论始终没有平息过。

2. 生物富集争议

自然的或传统的杂交、驯化的动植物食品的品质、作用人们比较清楚，但对转基因生物是否会因食物链富集作用而有害健康则有争议。

3. 药食关系争议

近来，不少研究报道，采用转基因技术可建立动物药库或植物药库，如喝一杯奶可以治疗某些疾病，吃一个西红柿就能预防乙肝。这从基因工程技术层面上讲是完全可能的，但这种基因工程药物对人体有无风险是有争议的，仍需要进行长期的研究与监测。

4. 生态影响争议

在联合国规划署亚太地区生物安全会议上，有关专家指出，基因工程技术可以使动物、植物、微生物，甚至人的基因相互转移，这就给传统的生物分类造成混乱。转基因生物具有自然生物所不具备的优势，若释放到环境中，是否造成原有的生态平衡被打破、改变物种间的竞争关系是有争议的。

5.基因污染争议

基因漂移既可以自然发生，也可由传统生物培育方式获得，转基因生物同样可因基因漂移而影响生态平衡。

6.全球监管争议

2001年1月，国际社会组织制定了《生物安全议定书》，至今已有包括中国在内的一百多个国家签署了议定书。我国于1996年正式实施《农业基因工程安全管理办法》，以对基因工程技术研究试验进行安全性评价和管理。2001年，国务院颁布了《农业转基因生物安全管理条例》，从研究试验到生产、加工、经营和进出口各环节对农业转基因生物进行审核。此外，还陆续出台了《进出境转基因产品检验检疫管理办法》（总局令第62号）、《农业转基因生物安全评价管理办法》（农业部令第8号）、《农业转基因生物加工审核办法》（农业部令第59号）等一系列法律法规，以确保基因工程技术应用的安全性。

科学技术是一把双刃剑，基因工程技术亦是如此，相信随着科技的进步，人们认识水平的提高和在科学监管下，基因工程技术将发挥其优越性和先进性，为人们生活、健康和环境的可持续发展发挥更大的效益。

参考文献

[1]吴乃虎.基因工程原理(上册)[M].2版.北京:科学出版社,2006:43.

[2]张金文.马铃薯块茎抗低温糖化基因工程研究[D].海口:华南热带农业大学,2001.

[3]刘永强.基于RNAi技术获得高含量支链淀粉且抗低温糖化的转基因马铃薯品种[D].呼和浩特:内蒙古大学,2014.

[4]白斌.rd29A低温诱导型启动子驱动的AcInV基因反义植物表达载体的构建及其对马铃薯的遗传转化[D].兰州:甘肃农业大学,2004.

[5]崔文娟.转AcInV反义基因马铃薯生理生化变化及抗低温糖化特性分析[D].兰州:甘肃农业大学,2007.

[6]赵丫杰.转基因高淀粉、高直链淀粉玉米新种质的创制及性状分析[D].济南:山东大学,2015.

[7]郭志鸿,张金文,王蒂,等.用RNA干扰技术创造高直链淀粉马铃薯材料[J].中国农业科学,2008(2):494-501.

[8]郭志鸿,王亚军,张金文,等.采用一种新型RNAi载体培育转基因高直链淀粉马铃薯[J].作物学报,2009,35(5):809-815.

[9]李淑洁.用于直链淀粉合成的相关基因的克隆及对马铃薯遗传转化的研究[D].兰州:甘肃农业大学,2005.

[10]易明林.高分子量麦谷蛋白1Dx5+1Dy10亚基基因转化小麦研究[C]//中国植物生理学会.中国植物生理学会第九次全国会议论文摘要汇编.北京:中国植物生理学会,2004:1.

[11]刘香利,金伟波,刘缙,等.高分子量麦谷蛋白亚基基因1Bx14转化小麦[J].中国农业科学,2011,44(21):4350-4357.

[12]张肖飞.小麦低分子量麦谷蛋白基因的鉴定和功能分析[D].北京:中国农业科学院,2012.

[13]于佳锜.小麦谷醇溶蛋白盒结合因子基因TaPBF-D在小麦中过表达促进了籽粒谷

蛋白的积累[D].济南:山东大学,2016.

[14]刘聪聪.小麦品质相关γ类醇溶蛋白基因TaWG04的克隆与表达分析[D].郑州:郑州大学,2016.

[15]杨亮.ω-醇溶蛋白基因的克隆及通过RNAi抑制小麦α-醇溶蛋白基因家族表达研究[D].济南:山东大学,2011.

[16]李静雯,张正英,令利军,等.利用RNAi抑制B-hordein合成降低大麦籽粒蛋白质含量[J].中国农业科学,2014,47(19):3746-3756.

[17]李静雯,张正英,李淑洁.利用RNAi技术沉默大麦B-Hordein基因的研究[J].麦类作物学报,2014,34(2):169-174.

[18]李巧云,牛洪斌,王新国,等.Trxs过量表达对大麦成熟种子生理生化活性及蛋白组分的影响[J].麦类作物学报,2010,30(3):535-538,559.

[19]卫丽,尹钧,黄晓书,等.转TrxS基因对啤酒大麦种子贮藏蛋白含量的影响[J].麦类作物学报,2007(1):26-29.

[20]陈松,浦惠明,张洁夫,等.转基因高油酸甘蓝型油菜新种质的获得[J].江苏农业学报,2009,25(6):1234-1237.

[21]陈苇,李劲峰,董云松,等.甘蓝型油菜Fad2基因的RNA干扰及无筛选标记高油酸含量转基因油菜新种质的获得[J].植物生理与分子生物学学报,2006(6):665-671.

[22]彭琦.Fad2和Fae1基因RNA双干扰载体的构建与转化甘蓝型油菜的研究[D].长沙:湖南农业大学,2007.

[23]杜海,郎春秀,王伏林,等.油菜种子油酸含量的遗传改良[J].核农学报,2011,25(6):1179-1183,1220.

[24]张彦,喻修道,唐克轩,等.用基因枪法获得转异天南星基因aha抗蚜虫小麦[J].作物学报,2012,38(8):1538-1543.

[25]徐琼芳,田芳,陈孝,等.转GNA基因小麦新株系的分子检测和抗蚜虫性鉴定[J].麦类作物学报,2005(3):7-10.

[26]张晓冰.农杆菌介导抗蚜虫基因PPA的小麦转化[D].保定:河北科技大学,2012.

[27]李淑洁,李静雯,张正英.农杆菌介导的半夏凝集素基因(Pinellia Ternate Agglutinin Gene,pta)对小麦的遗传转化及鉴定[J].中国生物工程杂志,2012,32(2):50-56.

[28]Bao B L, Ke L Q, Jiang J M, et al. Fruit quality of transgenic tomatoes with suppressed expression of Le ETR1 and Le ETR2 genes [J]. Asia. Pac. J. Clin. Nutr., 2007, 16(1): 122-126.

[29]Centeno D C, Osorio S, Nunes-Nesi A, et al. Malate plays a crucial role in starch metabolism, ripening, and soluble solid content of tomato fruit and affects postharvest softening [J]. Plant Cell, 2011, 23(1): 162-184.

[30]李兴涛,李霞,张金文,等.高赖氨酸蛋白基因在转基因生菜中的表达和遗传转化[J].应用与环境生物学报,2006,12(4):472-475.

[31]熊爱生,姚泉洪,李贤,等.ACC氧化酶和ACC合成酶反义RNA融合基因导入番茄和乙烯合成的抑制[J].实验生物学报,2003(6):428-434.

[32]刘杰.中梨1号ACC氧化酶基因反义表达载体的构建及转化研究[D].保定:河北农

业大学,2009.

[33]齐靖,董祯,张玉星.鸭梨ACC氧化酶基因cDNA片段的克隆及农杆菌介导的反义遗传转化[J].植物分类与资源学报,2014,36(5):622-628.

[34]黄俊生,王华,张世清.香蕉ACC氧化酶基因(MAO3)的克隆及其表达特性分析[J].园艺学报,2005(5):42-46.

[35]赵鑫.特异性启动子调控ACC氧化酶反义基因载体构建及对甜瓜"玉金香"的转化[D].兰州:甘肃农业大学,2010.

[36]玉庄.转ACC氧化酶反义基因河套蜜瓜耐贮藏品系选育[D].呼和浩特:内蒙古大学,2008.

[37]王志林.反义ACC氧化酶基因对樱桃的遗传转化[D].呼和浩特:内蒙古农业大学,2002.

[38]田宏现,苑平,王曼玲,等.猕猴桃ACC氧化酶反义基因转化猕猴桃的研究[J].中南林业科技大学学报,2012,32(11):115-121.

[39]徐晓峰,黄学林,黄霞.ACC氧化酶反义基因转化青花菜的研究[J].中山大学学报:自然科学版,2003(4):64-68.

[40]张亚林,李唯,张伟,等.根癌农杆菌介导反义PG基因对桃的遗传转化[J].兰州:甘肃农业大学学报,2010,45(6):55-59.

[41]张伟.桃成熟过程中的活性物质变化及PG、ACO基因的克隆表达与遗传转化[D].兰州:甘肃农业大学,2013.

[42]周鹏鹏.基因工程大肠杆菌发酵甘油生产丁醇的研究[D].上海:华东理工大学,2013.

第二节　分子标记技术概述

现代生物技术是近几十年来发展起来的以现代生命科学为基础,利用生物体系和现代工程原理,集中多学科的新知识生产生物制品和创造新物种的综合科学技术。随着分子生物学的快速发展,现代生物技术为作物育种提供了强有力的工具,分子标记辅助选择(MAS)是其中一项重要的技术手段,弥补了传统作物育种中选择效率低的缺点,加快了育种进程,为育种家广泛采用。

一、分子标记的定义与特点

遗传标记(genetic marker)是指可追踪的染色体、染色体某一节段、某个基因座在家系中传递的任何一种遗传特性。在遗传分析上遗传标记可用作标记基因,它具有两个基本特征,即可遗传性和可识别性,生物的任何有差异表型的基因突变型均可作为遗传标记。传统的遗传标记主要包括形态标记、组织细胞标记、生化标记与免疫学标记等,这些标记都是基因表达的产物,易受生理状态、贮藏加工等多个因素的影响,具有较大的局限性。Bostein等(1980)利用限制性片段长度多态性(restriction fragment length polymorphism,RFLP)作为遗传标记分析的手段,开创了应用生物体DNA多态性发展遗传标记的新阶段。

分子标记是根据基因组DNA存在丰富的多态性而发展起来的可直接反映生物个体在DNA水平上差异的一类遗传标记，它是继形态学标记、细胞学标记、生化标记之后发展起来的新型遗传标记技术。广义的分子标记是指可遗传的并可检测的DNA序列或蛋白质分子。而通常所说的分子标记是指以DNA多态性为基础的遗传标记，是以个体间遗传物质内核苷酸序列变异为基础的遗传标记，直接反映出生物个体或种群间基因组中某种差异的特异性DNA片段。

相对于传统的遗传标记，DNA分子标记的优势在于：DNA分子标记多为共显性标记，能够简单直观地分辨出纯合和杂合的基因型，对隐性性状的选择十分有利；多态性高，由于自然界中存在丰富的基因组变异，能够开发出几乎无限的DNA分子标记；稳定性好，不受环境和生物生长与发育阶段的影响，任何时候任何组织的DNA都可用于标记分析；由于DNA分子标记是在DNA水平上开发而来，表现为中性，不会与其他性状连锁，因此不影响目标性状的表达；检测手段简便、迅速，成本低。基于以上这些特点，DNA分子标记技术发展迅速，现有的分子标记已有数十种，并且被广泛地应用在基因定位、构建遗传连锁图谱、作物遗传育种、基因克隆、遗传多样性分析等方面。

二、理想的分子标记须满足的条件

理想的分子标记必须满足以下几个要求：①具有高的多态性；②共显性遗传，即利用分子标记可鉴别二倍体中杂合和纯合基因型；③能明确辨别等位基因；④遍布整个基因组；⑤除特殊位点的标记外，要求分子标记均匀分布于整个基因组；⑥选择中性（无基因多效性）；⑦检测手段简单、快速（如实验程序易自动化）；⑧开发成本和使用成本尽量低廉；⑨在实验室内和实验室间重复性好（便于数据交换）。需要特别提出的是，所有的分子标记都必须满足与某个基因或者已知标记紧密连锁（连锁程度越高越好）甚至共分离。但是，目前发现的任何一种分子标记均无法同时满足以上所有要求。因此，使用者可以根据自己的实验目的和需求具体选用某种标记技术。

三、分子标记技术分类

根据分子标记发展阶段和不同的检测DNA多态性的手段，DNA分子标记基本上可以分为四类（陈兆波，2009；刘学军等，2010）：

第一类是基于DNA-DNA杂交为基础的DNA标记。该标记技术是利用限制性内切酶酶解及凝胶电泳分离不同生物体的DNA分子，然后用经过标记的特异DNA探针与之进行杂交，通过放射自显影或非同位素显色技术来揭示DNA的多态性。主要包括限制性片段长度多态性（RFLP）、可变数目串联重复（VNTR）、原位杂交（ISH）等，其中RFLP是发现最早、最具代表性的一类分子标记，应用广泛。

第二类是以基于PCR技术的DNA标记。根据技术特点可分为随机引物PCR标记和特异引物PCR标记，二者的区别在于特异引物PCR标记需要了解物种基因组信息，具有特异性。随机引物PCR标记包括随机扩增多态性（RAPD）、简单重复序列间扩增（ISSR），RAPD应用较为广泛；特异引物PCR标记包括简单重复序列（SSR）、序列特异性扩增区域（SCAR）、序列标签位点（STS）等，其中SSR标记广泛应用于遗传图谱构建、基因定位等领域。

第三类是基于PCR扩增与限制性酶切技术相结合的DNA标记。根据酶切先后顺序可分为两种类型：一种是通过对限制性酶切片段的选择性扩增来显示限制性片段长度的多态性，称为扩增片段长度多态性（AFLP），应用范围广泛；另一种是通过对PCR扩增片段的限制性酶切来揭示被扩增区段的多态性，称为酶切扩增多态性序列（CAPs）标记。

第四类是基于生物信息学和基因组序列信息的DNA分子标记，如单核苷酸多态性（SNP），是由基因组核苷酸水平上的变异引起的DNA序列多态性，包括单碱基的转换、颠换以及单碱基的插入/缺失等；表达序列标签（EST）是在cDNA文库中随机挑选克隆，并进行单边测序（sing lepass sequence）而产生的300～500 bp的核苷酸片段。

迄今开发的这些DNA分子标记技术都有各自的优缺点，应视研究目的和实验室的条件选择适宜的方法。传统分子标记RFLP、RAPD、SSR、AFLP等，程序复杂，工作烦琐，成本高，后期检测依赖电泳，一次分析位点数有限，通量低等。近年来出现的几种新型DNA分子标记（刘昕，2011；张征锋，2009；王利思等，2010），如随机微卫星扩增多态DNA（random microsatellite amplify polymorphic DNA，RMAPD）、相关序列扩增多态性（sequence-related amplified polymorphism，SRAP）、靶位区域扩增多态性（target region amplified polymorphism，TRAP）、多样性芯片技术（diversity arrays technology，DArT）、限制性内切酶位点标签（restriction-site associated DNA，RAD）等，其解决的问题和传统分子标记基本一致，但具体操作上更加简便快捷，结果稳定可靠，并且在一定程度上降低了成本。目前，新型分子标记在植物分类学、遗传多样性、遗传图谱构建、辅助育种等研究方面广为应用。

四、分子标记技术应用领域

各类分子标记技术自开发以来，在生物学研究领域得到广泛应用，用于遗传连锁图的构建、基因定位、遗传育种、物种起源进化和分类等方面的研究（王永飞等，2001；辛业芸，2002）。

1. 遗传图谱建立和基因定位研究

构建高密度的遗传连锁图是基因的精细定位、物理图谱的构建和基因图位克隆的理论依据和基础。与根据诸如形态、生理和生化等常规标记遗传作图相比，分子标记技术是构建植物遗传图谱的一种较为简便快捷的理想方法。构建遗传图谱，首先要选择合适的亲本及分离群体，而且亲本之间的差异不宜过大，否则会降低所建图谱的准确度和适用性，其次各种分子标记技术综合使用可建立起完整的高密度的分子图谱。在建立起完整的高密度的分子图谱后，可利用不同的分离群体如F_2群体、回交群体、DH群体、重组自交系等对目的基因进行定位（孙正文等，2011）。

2. 基因图位克隆

图位克隆（Map - based cloning）是近几年随着分子标记遗传图谱的相继建立和基因分子定位而发展起来的一种新的基因克隆技术。利用分子标记辅助的图位克隆，不知道基因的序列，也不知道基因的表达产物，就可以直接克隆基因。图位克隆是最为通用的基因识别途径，通过分析突变位点与已知分子标记的连锁关系来确定突变表型的遗传因子。基因组研究提供的高密度遗传图谱、大尺寸物理图谱、大片段基因组文库和基因组全序列，为基因图位克隆奠定了基础。

3. 物种系统分类和种质资源多样性研究

研究物种的亲缘关系以及分析种质资源遗传多样性，是对物种进行保护的有效措施之一。分子标记广泛存在于基因组的各个区域，通过对随机分布于整个基因组的分子标记的多态性进行比较，就能够全面评估研究对象的多样性，并揭示其遗传本质。借助分子标记，通过物种分子遗传图谱构建、群体遗传结构和多样性分析、物种演化和亲缘关系研究，能够对不同物种进行精确的系统分类，确定物种的进化途径和分类学地位，进而对种质资源进行鉴定、保护和有目的的开发利用。分子标记的发展为研究物种亲缘关系、系统分类、育种优势组合选配等提供了有力的手段。我国非常重视分子标记在遗传多样性中的研究，先后启动了多个国家级项目，我国"973"计划对农作物的遗传多样性研究也进行了资助，如2004年立项的"主要农作物核心种质重要功能基因多样性及其应用价值研究"等（陈兆波，2009）。

4. 利用分子标记进行辅助选择

分子标记辅助选择技术是现代生物技术在作物遗传改良领域中应用的一个重要方面。实践证明，分子标记辅助选择为传统的育种提供了一种有力的辅助手段。分子标记辅助选择就是通过与目标性状紧密连锁的分子标记对育种中目标性状进行间接选择，从而实现对作物产量、品质及抗性等综合性状的改良。利用分子标记辅助选择育种可以方便、快速地实现品种之间的目的基因转移，或将近缘野生种的新基因导入，给传统的育种带来了新的活力。

分子标记技术主要用于以下几方面的研究：

（1）高产优质基因（如多粒、大穗、优质蛋白、糯性等）的定位，并利用分子标记技术创造粮食作物高产、优质品种杂交组合。

（2）抗逆（抗旱、抗寒、耐盐碱）基因筛选。

（3）抗病、虫基因（如小麦条锈病、白粉病，水稻稻瘟病、白叶枯，玉米茎腐病、丝黑穗病，棉花抗蚜虫、抗棉铃虫等）分子标记筛选。

（4）分子聚合育种，利用分子标记将多种抗病、抗逆基因聚合到作物优良品种中，创造出优质、高产、多抗新种质。

在育种实践中，分子标记辅助选择是一项极有潜力的育种新技术，利用分子标记辅助选择能加速作物遗传改良进程，极大地提高育种效率。随着生物技术快速的发展，分子标记辅助选择技术必将为作物育种提供更为高效、广阔的途径。

5. DNA指纹和种子纯度鉴定

DNA指纹指具有完全个体特异的DNA多态性，其个体识别能力足以与手指指纹相媲美，因而得名。DNA指纹在生物个体中具有高度的特异性和稳定的遗传性，可用来进行物种识别及纯度鉴定等。分子标记在种质资源研究中的重要用途之一就是绘制品种（系）的指纹图谱，通过DNA指纹可以进行物种鉴定，不仅克服了根据形态特征鉴定物种可靠性差的缺点，同时可大大提高杂交育种中对亲本及后代理想单株的选择效率，而且对于新品种专利权的申请及知识产权保护等提供了可靠途径。另外，通过DNA指纹也可以进行种子纯度的鉴定，克服了根据田间表型性状、同工酶及盐溶蛋白等进行种子纯度鉴定的缺陷，具有快速、准确、简便等优点，而且在种子或幼苗等的任何阶段都可进行纯度鉴定。因此，DNA指纹图谱技术适用于物种鉴定和农作物新品种登记、品种纯度和真实性检验等工作。

6. 杂种优势预测

杂种优势利用是品种改良的重要手段之一。育种家们为了更好地利用杂种优势,对预测杂种优势的方法和途径进行了多年的研究。其中,利用分子标记估算亲本遗传差异与杂种优势的相关性、特异遗传标记筛选,测量亲本间遗传距离,进行系谱分析并指导杂交组合配制,根据各品种指纹图谱的差异程度进行杂种优势预测,对杂种的基因杂合性做出准确分析,使作物杂种一代在生长势、生活力、抗逆性、产量和品质等方面优于亲本的表现,以达到生产要求。

五、分子标记技术发展趋势及展望

分子标记自从诞生以来经过短短二十多年的迅速发展,技术原理与检测手段日趋成熟,呈现出广阔的应用前景和巨大的应用潜力。在种质资源保护方面,分子标记技术将成为植物进化、分类学研究和种质资源保护的主要手段。在辅助选择育种和品种改良方面,分子标记的出现,可以说对传统的育种方法产生了变革性的影响,为植物遗传育种注入了强大的活力。利用分子标记技术,通过对现有品种的分子遗传图谱作图,能最大限度地综合利用有利基因和淘汰不利基因,设计出最佳杂交组合;通过对连锁标记的追踪和对数量性状的拆分,可准确定位一些其他方法难以确定的目标性状,从而进行早期选择,大大减少世代间隔和育种的盲目性(许洹瑞,2013)。

分子标记是随着遗传学的发展而诞生的,分子标记诞生短短三十多年,因其简单、准确、迅速、高效等优点,被广泛应用于动植物的遗传研究中,在遗传多样性和种质鉴别研究、遗传图谱构建、重要性状基因定位与克隆、遗传育种等方面,发挥了巨大的优势和潜力。尽管分子标记有很多优点,但不同的分子标记技术仍存在各自的缺点,使其应用受到限制。目前没有一种分子标记可以同时满足作为理想遗传标记的所有要求,急需在传统分子标记的基础上不断完善和更新。

分子标记技术的开发是分子生物学领域研究的热点。随着分子生物学研究的新成果和开发的新技术不断出现,以及基因组学、生物信息学、功能基因组学、DNA芯片技术和cDNA微阵列等生物技术的发展,将研发出高通量、低成本和高精度的新型分子标记技术。分子标记技术与提取分离程序化、电泳胶片分析自动化、信息(数据)处理计算机化的结合,必将加速遗传图谱的构建、基因定位、物种亲缘关系鉴别及与人类相关的致病基因的诊断和分析,成为生命科学的一种简便、快捷、高效的分析手段。另外,分子标记技术的应用,将使植物遗传图谱的密度和质量不断提高,使植物遗传育种工作发生革命性的变化。

参考文献

[1]Bostein D,White R L,Skolnick M,et al. Construction of genetic linkage map in man using restriction fragment length polymorphism[J]. American Journal Human Genetics,1980,32(3):314-331.

[2]陈兆波.分子标记的种类及其在作物遗传育种中的应用[J].现代生物医学进展,2009,9(11):2148,2179-2181.

[3]刘学军,童继平,李素敏,等.DNA标记的种类、特点及其研究进展[J].生物技术通报,2010(7):35-40.

[4]刘昕,杨官品.分子标记技术新进展——以几种新型标记为例[J].安徽农业科学,2011,39(23):13944-13946.

[5]张征锋,肖本泽.基于生物信息学与生物技术开发植物分子标记的研究进展[J].分子植物育种,2009,7(1):130-136.

[6]王利思,徐红,王峥涛.新型DNA分子标记技术及在遗传与育种研究中的应用[J].江苏农业科学,2010(6):8-11.

[7]王永飞,马三梅,刘翠平,等.分子标记在植物遗传育种中的应用原理及现状[J].西北农林科技大学学报:自然科学版,2001,29(S1):106-113.

[8]辛业芸.分子标记技术在植物学研究中的应用[J].湖南农业科学,2002(4):9-12.

[9]孙正文,黄兴奇,李维蛟,等.分子标记技术及其在水稻基因定位上的应用[J].基因组学与应用生物学,2011,30(1):78-86.

[10]吴则东,江伟,马龙彪.分子标记技术在农作物品种鉴定上的研究进展及未来展望[J].中国农学通报,2015,31(33):172-176.

[11]许洹瑞.分子标记技术及其研究进展[J].黑龙江环境通报,2013,37(1):1-4.

第三节　细胞工程技术

细胞工程（cell engineering）是生物技术的主要学科之一,一般指通过细胞培养或融合等在细胞水平上进行遗传操作的技术。植物细胞工程最基本的技术是离体培养,该技术是在人工控制的环境条件下,通过无菌操作,将植物细胞或其他类型的外植体（如花药、子叶等器官或组织）接种于培养基上,在一定环境下（温度、湿度、光照等）进行培养,使得培养或所操作的对象体现一定的生命活动并按照人们的意愿发育或发生性状的改变。根据其应用目的又可分为细胞工程育种、细胞代谢产物生产、植物组织快繁、离体种质的保存等。

一、植物细胞工程技术发展简述

植物细胞工程的理论基础是植物细胞全能性,而植物细胞的全能性的研究历史可以追溯到19世纪30年代德国科学家施莱登（Schleiden）和施旺（Schwann）提出的细胞学说。1902年德国植物学家Harberlandt首次进行了高等植物的细胞培养实验,但未获得成功。1904年Hanning对萝卜和辣根菜进行离体胚的培养可提前萌发成小苗。1922—1925年Knudson和Laibach通过胚培养法分别获得了兰花幼苗和亚麻杂种幼苗。1930—1940年,White、Gautheret、Nobercourt等人通过对番茄、柳树、烟草、胡萝卜和马铃薯等作物的幼茎、根尖或块茎薄壁组织等进行的一系列离体培养实验研究,初步建立起植物组织培养技术体系。1940—1960年,美国的Skoog等人对植物组织培养中培养基中的激素进行了较为系统的研究,建立起离体培养的器官分化激素配比模式,这为不同植物离体培养奠定了重要基础;与此同时,众多学者也对细胞培养技术方法进行了大量探索,提出了一些在目前也广泛应用的细胞培养方法，如 Muir 的"细胞悬浮培养法""看护培养技术"，De Ropp 的"微室培养法"，Bergmann 的"琼脂平板培养法"。1958 年英国人 Steward 等通过对胡萝卜次生韧皮部进行悬浮培养，获得了类似胚胎发生的结构（胚状体），之后形成了完整植株，首次证明了植物细胞的全能性。

1964 年，印度学者 Guha 首次在曼陀罗花药培养中诱导未成熟的花粉形成了单倍体植株，开创了作物单倍体育种的新途径；1970 年 Kameya 和 Hinata 通过对甘蓝×芥蓝的杂种一代成熟花粉进行培养获得了单倍体再生植株；1973 年 Debergh 和 Nitch 通过培养番茄小孢子获得了单倍体植株；1976 年 San Noeum 通过培养普通小麦的未授粉子房获得了雌性单倍体植株。目前，已有 250 多种植物通过单倍体诱导培养成功而获得再生植株。

1960 年 Cocking 等首次成功从番茄幼根分离得到原生质体；1970 年 Takebe 与 Nagata 通过原生质体培养获得了完整的烟草植株；而 1972 年 Carlson 等利用原生质体融合方法获得了烟草体细胞杂种，1978 年 Melchers 等获得了番茄和马铃薯属间体细胞杂种——Potamato，此后，人们获得了数百种植物的原生质体再生植株和数十种体细胞杂种，原生质体也被用于细胞转化和种质保存。

二、植物细胞工程育种主要技术

1. 单倍体育种技术

单倍体（haploid）是指具有配子染色体数的体细胞或个体。自然状态下单倍体的发生频率极低，因此一般需要人工诱导产生。

人工诱导产生单倍体的途径主要有：

（1）雄核发育途径，包括花药和小孢子培养；

（2）雌核发育途径，包括未受精卵或子房培养等；

（3）种内或种间杂交途径，包括远缘杂交、染色体消除法、异质体技术（异种属细胞质-核替代系）、半配合等。

单倍体育种技术具有以下优点：

（1）单倍体植株经自发或人工进行染色体加倍后，成为可育的加倍单倍体（又称双单倍体，double haploid，DH），其每对染色体上的成对基因均是纯合的，自交后性状不再发生分离，因此可有效缩短育种年限。

（2）可以排除显隐性的干扰，有利于提高杂交后代选择的准确性，因而可提高植物育种的效率。

2. 无性系变异育种技术

无性系变异（somaclonal variety）是指在植物细胞、组织或器官的离体培养过程中，所培养的细胞或再生植株中产生变异的现象。这类变异，有些不可遗传，有些属于可遗传变异，而后者经人工选择和培育可获得较原亲本更优良的性状，或获得一些有益的新性状，因此在植物的品种改良中可以加以利用。

无性系变异育种技术具有以下优点：

（1）体细胞无性系变异是植物组织培养过程中出现的普遍现象，不仅限于某些植物或某些器官、组织或细胞，而变异所涉及的性状亦相当广泛；

（2）变异频率高，一般为 1%～3%，个别可达到 25%～100%；

（3）体细胞无性系变异多为单基因或少数基因的突变，有利于在保持现有品种优良性状的同时对其个别性状进行改良；

（4）后代稳定速度快，大多数材料在 R_2 时即可获得株系，因而在一定程度上可缩短育种年限。

3. 原生质体培养及体细胞杂交技术

原生质体（protoplast）是指脱去细胞壁的、由质膜所包围的具有活细胞一切特征的球形细胞团。由于无细胞壁这个细胞与外部环境之间的天然屏障，使得原生质体成为理想的实验系统而被广泛应用于生命科学众多领域的研究。原生质体培养是指对植物的离体原生质体进行培养，产生再生植株的技术。原生质体的培养方法主要有液体浅层培养法、固体培养法、液体与固体结合培养法，此外一些学者还在以上方法的基础上发展了悬滴培养法、看护培养法、饲喂层培养法等方法。原生质体培养最为瞩目的应用是体细胞杂交。

体细胞杂交（somatic hybridization）又称为体细胞或原生质体融合（protoplast fusion），指在离体条件下将两个来自不同种、属、科或界的原生质体经化学物理方法诱导融合，形成具有两个亲本体细胞染色体的细胞杂种，然后对其进行培养，从而获得再生植株的技术。为了将其与有性杂交区分，体细胞杂交通常写作"a（+）b"，其中 a 与 b 指两个亲本，（+）指体细胞杂交。原生质体融合在早期主要采用矿物盐如 $NaNO_3$，之后发展了高 pH–高钙法、电融合法及水溶性多聚体 PEG 法，其中 PEG 法是目前最为成功的方法。而原生质体融合方式则主要有对称融合、非对称融合、亚原生质体–原生质体和配子–体细胞融合等。

体细胞杂交具有以下优点：

（1）可以克服有性杂交遇到的远缘杂交的有性不亲和、双亲花期不遇、雌雄不育等障碍，从而在杂交时扩大了亲本组合的范围。如在柑橘中，大多数品种具有多胚结构，通过有性杂交很难甚至不能获得杂种，且部分品种的雄性或雌性败育，但可通过原生质体融合技术获得柑橘体细胞杂种。

（2）转移有利的农艺性状，实现远缘重组，创造新型物种，促进生物多样性。如将野生种的某些优良性状导入栽培品种中。

（3）转移胞质基因，为体细胞遗传研究提供材料和参考。

三、植物细胞工程育种技术的应用概况

单倍体育种技术是目前细胞工程育种实践中应用最为广泛的方法，尤以花药和小孢子培养居多。据不完全统计，迄今为止人们在 59 个科 121 个属 250 多种植物的单倍体诱导中获得成功，育成的小麦、大麦、水稻、油菜等一批重要农作物新品种得以推广应用。我国对花药培养研究和应用一直处于国际先进水平，由我国科学家研制的 N6、C17、W14 和马铃薯等培养基被国内外多家实验室所采用，极大地促进了花药培养研究；同时我国又是第一个大面积推广花培品种的国家，如小麦品种"京花 1 号""花培 764""花培 1 号"，水稻品种"中花 8 号""龙粳 8 号"，玉米品种"花育 1 号"，大麦品种"花 30"等。

体细胞无性系变异属于细胞水平上的生物技术育种措施，是目前公认的一种有效的育种途径，在小麦、水稻、谷子、香蕉等植物新品种选育方面有一定的应用，利用该方法育成小麦新品种"核组 8 号""核组 9 号""生抗 1 号""生选 3 号""龙辐麦 8 号"，水稻新品

种"黑珍米""中组1号""籼稻Ⅱ优3027"，甘蔗品种"VSI434""CO94012"等。体细胞无性系变异在种质资源创制方面也有着重要的应用价值，目前已利用该方法获得了小麦、大麦、谷子、葡萄等植物的具有抗逆、耐盐碱、抗除草剂等性状的一大批特异种质。

植物体细胞杂交技术在品种选育及种质资源创制的应用方面具有重要的潜在利用价值。山东大学的夏光敏利用该方法选育出了耐盐碱的小麦品种"山融3号"，并创制了一批具有细胞杂种背景的优质、大穗、大粒等综合性状优良的小麦材料，国内外也获得了小麦、玉米、水稻、白菜、马铃薯等植物的一大批种质资源材料。

参考文献

[1]Encheva J, Köhler H, Friedt W, et al. Field evaluation of somaclonal variation in sunflower (*Helianthus annuus* L.) and its application for crop improvement[J]. Euphytica, 2003, 130(2): 167-175.

[2]胡道芬, 袁振东, 汤云莲, 等. 植物细胞工程——冬小麦花培新品种京花1号的育成[J]. 中国科学(B辑 化学 生物学 农学 医学 地学), 1986, 16(3): 283-292.

[3]胡琼, 李云昌. 体细胞杂交在油菜细胞质雄性不育创建和改良中的应用[J]. 作物学报, 2006, 32(1): 138-143.

[4]Larkin P J, Scowcroft W R. Somaclonal variation – a novel source of variability from cell cultures for plant improvement[J]. Theoretical and Applied Genetics, 1981, 60(4): 197-214.

[5]沈锦骅, 李梅芳, 陈银全, 等. 花药培养在水稻品种改良上的应用[J]. 中国农业科学, 1982, 15(2): 15-19.

[6]汪勋清, 刘录祥. 植物细胞工程研究应用与展望[J]. 核农学报, 2008, 22(5): 635-639.

[7]张献龙. 植物生物技术[M]. 北京: 科学出版社, 2012: 1-197.

第二章 基因组学及基因克隆技术

第一节 基因组学概论

一、基因组学定义及研究内容

基因组学（genomics）是研究生物基因组和如何利用基因的一门学问，是对所有基因进行基因作图（包括遗传图谱、物理图谱、转录图谱）、核苷酸序列分析、基因定位和基因功能分析的一门学科。基因组学与传统遗传学或其他学科的差别在于基因组学主要是从整体水平分析基因组如何发挥作用，注重基因在整个基因组中所扮演的角色与功能，而非孤立地考虑基因的结构与表达。基因组学是针对生物基因组所蕴藏的全部生物性状的遗传信息的解读与研究，因而基因组学涉及有关基因组 DNA 的序列组成，全基因组的基因数目、功能和分类，基因组水平的表达调控及不同物种之间的进化关系的大范畴、高通量的收集和分析。

基因组学的概念是由美国科学家 Thomas Roderick 于 1986 年首次提出的，当时是指对于基因组的作图、测序及分析，随着基因组计划的深入开展，其研究内容也扩展至基因功能的研究。基因组学是随着人类基因组计划提出的，随着人类基因组图谱及其分析结果的报道，以及多种细菌和酵母微生物，多种昆虫、动物以及水稻、拟南芥植物等模式生物基因全序列的完成，基因组学的研究已经从结构基因组学开始过渡到功能基因组学。

目前，基因组学研究的内容和主要目的有：

（1）建立以互联网为平台的数据库；

（2）组建基因组的物理图谱和遗传图谱；

（3）确定基因及基因组的序列；

（4）分析基因组的结构特点；

（5）鉴定基因组中的所有基因，并且根据蛋白质序列来确定其功能或大致功能；

（6）建立基因表达数据库；

（7）建立基因与表现型之间的关系；

（8）确定 DNA 序列的复杂性；

（9）为比较不同生物的基因组提供资料，使一种生物的遗传数据可用来分析其他生物的基因和基因组。

二、基因组学发展历程

基因组学形成比较完整的学科是近二十年的事，但它的孕育、产生和发展却经历了比较长的时间，大体可以划分为下列五个阶段：

1.前遗传学时代（1900年以前）

这时期主要的事件是1859年Darwin提出了物种进化的自然选择学说——达尔文进化论和1865年Mendel提出了分离定律与自由组合定律。

2.经典遗传学时代（1900—1950年）

1900年孟德尔遗传定律再发现标志着遗传学的诞生，随后发现了遗传学的第三大定律——连锁互换定律。在这期间，DNA是携带遗传信息的、构成染色体的生物大分子得到证实。

3.分子生物学时代（1950—1990年）

即前基因组学时代，DNA双螺旋的发现，标志着分子生物学时代的开始。在这时期，分子生物学飞速发展，理论体系和技术体系逐步形成并得到不断完善，人类基因组计划和基因组学概念被先后提出。

4.基因组学时代（1990—2000年）

人类基因组计划的实施标志着基因组学时代的开始。1990年10月，人类基因组计划在美国启动，美、英、日、德、法、中等六国相继参与，并于2000年完成人类基因组工作框架图。人类基因组计划带动了小鼠、大肠杆菌、酵母菌、美丽线虫、果蝇等模式生物以及多种微生物和植物全基因组学研究。

5.后基因组学时代（2001年以后）

功能基因组学、蛋白质组学的兴起标志着后基因组学时代的开始。后基因组学包括功能基因组学、转录组学、蛋白质组学、比较基因组学、糖组学、代谢组学、表型组学等学科领域。

三、基因组学的分支

根据基因组学的定义，基因组学分为三方面的内容：以全基因组测序为目标的结构基因组学（structural genomics）和以基因功能鉴定为目标的功能基因组学（functional genomics），以及以前二者为基础的比较基因组学（comparative genomics）。

1.结构基因组学

结构基因组学代表基因组分析的早期阶段，是基因组学的一个重要组成部分和研究领域，它是通过基因组作图、核苷酸序列分析，基因组结构研究、确定基因组成、基因定位的科学，其目标是全基因组测序。结构基因组学主要是建立生物体高分辨率遗传、物理、转录和序列图谱，因此其主要研究内容包含基因组测序和基因组作图两个方面。

遗传图谱（genetic map），又称连锁图谱（linkage map），是某一物种的染色体图谱，显示的为所知的基因和/或遗传标记在染色体上线性排列的相对位置，而不是在每条染色体上特殊的物理位置。遗传图谱是通过计算连锁的遗传标志之间的重组频率，确定它们的相对距离，即以具有遗传多态性的遗传标记作为"位标"，以遗传学距离作为"图距"，一般用厘摩（cM，即每次减数分裂重组频率为1%）来表示。

绘制遗传图谱需要应用多态性标志。目前，使用的多态性标志有限制性酶切片段长度多态性（restriction fragment length polymorphism，RFLP）、随机引物扩增多态性DNA（random amplified polymorphic DNA，AFLP）、短串联重复序列（short tandem repeat，STR）和

单核苷酸多态性（single nucleotide polymorphisms，SNPs）。

物理图谱（physical map），指有关构成基因组的全部基因的排列和间距信息，它是通过测定遗传标记的排列顺序与位置绘制而成，即以一段已知核苷酸的DNA片段为"位标"，以DNA实际长度为"图距"的基因图谱，目的是把相关的遗传信息及其在染色体上的相对位置线性且系统地排列出来。物理图谱是利用限制性内切酶将染色体切成片段，再根据重叠序列确定片段间的连接顺序，以及遗传标志之间物理距离碱基对（bp）或千碱基（kb）或兆碱基（Mb）的图谱。

转录图谱（transcription map），又称cDNA图或表达序列图（expression map），是利用表达序列标签（expressed sequence tags，EST）作为标记所构建的分子遗传图谱。通过从cDNA文库中随机挑取的克隆进行测序所获得的部分cDNA的5'或3'端序列，称为表达序列标签，一般长300～500 bp。一般来说，mRNA的3'端非翻译区（3'-UTR）是代表每个基因比较特异的序列，将对应于3'-UTR的EST序列进行放射杂交（RH）定位，即可构成由基因组成的STS图。EST不仅为基因组遗传图谱的构建提供了大量的分子标记，而且来自不同器官和组织的EST也为基因功能的研究提供了极具价值的信息。此外，EST还能为基因的鉴定提供候选基因（candidate gene）。EST由于是随机测序获得的，所以有些低丰度表达的基因和特殊条件下诱导表达的基因有时难以捕获，为弥补不足，必须开展基因组测序，通过分析基因组序列从而获得基因组结构的完整信息。

序列图谱（sequence map），人类基因组计划的最终目标之一，即人类基因组核苷酸序列图，是人类基因组在分子水平上最详尽的物理图。序列图谱的绘制是在遗传图谱和物理图谱的基础上，通过大规模测序而获得的。

2.功能基因组学

功能基因组学，一般又被称为后基因组学，它是在结构基因组学提供的信息和产物基础上，运用高通量的实验分析方法并结合统计和计算机分析在基因组或系统水平上全面地分析基因表达、调控与功能，使生物学研究从以单一基因或蛋白质的研究转向以多基因或多个蛋白同时系统的研究。功能基因组学是后基因时代研究的核心内容，它代表基因组分析的最新阶段。

功能基因组学研究主要包括以下几个方面：

（1）全长cDNA克隆与测序；

（2）基因功能研究，包括生化功能、细胞功能和发育功能等；

（3）突变体库的构建；

（4）基因组的表达及时空调控；

（5）高通量的遗传转化系统；

（6）蛋白质组与蛋白质组学。

随着功能基因组学研究内容的不断扩大，针对相应研究内容的技术也应运而生。这些技术包括基因表达的系统分析，微阵列分析，反义RNA和RNAi，基因敲除和基因陷阱，蛋白质组的分析，生物信息学分析及功能基因组系统学等。由于每种技术都有其局限性，单独运用一种技术将无法真正获知所感兴趣基因的功能，必须综合利用这些技术，才会使基因功能研究获得更好的阐明。

随着模式植物拟南芥、水稻和其他植物基因组测序的完成，在公共数据库内积累了大量的基因序列信息，获得了很多与植物重要生物学过程相关联的功能基因，以此为基础，运用功能基因组学研究技术进行研究，将为植物功能基因组学研究提供必要的支撑。功能基因组学研究不仅使我们了解了基因的功能，还将有助于我们利用这些研究成果定性地对生物进行改造，使其更好地服务于社会。

3.比较基因组学

比较基因组学是基于基因组图谱及测序，对已知的基因组和基因的结构进行比较，以便了解基因、基因家族的功能、表达机理及物种进化的学科。比较基因组学的研究方法有两大支柱：比较作图和比较生物信息学。其基本方法为先用相同的一套 cDNA 探针对不同物种进行作图，再用生物信息学的方法进行分析。通过对不同亲缘关系物种的基因组序列进行比较，能够鉴定出编码序列、非编码调控序列及给定物种独有的序列。而基因组范围之内的序列比对，可以了解不同物种在核苷酸组成、同线性关系和基因顺序方面的异同，进而得到基因分析预测与定位、生物系统发生进化关系等方面的信息。

人类基因组计划中，通过对人类与其他生物在全基因组水平基因分布的异同和相互关系的比较，深入探讨自然史中生物的演化过程和亲缘关系、演化过程中基因的功能转变、生物多样性产生机制，以及人类基因来源和生理功能等系列遗传问题。人类基因组计划开展的同时，模式生物基因组计划也获得开展，其目标就是利用比较基因组学方法对模式生物基因组和人类基因组之间编码顺序和结构的同源性进行比较，以便通过单一或者简单的模式生物来阐明高等生物的基因组在结构、功能及物种进化的内在关系，克隆某些致病基因，揭示基因功能和致病分子机制，阐明物种进化关系及基因组内在的结构。人类的首批"模式生物"为大肠杆菌、酵母、线虫、果蝇和小鼠。利用比较基因组学，通过模式生物基因组研究，揭示了部分人类疾病基因的功能，并根据同源性克隆获得致病基因。另外，通过比较作图分析复杂形状，加深了对基因结构的认识。利用人类在进化上与模式生物的亲缘关系，比较其基因组间的相似和差异，是比较基因组学研究的主要内容之一。

对小麦、玉米、水稻、高粱、大麦、黑麦、粟、燕麦、甘蔗等禾本科主要作物间进行大量的比较发现，这些作物的基因组存在高度的保守型，且染色体共线性片段和基因的同源性也广泛存在。这些研究成果将进一步发展和丰富人类对自然和环境的认识，使人们对遗传研究和作物改良的思路及策略产生变化。比较基因组学把不同学科、不同的生物种类联系在一起，将基础研究和应用研究联系起来。跨界、属、种的基因组比较对我们了解基因及基因组的结构、基因功能与机构关系及 DNA 变化导致生物多样性等具有重要意义。

四、基因组学在农业中的运用

人类基因组计划的实施及完成，引起了人们极大的关注，但随着人们对食品和可再生资源的需求的不断增长，植物基因组学尤其作物基因组学的研究也越来越得到重视。作物中，小麦、玉米、水稻、番茄等基因组测序相继展开和完成，使人们基于基因序列开发出新的基因标记，丰富了作物分子标记来源，促进了分子标记应用。大量作物基因组数据库也提供了丰富的遗传信息资源，为作物适应各种生态环境、发掘抗逆新基因及探究抗逆性反应机理研究提供了线索和启示。各种作物基因组计划实施后，各国科学家已经克隆出大量的控制作物重要农艺性状的功能基因，为培育高产优质、抗逆和营养的作物提供了坚实的基础。

第二节　基因克隆及功能验证

一、基因克隆概念及步骤

基因是具有遗传学效应的DNA或者RNA片段，甚至是蛋白。基因组学的发展为人类提供了大量的基因组信息，而功能基因组学主要研究目标也是进行基因组功能注释。在研究基因功能之前，需要分离、克隆目的基因。分离与克隆目的基因是进行基因结构、基因功能和表达调控研究的基础，因而，基因克隆是生命科学研究的一个重点。由于基因组计划耗费的人力、物力和财力都是巨大的，所以并非每一种生物都要拿来测序，因此，利用基因克隆技术将会使人们更经济实惠地获得有利的基因。

1969年，美国哈佛大学的R. Backwith博士所领导的研究小组应用DNA杂交技术成功地分离了大肠杆菌的β-半乳糖苷酶基因，开创了基因分离的成功先例，从而激发了人们从不同角度分离基因的积极性。1972到1973年，以H. Boyer和P. Berg等人为代表的科学家在基因分离技术的基础上发展了有关重组DNA的技术。P. Berg及其同事于1972年用EcoR I切割SV40的DNA和λphage的DNA，并将它们连接获得第一个重组DNA分子。该工作只是在化学水平实现基因重组，并未进行生物学意义上的可遗传性和可增殖性验证，但他们的工作拉开了DNA重组工作的序幕。后来，H. Boyer等科学家在1973年完成重组质粒转化大肠杆菌的试验，完成第一个基因克隆，由此宣告基因克隆技术的诞生。

克隆（clone），作名词使用时表示从一个共同祖先无性繁殖下来的一群遗传上相同的DNA分子、细胞或个体所组成的特殊群体；作动词使用时，指产生这一群体的过程。基因克隆，也称分子克隆（molecular cloning），是指在体外，通过分子生物学的方法将各种来源的目的基因与运载载体重组在一起，然后导入受体细胞，筛选出含目的重组体的转化子细胞，使目的基因在受体细胞中得到扩增（或表达）并提取获得，从而达到对目的基因的生物学特性进行研究的技术方法。概括地讲，基因克隆包括以下几个步骤：

（1）选取用于基因克隆的DNA材料及采用各种方法分离获得带有目的基因的DNA片段：从复杂的生物体基因组中，经酶切和PCR扩增等步骤，分离出带有目的基因的DNA片段，获得所需的基因；或者从特殊材料中提取所需基因的mRNA后，经反转录获得所需要的基因；或者根据基因所含的遗传密码及排列顺序，用化学方法人工合成所需基因。

（2）在体外，将带有目的基因的外源DNA片段连接到载体分子上，构建成重组DNA分子。基因载体具有自我复制能力，经处理后，能与外来基因相结合。目前基因载体主要有两大类，一类是病毒（包括噬菌体），一类是质粒。

（3）将重组DNA分子转移到适合的宿主细胞：重组DNA分子是带有目的基因运载体。用转化或者转导法将重组DNA分子转到适当的受体细胞内，使它们通过自体复制和增殖，从而扩增产生大量特定目的基因。

（4）从细胞繁殖群体中筛选出带有重组DNA分子的受体细胞克隆。

（5）培养克隆筛选出的受体细胞，从受体细胞内提取扩增的重组质粒，并对扩增的目的基因进行鉴定。

（6）将目的基因克隆到合适的表达载体上，再次导入宿主细胞，经过反复筛选、鉴定和测定分析，最终获得高效、稳定的基因工程细胞。

（7）大量培养繁殖筛选得到的基因工程细胞，或直接分离纯化获得的外源基因表达产物，或者利用基因工程细胞对其他物种进行改造。

二、基因克隆的技术特点

基因克隆技术与传统技术相比较，具有如下特点：

（1）基因克隆技术能在极端错综复杂的生物体内获得所需基因，并且能人为地在体外对目的基因进行剪切、拼接、重组并转化进体细胞，经过无性繁殖可以获得基因产物。

（2）利用克隆技术可以在动植物及微生物间进行任意的、定向的远缘杂交。基因克隆技术完全有可能创造出具有新遗传性状的生物。

（3）基因克隆技术可以根据人们的意愿进行设计和控制。基因克隆技术不但可以预知基因的改变，还可以及早纠正，有计划、有目的地进行基因构建。因此，基因克隆技术运用于育种可以控制风险。

三、基因克隆常用的工具酶

在基因克隆过程中，涉及基因的合成、切割、重组及修饰，在这些过程中，需要各种酶的参与。可以说，基因克隆技术的建立和发展是以各种核酸酶的发现和应用为基础的。目前，已经知道的工具酶种类繁多，功能各异，这里主要对聚合酶、内切酶、连接酶和修饰酶等几种常用的工具酶做下介绍。

1. DNA和RNA聚合酶

DNA聚合酶最早被发现于大肠杆菌中，它们具有在引物存在条件下，以DNA为模板，沿5′到3′方向，催化合成DNA的功能。目前，常用的DNA聚合酶有大肠杆菌DNA聚合酶I（全酶）、Klenow酶、T4 DNA聚合酶、Taq DNA聚合酶及反转录酶等。DNA聚合酶具有的共同特点为：不能起始新的DNA链的合成，需要模板和引物，它们催化脱氧核糖核苷酸加到双链DNA引物链的3′-OH末端上，催化脱氧核糖核苷酸的聚合，合成新的DNA链。

目前，从大肠杆菌获得三种不同类型的DNA聚合酶，即DNA聚合酶Ⅰ、DNA聚合酶Ⅱ和DNA聚合酶Ⅲ。DNA聚合酶Ⅰ和DNA聚合酶Ⅱ被认为在大肠杆菌中主要是参与DNA的修复，而DNA聚合酶Ⅲ则是与DNA复制有关。在基因克隆中主要使用的是DNA聚合酶Ⅰ。DNA聚合酶Ⅰ是由大肠杆菌polA基因编码的单链多肽，相对分子质量为109 kD。它具有三种不同催化活性，即5′-3′聚合酶活性、5′-3′外切酶活性和3′-5′外切酶活性。DNA聚合酶Ⅰ主要用途是通过DNA端口平移制备用于核酸杂交分析的DNA探针和对DNA分子的3′突出末端进行标记。

Klenow酶是大肠杆菌DNA聚合酶Ⅰ经枯草杆菌蛋白酶处理产生的大片段，它的相对分子质量为76 kD。与大肠杆菌DNA聚合酶Ⅰ相比，Klenow酶缺少了5′-3′外切酶活性，保留了5′-3′聚合酶活性和3′-5′外切酶活性。

在基因克隆中，Klenow酶的主要作用为：

（1）补平限制性内切酶切割DNA形成的3′末端；

（2）对DNA片段3′凹端进行放射性标记；

（3）合成cDNA第二链；

（4）用于Sanger双脱氧末端终止法中的DNA测序；

（5）用于体外诱导突变；

（6）也可用于PCR反应，进行体外扩增DNA序列。

T4 DNA聚合酶来源于T4噬菌体感染的大肠杆菌，由噬菌体基因43编码，相对分子质量为114 kD。该酶与Klenow酶功能相似，具有5′-3′聚合酶活性和3′-5′外切酶活性，但其3′-5′外切酶活性比Klenow酶强200倍，且外切酶活性对单链DNA的降解速度比降解双链DNA快得多。

T4 DNA聚合酶在基因克隆中的主要用途为：

（1）补平或标记由限制性内切酶酶切产生的3′凹端；

（2）对平末端或带有3′突出端的DNA分子的末端进行标记；

（3）利用T4 DNA聚合酶强大的3′-5′外切酶活性，使3′突出末端平端化；

（4）定点突变中第二联的合成及不依赖于连接反应的PCR产物克隆；

（5）通过置换反应制备高比活的DNA杂交探针。

Taq DNA聚合酶是一种耐热的DNA聚合酶，它最初是从嗜热真菌（Thermus aquaticus）中分离获得，相对分子质量为6500 D。目前市售用于体外PCR扩增特定DNA序列的Taq DNA聚合酶是在大肠杆菌中表达的重组蛋白。Taq DNA聚合酶由于能耐受高温，因此把它用于聚合酶链式反应（polymerase chain reaction，PCR）对DNA的特定片段进行体外扩增。在PCR过程当中，由于Taq DNA聚合酶在变性过程中不会失活，可直接进入下一轮循环，使它取代早期使用的Klenow酶，成为PCR中不可缺少的工具酶。Taq DNA聚合酶虽具有5′-3′聚合酶活性，可是缺少3′-5′外切酶活性，因而不具有校正功能，导致扩增产物在序列上可能存在错误碱基，但错配效率大大低于正确配对的DNA序列，故对大量PCR产物分析不会引起太大的问题。后来，人们又发现一些极端耐热的DNA聚合酶，其中有的性能已经超过Taq DNA聚合酶，且具有3′-5′外切酶校正功能。

反转录酶（reverse transcriptase）是依赖于RNA的DNA聚合酶。目前，已从多种RNA肿瘤病毒中分离到反转录酶，但使用最普遍的是来源于Moloney鼠白血病病毒（M-MLV）的反转录酶和鸟类骨髓母细胞瘤病毒AMV的反转录酶。反转录酶具有5′-3′聚合酶活性和RNaseH活性。反转录酶的聚合作用所需模板可以是RNA，也可以是DNA，引物是带3′-OH的RNA或DNA。RNaseH活性可以特异性地降解反转录酶催化合成的RNA-DNA杂交链中的RNA链。

反转录酶是基因克隆中一种重要的酶，其主要用途为：

（1）构建cDNA文库和基因克隆；

（2）以单链DNA或RNA为模板合成核酸探针；

（3）代替其他酶，用于DNA测序。

RNA聚合酶的作用是转录产生RNA分子，需要DNA模板，但无需引物。基因克隆中使用的RNA聚合酶主要有三种：来源于SP6噬菌体感染的鼠伤寒沙门氏菌LT2菌株的SP6噬菌体RNA聚合酶；来源于T7噬菌体感染的大肠杆菌的T7噬菌体RNA聚合酶；以及来源于T3噬菌体感染的大肠杆菌的T3噬菌体RNA聚合酶。这三种RNA聚合酶都需要相应的特异性启动子，可以在体外大量合成与外源DNA一条链互补的RNA分子。

2.限制性内切酶

限制性内切酶是一类能识别双链DNA分子中某一特定核苷酸序列，并能切割核酸分子内部磷酸二酯键的核酸内切酶。限制性内切酶最先从原核生物内发现，并从中分离纯化而来。

限制性内切酶的命名原则由H. Smith和D. Nathams于1973年提出，1980年Roberts对其进行了系统分类，在实际应用中又进一步简化成目前的命名方法，其命名规则为：限制酶第一个字母（大写，斜体）代表该酶来源微生物的属名；第二、三个字母（小写、斜体）代表微生物种名；第四个字母代表宿主菌的株或型；如果从同一种菌株内发现几种限制酶，则根据发现和分离的先后顺序用大写的罗马数字表示。

根据催化条件、识别和切割位点以及是否具备修饰酶活性等特点，限制性内切酶分为Ⅰ、Ⅱ、Ⅲ型酶。Ⅰ型酶具有特异的识别位点，但无特异的切割位点，且切割是随机的，故此类酶酶切后不能产生特异性DNA片段。Ⅱ型酶就是通常所指的DNA限制性内切酶，这类酶种类较多。Ⅱ型酶通常以同源二聚体形式存在，且其核酸内切酶活性和甲基化作用活性是分开的，它能识别双链DNA的特殊序列，并在这个序列内进行切割，产生特异的DNA片段。Ⅲ型酶数量较少，这类酶有特异的识别位点，但其切割点在识别位点序列外24～26 bp处，切割后也不能产生特异性的DNA片段，故在基因克隆中作用不大。

3.DNA连接酶

连接酶是基因克隆中必需的一类酶，当进行重组时，连接酶催化两个片段相邻的5′端磷酸基与3′端羟基之间形成的磷酸二酯键，形成重组核酸分子。在基因克隆中使用的DNA连接酶有T4噬菌体DNA连接酶和大肠杆菌DNA连接酶两种。

T4噬菌体DNA连接酶是从T4噬菌体感染的大肠杆菌中分离获得，是一种单链多肽酶，相对分子质量为68 kD。T4噬菌体DNA连接酶催化活性需要Mg^{2+}作为辅助因子和ATP提供能量。T4 DNA连接酶连接效率高，既可用于黏性末端连接，也可用于平末端连接，但是平末端连接效率比黏性末端连接效率低得多。平末端连接需要在10～20 ℃进行，且需较高的ATP和T4 DNA连接酶浓度，而黏性末端连接一般在16～26 ℃进行。大肠杆菌DNA连接酶来自大肠杆菌，是相对分子质量为75 kD的多肽链，催化需要NAD^+作为辅助因子。该酶只能连接黏性末端DNA片段，不能连接平末端DNA。

4.DNA修饰酶

在基因克隆操作中，还可以用一些其他的酶对DNA或RNA进行修饰，以利于克隆的进行。如碱性磷酸酶可以特异地切除DNA或RNA 5′末端的磷酸基团，防止载体自身环化；多聚核苷酸激酶可以催化人工合成的多核苷酸3′-羟基末端的磷酸化，为连接反应提供磷酸基团或用于寡核苷酸探针的末端标记；核糖核酸酶和脱氧核糖核酸酶在重组DNA时用于消除RNA和DNA的污染；末端脱氧核苷酸转移酶能够催化一种或多种核苷酸连接到DNA片段的3′-羟基末端形成同尾酶，而用于寡核苷酸探针的末端标记。

四、基因克隆的载体

各种工具酶的发现和应用解决了DNA体外克隆和重组的技术障碍，但是获得基因还必须回到细胞内才可以进行复制与表达，因为DNA片段在体外不具备自我复制的能力。

克隆的外源基因若想进入生物细胞进行复制与表达，需要运载工具——载体（vector）。载体就是携带外源DNA进入宿主细胞，并在宿主细胞内进行无性繁殖或表达的小分子DNA。载体按照功能可以分为两大类：克隆载体和表达载体。克隆载体用于在宿主细胞内克隆和扩增外源DNA片段；表达载体用于在宿主细胞内获得外源基因的表达产物。载体由不同的元件组成，它们分别来自细菌质粒、噬菌体DNA或病毒DNA等。按照载体基本元件来源，载体又可以分为质粒载体、噬菌体载体、病毒载体和人工染色体载体等类型（表2-1）。

表2-1 载体的种类和特征

载体名称	受体细胞	结构	插入片段	举例
质粒	E.coli	环状	< 8 kb	pUC18/19，T-载体等
λ噬菌体	E.coli	环状	9～24 kb	EMBL系列λgt载体
丝状噬菌体及噬菌粒	E.coli	环状	< 10 kb	M13mp系列
黏粒载体	E.coli	环状	35～45 kb	PCYPAC1
BAC (Bacterial Artificial Chromosome)	E.coli	环状	≈300 kb	
PAC (P1-derived Artificial chromosome)	E.coli	环状	100～2000 kb	
YAC (Yeast Artificial chromosome)	酵母细胞	线性染色体	100～2000 kb	
MAC (Mammalian Artificial Chromosome)	哺乳类细胞	线性染色体	> 1000 kb	SV40、昆虫杆状病毒载体
病毒载体	动物细胞	环状		pSVK3质粒，PBV，Ti质粒
穿梭载体	动物细胞和细菌	环状		

作为基因工程的载体，必须具备如下性能：

（1）分子较小，能独立于染色体进行高效自主复制；

（2）具备尽可能多的单一的酶切位点，以便连接、插入进所克隆的DNA片段；

（3）有一个或多个标记，易于选择；

（4）构建进外源DNA插入后，载体的复制不受影响；

（5）本身对受体细胞无害，及能接纳大的外源DNA片段；

（6）有时要求载体具有促进外源性DNA表达的调控区，能启动外源基因进行转录及表达；

（7）生物防护安全，载体不会随便转移，不污染环境。

1.质粒载体

质粒是存在于细菌细胞质中，独立于染色体之外，具有自主复制能力的遗传成分。除了极为罕见的线性质粒和RNA质粒外，多以环状双链形式存在。质粒结构比病毒还简单，既没有蛋白质外壳，也没有细胞外生命周期，但是它能在宿主细胞内独立繁殖，并随宿主细胞的分裂遗传下去。质粒不是宿主细胞生长所必需的，但是它可以赋予宿主细胞抵抗外界不利因素的能力。质粒载体是以细菌质粒的基本元件为基础构建而成的基因工程载体，是基因克隆中不可缺少的载体。

质粒的分子大小不等，小的只有2～3 kb，大的可以达到数百千碱基，差距可达上百倍。每个质粒都有一段起始位点序列，有助于质粒DNA在宿主细胞内独立自主地进行复制，并在细胞分裂时传到子代细胞。在体内，质粒DNA具有三种构型：共价闭合环形DNA（cccDNA），即SC型质粒，这样的质粒保持着完整的环形结构，呈超螺旋的SC构型；开环DNA（ocDNA），即OC构型，这类构型的质粒的一条链保持完整的环形结构，另一条链存在缺口；线性分子（cDNA），通称L构型，这类质粒的双链断裂。不同构型的同一种质粒DNA在琼脂糖凝胶电泳中，具有不同的电泳迁移率，最前沿的为scDNA，LDNA其次，ocDNA最后。

根据质粒DNA复制与宿主间的关系，可将质粒分为"严紧型"复制控制的质粒和"松弛型"复制控制的质粒两种。"严紧型"质粒的复制受到宿主DNA复制的"严格控制"，二者紧密关联，故在宿主细胞内质粒拷贝数较少，通常为1～3个。"松弛型"质粒受到的控制比较松，通常具有较高的拷贝数，一般每个细胞内可以有10～200个，甚至可达700多个。

根据质粒分子遗传特性的不同，质粒也可以分为接合型质粒（自我转移质粒）和非接合型质粒（不能自我转移质粒）。接合型质粒除了带有自我复制的遗传信息外，一般还带有tra基因或者其他协助质粒转移的基因，在培养过程中，可以从一个细菌传递到其他细菌；非接合型质粒仅带有自我复制的遗传信息，不具有辅助转移的基因，不能自主地在细菌间转移，但在一些情况下，两种质粒共存于同一细菌时，非接合型质粒可以和接合型质粒一起在菌间转移。

两种亲缘关系密切的质粒在没有选择压力的情况下，不能长期稳定地共存于同一细胞内，这一现象成为质粒不相容性。反之，两种质粒可以长期稳定存在于同一细胞内，能够一起复制并共存的现象称为质粒的相容性。质粒复制过程中质粒不相容性有时存在，但是大部分都表现为质粒相容性，已有结果表明，大肠杆菌中可以同时存在七种质粒。目前，质粒不相容性机制还不清楚，但一般认为，具有相同和相近复制起始点是质粒不相容的一个原因。相容质粒可能是因为具有不同的复制系统，在复制过程中不存在竞争。

质粒家族庞大，种类繁多，但是都具遗传物质传递和交换能力。天然质粒是指没有经过人为体外修饰改造的质粒。大肠杆菌中，常见用于克隆的天然质粒有RSF2124、pSC101和ColE1等，其中pSC101是第一个用于基因克隆的天然质粒。由于天然质粒存在不同程度的局限性，所以人们为了更好地利用质粒，以天然质粒元件为基础，重新组建了人工质粒。一般说来，理想的用于克隆的质粒载体分子量相对较小，具有有效的复制起点，具有多克隆位点，带有便于筛选的抗性基因等特点。

在基因克隆中，目前应用的质粒载体为：

（1）质粒克隆载体pBR322质粒、pUC18/19质粒、pGEM-T、pGEM-T Easy载体、pSP64和pSP65质粒载体等；

（2）质粒表达载体pBV220载体、pET载体、融合蛋白表达载体pGEX载体和非融合型表达蛋白载体pKK23-3载体；

（3）穿梭质粒载体，有人工构建的具有两种不同复制起点和选择标记，可在两种不同寄主细胞内存活和复制的质粒载体。

2.噬菌体载体

噬菌体是细菌病毒的总称，即感染细菌的病毒，它们的结构与细菌或真核生物相比显得十分简单，但比质粒复杂得多。噬菌体DNA分子中，除具有复制起点外，还有编码外壳蛋白的基因。噬菌体严格依赖细菌宿主细胞的生长和繁殖，离开宿主细胞尽管可以生存，但是不能生长和复制。噬菌体基因组大部分是双链线性DNA，少数为单链环形、单链线性DNA及单链RNA等形式存在。

噬菌体的生命周期分为溶菌周期和溶源周期两种不同类型。溶菌周期是指噬菌体吸附寄主表面，注入DNA，使DNA在宿主体内复制及蛋白质合成，并组装成自带噬菌体颗粒，最后导致寄主细胞破裂，释放子代溶菌体颗粒。溶源周期是指噬菌体DNA整合到寄主染色体中，成为它的一部分。只具有溶菌周期的噬菌体称为烈性噬菌体，具有溶源周期的噬菌体称为温和噬菌体。

由于噬菌体载体不会由于外源插入片段过大导致不稳定或转化效率下降，所以利用噬菌体载体可以有效地克隆较大的DNA片段，利于DNA文库和cDNA文库的构建。天然存在的噬菌体质粒往往也存在限制酶切位点过多等问题，所以在天然噬菌体载体结构基础上构建了多种噬菌体载体。目前应用比较广泛的噬菌体载体有λ噬菌体载体、Charen噬菌体、柯斯质粒载体、M13单链噬菌体载体、噬菌粒载体和噬菌体–质粒杂合载体等。

3. 酵母载体

酵母载体是指可以携带外源基因在酵母细胞内保存和复制，并随酵母分裂传递到子代细胞的DNA或RNA单元。酵母质粒是由Sinelari于1967年在啤酒酵母中首次发现的，因其长度为2 μm，故被称为2μ质粒。酵母质粒载体有克隆载体和表达载体，但由于酵母内克隆不及在大肠杆菌中克隆，故常构建穿梭载体，以实现在大肠杆菌中克隆，酵母内表达。常用的酵母质粒载体有Yip型载体、YRp型载体、YCp型载体、YEp型载体等。

除了上述酵母质粒载体，人们还用人工方法按酵母染色体不可缺少的主要片段组建了酵母人工染色体（yeast artificial chromosome，YAC），用于在酵母细胞中克隆外源DNA大片段。

YAC的基本结构是：

（1）着丝粒，它负责在细胞分裂过程中染色体在各子细胞中的正确分配；

（2）端粒，位于染色体末端，利于染色体末端完全复制和防止染色体被核酸外切酶降解；

（3）自主复制起始序列，类似于质粒复制起点；

（4）筛选标记，用于在酵母中鉴别筛选；

（5）限制酶切位点，便于外源DNA插入。YAC主要用来构建基因文库，特别是利用其构建高等真核生物的基因组文库。

五、基因克隆的主要方法

目的基因是指要研究其生物学功能的一段编码特定蛋白的DNA序列。在基因克隆中，首先需要利用分子生物学技术，将目的基因从染色体上分离出来，获得基因序列并构建到载体上。一般来讲，基因克隆的策略可分为两种途径：正向遗传学途径和反向遗传学途径。正向遗传学途径以克隆的基因所表现的功能为基础，通过基因的表达产物或表型性状鉴定进行克隆，如功能克隆和表型克隆等；反向遗传学途径则是着眼于基因本身特定的序列或者在基因组中的特定位置进行克隆，如定位克隆、同源序列法克隆等；随着DNA测序技术和生物信息学的进一步发展，又产生了电子克隆等新兴克隆技术。简单地说，正向遗传学是从表型变化到基因变化，而反向遗传学则是从基因变化研究表型变化。目前，在农业生物技术领域，已经从玉米、水稻、油菜、小麦、拟南芥、烟草、番茄等多种植物与动物及微生物中克隆得到了许多与植物的产量、品质、抗性及农艺性状等相关的基因。

1. 功能克隆

利用蛋白质的表达和功能信息分离鉴定出未知基因的方法称为未知基因的功能克隆（functional cloning）。功能克隆法是根据性状的基本生化特征，鉴定已知基因的功能后分离目标基因的一种方法，该法是人类采用的第一个基因克隆策略。其基本过程为：分离纯化感兴趣的蛋白质并测定部分氨基酸序列，设计相应的抗体待用；分离可能含有该蛋白的组织，提取 RNA 和 mRNA 进行体外翻译，在蛋白合成过程中，加入已制备的抗体，此时正在合成的该蛋白连同其模板 mRNA 一同被沉淀；用蛋白酶消化沉淀中的蛋白质得到 mRNA，进行反转录得到 cDNA，进行测序获得要克隆的基因编码序列。如果用功能克隆同源基因，其基本过程为：根据已知序列制备核苷酸探针或者蛋白抗体，杂交筛选 cDNA 文库或基因组文库，或者使用相应蛋白的抗体探针，筛选表达载体构建的 cDNA 文库获得相应克隆，对选中的克隆进行测序，获得目的基因序列。功能克隆的关键在于需要先分离出纯度高的蛋白质，测定其部分氨基酸序列或得到相应抗体；其次构建 cDNA 文库或者基因组文库。

由于在不同发育阶段、不同环境条件、不同细胞类型内蛋白质种类不完全相同，所以在定位克隆产生之前运用功能克隆所获得的基因相对较少。但是由于功能克隆技术成熟、方法直接、费用较低，其在基因克隆中仍发挥着重要作用。王春香等从感病的烟草叶片中分离得到了马铃薯 X 病毒（PVX），克隆了马铃薯 X 病毒外壳蛋白基因，并将这个基因转到马铃薯中，以获得抗 PVX 的马铃薯栽培种。Li L G 等通过功能克隆的方法，从拟南芥中克隆到一个解毒外运载体蛋白基因 AtDTX1，并发现了一个包括至少 56 个相关蛋白的基因家族。舒群芳等构建天麻 cDNA 文库，用纯化的蛋白质探针免疫筛选，克隆获得了天马抗真菌的 cDNA，为农业抗真菌工程打下了基础。

2. 图位克隆

图位克隆（map-based cloning），又称定位克隆，是由剑桥大学的 Alan Coulson 于 1986 年首先提出，该方法是根据目标基因在染色体上的位置进行基因克隆，既不需要预先知道基因的 DNA 序列，也无需先知道其表达产物的相关信息。其基本思路为：1）根据功能基因在基因组中具有相对稳定的基因座，首先利用分子标记技术将目的基因精确定位在分子标记连锁图上；2）用与目的基因两侧紧密连锁的标记筛选大片段 DNA 文库（如 YAC、BAC、TAC、PAC 或 cosmid 文库），并构建含目的基因区域的精细物理图谱；3）利用该物理图谱采用染色体步行（chromosome walking）的方法逐步逼近候选区域，若侧翼标记与目的基因连锁十分紧或共分离，无须步移就可直接通过染色体登录的方法，获得含目的基因的大片段克隆；4）将大片段克隆做亚克隆分析或以大片段克隆做探针筛选 cDNA 文库，从而将目的基因确定于一个较小的 DNA 片段上；5）进一步做序列分析，通过遗传转化和功能互补分析，鉴定所获得的目的基因。

图位克隆首先是在分离动物基因上获得成功，后来利用此技术在植物拟南芥中克隆得到 ABI3 基因和 FAD3 基因。后来，植物中运用图位克隆技术，从拟南芥、水稻、番茄、大麦、小麦、甜菜、马铃薯等植物中分离了几十个重要的基因，并以抗病基因的克隆居多，如番茄的 Mi 基因、Pto 基因、Hero 基因，马铃薯的 Gpa2 基因，拟南芥的 RPW8 基因、PBS1 基因、Rpp13 基因，水稻的 Ghd7、RIDI、Pib 等基因。近年来张启发领导的"基因组研究与水稻遗传改良"国家创新团队利用此方法相继分离克隆出同时控制水稻株高、抽穗期和每穗粒数的基因 Ghd7 和控制水稻籼粳不育和广亲和性状的主效基因 S5，以及调控水稻开花时间、影响其生长周期的 RID1 基因，使水稻功能基因组研究领域取得重大突破。

理论上讲，图位克隆适用于一切基因，但是由于图位克隆依赖于高密度的分子标记连锁图谱，其对基因组大而且重复性多，又难于构建高密度分子标记连锁图谱的小麦、玉米等植物来说，要相对困难得多。但是随着基因组学的发展，人们开始利用图谱饱和的生物学信息服务于其他生物，可以利用同科异种间染色体共线性或同线性进行比较作图。这些进展不但为图位克隆创造了条件，也扩展了图位克隆的应用范围。

3.转座子标签法

目前研究发现，可移位遗传因子是核基因组的重要组成部分，大致可分为两类：转座子和反转录转座子。转座子（transposon）是可以从染色体的一个位置转移到另一个位置的 DNA 片段，最先在玉米中被发现，后来研究表明，转座子在基因组中普遍存在，且在生物功能基因的克隆、遗传调控、新型功能基因的发生、生物系统发育与进化等方面具有重要作用。反转录转座子的移位是染色体基因组上的一段 DNA，经转录成 RNA，再反转录成 DNA，从而移位到基因组的另一位置。

转座子可以在染色体上随机地转移位置，且在转座过程中原位置的 DNA 片段并未消失，发生转移的只是转座子的拷贝，它也可以从染色体的插入部位切离。当转座子随机插入到染色体的基因组中导致基因结构变化，导致基因失活，从而产生突变基因型，而当转座子切除时，失活的目的基因又恢复活性。转座子标记法（transposon tagging）克隆基因是基于转座子序列的特点而进行的，当转座子插入导致基因失活或突变时，实际上就是给目的基因标记了序列已知的标签。转座子标签法的基本过程：首先将转座子和抗性筛选基因连接构建到质粒载体上，通过有效的转化途径转化目标植株，筛选阳性植株并自交获得双隐性突变个体，分析获得不同的突变转基因株系，最后分离与突变有关的目的基因。目前，在植物中利用的转座子有玉米的 Ac/Ds、En/Spm 及金鱼草的 Tam3 等，其中 Ac/Ds 应用最为广泛。

转座子标签法是挖掘、克隆未知基因的有效方法之一，其优点有：

（1）由转座子插入引起的突变会随着转座子的切离而恢复；

（2）转座子在染色体上的位置一旦确定，与其连锁的突变基因的相对位置就很容易被确定；

（3）转座子导入目标植物，可以得到较大的含不同插入位点的转座子群体；

（4）转座子异源导入不受转化条件限制。

目前，利用转座子标签法分离到植物未知功能基因的报道较多。利用转座子标签法克隆到的第一个基因是玉米的 brone 基因。Johal 和 Bridgs 利用此法克隆到玉米的抗圆斑病基因 HML。另外，番茄中的抗叶霉病的 Cf-9 基因、亚麻抗锈病基因 L6、烟草抗花叶病毒基因等都是用此方法克隆获得的。

4.差异表达基因克隆技术

高等真核生物所有生命过程，都会通过基因表达的质和量体现出来，因此分离和克隆相关基因是了解生命活动的基础。早期人们开发出差别筛选技术和扣除杂交技术，但是由于它们灵敏度低、成本高等缺点，现已逐步被淘汰。在此基础上，人们又先后建立起mRNA差异显示法（DDRT-PCR）、代表性差异分析法（RDA）及抑制性扣除杂交（SSH）等方法，同时，cDNA微阵列和基因芯片技术也应运而生。

差异表达基因克隆技术的方法比较多，但它们都有自己的独特的优点和局限性，将不同的方法有效地结合起来，将会更具有价值。目前，通过运用差异表达基因分离技术的各种方法，已经鉴定、克隆出JPRXY1、DLM-1及CLUL1等基因。

5. 同源序列法

随着对基因认识的深入，人们发现在基因组中存在很多具有高度同源区域的基因，这些基因可以构成一个基因家族。同源克隆就是根据基因家族成员间具有保守氨基酸序列，设计简并引物，利用该引物对目的基因的cDNA文库或DNA文库进行扩增，对产物进行分离鉴定和功能分析，以此获得目的基因；或者根据保守域的序列设计并合成探针，然后从cDNA文库或者基因组文库中筛选到目的基因的克隆

同源序列法提出后，引起学者的广泛重视，利用该法已经从水稻、小麦、拟南芥、番茄、大豆、烟草中分离到许多与已知基因同源的序列。张晓国等以水稻总DNA为模板，扩增得到水稻的花药特异表达基因的启动子Osg6B。Santy等通过设计简并引物，从野生抗病香蕉中扩增得到了5类NBS序列，并利用RT-PCR进行了表达分析。

虽然此方法简便快速，但以下问题值得注意：

（1）由于密码子的简并性和同源序列间同源程度的差异，简并引物需要优化，特异性要设计得当。

（2）由于某些同源序列并不专属于某一基因家族，因而扩增的同源序列不一定属于某一基因家族成员。

（3）基因家族成员往往是成簇存在的，克隆得到的基因片段是否为目的基因需要进一步判断。因此，获得的克隆产物，有必要进行基因与性状共分离分析，插入失活或遗传转化等功能鉴定和验证基因。

6. 电子克隆

电子克隆（electronic cloning），又称芯片克隆或网上克隆，是以计算机和互联网为工具，数学算法为手段，利用生物信息学方法，依托现有的网络资源，通过表达序列标签或基因组的编码序列组装与拼接，发掘新的基因。目前，随着生物信息数据库的不断完善，电子克隆已是克隆新基因的主要手段之一。

电子克隆基因的主要步骤是：

（1）用感兴趣的基因或同源的EST为查询序列，采用Blast在对应的EST数据库进行同源性检索，获得与起始查询序列有重叠的片段（重叠40个碱基范围内超过95%以上同源性）或同源性高的ESTs（同源性50%～80%的长度大于100 bp）；

（2）聚类分析，除去旁系同源基因，将剩余检出序列拼接组装为序列重叠群；

（3）以上一步骤获得的重叠群再次进行Blast检索，重复进行上述两步过程，直到没有更多的EST检出或者重叠群序列不能再获得延伸；

（4）PCR扩增获得拼接片段，继续步移，获得候选基因的全长cDNA序列；

（5）将获得的cDNA序列与核酸数据库进行相似性检索，检测所得的序列是已知基因

还是未鉴定新基因或未知基因;

（6）新基因和未知基因的生物学功能研究及基因注册。

与传统基因克隆相比，电子克隆具有速度快、投入低、技术要求低和针对性强等优点。黄骥等用来源于水稻盐胁迫 cDNA 文库中的 ESTS121 为探针，搜索水稻 EST 库，发现了 2 个 EST 序列与 ESTS121 序列有部分一致，经拼接获得一个 886 bp 的 cDNA 全长序列，并克隆得到 QsZFP 基因。孔令娜基于电子克隆技术，从甘蓝型油菜中得到一个新的逆向转运蛋白基因 cDNA 序列，该序列全长 1593 bp，编码 530 个氨基酸，被命名为 BnNHX6。

六、目的基因的获得

在基因克隆过程中，首先要获得目的基因，才能进行后续的体外重组体构建。从获得目的基因的途径分，目的基因获得有化学合成、聚合酶链式反应等几条途径。

1.化学合成目的基因

化学合成方法是通过化学的方法按照人们的意愿人工合成所需 DNA 序列，该方法的一个前提是，所合成的序列是已知的或者相应的蛋白质氨基酸序列已知。该技术主要是依赖 DNA 合成仪进行的。化学合成法适合获取较小的基因片段，一般为 100～250 bp。对于较大的基因序列，一般采用先分段合成，再经组装产生全长序列（短片段直接连接或较长片段部分重叠后连接），这样既可节约成本，又可以减少合成过程中产生的错误。

化学合成法的优点在于可以任意改造、修饰基因，在基因两端设立接头及宿主偏爱的密码子。但其限制因素也较多，主要有：

（1）价格相对较高，尤其对于较长的 DNA 序列；

（2）合成的基因在表达方面可能存在困难；

（3）容易造成中性突变。

2.聚合酶链式反应获得目的基因

在基因克隆中，如果已知目的基因的 DNA 片段，可以通过提取 DNA 或 mRNA，根据目的基因设计引物，应用普通 PCR 或 RT-PCR 可以直接对目的片段进行扩增并可以在两端添加合适的酶切位点。普通 PCR 扩增目的基因是以提取的总 DNA 为模板进行扩增获得目的基因，而 RT-PCR 需要提取 mRNA，mRNA 经反转录为 cDNA，再以 cDNA 为模板进行 PCR 反应。如果要获得未知基因一段序列或其他物种同源基因序列，也可以采用反向 PCR 或 RACE（cDNA 末端快速扩增体系）方法获得目的基因。

七、重组体构建、筛选与鉴定

无论化学合成还是 PCR 扩增获得的目的基因要想导入宿主细胞克隆，进行后续功能的研究，必须与载体片段进行重组体构建。目前，目的片段与载体连接主要有几个途径，一条途径是 T 载体连接，另一条途径是酶切连接重组，还有一条途径是应用 Gateway 技术进行重组。

利用 Taq 聚合酶扩增目的基因往往会在每条链的 3′端加上一个突出的碱基 A，或者扩增后加上 A 碱基。T 载体是一种已经线性化的载体，载体每条链的 3′端带有一个突出的 T 碱基，在连接酶的作用下，就可以通过 AT 配对形成含有目的片段的克隆重组体。构建到 T 载体上的目的基因经鉴定后，为了后续功能研究，一般要通过酶切连接构建到表达载体上。

用于基因克隆的载体具有一段集中存在的单一限制性酶切位点，可以供目的基因插入使用。而目的基因在获得的同时，一般人为地在基因序列两端也加入了相对应的酶切位点，利用相应的限制性内切酶，可以把环形质粒和目的基因切成带有相同黏性末端或平末端的DNA片段。酶切产物经纯化回收获得目的片段，在连接酶的作用下，对应的末端会通过碱基配对形成重组体。酶切连接重组过程中，若载体和目的基因使用的是一种相同的限制性内切酶，就是一种单酶切的连接方式，在连接的重组体中，目的基因有正向连接和反向连接两种插入方式；如果载体和质粒都是采用两种相同的限制性内切酶切割（不全产生平末端），则目的基因酶切片段的两端就会分别与载体酶切末端互补连接，目的基因只能以一种特定的方向插入载体分子。在酶切连接重组前，就要根据载体的多克隆位点序列设计目的基因序列两端的酶切位点，且一定要避免目的基因内部不能存在相同的酶切位点。

Gateway重组技术是在离体条件下产生重组DNA分子的新方法，其基础是在重组酶λ整合酶催化的位点特异性重组反应，该方法具有位点特异性特征。在构建过程中，可以不依赖限制性内切酶，在重组酶的作用下可以高效、快速地将目的基因克隆到载体的特定重组位点。整个方法由LR和BP两个反应组成，LR反应是将目的基因构建到入门载体上，BP反应是将目的基因进一步转移到目的载体上。

通过上述方法获得的重组体，虽然具备复制或表达的潜力，但它们必须导入适当的受体细胞中才能大量的复制、增殖和表达。根据所用载体的性质，将重组体导入受体可用不同的方法。一种是转化，它是以细菌质粒为载体，将外源基因导入受体细胞的过程。采用$CaCl_2$转化法转化时，细菌必须经过适当的处理使之处于感受态，即容易接受外源DNA的状态，然后再利用短暂热休克使DNA导入细菌宿主中。此外还可以用电穿孔法转化细菌，它的优点是操作简便、转化效率高、适用于任何菌株。利用噬菌体DNA作为载体时可通过转染和感染两种方式导入受体菌。感染，即在体外将噬菌体DNA包装成病毒颗粒，然后使其感染受体菌。转染，即在DNA连接酶的作用下使噬菌体DNA环化，再像重组质粒一样地转化进受体菌。习惯上常把以噬菌体DNA为载体构建成的重组体导入细胞的过程统称为转染。

目的基因克隆的最后一步是从转化细菌菌落中筛选出含有阳性重组体的菌落，并鉴定重组体的正确性。通过细菌培养以及重组体的扩增，获得所需的基因片段的大量拷贝，并通过进一步鉴定，最终确定其正确性，为进一步研究该基因的结构、功能，或表达该基因的产物奠定基础。

重组体的筛选与鉴定主要有以下方法：

1. 抗药性标志的筛选

如果载体带有某种抗药性标志基因如ampr或kanr，转化后只有含这种抗药基因的转化子细菌才能在含该抗菌素的平板上幸存并形成菌落，这样就可将转化菌与非转化菌区别开来。如果重组DNA时将外源基因插入标志基因内，该标志基因失活，通过有无抗菌素培养基对比培养，还可区分单纯载体或重组载体（含外源基因）的转化菌落。

2. β-半乳糖苷酶系统筛选

很多载体都携带一段细菌的lacZ基因，它编码β-半乳糖苷酶N-端的146个氨基酸，称为α-肽，载体转化的宿主细胞为lacZΔ15基因型，它表达β-半乳糖苷酶的C-端肽链，当载体与宿主细胞同时表达两个片段时，宿主细胞才有β-半乳糖苷酶活性，使特异的底物X-gal变为蓝色化合物，这就是所谓的α-互补，而重组子由于基因插入使α-肽基因失活，不能形成α-互补，在含X-gal的平板上，含阳性重组子的细菌为无色菌落或噬菌斑。

3.菌落快速裂解鉴定法

从平板上挑选菌落裂解后，直接电泳检测载体质粒大小，判断有无插入片段存在，该法适于插入片段较大的重组子初筛。

4.内切酶图谱鉴定

经初筛鉴定有重组子的菌落，小量培养后再分离出重组质粒或重组噬菌体DNA，用相应的内切酶切割，释放出插入片段；对于可能存在双向插入的重组子，还要用内切酶消化鉴定插入的方向。

5.通过聚合酶链反应筛选重组子

一些载体的外源DNA插入位点两侧存在特定的序列，如启动子序列等，利用这些特异性序列作为引物，对小量制备的质粒DNA进行聚合酶链反应（PCR）分析，不但可以迅速扩增插入片段，判断其是否是阳性重组子，还可以直接对插入片段进行DNA序列分析。

6.菌落或噬菌斑原位杂交

先将转化菌落或噬菌斑直接铺在硝酸纤维素膜或琼脂平板上，再转移至另一膜上，然后用标记的特异DNA探针进行分子杂交，挑选阳性菌落，该法能进行大规模操作，一次可筛选多达$5 \times 10^5 \sim 5 \times 10^6$个菌落或噬菌斑，特别适于从基因文库中挑选目的基因。

7.测序鉴定

初筛鉴定有重组子的菌落，经小量培养后分离出重组质粒或重组噬菌体DNA，用基因测序仪对目的基因部分进行序列测定，测序后与目的基因序列比对鉴定其正确性。

八、目的基因功能验证

克隆获得目的基因，经筛选和鉴定构建到表达载体中后，下一步就是要验证所获得的基因是否可以正常表达及行使功能，并对此基因进行功能验证。

一般在研究中对克隆得到的基因进行功能验证的方法有：

（1）运用生物信息学分析，对基因的cDNA全长序列进行分析，初步预测基因可能具有的功能，比如预测分析基因产物蛋白质的组成、结构、功能域、序列同源性及理化性质等；

（2）在mRNA和蛋白质两个水平上，对基因的时空表达谱进行分析；

（3）采用转基因、基因转导等技术对目的基因功能进行验证，在这些验证方法中，一般运用模式生物将会更快地获得验证结果；

（4）对目的基因进行基因敲除或RNAi，减弱或沉默相应基因的表达，从而影响蛋白水平，通过检测细胞活性，判断蛋白质功能；

（5）运用酵母双杂交、BIFC、免疫共沉淀等技术研究与其基因产物相互作用的蛋白，建立基因网络。

模式生物基因组测序的完善及突变体库的建立，为目的基因功能验证提供了便利。很多研究者都是通过模式生物及其突变体，对克隆获得的基因进行验证，并进一步将有益基因用于作物改造，培育新品种和创制新种质。

参考文献

[1]刘越.基因组学导论[M].北京:中央民族大学出版社,2008.

[2]宋方洲,卜友泉,彭惠民.基因组学[M].北京:军事医学科学出版社,2011.

[3]徐子勤.功能基因组学[M].北京:科学出版社,2007.

[4]王关林,方宏筠,朱延明,等.植物基因工程[M].北京:科学出版社,2014.

[5]刘志国,屈伸.基因克隆的分子基础与工程原理[M].北京:化学工业出版社,2003.

[6]王延华,董坚,齐建国.基因克隆理论与技术[M].北京:科学出版社,2005.

第三章 植物遗传转化的主要方法

第一节 农杆菌介导的遗传转化

农杆菌可以介导很多植物或非植物的遗传转化，是目前研究最多、理论机理最清楚、技术方案最成熟的基因转化方法（王关林，方宏钧，2004）。迄今所获得的转基因植株中80%以上是利用该方法获得的。

农杆菌转化法的优点：

（1）可以转移大DNA片段，重排概率很低；

（2）插入基因拷贝数低；

（3）操作简单，成本低（B. K. Amoah，等，2001）。

农杆菌属有4个种，其中的根癌农杆菌和发根农杆菌这两个种是可以介导植物遗传转化的，根癌农杆菌介导的遗传转化更常见。

一、农杆菌介导转化的基本原理

根癌农杆菌（*Agrobacterium tumefaciens*）和发根农杆菌（*Agrobacterium rhizogenes*）都是革兰阴性菌，同属于根瘤菌科（Rhizobiaceas）农杆菌属（*Agrobacterium*）。根癌农杆菌感染植物细胞后诱导冠瘿瘤及合成冠瘿碱，故称含Ti质粒。发根农杆菌侵染后植物细胞产生许多不定根，这种不定根生长迅速，不断分枝成毛状，所以称为毛状根，含Ri质粒。

根癌农杆菌是最早应用于植物转基因研究的，转化机理在于根癌农杆菌细胞内存在一种特殊的能转移并能整合到植物基因组的Ti质粒。Ti质粒能够诱导植物伤口产生肿瘤，把本身的一段DNA转移至植物细胞，整合进植物基因组，表达，并能在植物后代遗传。Ti质粒分为4个功能区域：T-DNA区（transferred-DNA regions）、Vir区（virulence region）、Con区（regions encoding conjugations）和Ori区（origin of replication）。T-DNA区是农杆菌侵染植物细胞时，从Ti质粒上切割下来转移到植物细胞的一段DNA，该片段上的基因与肿瘤的形成有关。Vir区的基因能激活T-DNA的转移，使农杆菌表现出毒性。Con区调控Ti质粒在农杆菌之间的转移，该区段存在着与细菌接合转移的有关基因。Ori区基因调控Ti质粒的自我复制。

Ti质粒附着到植物细胞后，并非整个进入植物细胞，而是先留在细胞间隙中。首先T-DNA在细菌中被加工、剪切、复制。T-DNA是以T链的形式向植物细胞转移的。Vir区的VirD1和VirD2两种蛋白一起决定内切酶活性，在25 bp重复序列的右边界左起第3和第4碱基间缺口剪切，然后从缺口3′端开始合成新的DNA链，并一直延伸到左边界第22个碱基处，置换出原来的DNA链，形成ssDNA，即T链。然后转入植物细胞。T链横向跨越细菌细胞膜、细菌细胞壁、植物细胞壁、植物细胞膜及核膜，整合进植物基因组（图3-1，Rossi等）。在此过程中，T链必须避免被核酸酶降解，因此可能以DNA-蛋白复合体的形式存在，在此过程中，VirD2和Vir保护T链并对T链的转运起向导作用，还有其他活性物质在T链的转运中也发挥了重要作用。

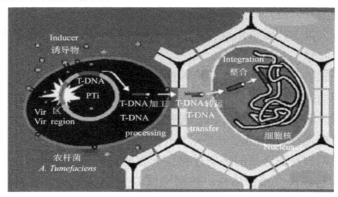

图3-1　T-DNA的加工、转运和整合的途径（修改自Rossi et al）

发根农杆菌的转化过程与根癌农杆菌类似：首先Ri感染植物伤口后，植物受伤组织产生乙酰丁香酮等酚类化合物，这些物质诱导Ri质粒的Vir区基因被活化。接着在Vir区基因表达产生的酶作用下Ri质粒上的T-DNA被切割下来并转入植物细胞。随后T-DNA整合到植物基因组DNA。

农杆菌介导植物转化的一般程序是：

（1）含目的基因的植物表达载体构建，将目的基因导入植物表达载体T-DNA区；

（2）将植物表达载体导入农杆菌菌株；

（3）利用农杆菌侵染植物受体细胞；

（4）对转化组织进行筛选、检测。

二、转化方法

1. 根癌农杆菌介导的植物遗传转化

常用的根癌农杆菌介导的植物遗传转化方法有以下三种：

（1）叶盘转化法（leaf dish transformation）

叶盘转化法是1985年由Horsch等发展起来的一种经典的基因转化方法，现在在原来方法的基础上改动较大，主要步骤为：

①准备植物受体：用打孔器在消毒或无菌叶片上打孔，将所得圆形叶盘作为农杆菌侵染受体备用。

②侵染菌液制备和侵染：将含有目的基因质粒的农杆菌菌株培养至对数生长期，收集菌液，用1/2MS液体培养基重悬至一定浓度，为侵染菌液。将准备好的叶盘浸泡在侵染菌液中数分钟，取出侵染过的叶盘，吸干菌液，置于共培养基。

③共培养和选择培养：将侵染过的叶盘在黑暗条件共培养至叶盘周围生长有肉眼可见的菌落时结束共培养，将叶盘转移至含有抑菌剂和选择剂的培养基中进行转化体的选择。

④转化体的获得：对在含有抑菌剂和选择剂的培养基上存活且能生根的植株进行PCR等分子检测，检测的阳性植株为转化体。

叶盘转化法适用于所有能从叶子再生植株的各种植物，改良的叶盘转化法是将侵染的外植体从叶片扩大到茎段、叶柄、胚轴、子叶等。其优点是重复性高，操作简单，缺点是依赖高效的叶片或其他外植体的再生体系。

采用叶盘转化法时要注意以下技术要点：

①由于农杆菌难以侵入叶片或其他外植体的深层部位，所以利用该方法时外植体的创伤部位应该含有大量农杆菌转化敏感的分裂细胞。如叶脉的功能细胞常常在深层，所以制备叶盘时要避开叶脉，尤其是主脉。

②叶片、胚轴、茎段等外植体在培养过程中会膨大，造成切口边缘上翘或卷曲，使农杆菌侵染过的切面因接触不到培养基而不能生长实现转化，所以接种时要把叶盘等切口边缘轻埋入培养基，同时叶盘以圆形和近圆形为佳。

（2）整体植株接种共感染法

该方法是模拟农杆菌天然的感染过程，人为地在植株上造成创伤部位，然后把农杆菌接种或注射到创伤部位或植株体内，从而完成 T-DNA 的转移，获得转化体。其优点：周期短，充分利用实生苗的生长潜力，转化率较高；缺点：转化组织和非转化组织常形成嵌合体，转化细胞筛选困难。

主要步骤有：

①植物受体：挑选生长良好的无菌实生苗，在植物茎端等生长点部位进行刀切创造伤口，用接种环将含有目的基因的农杆菌接种到伤口，或在茎段等生长点部位穿刺接种含有目的基因的农杆菌。

②选择培养：将接种过农杆菌的植株继续培养，在含有选择剂的培养基中筛选转化体。

③转化体的获得：能持续在含有抑菌剂和选择剂的培养基上存活的植株进行 PCR 等分子检测，阳性植株为转化体。

（3）真空渗入法

真空渗入法借助于真空装置使外源基因通过农杆菌介导发生转移，它是一种简便、快速、可靠而且不需要经过组织培养即可获得大量转化植株的基因转移方法。

主要步骤有：

①侵染菌液制备和侵染：将含有目的基因质粒的农杆菌菌株培养至对数生长期，收集菌液，用1/2MS液体培养基重悬至一定浓度，为侵染菌液。

②植物受体：挑选生长良好的植株，将其部分组织或整体浸入准备好的侵染菌液中，抽真空，使植物和农杆菌菌液处于真空状态。

③转化体筛选：将植株在正常条件下培养至开花结实，收集种子。种子无菌培养于含有选择剂的培养基中筛选抗性植株。抗性植株进行 PCR 等分子检测，阳性植株为转化体。

2. 发根农杆菌介导的植物遗传转化

发根农杆菌寄主比根癌农杆菌广泛，能够侵染几乎所有的双子叶植物和少数单子叶植物。与根癌农杆菌相比，徐洪伟等（2005）总结了发根农杆菌介导的植物遗传转化具有以下优点：

（1）Ri 质粒可以不经"解除武装（disarm）"进行转化，并且转化产生的毛状根能够再生植株；

（2）毛状根是一个单细胞克隆，可以避免嵌合体，并且毛状根每一个细胞都是通过转化而来的，有利于遗传操作；

（3）可直接作为中间载体；

（4）Ri质粒和Ti质粒可以配合使用，建立双元载体，拓展了两类质粒在植物基因工程中的应用范围；

（5）毛状根适于进行离体培养，而且很多植物的毛状根在离体培养条件下都表现出原植株的所有特征。因此，Ri质粒不仅可以作为转化的优良载体，而且能应用于有价值的次生代谢物的生产。

发根农杆菌基因转化方法有直接接种法和外植体共感染接种法，两者之间并无本质差别，前者发根农杆菌感染的对象一般为无菌幼苗、试管苗等整体植株，后者感染对象是植物的部分组织，如子叶、真叶、胚轴、子叶节、肉质根、块茎及未成熟胚等；前者是将发根农杆菌菌液直接注射到植株的特定部位，后者是将外植体与发根农杆菌在培养基中共培养。

两者转化的基本程序是一致的，主要有以下步骤：

（1）发根农杆菌的纯化培养；

（2）被转化植物材料的预培养和切割；

（3）菌株在植物外植体上的接种和共培养；

（4）诱导毛根的分离和培养；

（5）转化体的确认和选择；

（6）转化体毛状根的植株再生培养；

（7）转化体的生物测定和分析。

三、成功的实例

建立稳定、高效的遗传转化体系是获得转基因植株的前提。目前，大部分双子叶植物和部分单子叶植物都已建立了根癌农杆菌介导的遗传转化体系。康霞等（2016）、司怀军等（2003）、张宁等（2004）、王丽（2006）建立了根癌农杆菌介导的马铃薯遗传转化体系；钱瑾（2006）、陈晨（2004）、王国良等（2004）、黄剑（2002）建立了根癌农杆菌介导的苜蓿遗传转化体系；李静雯（2006）、龙凤（2005）等建立了根癌农杆菌介导的辣椒遗传转化体系；李永生（2012）、方永丰（2012）等建立了根癌农杆菌介导的玉米茎尖遗传转化体系，杨如涛（2009）、庄志扬等（2010）建立了根癌农杆菌介导的玉米幼胚遗传转化体系；其他植物，如胡萝卜（郭蓉，2006）、刺槐（洪春，2008）、黄瓜（杨成德，2001）、二穗短柄草（刘金星，2009）等根癌农杆菌介导的遗传转化体系的建立都有报道。发根农杆菌介导的植物转化有两个方面的应用：植物次生代谢产物生产和植物基因工程。在植物次生代谢产物生产方面的研究很多，主要集中在珍稀药用植物上。发根农杆菌在植物基因工程应用方面也有很多成功的实例，胡同华建立了中药材亳菊的发根诱导体系，利用发根农杆菌A4将抗旱基因EDT1导入亳菊中，获得了抗旱转基因植株（胡同华等，2017）；张腾（2016）建立了龙葵、油菜和芥菜3种铬超富集植物的毛状根诱导体系，将与铬富集相关的IRT1基因通过发根农杆菌ATCC15834介导导入龙葵中。周姗等（2016）建立了甘草毛状根培养体系，并在发根农杆菌ACCC10060的诱导下实现了SQS1

基因在甘草中的特异性过表达。

利用农杆菌Ti质粒转化系统已获得了许多转基因植物，主要运用于植物抗病、抗虫、抗除草剂、抗逆等方面。抗病方面，涉及基因有：几丁质酶基因、β-1,3-葡聚糖酶基因、抗双链RNA依赖性蛋白激酶PKR基因等，钱瑾、龙凤、方永丰、杨成德分别将木霉几丁质酶基因转化紫花苜蓿、辣椒、玉米和黄瓜，获得了转基因植株；抗虫基因方面，Bt基因是全世界最多应用于作物抗虫基因工程的基因，目前转Bt基因棉花、油菜等已开始商业化种植。最新研究将Bt基因导入枣（王腾飞，2016）、甘蓝（杨卫杰，2016）、芥蓝（陈长明，2016）等作物。植物凝集素基因是另一类被较多地应用于抗虫基因工程中的抗虫基因，已证实雪花莲凝集素基因对某些咀嚼式和刺吸式口器昆虫均有抗性，半夏凝集素基因pta对刺吸式口器昆虫有抗性，已在烟草、小麦、水稻、百合、菘蓝等植物上开展了转化，得到了转基因工程植株，还有天南星凝集素、石蒜凝集素等都已运用于植物抗虫转基因研究中。抗除草剂方面，目前广泛应用于植物基因工程的抗除草剂基因主要有抗草丁膦、双丙氨酰膦的bar（PAT）基因，抗草甘膦的gox、aroA、cp4-epsps基因，抗磺酰脲类除草剂的SURBHra、SURA-c3、csrl基因，抗均三氮苯类（莠去津等）的psbA、atzA基因，抗2,4-D的tfDA基因，抗溴苯腈的bxn基因等。目前抗草甘膦转基因作物有番茄、玉米、水稻、小麦、向日葵和甜菜等20余种植物，抗草铵膦（草丁膦）转基因作物有玉米、小麦、水稻、大豆、油菜、马铃薯、番茄和苜蓿等，抗磺酰脲类除草剂转基因作物有油菜、水稻、大豆、亚麻、棉花、番茄、甘蔗和甜瓜等，抗溴苯腈转基因作物有油菜、棉花、马铃薯和烟草等。另外，还有抗莠去津（阿特拉津）转基因作物、细胞色素P450及脱卤素酶转基因抗除草剂作物等。

四、影响因素

影响农杆菌介导的遗传转化的因素有农杆菌、植物受体和环境条件三个方面。

1.农杆菌

包含农杆菌菌株及载体。涉及农杆菌菌株的侵染力，农杆菌菌株和载体的组合，农杆菌浓度、侵染时间等。

一般来说，章鱼碱性菌株（如LBA4404）侵染力最小，其次是胭脂碱性菌株（如C58）、琥珀碱性菌株（如EHA101和EHA105），农杆碱性菌株（如A281）侵染力最强。农杆菌菌株与表达载体的组合共同影响T-DNA的转移效率。B. K. Amoah等（2001）研究指出，即使是同一农杆菌菌株介导的小麦幼穗遗传转化，表达载体不同，转化效率也有差异。

好的农杆菌状态、适宜的浓度、侵染时间和共培养时间也对转化成功至关重要。侵染菌液以新鲜制备的为好。李淑洁等（2012）认为，农杆菌侵染菌液浓度、侵染时间、共培养时间，以及乙酰丁香酮浓度、侵染时超声波处理等因子的组合，对遗传转化效率至关重要。Gutlitz等（1987）认为，植物细胞有一个可承受的农杆菌侵染强度的阈值，超过该阈值，植物遗传转化率下降。增加侵染菌液浓度、延长侵染时间或共培养时间都可以加大农杆菌侵染强度。

2.转化受体

转化受体即外植体的细胞的转化能力是选择转化受体的直接依据，其生理状态对介导成功转化具有重要影响。不同外植体的转化率明显不同，要根据具体植物种类选择最佳的外植体类型。常见的农杆菌介导转化植物外植体、农杆菌菌株见表3-1。

表3-1　部分植物基因转化方法汇总

植物种	基因转化方法	外植体	参考文献
小麦 Triticum aestivum	根癌农杆菌	幼胚	李淑洁,李静雯,张正英(2012)
棉花、玉米 Gossypium herbaceum, Zea mays	根癌农杆菌,整体植株接种共感染法	种子	刘新星,罗俊杰,陈玉梁,陈子萱,裴怀弟,李忠旺(2014)
大麦 Hordeum vulgare	根癌农杆菌	幼胚	李静雯,张正英,令利军,李淑洁(2014)
油菜 Brassica napus	根癌农杆菌	带柄子叶	李淑洁,王红梅,张正英(2008)
大白菜 Beassica pekinensis	根癌农杆菌	不带柄半子叶	张艳萍,陈玉梁,张正英,肖兴国(2009)
甘蓝 Brassica oleracea var. capitata	根癌农杆菌	下胚轴	张正英,陈玉梁(2016)
烟草 Nicotiana tabacum	根癌农杆菌,叶盘转化法	叶盘	裴怀弟,王红梅,张艳萍,陈玉梁(2011)
马铃薯 Solanum tuberosum	根癌农杆菌,叶盘转化法	茎段、微型薯薄片	齐恩芳,张金文,王一航(2007)
烟草 Nicotiana tabacum	根癌农杆菌,叶盘转化法	叶盘	贾小霞,张金文,孔维萍,杨如涛,王汉宁(2011)
烟草 Nicotiana tabacum	根癌农杆菌,叶盘转化法	叶盘	陈晓艳,孟亚雄,贾小霞,张武,刘石,郭玉美,齐恩芳(2017)
烟草 Nicotiana tabacum	根癌农杆菌,叶盘转化法	叶盘	李淑洁,李静雯,张正英(2014)
马铃薯 Solanum tuberosum	根癌农杆菌,叶盘转化法	叶盘	任琴,王亚军,郭志鸿,李继平,谢忠奎,王若愚,王立,惠娜娜(2015)
马铃薯 Solanum tuberosum	根癌农杆菌,叶盘转化法	茎段	贾小霞,齐恩芳,王一航,等(2014)
西蓝花 Brassica oleracea var. italic	发根农杆菌	叶片	赵生琴(2015)
马铃薯 Solanum tuberosum	发根农杆菌	薯片	戴朝曦,孙顺娣,朱永莉,于品华(1999)
黄瓜 Cucumis sativus	发根农杆菌	子叶、下胚轴	姚春娜,王亚馥(2001)
苦豆子 Sophora alopecuroides	发根农杆菌	子叶、下胚轴	赵东利,陈红波,聂秀菀,王新宇,郑国锠(2003)
宁夏枸杞 Lycium barbarum	发根农杆菌	叶片、茎段	胡忠,杨军,郭光沁,郑国锠(2000)
苜蓿 Medicago sativa	发根农杆菌	下胚轴悬浮愈伤组织	徐子勤,贾敬芬,胡之德(1997)
骆驼刺 Alhagi sparsifolia	发根农杆菌	子叶、下胚轴	王毓美,王鸣刚,王江波,贾敬芬(2000)
秦艽 Gentiana macrophylla	发根农杆菌	30 d龄的幼叶	李燕,张惠英,王欣欣,王新宇(2008)
芸芥 Eruca Sativa	发根农杆菌	子叶	武振华,张红,牛炳韬,李莎,等(2008)

3.环境条件

环境条件主要指组织培养体系和条件。如各个阶段的培养基和培养条件，以及抑菌剂和选择剂浓度及选择时期等。

（1）培养基和培养条件

高效的再生体系是获得转化植株的决定因素。植物再生体系一般包括愈伤组织诱导、芽分化和生根培养三个阶段。培养基根据培养材料的不同而不同。培养基由常用的MS、LS、N6、B5等常用的基本培养基和生长激素等组成。一般双子叶植物再生比较容易，单子叶植物中禾本科植物再生较困难。近年来禾本科植物小麦、玉米再生体系和转基因研究取得了显著的进展，基因型由原来的模式植物逐渐成为生产中骨干亲本或品种（系）。栗聪等（2014）筛选出郑麦366、新品系D白C23、Z50和56-10-7四个成熟胚，分化率显著高于模式品种Bobwhite的优良小麦基因型。杨如涛等（2009）建立了玉米骨干自交系幼胚再生体系，李静雯等（2009）、马玲珑等（2015）分别建立了啤酒大麦甘啤4号幼胚和成熟胚再生体系（啤酒大麦模式品种为goldpromise）。

（2）抑菌剂、选择剂及其浓度

在植物高效遗传转化体系中，抑菌剂和选择剂扮演着同样的提高筛选效率的职能，适宜浓度的抑菌剂和选择剂在提高转基因效率方面具有重要贡献。抑菌剂在农杆菌侵染、共培养结束后开始用于抑制农杆菌生长，常用的抑菌剂有羧苄西林、头孢霉素、timentin等。据报道，不同植物或外植体对不同抑菌剂的敏感性不同。

选择剂用于遗传转化研究中的作用是筛选转化细胞和非转化细胞。选择剂分为抗生素类、除草剂类、报告基因类（GFP、RFP、GUS等）和其他（如pmi基因、甘露糖合成基因和木糖合成基因等）。由于抗生素和除草剂都对植物生长有负面影响，抗性标记基因有潜在的生态环境和食用安全隐患，所以在进行转基因生物新品种培育时，慎用此类标记基因，目前这两类标记基因主要用于基因功能鉴定方面。报告基因和其他如pmi基因、甘露糖合成基因和木糖合成基因等作为安全标记基因，具有筛选效率高、生物安全性高等优点，越来越多地应用于转基因植物遗传改良中。不同选择剂的使用浓度随着植物种类、外植体类型的不同而有差异，需要具体进行临界筛选压力实验。

参考文献

[1]陈长明,赵祥明,雷建军,等.基因枪法和农杆菌介导的Bt抗虫基因转化芥蓝[J].中国蔬菜,2016(8):21-28.

[2]陈晓艳,孟亚雄,贾小霞,等.四价抗马铃薯病毒植物表达载体构建及其对烟草的转化[J].广西植物,2017(1):87-95.

[3]戴朝曦,孙顺娣,朱永莉,等.马铃薯的野生农杆菌双转化研究[C]//中国作物学会马铃薯专业委员会.中国作物学会马铃薯专业委员会1999年年会论文集.北京:中国作物学会马铃薯专业委员会,1999:6.

[4]方永丰,李永生,彭云玲,等.农杆菌介导Chi-linker-Glu融合基因和bar基因转化玉米茎尖的研究[J].草业学报,2012,21(5):69-76.

[5]胡同华,陈达伟,王钰,等.亳菊EDT1抗旱基因遗传转化体系建立与耐旱性初步评价[J].中药材,2017,40(01):1-6.

[6]胡忠,杨军,郭光沁,等.宁夏枸杞发根农杆菌转化系的建立及影响转化因素的研究[J].西北植物学报,2000(5):766-771.

[7]贾小霞,齐恩芳,王一航,等.转录因子DREB1A基因和Bar基因双价植物表达载体的构建及对马铃薯遗传转化的研究[J].草业学报,2014,23(3):110-117.

[8]贾小霞,张金文,孔维萍,等.导入Chi-linker-Glu和Bar基因获得抗真菌和抗除草剂的转基因烟草[J].中国种业,2011(7):44-47.

[9]栗聪,雒景吾,张磊,等.小麦成熟胚再生体系优化及优良受体基因型筛选[J].麦类作物学报,2014,34(5):583-590.

[10]李静雯,张正英,令利军,等.利用RNAi抑制B-hordein合成降低大麦籽粒蛋白质含量[J].中国农业科学,2014(19):3746-3756.

[11]李静雯,张正英,李淑洁,等.啤酒大麦幼胚愈伤组织诱导和植株高效再生[J].安徽农业科学,2009,37(10):4375-4377,4470.

[12]李淑洁,李静雯,张正英.Ta6-SFT在烟草中的逆境诱导型表达及抗旱性[J].作物学报,2014(6):994-1001.

[13]李淑洁,李静雯,张正英.农杆菌介导的半夏凝集素基因(Pinellia Ternate Agglutinin Gene,pta)对小麦的遗传转化及鉴定[J].中国生物工程杂志,2012(2):50-56.

[14]李淑洁,王红梅,张正英.农杆菌介导半夏凝集素基因对油菜的遗传转化[J].甘肃农业科技,2008(6):13-15.

[15]李淑洁,张正英.半夏凝集素基因对小麦的遗传转化研究[J].麦类作物学报,2012(2):191-196

[16]李燕,张惠英,王欣欣,等.秦艽发根系体细胞胚的诱导和植株再生[J].兰州大学学报:自然科学版,2008(4):81-85.

[17]刘新星,罗俊杰,陈玉梁,等.农杆菌介导棉花和玉米非组培转化方法探索[J].甘肃农业科技,2014(11):11-14.

[18]龙凤.辣椒遗传转化体系的建立及转Chi和Glu基因植株的获得[D].兰州:甘肃农业大学,2005.

[19]马玲珑,任盼荣,汪军成,等.啤酒大麦品种甘啤4号成熟胚再生体系的建立[J].分子植物育种,2015,13(3):663-669.

[20]裴怀弟,王红梅,张艳萍,等.烟草转硝酸还原酶基因高效遗传转化研究[J].甘肃农业科技,2011(7):19-21.

[21]齐恩芳,张金文,王一航.反义AcInv基因导入马铃薯遗传转化体系的优化[J].中国蔬菜,2007(8):10-14.

[22]钱瑾.紫花苜蓿高频再生体系的建立及农杆菌介导的木霉几丁质酶基因转化的研究[D].兰州:甘肃农业大学,2006.

[23]任琴,王亚军,郭志鸿,等.植物介导的RNA干扰引起马铃薯晚疫病菌基因的沉默[J].作物学报,2015(6):881-888.

[24]武振华,张红,牛炳韬,等.X射线辐照对发根农杆菌介导芸芥遗传转化的影响[J].原子核物理评论,2008,25(4):414-418.

[25]王国良.农杆菌介导的紫花苜蓿BADH基因高效转化体系的优化和转基因植株的

检测[D].兰州:甘肃农业大学,2004.

[26]王关林,方宏钧.植物基因工程[M].2版.北京:科学出版社,2014:361.

[27]王丽.农杆菌介导的拟南芥液泡膜Na⁺/H⁺逆向转运蛋白基因(AtNHX1)转化烟草和马铃薯的研究[D].兰州:甘肃农业大学,2006.

[28]王腾飞.农杆菌介导"蜂蜜罐"枣上胚轴和子叶遗传转化体系的建立及Bt基因的转化[D].郑州:河南农业大学,2016.

[29]王毓美,王鸣刚,王江波,等.发根农杆菌A4对骆驼刺的遗传转化[J].兰州大学学报,2000(1):87-91.

[30]徐洪伟,周晓馥,陆静梅,等.发根农杆菌诱导玉米毛状根发生及再生植株[J].中国科学C辑生命科学,2005,35(6):497-501.

[31]徐子勤,贾敬芬,胡之德.发根农杆菌A-4菌株转化苜蓿悬浮培养物[J].生物工程学报,1997(1):55-59,122.

[32]杨成德.农杆菌介导的几丁质酶和β-1,3-葡聚糖酶基因转化黄瓜的方法研究[D].兰州:甘肃农业大学,2001.

[33]杨如涛.玉米幼胚再生体系及农杆菌介导Chi-linker-Glu基因转化的研究[D].兰州:甘肃农业大学,2009.

[34]杨如涛,王汉宁,孔维萍,等.玉米骨干自交系幼胚再生体系的建立[J].甘肃农业大学学报,2009,44(6):57-62.

[35]杨卫杰.Bt cry1Ia8/cry1C基因转化甘蓝及高代转基因甘蓝的抗虫性研究[D].北京:中国农业科学院,2016.

[36]姚春娜,王亚馥.超声波辅助的发根农杆菌对黄瓜的遗传转化[J].兰州大学学报,2001(5):77-81.

[37]张腾.转IRT1基因龙葵毛状根体系的建立及其对镉胁迫响应的初步探讨[D].北京:北京交通大学,2016.

[38]张艳萍,陈玉梁,张正英,等.农杆菌介导法将硝酸还原酶基因转入大白菜的研究[J].安徽农业科学,2009(30):14597-14599.

[39]张正英,陈玉梁.甘蓝过量表达硝酸还原酶基因对硝酸盐积累的影响[J].西北农业学报,2016(7):1024-1028.

[40]赵东利,陈红波,聂秀菀,等.超声波辅助处理对发根农杆菌介导的苦豆子遗传转化的影响[J].西北植物学报,2003(3):468-472.

[41]赵生琴.西兰花毛状根的诱导及扩繁体系的建立[D].兰州:甘肃农业大学,2015.

[42]周姗,袁伯川,马永生,等.特异性过表达SQS1基因的甘草毛状根培养体系的建立[J].生物技术通讯,2016,27(5):638-642.

[43]Amoah B K, Wu H, Sparks C, et al. Factors influencing Agrobacterium- mediated transient expression of uidA in wheat inflorescence tissue [J]. Journal of experimental botany, 2001(52):1135-1142.

[44]Gutlitz R G H, Lamb P W, Matthsse A G. Involvement of carrot cell surface proteins in attachment of Agrobacterium tumefaciens[J]. Plant Physiology, 1987(83): 564.

[45]Rossi L, Tinland B, Hohn B. Roles of virulence proteins of Agrobacterium in the plant

[M]//Spaink H J, Kondorosi A, Hooykaas P J J, et al. The Rhizobiaceae. London: Kluwer Academic Publishers, 1998.

第二节 基因枪转化法

基因枪转化法是借助氦气等动力将用金粉或钨粉颗粒包裹的外源基因射入植物细胞，使外源DNA整合到受体细胞中，从而实现对受体细胞的转化的物理方法。目前基因枪转化法使用的是 Bio-Rad公司的PDS-1000/He基因枪转化系统。

一、基本原理

以压缩气体（氦或氮）转换成的气体冲击波为动力，使基因枪产生一种"冷"的气体冲击波进入轰击室，将包裹着DNA的金属颗粒射入受体组织，穿透受体组织的2～3层细胞，然后通过组织培养技术再生出植株，经检测整合有目的DNA的再生植株即为转基因植株。基因枪转化法适用于动植物、细胞培养物、胚胎、细菌及小型动物的转基因。

1.基因枪转化技术的优点

（1）受体材料来源广泛，不受物种和植物基因型的限制，能转化植物的任何组织或细胞，特别是农杆菌侵染不敏感的单子叶植物，提高了禾谷类植物的转化效率。

（2）基因枪法克服了采用其他转化方法时外源DNA进入细胞质后很难穿透双层膜进入细胞器的难题，用基因枪技术转化这类细胞器，转化频率高，重复性好，是目前该领域研究中最常用和最有效的DNA导入技术。

（3）基因枪法可控程度高，方法简便易行，外源基因可以构建于表达载体中，也可以是最小表达框。

2.基因枪技术的缺点

（1）转化效率不高。

（2）外源基因往往是多拷贝随机插入，在转基因植物中存在多种方式的重排。

（3）由于多拷贝插入转基因，植株易发生转录或转录后水平的基因沉默。

（4）实验成本高。

二、转化方法

基因枪转化法是将外源DNA直接导入受体细胞的物理方法，包含四部分内容：

1.受体材料的预处理

在基因枪轰击前先将受体材料在含有0.5 mol/L山梨醇和0.5 mol/L甘露醇的高渗培养基处理4～6 h。

2.微弹DNA的制备

钨粉的制备：称取60 mg的钨粉放在1.5 mL的离心管中，加入1 mL 70%乙醇，在涡旋振荡器上振荡15 min，然后10000 r/min离心3 min，仔细去掉上清液，再加入70%乙醇重复上述步骤一次。然后加入1 mL的无菌重蒸水重悬，10000 r/min离心去上清液，这一步骤重复三次，最后加入1 mL无菌水，储存于-20 ℃冰箱备用。

微弹DNA的制备：取50 μL充分振荡起的钨粉悬液，置于一无菌离心管中，加入5 μL DNA（DNA浓度为1.0 μg/μL）溶液，在涡旋振荡器下缓慢加入50 μL 2.5 mol/L经高压灭菌的氯化钙溶液以及20 μL 0.1 mol/L亚精胺（抽滤灭菌），充分振荡约3 min，静置10 min（以保证DNA大分子充分沉降在钨粉表面），10000 r/min离心5 min，弃上清液（尽可能去除干净），再加入250 μL无水乙醇，振荡静置几分钟，10000 r/min离心5 min，去上清液，最后加60 μL无水乙醇，重悬后备用。

3. 基因枪的轰击转化

（1）轰击前准备

①将基因枪（PDS-1000/He）放置于超净工作台上，以利于无菌操作；

②用70%的乙醇消毒真空室；

③可裂圆片和微弹载体用70%乙醇浸泡30 min后，晾干备用，阻挡网经高压灭菌；

④取包有DNA的钨粉悬液10 μL均匀点在无菌微弹载体的中央区域，于超净工作台上吹干备用；

⑤将可裂圆片（规格为1100 psi）装入固定盖并旋紧；

⑥将载有微弹的微弹载体及阻挡网装入微弹发射装置中。

（2）基因枪轰击

①打开稳压电源、真空泵及氦气瓶阀的开关，调整系统压力为1300 psi；

②将受体材料小心放入样品室，射程可选60 mm或70 mm；

③轰击；

④排气，取出样品，用封口膜封上。

4. 转化植株再生及分子检测

将轰击后的材料于高渗培养基上过夜后，转移到愈伤诱导培养基上培养，进行植株再生培养。获得的再生植株根据导入的外源DNA表达盒特点进行分子检测。

三、成功的实例

基因枪法由于不受植物种类、外植体类型和载体大小的限制，广泛应用于批量转基因植物的生产中（表3-2）。在小麦转基因中，基因枪法转化外植体有幼胚、成熟胚，较少的以种子芽生长点为受体。其他禾本科植物，如玉米、高羊茅、黑麦草采用基因枪法转化都取得了成功。虽然农杆菌介导的转化法在双子叶植物中具有高转化率，但基因枪法在棉花、油菜、苎麻的转化中也取得了不错的成绩。基因枪转化法还广泛应用于检测启动子活性，通过检测GUS基因在基因枪轰击过的洋葱表皮细胞的表达分析启动子活性。

表3-2 基因枪转化法获得整合表达的转基因植物

植物种	外植体	外源基因	参考文献
小麦 *Triticum aestivum*	幼胚	大豆叶酸合成关键酶GmG-CHI、ADCS基因	汪冉冉（2013）
小麦 *Triticum aestivum*	幼胚	pAHC25质粒，uidA基因	闵东红，何莎，张彦，夏兰琴（2013）
小麦 *Triticum aestivum*	幼胚	pAHC25质粒，uidA基因	李艳，许为钢，齐学礼，李正玲，华夏，王会伟，胡琳（2015）

植物种	外植体	外源基因	参考文献
小麦 Triticum aestivum	幼胚	PYL5基因,Bar基因	池青,周鹏,刘香利,程绘绘,赵惠贤(2015)
小麦 Triticum aestivum	种子芽生长点	Gus,badh/bar	董福双,张艳敏,杨帆,梁新朝,刘桂如,王海波(2009)
玉米 Zea mays	胚性愈伤组织	花生芪合酶基因(Res)	郭志鸿(2004)
玉米 Zea mays	胚性愈伤组织	FMDV 结构蛋白 VP1 基因及 P12A-3C 基因	周鹏(2008)
高羊茅 Festuca elata	成熟胚	uidA基因	龙丹凤(2008)
黑麦草 Lolium perenne	胚性愈伤组织	大麦胭脂碱合成酶 NASHORI 基因,转录因子 CBFI, T4 溶菌酶 LYS 基因	张振霞(2002)
棉花 Gossypium herbaceum	茎尖分生组织,胚性愈伤组织	Bt+CpTI, uidA 基因	耿立召(2004)
油菜 Brassica napus	子叶柄	抗除草剂溴苯腈基因——腈水解酶基因(bxn),抗草丁膦的乙酰转移酶基因(bar)	王旺田(2004)
苎麻 Boehmeria nivea	子叶愈伤组织	Cry-IA+CpTI	宫本贺,熊和平,马雄风,喻春明,王延周(2010)
洋葱 Allium cepa	表皮细胞	马铃薯损伤诱导型启动子 Wun1	贾笑英,向云,张金文,王蒂(2006)
洋葱 Allium cepa	表皮细胞	rd29A基因启动子	白斌,张金文,郭志鸿,陈正华(2004)
洋葱 Allium cepa	表皮细胞	GBSS基因启动子	李淑洁,张金文,王煜,郭志鸿,陈正华(2005)

四、影响因素

1.受体材料本身

基因转化中,受体材料的细胞状态占主导作用。外植体种类、细胞的生理状态都决定了其接受外源DNA的能力。外植体可以是胚性愈伤组织、愈伤组织、悬浮细胞系、小孢子、幼胚、成熟胚、子叶、叶片、下胚轴等,一般选择细胞处于有丝分裂旺盛的外植体作为转化受体,即受体细胞是否处于感受态对转化率至关重要。权军利等（2007）在采用基因枪轰击法对小麦幼胚愈伤组织进行转化的体系中认为,受体愈伤的最佳发育阶段为胚性启动前期。

虽然基因枪技术对于受体材料基因型和外植体种类没有要求,但从基因枪转化细胞到转基因植株需要经过植株再生,所以受体材料的基因型、组织培养特性也是获得成功转化的关键影响因素之一。李艳等（2015）研究发现,生长于具备较高 CO_2 浓度和温度的温室中的周麦19和郑麦7698,作为基因枪转化受体材料时的转化率高于大田种植的同一基因型受体材料,分析原因在于温室生长的受体材料的组织培养特性优于大田材料。

　　基因枪轰击前和轰击后对受体细胞的高渗处理可显著提高其转化率,其原因可能在于高渗处理使受体细胞发生可恢复性的质壁分离,易于外源DNA进入细胞,减少微弹穿孔时的细胞质泄漏,减少轰击对细胞的损伤,提高细胞的活性。高渗处理所用的渗透剂种类、浓度及处理时间不同作物、不同实验室各有差异。常用的渗透剂主要有甘露醇、山梨醇、麦芽糖、蔗糖、PEG,以山梨醇和甘露醇最为常用。权军利等以小麦幼胚愈伤组织为基因枪转化受体,认为高渗处理可以使基因枪转化频率得到明显提高,但处理时间过长对愈伤组织的增殖和分化又有明显的抑制作用,用蔗糖进行高渗处理对愈伤组织生长及再生的抑制作用较用甘露醇弱;用0.6 mol/L蔗糖和0.5 mol/L甘露醇分别在轰击前6 h和轰击后18 h进行高渗处理,转化效果均较佳。

2.DNA微弹

　　其内容包括包裹金属颗粒大小、DNA沉淀辅助剂、DNA浓度和纯度等。DNA纯度越高越容易转化成功,DNA浓度对转化的影响目前意见不一致,一方面较高浓度的DNA使整合入植物基因组的概率提高,另一方面也增加了对植物细胞机体的损伤。DNA载体复杂程度也影响成功转化,越来越多的基因枪转化实例中以不含骨架载体序列的线性DNA表达盒作为转化载体,这样一方面便于整合,另一方面减少了导入过多的外源DNA带来的生物安全潜在风险。

　　作为DNA包裹体的金属微粒,金粉和钨粉各有特点:钨粉廉价易得,但会对植物产生一层有害的氧化物,碳化处理后的钨粉克服了这一缺点,应用较广泛;虽然多项研究报道指出,金粉颗粒转化率高于钨粉,但由于其价格昂贵,应用较少。

3.基因枪轰击参数

　　基因枪轰击参数主要包括轰击距离、轰击压力和真空度、金粉颗粒大小等。选择合适的基因表达载体及受体组织、优化基因枪轰击参数可有效提高基因枪的转化效率。目前,在小麦基因枪遗传转化研究中,真空度多采用27～28 inches Hg,但金粉颗粒大小、轰击距离、轰击压力这3个参数变化较大。应用最多的是Bio-Rad 0.6 μm和1.0 μm的金粉颗粒,轰击距离一般为6～12 cm,轰击压力一般在650～1550 psi之间。Rasco-Gaunt等认为,用0.6 μm的金粉能获得好的效果,相比1.0 μm对细胞的损伤更小。李艳等研究发现,在基因枪轰击小麦幼穗的转化实验中,金粉用量为每枪250 μg的转化率高于每枪50 μg和每枪450 μg的转化率,轰击距离为9 cm的转化率高于6 cm和12 cm的,轰击压力为1100 psi的转化率高于900 psi和1350 psi的,轰击次数为1次的转化率高于2次的。Indra等提出,轰击距离影响金粉的分布,12 cm比6 cm或9 cm时金粉分布更均匀,轰击效果更好。

五、应用前景

　　由于基因枪转化方法无宿主限制、靶受体类型广泛、可控程度高、操作简便快速,所以在多种植物中得到了应用。尤其是国内外大生物技术公司,已经实现了基因枪转化的规模化应用。

参考文献

[1]池青,周鹏,刘香利,等.基因枪介导的转PYL5基因小麦的获得与鉴定[J].西北农林

科技大学学报：自然科学版，2015（2）：72-78.

[2]董福双，张艳敏，杨帆，等.小麦芽生长点的基因枪转化技术研究[J].华北农学报，2009（5）：1-6.

[3]耿立召.棉花基因枪转化体系的建立[D].北京：中国农业科学院，2004.

[4]宫本贺，熊和平，马雄风，等.基因枪介导法转化苎麻获得转基因植株的研究[J].作物杂志，2010（1）：87-90.

[5]郭志鸿.ubi-1启动子驱动的花生芪合酶基因植物表达载体的构建及玉米遗传转化研究[D].兰州：甘肃农业大学，2004.

[6]贾笑英，向云，张金文，等.马铃薯损伤诱导型启动子Wun1基因的克隆及其GFP表达活性[J].分子植物育种，2006（3）：333-338.

[7]李淑洁，张金文，王煜，等.一个新的马铃薯GBSS基因5′侧翼序列克隆及调控活性研究[J].中国马铃薯，2005（3）：129-133.

[8]李艳，许为钢，齐学礼，等.提高小麦基因枪法转化效率的研究[J].麦类作物学报，2015（4）：443-448.

[9]龙丹凤.农杆菌及基因枪法介导的BAR基因在高羊茅中的遗传转化效率研究[D].兰州：甘肃农业大学，2008.

[10]汪冉冉.过量表达GCHI和ADCS基因对提高植物叶酸含量的研究[D].兰州：兰州大学，2013.

[11]闵东红，何莎，张彦，等.基因枪转化小麦主要轰击参数的优化[J].作物学报，2013（1）：60-67.

[12]权军利，何玉科，陈耀锋，等.普通小麦基因枪转化高效受体系统的建立[J].西北农林科技大学学报：自然科学版，2007，35（7）：117-122.

[13]王旺田.抗除草剂基因克隆、表达载体构建及油菜的遗传转化[D].兰州：甘肃农业大学，2004.

[14]张振霞.几种牧草和草坪草植物遗传转化体系的建立及其转基因研究[D].兰州：甘肃农业大学，2002.

[15]周鹏.口蹄疫免疫原基因在玉米中的转化[D].兰州：甘肃农业大学，2008.

第三节　原生质体转化法

原生质体转化法是以原生质体为受体的转基因方法的总称。该方法包含两个重要的部分：原生质体的分离与再生和外源DNA转化。根据外源DNA转化方法的不同可分为PEG介导转化法、电击法、脂质体介导转化法、显微注射法和农杆菌介导法等原生质体转化法。

原生质体的分离是原生质体转化法的核心步骤。历史上原生质体的分离经历了以下三个重要阶段：

（1）1892年，Klercker采用机械法进行了植物原生质体的分离。

（2）1960年，Cocking使用疣孢漆斑菌（*Myrothecium verrucaria*）培养物制备的高浓度

的纤维素酶溶液降解细胞壁，获得大量有活力的裸细胞（原生质体）。

（3）1968年，Takebe首次使用商品酶（离析酶和纤维素酶）消化掉了烟草叶肉细胞细胞壁，释放出原生质体。自此，植物原生质体变成了一个热门的研究领域。

原生质体作为转化受体具有以下优点：

（1）无细胞壁的原生质体的细胞全能性较普通细胞更好。

（2）原生质体是单细胞系统，没有或较少受周围细胞和微环境的影响。

（3）原生质体再生的植株也是由单细胞发育而来，性状易纯化且遗传稳定。所以向原生质体导入外源基因比向其他外植体导入外源基因有更大的优势，成为遗传转化中一种良好的受体。由于基因枪技术的不断发展，向植物体直接导入外源基因已不再像以前那么困难，所以原生质体转化法的应用日趋减少，但在特定条件下，如转移细胞器及DNA大片段时仍有一定的应用价值。

一、基本原理

植物细胞壁由中胶层（主要成分果胶质）、初生壁（主要成分纤维素和半纤维素）和次生壁（主要成分纤维素，一般也含有木质素）三部分组成，利用果胶酶和纤维素酶消化植物细胞壁，释放出原生质体。以原生质体为转基因受体，采用转基因方法，如PEG介导转化法通过改变质膜透性，促进外源DNA进入已分离的植物原生质体，然后经过转化原生质体组织培养获得转化植株。

二、转化方法

主要包括植物原生质体的分离和外源基因转化两个重要部分。

1. PEG介导的原生质体转化法

由于PEG法不需要特定的仪器，结果也比较稳定，所以是植物原生质体遗传转化中最常用的方法之一。该方法由Krens等首创，于1982年首先进行了烟草原生质体转化。

（1）植物原生质体的分离

原生质体分离的最基本原则是保证原生质体不受伤害及不损害它的再生能力，包括植物材料的前处理、酶处理和原生质体的纯化、活力测定和密度调整。植物材料的前处理包括对非无菌状态的植物组织的消毒处理和为了促使酶解更充分而采取的诸如撕去下表皮、组织切块、抽真空等措施，以及原生质体愈伤组织预诱导。

酶处理中所采用酶的种类、酶解液pH、酶解温度，以及酶解组织与酶的量都对原生质体的产量产生影响。原生质体的纯化是指将酶解液中的完整的未受损的原生质体与亚细胞碎屑、未被消化的细胞和碎裂的原生质体分离开来。纯化方法有：沉降法、漂浮法、界面法等。

原生质体活力测定常用的有以下三种方法：

①二乙酸荧光素（FDA）法

FDA本来没有荧光，当其进入细胞后被脂酶分解为具有荧光的极性物，不能透过质膜，而是留在细胞内发出荧光。因此能发出荧光的是具有活性的原生质体。

②酚藏花红染料法

具有活力的原生质体吸收染料显红色，无活力的不能吸收染料而显示白色。

③伊文思蓝染色法

有活力的细胞不能吸收染料为无色，而没活力的细胞则能吸收染料显蓝色。

（2）外源基因转化

外源基因转化包括质粒DNA的提取纯化和转化。首先将原生质体用转化溶液重悬，然后先后轻柔加入质粒DNA溶液、PEG诱导液，孵育培养。

2. 植物原生质体电击转化法

电击转化法介导外源基因转化植物原生质体操作简便，没有化学物质对原生质体的伤害，特别适合那些对农杆菌介导不敏感的植物，是外源基因转入的一种理想方法，但是需要专门的电击仪才能操作。电击转化法基于短时、高压电脉冲作用在原生质体膜上出现的短暂可逆性小孔和新产生的渗透点作为瞬间通道，为外源DNA分子进入原生质体提供通道，从而完成外源DNA的转入。Foromn等1986年首次在烟草、胡萝卜和玉米原生质体中成功进行了外源基因的电击转化。

转化步骤：

（1）将电击缓冲液加入分离的原生质体中，重悬，离心3 min，弃上清液，再加入适量电击缓冲液，将原生质体密度调整到$1×10^6～2×10^6$个/mL。

（2）加入一定浓度的质粒DNA和鲑鱼精子DNA，混合后分装于电击反应槽内。

（3）冰浴5 min。

（4）选择不同参数电击。

（5）冰浴10 min。

（6）600 r/min离心3 min除去电击缓冲液，用液体培养基洗涤。

（7）将原生质体包埋于固体培养基中，28 ℃黑暗条件下选择培养。

3.农杆菌介导的植物原生质体转化法

转化步骤：

（1）分离植物原生质体。

（2）携带有外源基因的农杆菌菌液制备。

（3）将植物原生质体与Ti或Ri质粒上携带有外源基因的农杆菌在液体培养基上共培养2～3 d。

（4）原生质体的选择培养、抗性植株再生。

（5）抗性植株的分子鉴定。

三、成功实例

张倩（2009）以柑橘原生质体为转化受体，以绿色荧光蛋白（GFP）为报告基因，建立了原生质体电击转化体系，同时分析了电击缓冲液pH、电击前原生质体预处理等因素对瞬时表达效率的影响。黄亚玲（2006）进行了马铃薯原生质体遗传转化体系的构建，采用了质粒DNA之间融合法、PEG介导转化法和电击穿孔转化法三种转化方法，进而比较筛选出电击穿孔转化法为适宜的马铃薯原生质体遗传转化方法。付莉莉（2009）以陆地棉和野生棉的胚性愈伤组织悬浮系原生质体为转化受体，采用电击穿孔转化法将GFP基因导入棉花，建立了棉花原生质体遗传转化体系。赵宏波等（2004）统计了早期用PEG法和电击法介导植物原生质体遗传转化的成功实例（表3-3、表3-4）。

表3-3　PEG法介导植物原生质体的遗传转化

植物种类	原生质体来源	外源基因	转化结果	参考文献
水稻 *O.sativa*	胚性悬浮细胞	HPT	抗虫植株	Alam 等（1995）
水稻 *O.sativa*		δ-内毒素	转化植株	Fujimoto 等（1985）
大豆 *Glycine max*	幼嫩荚果	Bt	抗虫植株	南相日等（1994）
玉米 *Zea mays*	胚性悬浮细胞	GUS、CAT	可育植株	Wang 等（2000）
烟草 *Nicotiana tabacum*	叶片	GUS	转化植株	Locatelli 等（2003）
小麦 *Triticum aestivum*	胚性悬浮细胞	HPT	愈伤组织	夏光敏等（1996）
大麦 *Hordeum vulgare*	愈伤组织	NPT-II	转化植株	Kihara 等（1998）
黑麦 *Secale cereal*		GUS、CAT	愈伤组织	Potrykus 等（1995）

表3-4　电击法介导植物原生质体的遗传转化

植物种类	原生质体来源	外源基因	转化结果	参考文献
油菜 *B.campestris*		2S清蛋白基因	可育植株	Guerche 等（1987）
花椰菜 *B.oleracea* var.botrytis		NPT-II	转化植株	Emert 等（1992）
玉米 *Zea mays*		NPT-II、HPT	转化植株	Huang 等（1989）
大豆 *Glycine max*	未成熟子叶	GUS、HPT	转化植株	Dhir 等（1991）
大麦 *Hordeum vulgare*		NPT-II	可育植株	Salmenkallio 等（1995）
小麦 *Triticum aestivum*	胚性悬浮细胞	GUS、HPT	抗性克隆	李宏潮等（1996）
高粱 *Sorghum bicolor*		CAT	转化愈伤	Oulee 等（1986）
欧白英 *Solamum dulcam ara*	胚性悬浮细胞	NPT-II	转化植株	王国英等（1994）
红薯 *Ipomoea batatas*	叶片	GFP	瞬时表达	Roderick 等（2000）

四、转化影响因素

1.影响酶解法分离原生质体的因素

原生质体培养需要得到活性高、能进行分裂、形成愈伤组织、最后再生完整植株的原生质体。原生质体分离主要受外植体材料、酶的种类和纯度、酶液的渗透压、酶解时间和温度等的影响。

（1）外植体材料

生长旺盛、生命力强的组织和细胞是获得高活力原生质体的关键，并影响着原生质体的复壁、分裂、愈伤组织形成乃至植株再生。用于原生质体分离的植物外植体有叶片、叶柄、茎尖、根、子叶、茎段、胚、愈伤组织、悬浮培养物（suspension cultures）、原球茎、花瓣和叶表皮等。叶肉细胞是常用的材料，因为叶片很易获得而且能充分供应。取材叶片所在植株的年龄和生长条件对分离的原生质体产量和活力有很大影响，一般用立体培养植株的无菌叶片或低光照强度（1000 μW/cm²）、短日照、温度20～25 ℃、相对湿度60%～80%生长的植株。愈伤组织或悬浮细胞也是分离原生质体的常用材料，愈伤组织或悬浮细胞可以避免植株生长环境的不良影响，可以常年供应，易于控制新生细胞的年龄，处理时操作方便，无须消毒。以活跃生长的幼龄愈伤组织或频繁继代的处于指数生长早期的细胞为宜。

（2）酶液组成和浓度

用来分离植物原生质体的酶制剂主要有纤维素酶、半纤维素酶、果胶酶和离析酶等，纤维素酶和果胶酶是分离植物细胞原生质体所必需的两种酶。前者消化细胞壁纤维素，后者降解中胶层。大多数植物分离原生质体时，纤维素酶浓度为1%～3%，果胶酶为0.1%～1%，但也有很多例外。酶的活性与pH有关，反应温度、酶浓度和反应时间都对酶解效率有影响，需要经过多次试验才能确定。

（3）渗透压

原生质体操作需要在一定渗透压存在下进行，在合适渗透压的溶液中，新分离出来的原生质体是球形的，原生质体在轻微高渗溶液中比在等渗溶液中更稳定，较高水平的渗透剂可以阻止原生质体破裂和出芽，但也会抑制原生质体的分裂。山梨醇和甘露醇是常用的渗透剂，葡萄糖、果糖、半乳糖同样也是渗透调节剂。

（4）酶解条件

酶解条件最主要的是酶处理时的温度和pH。不同的酶需要的pH值不一样，但pH大于6时不利于原生质体生存。一般而言，分离原生质体的培养时间与温度成反比，可是高温下短时间分离的原生质体不适于培养，易发褐和破裂。但酶处理时间一般不超过24 h。一般常用温度是23～32 ℃。酶处理时一般在暗处培养。叶片分离原生质体可在静置条件下进行，悬浮细胞由于壁厚，培养（分离）过程中间断低速震荡有利于酶渗透。

2. 质粒的质量和浓度

质粒的质量影响转化效率。刘鑫等（2017）在PEG介导的小麦原生质体转化中发现，当质粒用量加大时，转化效率受核酸酶影响程度降低，转化效率得到了提升。但是质粒超过20 μg后，转化效率不再大幅提升。付莉莉（2009）在棉花原生质体电击转化过程中也得到类似的结论，质粒浓度为100 ng/μL时，转化效率最高，达5.36%；浓度为50 ng/μL，转化效率也低（4.55%），可能是质粒太少而使原生质体吸收不够。然而，当其浓度达到150 ng/μL时，转化效率反而降为4.17%。赵宏波和陈发棣（2004）认为，PEG法转化原生质体的转化率不仅受外源基因浓度的影响，而且受其构象、DNA序列的重复性影响，线状DNA的转化能力可能高于环状质粒DNA，外源DNA的重复性越高转化频率越高。陈振东（1994）在用PEG法把外源基因导入甘蓝型油菜原生质体时认为，1 mg/mL的小牛胸腺DNA（cTDNA）起携带DNA的作用，其作用不能被相同浓度的质粒DNA所完全代替。

3. 与转化方法相关的因素

（1）PEG溶液浓度和pH值

PEG溶液既要保持原生质体活力，又要确保外源DNA进入原生质体，所以其浓度和pH值对转化效率影响很大。周冀明等（1995）在诸葛菜子叶原生质体GUS基因瞬时表达中发现，20% PEG溶液处理后原生质体破碎严重，培养2 d后基本观察不到完整细胞，

15%、13.3%和10% PEG溶液处理后对原生质体损伤不严重，细胞基本完整，以较高浓度15% PEG溶液处理的原生质体GUS表达最强；同时作者也发现，高pH值的PEG溶液有利于将质粒DNA导入原生质体，pH8.0的PEG导入效率远比pH5.8的PEG高。程振东（1994）在甘蓝型油菜原生质体转化中也得到相同结论，PEG终浓度同为20%时，用pH值为8.0的PEG溶液的基因表达强度显著高于pH值为5.7的。

（2）电击参数对转化效率的影响

电击转化是在外加电场条件下，通过高压直流电脉冲将原生质体的细胞膜击穿，使外源DNA进入原生质体。要同时保持较高的原生质体活力和外源基因的成功导入，需要选择适宜的电击参数。直流电场强度、脉冲时间是影响转化效率的两个重要因素。朱文静等（2015）在电击法介导的人参大片段DNA转化灵芝原生质体的研究中进行了适宜电压大小的筛选，于晓玲等（2013）在橡胶树原生质体中瞬时表达红色荧光蛋白的研究中、宋唯一（2005）在外源DNA电击转化小麦半原生质体的研究中也进行了电击参数的筛选和优化。

参考文献

[1]程振东,卫志明,许智宏.用PEG法把外源基因导入甘蓝型油菜原生质体再生转基因植株[J].实验生物学报,1994(3):341-351.

[2]付莉莉.棉花原生质体"供—受体"融合及遗传转化研究[D].武汉:华中农业大学,2009.

[3]黄亚玲.马铃薯原生质体遗传转化体系的构建[D].武汉:华中农业大学,2006.

[4]刘鑫,魏学宁,张学文,等.小麦原生质体高效转化体系的建立[J].植物遗传资源学,2017,18(1):117-124.

[5]宋唯一.小麦游离小孢子愈伤组织诱导及半原生质体外源DNA电击转化的研究[D].兰州:甘肃农业大学,2005.

[6]于晓玲,阮孟斌,王树昌.橡胶树原生质体的分离及红色荧光蛋白的瞬时表达研究[J].中国农学通报,2013,29(28):18-22.

[7]张倩.柑橘原生质体瞬时表达体系的建立及默科特橘橙转GFP种质的创造[D].武汉:华中农业大学,2009.

[8]赵宏波,陈发棣.植物体细胞原生质体遗传转化研究[J].西北植物学报,2004(7):1329-1341.

[9]周冀明,卫志明,刘世贵,等.GUS基因在诸葛菜子叶原生质体中的瞬间表达[J].应用与环境生物学报,1995(1):7-11.

[10]朱文静,马飞,孙春玉,等.电击法介导的人参大片段DNA转化灵芝原生质体的研究[J].特产研究,2015,37(1):21-28.

第四节　生殖细胞原位转化技术及其分子验证

原位转化指不经过组织培养或细胞培养而使植物在活体状态下进行转化的一种转基因技术。生殖细胞原位转化技术是指以生殖器官或细胞为受体，直接利用植物受体本身的有性生殖过程或者种子发育过程，不经过离体再生或是愈伤组织培养，将外源基因导入受体材料的一种转基因技术。该技术能有效缩短获得可遗传转基因种子的时间。植物的生殖细胞是指在雌雄配子体中形成的或参与生殖过程的有关细胞，如大、小孢母细胞以及由其产生的卵细胞和花粉，广义地说也包括合子胚。原位转基因方法最早由 Feldmann 等（1987）开创，1987年，他们使用农杆菌菌液浸泡萌发的拟南芥种子，经抗生素筛选，最终获得了转基因植株；随后，Bechtold（1993）通过真空渗入法处理拟南芥植株，获得了较多的转基因植株；1988年，Clough 等（1998）将拟南芥花序作为受体材料，在15 d内对花序浸渍三次，转化效率较高；1999年，Ye 等（1999）利用报告基因，采取真空转化法对拟南芥进行转化，研究证实，GUS 基因通过胚珠传递，农杆菌的转化靶组织是胚珠；2000年，Desfeux 等（2000）用被注射农杆菌的拟南芥作为母本或父本进行大量的杂交试验。除了对模式植物拟南芥的转化，原位转化法也被扩展应用到粮食、蔬菜等物种上。

生殖细胞原位转化技术的优点：

（1）生殖细胞具有全能性，作为受体细胞更易接受外源DNA，且能够按照正常的受精过程遗传给后代，避免了外植体再生系统中存在的基因型依赖问题；

（2）不通过离体植物组织培养和植株再生技术，直接对活体转化并在子代中筛选抗性植株，成本低廉，操作简单，不受季节、环境限制，一般在实验室或大田中都能进行；

（3）避免了组培产生的逃逸体、嵌合体等问题，为有些难于建立再生体系的植物提供新方法，遗传稳定性好，多以单拷贝插入受体植物细胞基因组，为育种提供了中间选育材料。

一、基本原理

20世纪70年代，我国科学家周光宇（1978）发表了DNA片段杂交的理论，该理论提出，从整体上看远缘杂交的亲本间染色结构不能进行亲和，但是从进化层面分析，基因间的部分结构则有保持一定亲和的可能性。首先，远缘基因组进入受体后会分解为大量片段，而其中大部分片段会被受体分解，只有少数片段能保留下来，然后这些保留下来的DNA片段会有一定概率进入受体染色体从而被整合，这就导致子代中的个别个体表现出某些变异。郭学兰（2009）对油菜雌蕊原位转化法的研究结果得出，雌蕊原位转化法具有物种和品种基因型的非依赖性，且从已筛选到的转基因油菜植株及其后代中，发现具有重要农艺性状突变的变异材料，突变包括种子颜色、脂肪酸组成、雄性不育。这些突变体经自交繁殖获得了T2和T3代，突变性状遗传稳定。因此该转化方法可用于创建突变材料和新种质。

生殖细胞因为其特有的生理特点成为原位转化技术的最佳感受态细胞，它们不仅代谢能力旺盛，而且处于脱分化状态，能够强烈吸收周围营养以完成生殖过程。同时，在细胞遗传学上生殖细胞也正处于染色体重组过程，外源基因在这一时期更加容易进行整合。就生殖细胞结构而言，在胚囊中的卵细胞没有细胞壁，类似于天然的原生质体，容易吸收外源遗传物质。而且在精子进入卵细胞时，卵膜有一个开闭的过程，即使到了合子期，胞壁的形成也尚不完备，屏障作用很小，因而外源基因进入受体卵细胞及合子的阻力也比较小。与传统转化方法相比，转化的合子胚能够获得最佳的营养配比和内源激素配比，并随着不同发育时期进行调节。

二、主要使用的方法

1.花粉管通道法

目前,我国推广面积最大的转基因抗虫棉就是用花粉管通道法培育出来的。该方法利用植物在开花、受精过程中形成的花粉管通道,待授粉后向子房注射携带目的基因的DNA溶液,从而将外源DNA导入受精卵细胞并进一步被整合到受体细胞的基因组中,最后随着受精卵的逐步发育而成为转基因新材料。刘冬梅等(2007)对花粉管通道法获得的棉花转基因后代的主要农艺性状进行了分析,转基因后代的形态、生育期、产量和纤维品质等有显著的变化。利用花粉管通道法获得的棉花转基因后代,其中仅有少部分符合孟德尔遗传分离定律,多数后代的遗传分离比例变化较大,存在着遗传分离多样性。马盾等(2007)分析了通过花粉管通道法获得的棉花转基因后代中外源基因的稳定性,当转基因后代种植到 T3 - T4 代时,有外源 DNA 丢失现象,呈现出外源 DNA 遗传不稳定性。采用花粉管通道法导入外源DNA的方法有子房注射法和柱头滴注法,花器官较大的作物,如棉花可采用子房注射法,而花器官较小的作物,如水稻则采用柱头滴注法较好。

2.子房和幼胚注射法

胚囊、子房注射法是指利用显微注射仪或微注射针将携带目的基因的溶液注入子房或胚囊中,依靠子房或胚囊产生的压力及卵细胞的吸收使外源基因进入受精的卵细胞中。胚囊、子房注射法简便可行,特别对于子房大、多胚珠的植株更为适宜。1991年,刘博林(1989)等将龙葵阿特拉津抗性psbA基因通过合子期子房注射法导入大豆叶绿体基因组中,首次获得转基因大豆植株。1993年,丁群星(1993)等利用子房注射法将基因导入了玉米自交系。李余良(2005)等用子房注射法将 Bt 抗虫基因导入超甜玉米品种粤甜3号,获得了 1 株整合有 Bt 基因的转基因植株,转化率为 9.09%。田间子房注射转化法主要用于子房较大的作物,如棉花、玉米、瓜类。近年来,关于子房注射法是否属于花粉管通道法存在一定的争议。事实上,若外源基因是通过花粉管通道进入植株胚囊的,则将子房注射法归为花粉管通道法并无异。而近年来,常有利用注射针将外源基因从子房不同部位注入植株子房,从而对胚囊进行转化的转基因方式,所以外源基因进入胚囊的部位不同,两者仍有所不同。刘其府等(2013)将根癌农杆菌注入金钗石斛的子房中,注射的方向为垂直于子房纵向的方向,并未经过花粉管通道,最终发现利用子房注射法可将农杆菌成功运用在兰科植物的转基因工作中。该方法成功的关键是注射时间、注射位置以及深度的熟练操作,子房经注射后受到创伤是影响转化效率和结实率的原因。因此,要提高该方法的转化率还需要继续改进注射工具,增加注射精确度,提高操作的熟练程度。

3.蘸花 Floral- dip 法(浸花法)

1998 年, Clough 和 Bent (1998) 在菌液中加入表面活性剂 Silwet L-77,取消抽真空,建立了蘸花法。Floral-dip法是在拟南芥真空渗透法的基础上发展起来的,在植株的花蕾期,将花序浸渍在含有表面活性剂的工程农杆菌菌液中,经表面活性剂的吸附和渗透作用,强化和刺激细胞的转化。Janice 等(2009)用浸花的方法成功转化了六倍体小麦并能稳定表达外源基因。该方法用处于开花前,单核小孢子的前、中、后期的小穗做试验。最合适的小穗长度为 6~7 cm,此时小穗还未露出叶鞘,用剪刀轻轻去除叶鞘并剪去正在发育的小花,去除顶端和未端发育不良的小花而保留中部的小花,保留的小花剪到颖壳的末端，处理过的小穗浸在农杆菌浸染液中1.5～2 min，并套塑料袋2 d以保持较高的湿度，然后去除塑料袋使小穗在空气中晾干。当小穗发育到开花期时，套上羊皮纸袋以阻止异花授粉，尽管这会降低结实率。成熟的种子记为T0，收获并进行筛选。在T0代植株上检测到了转基因信号，并观察到相关基因的表型。试验结果表明，不使用组织培养技术的浸花转基因方法，可以获得稳定遗传低拷贝数的转化株，在T5和T6代都观察到了基因的表达。Bartholmes等（2008）以两年生草本植物荠菜为材料，用2种农杆菌 LBA4404和GV3101为载体，以GFP和BAR为标记基因，通过浸花的方法进行转化。结果表明，两种基因在转化后代中成功表达。

4. 胚性组织浸染法

近年来发展起来一种浸染转化法，不同的研究单位方法不同。其原理是根据种子的发芽生理机制，将外源DNA随着种子或幼胚的萌发生长进入种胚细胞，在当代就能表现出变异，并得到遗传。该方法主要是利用植物细胞自身的物质运转系统将外源DNA分子直接导入受体细胞。

目前已证实植物细胞可以通过三种途径吸收外源DNA：

（1）通过细胞间隙与胞间连丝组成的网络化运输系统，外源DNA可被运输到每一个细胞内；

（2）通过类似动物细胞的内吞作用将外源DNA摄入细胞内；

（3）通过细胞的膜透性改变，大分子物质如外源DNA透过细胞膜的机会大大增加，特别是在生殖细胞、胚胎细胞以及分生细胞中。

Rohini等（2000）用该方法在花生上获得成功，转化效率达3.3%～5.3%。王成杰（2004）初步建立了利用农杆菌转化小麦萌芽种子的方法，并证明外源基因已转移到植物细胞中。

山西省农科院孙毅等发明了以萌动胚为受体转化玉米的方法，该方法利用种子萌动时，细胞分裂加快，生活力旺盛，具最佳感受态，这时一方面靠吸胀作用吸入外源DNA，另一方面辅助划胚露出生长点，在AS（乙酰丁香酮）作用下，通过活体农杆菌对伤口的侵袭作用，从而形成转化分生组织及新的生长点，分化出转化苗。梁雪莲等（2005）用此方法与花粉介导、子房注射法在玉米上转化bar基因，从转化率与操作简便程度上进行比较，认为花粉介导优于萌动种胚法，且两者又优于子房注射法。笔者在2013年也采用该方法对玉米和棉花进行了试验：首先用无菌针灸用针在已消毒过的棉花和玉米种子胚芽生长点位置处针刺2～3下，接着将针刺后的种子置于含有目的基因的农杆菌菌液中共培养24～48 h，然后取出用无菌水反复冲洗后，置于培养皿内催芽，待芽长长至1～2 cm，播种于温室营养钵内，在温室内生长至3～5片叶子时，进行抗生素涂抹，初步筛选。经过大田筛选及PCR检测，棉花未获得转化植株，玉米转化率为1.4‰，这是由于玉米的胚芽位置可见，而棉花的胚芽生长点包裹于子叶内，增加了针刺的难度。应用农杆菌转化萌动种胚时，划胚技术和工具、共培养时间、不同品种在受到针刺后的耐受性是影响转化率的关键因素。该方法因种子具有自然的生长发育能力，操作简单，且种胚作为受体不受季节限制，适用范围广泛。

5. 花粉介导法

花粉介导法，以花粉为载体将外源基因导入植株胚囊，参与有丝分裂，最后直接得到转基因种子的一种非组培转化方法。转化后的花粉通过有性杂交可以将外源遗传物质传递给后代，也可以进行体外细胞培养，结合染色体加倍技术获得含外源基因的纯合双倍体。花粉介导法由Leonne等（1995）建立，据报道他们以成熟的花粉为受体，采用这一方法将外源基因导入烟草，获得了稳定表达的植株和后代。王景雪等（2001）首次利用花粉介导法获得了玉米转基因植株，其后解志红（2002）、杜春芳（2006）、杜建中（2007）等分别利用该转化方法将外源基因导入棉花、油菜和玉米中。花粉介导法往往需要超声波辅助，在盛花期取当天开花的新鲜花粉，将花粉悬浮于蔗糖溶液，向溶液中加入载体质粒DNA，随后进行超声波处理。将处理后的花粉授粉到去雄过的受体材料上，对转化植株套袋标记，成熟后收获转化种子（T0代种子）。花粉介导法适用于大部分开花植物，对基因依赖性小，是一种经济、实用而高效的转化方法。同时，花粉介导转化法比子房幼胚注射法对胚的损伤程度小，造成不育和畸形的比率也小，有利于形成正常的种子。

三、影响因素

1.基因型、转化路径及方法

任何转化方法，在保证外源DNA有效进入受体的同时也要确保材料受到尽可能小的伤害，以防止其后期的生长发育受到阻碍。因为植物的花朵、花柱、子房、种胚、胚芽等器官，组织的大小及形状各有不同，所以根据受体材料组织构造及生理特性选择合适的外源基因导入方式十分重要。例如，玉米和棉花根据其花器结构可以采用子房注射，但诸如水稻这类小花作物则以滴注的方法为宜。另外，导入时间的选择也至关重要。周光宇提出，棉花开花后花粉管达到子房需要8 h，花粉管通道形成需要20 h，之后4 h内花柱外缘至子房部位会形成栓塞结构，影响DNA进入子房。林栖凤（2004）认为，由于番茄需50 h才能完成其受精过程，因此导入时间应选择在其盛花期10~20 h以后。李琼（2012）在对新疆海岛棉原位转化研究中使用过两种方法。一种是蘸花法，于棉花盛花期开花前2 h，对准花柱柱头及时进行菌液喷洒并标记挂牌；另一种是花粉管通道法，在棉花开花后20~28 h内用微量注射器将质粒注射入棉花子房中，经花粉管通道进入胚珠转化受精卵细胞。结果表明，两种方法均可获得转基因植株，农杆菌菌液喷雾法较花粉管通道法转化率高3.4%，T0代成铃率也高8.3%。植物受精所需的时间除具有属或种的特异性和植物基因型的特点外，还受传粉方式、温度、湿度等环境因素的影响。

刘宁（1998）在研究中发现，甘蓝型油菜花柱类型为空心花柱，柱头表面结构粗糙，在花柱的中央有一至数条纵行的沟，柱头内部细胞组织疏松，这样的结构有利于农杆菌的吸附和迁移；而白菜花柱属于实心型花柱，花柱的中央分化出引导组织，花粉管沿引导组织的胞间隙生长，这种结构则可能不利于农杆菌到达胚珠，进而影响转化效率。Rkauosk等（1997）对农杆菌渗透处理后的拟南芥研究发现，即便是处理后3~6 d的植株，植物组织中的农杆菌数量仍可以达到 1.2×10^8 个/g。这说明农杆菌能够在处理后的拟南芥植株表面和内部存活很长一段时间，拟南芥拥有适于农杆菌存活的内部环境。可见，农杆菌在植株体内的长期生存有利于遗传转化。而韩笑（2012）研究表明，白菜植株中农杆菌的活力受到严重抑制，涂板后3 d内未出现大小正常的菌落。可能白菜植株体内的微环境对农杆菌的存活是不利的。相似的情况也见于徐恒戬（2004）的报道中，无论在花、茎还是叶片中，CFU数量随植株处理后恢复时间的延长迅速减少。刘明（2011）在对大豆的原位转化中发现，两种花柱切割处理后报告基因质粒载体转化大豆，均获得了转基因大豆植株。切割 1/3 花柱，获得 2 株阳性植株，转化率为 1.6%，而贴近子房切割处理，获得 4 株阳性植株，转化率为 3.1%，两种转化路径的转化率差异显著。总之，分子育种的具体操作细节，必须根据不同作物特点具体制定，并通过实践不断地加以完善。

2.菌株类型、菌液或目的DNA浓度及其侵染共培养时间

农杆菌的侵染能力受植物类型、菌株及载体类型等因素的影响。不同类型的菌株 CHV 基因决定了其对受体细胞的识别和附着能力的差异。根癌农杆菌的胭脂碱型和琥珀碱型生长快、不结球、转化易于操作，但共培养时菌体附着能力较差；章鱼碱型则生长慢、易结球、转化难于操作，但共培养时菌体附着后不易洗去。陈仲等（2014）的研究表明，影响杨树遗传转化效率的主要因素是农杆菌菌株和杨树基因型，此外，培养基 pH 值、菌液浓度、预培养时间和光照强度等因素也影响其转化效率。

农杆菌适宜的侵染浓度和时间因外植体对侵染的敏感性不同而有很大差异。浓度过高、时间过长会引起农杆菌细胞间的竞争性抑制，而且过度增殖会抑制受体细胞的呼吸作用，浓度过低、时间过短则造成受体细胞表面农杆菌附着不足。禾谷类作物一般侵染浓度较高，Hiei（1997）用 LBA4404（pTOK233）转化水稻的最佳接种浓度 OD_{600} 为 0.8～1.0，但烟草、大白菜等对侵染敏感的双子叶植物要求菌体浓度要低得多，一般 OD_{600} 为 0.5。DNA 浓度太高，过于黏稠，会影响 DNA 渗入子房的速度，或因 DNA 量过大，影响子房的发育。转化用的 DNA 要达到一定纯度，提取过程应尽量除去酚类有害杂质，以免对子房产生毒害作用而影响转化效果。

侵染后共培养时间也至关重要。烟草等对农杆菌侵染比较敏感的植物的共培养时间一般较短，液体细菌培养基介质应用较多。许多单子叶植物等不敏感植物受体与农杆菌共培养时间一般较长，用细菌培养介质容易造成农杆菌过度繁殖，导致植物外植体呼吸作用抑制和细菌分泌物毒害，因此多采用液体植物培养基作为共培养介质。众多研究表明，2～3 d 作为受体材料与农杆菌共培养的时间较为适宜。时间过短，T-DNA 转移过程不能完成；时间过长，农杆菌在培养基及受体材料表面会过分生长，不利于植物外植体的存活。

3.诱导物质

酚类是 vir 区基因表达的主要信号物质。酚类物质产量浓度被认为是影响农杆菌转化特别是单子叶植物转化的主要原因之一。在众多的酚类物质中，乙酰丁香酮（AS）和羟基乙酰丁香酮诱导能力较强，AS 的促进效果与菌株类型、植物材料种类和共培养培养基的 pH 值有关。AS 难溶于水，根据侵染受体的不同选择不同溶剂。一般用于拟南芥花侵染的，使用 DMSO 作为溶剂，用于愈伤组织侵染的，则用少量甲醇溶解后再用蒸馏水定容。AS 的贮存液需过滤灭菌，并且在培养基温度小于 60 ℃时加入。在众多研究中，AS 的有效使用浓度一般在 50～200 μmol/L。Mohri 等（1997）在日本白桦的转化中报道，加入 AS 100 μmol/L 可使转化率提高 8 倍。张天宇等（2007）在苜蓿转化过程中向农杆菌液体培养基及共培养基中都加入 10 mg/L 的 AS 时，GUS 阳性率、抗性愈伤率和抗性芽再生率均高于其他处理，但当 AS 浓度大于 20 mg/L 时则抑制转化。

蔗糖用于提高培养基渗透压，使植物细胞发生一定的质壁分离，促进农杆菌与植物伤口的接触，对农杆菌介导的遗传转化有着很好的辅助作用。糖类等小分子，一方面可作为化学源吸引农杆菌的趋化运动，另一方面可诱导或抑制农杆菌 vir 基因的表达，同时为

农杆菌的生长提供碳源，有利于农杆菌在受体表面的吸附和生存。特别是在AS浓度很低的情况下，它们可强烈诱导vir基因的表达，并且与AS存在协同效应，可显著提高AS诱导效果。糖类在不含酚类化合物的情况下效果较明显，但是糖类和酚类化合物同时存在时却没有明显的协同效应。

菌液中添加表面活性剂对提高遗传转化率产生显著的正向效应。1998年Clough等对真空渗透遗传转化技术做了进一步改进和优化，在农杆菌悬浮液中加入蔗糖溶液与Silwet L-77，并取代了真空渗透处理，结果表明加入5%的蔗糖和0.02% Silwet L-77可以达到更理想的转化效果。Curtis和Hong（2001）采用浸花法在对萝卜进行转化中发现研究者选取三种农杆菌浸染液中的表面活性剂进行对比，结果表明在Pluronie F-68、Tween 20及Silwet L-77中，Silwet L-77的效果是最好的。

4. 超声波辅助

农杆菌介导法具有宿主特异性，而且农杆菌不能进入植物组织内部，而超声波辅助的遗传转化可以消除这些障碍。1997年，Trick和Finer（1997）第一次报道了超声波辅助的农杆菌遗传转化法。经超声波处理，植物组织表面和内部会出现很多微伤口，增加了农杆菌与外植体的接触范围，有利于农杆菌进入植物组织内部。

参考文献

[1]陈仲,廖伟华,王静澄,等.影响农杆菌介导的杨树遗传转化技术的因素[J].植物生理学报,2014,50(8):1126-1134.

[2]杜建中,孙毅,王景雪,等.转基因玉米中目的基因的遗传表达及其抗病性研究[J].西北植物学报,2007,27(9):1720-1727.

[3]杜春芳,刘惠民,李朋波,等.花粉介导法获得油菜转基因植株研究[J].作物学报,2006,32(5):749-754.

[4]郭学兰.油菜雌蕊原位转基因方法[D]武汉:武汉油料作物研究所,2009:7-11.

[5]韩笑.白菜浸花法转基因技术研究[D].济南:曲阜师范大学,2012:9-15.

[6]丁群星,谢友菊,戴景瑞,等.用子房注射法将毒蛋白基因导入玉米的研究[J].中国科学(B辑),1993,23(7):707-713.

[7]林栖凤.耐盐植物研究[M].北京:科学出版社,2004:3-8.

[8]刘冬梅,武芝霞,刘传亮,等.花粉管通道法获得棉花转基因株系主要农艺性状变异分析[J].棉花学报,2007,19(6):450-45.

[9]刘博林,岳绍先,胡乃璧,等.龙葵阿拉特津抗性基因向大豆叶绿体基因组的转移及在转基因植物中的表达[J].中国科学(B辑),1989,19(7):699-705.

[10]刘其府,董会,曾宋君,等.农杆菌子房注射法对金钗石斛的活体转化研究[J].华南农业大学学报,2013,34(3):378-382.

[11]刘宁.花柱和柱头的结构[J].生物学通报,1998,33(4):15-17.

[12]刘明.大豆子房原位转化法的建立与应用[D].大连:大连理工大学,2011:5-14.

[13]李余良,胡建广,苏菁,等.子房注射法将BT基因导入超甜玉米[J].玉米科学,2005,13(1):41-43.

[14]李琼,曲延英,杨婷,等.海岛棉两种转Bt基因方法的研究[J].棉花学报,2012,24

(5):393–398.

[15]梁雪莲,郭平毅,孙毅,等.玉米3种非组培转基因方法转化外源bar基因研究[J].作物学报,2005,31(12):1648–1653.

[16]马盾,黄乐平,周小云,等.花粉管通道法转基因棉花后代特性的研究[J].新疆农业科学,2007,44(3):105–108.

[17]王成杰.农杆菌介导小麦非组培转化方法的探讨[D].北京:中国农业大学,2004:5–11.

[18]王景雪,孙毅,崔贵梅,等.花粉介导法获得玉米转基因植株[J].植物学报,2001,43(3):275–279.

[19]解志红.花粉介导的几丁质酶基因及基因对棉花遗传转化的研究[D].晋中:山西农业大学,2002:6–10

[20]徐恒戬.利用真空渗入法获得转基因抗虫白菜及其转化机理的研究[D].泰安:山东农业大学,2004:7–13

[21]周光宇.从生物化学的角度探讨远缘杂交的理论[J].中国农业科学,1978(2):16–202.

[22]张天宇.农杆菌介导的拟南芥rd29A基因转化苜蓿的研究及柳树组织培养再生技术初探[D].兰州:甘肃农业大学,2007:7–11.

[23] Bechtold N, Ellis J, Pelletier G. In planta Agrobacterium mediated gene transfer by infiltration of adult Arabidopsis thalianaplants [J]. Comptes Rendus Acadamic Science Paris, 1993,316:1194–1199.

[24] Clough S J, Bent A F. Floral dip: a simplified method for agrobacterium mediated transformation of Arabidopsis thaliana [J]. The Plant Journal,1998,16(6):753–743.

[25] Conny B J, Pia N, Günter T S. Germline transformation of Shepherd's purse (Capsella bursa-pastoris) by the 'floral dip' method as a tool for evolutionary and developmental biology[J]. Gene,2008,409:11–19.

[26] Curtis I S, Hong G N. Transgenic radish (*Rnanus sativus* L.1ongipinnatus Bailey) by floral-dip method-plant development and surfactant are important in optimizing transformation efficiency[J]. Transgenic Research,2001,10:363–371.

[27] Desfeux C, Clough S J, Bent A F. Female reproductive tissue are the primary target of agrobacterium- mediated transformation by the Arabidopsis floral- dip method [J].Plant Physiology,2000,123:895–904.

[28] Feldmann K A, Marks M D. Agrobacterium-mediated transformation of germinating seeds of Arabidopsis thaliana: A non-tissue culture approach[J].Molecular Genetics, 1987,208:1–9.

[29] Hiei Y, Komari T, Kubo T. Transformation of rice me-diated by Agrobacterium tumefaciens[J]. Plant Mol. Biol.,1997,35:205–218.

[30] Janice M Z, Agarwal S, Loar S, et al. Evidence for stable transformation of wheat by floral dip in Agrobacterium tumefaciens[J]. Plant Cell Rep.,2009,28:903–913.

[31] Liu F, Cao M Q, Yao I, et al. In planta transformation of pakchoi (*Brassica campestris* L.

ssp.Chinensis）by infiltration of adult plants with Agrobacterium［J］. Acta Horticulturae, 1998,
467:187-192.

［32］Mohrit M S. Agrobaererium tumefaciens-media-tedtransformation of Japanese white birch(*Betula plalyphylla* var.japoni-ca)［J］.Plant Sci.,1997,127:53-60.

［33］Rakousky S, Kocbek T, Vincenciova R, et al. Transient β-glucuronidase activity after infiltration of Arabidopsis thaliana by Agrobacteium tunefaciens［J］. Biologia Plantarum, 1997, 40 (1): 33-41.

［34］Rohini V K, Sankara R K. Transformation of peanut (*Arachis hypogaea* L.): a non-tissue culture based approach for gener-ating transgenic plants［J］.Plant Sci.,2000,130:41-49.

［35］Harold N T, John J. SAAT: sonication-assisted Agrobacterium-mediated transformation ［J］. Transgenic Research,1997,6(5):329-336.

［36］Ye G N, Stone D, Pang S Z, et al. Arabidopsis ovuleis the target for agrobacterium in planta infiltration transformation［J］.The Plant Journal,1999,19(3):249-257.

第五节　花粉管通道转化技术及其分子验证

花粉管通道法，亦称授粉后外源基因导入植物遗传转化技术，是利用植物授粉后所形成的天然花粉管通道（花粉引导组织），经珠心通道将外源DNA携带进入胚囊，转化受精卵或其前后的生殖细胞（精子、卵子），由于它们仍处于未形成细胞壁的类似"原生质体"状态，并且正在进行活跃的DNA复制、分离和重组，所以很容易将外源DNA片段整合进受体基因组中，以达到遗传转化的目的。该法的提出是基于Hess（1980）的试验，他报道了花粉粒可以吸收外源DNA的结果（李长缨等，2000）。

我国学者在远缘杂交的基础上，通过授粉时混入异源花粉匀浆的方法，在后代中发现了对应性状的变异，从而推测可能有异源DNA参与了受精过程。Zhou等（1983）成功地将外源海岛棉DNA导入陆地棉，培育出抗枯萎病的栽培品种，创立了花粉管通道法转化技术。目前，已有的研究结果表明，花粉管通道法介导的遗传转化及其后代能产生变异，已相继在40多种作物上取得了显著成效（孔青等，2005；Song et al，2007）；在国外SCI/EI期刊也相继出现报道（Luo et al，1989；Li et al，2002；Shou et al，2002；Chen et al，2008），并已获得大量优良小麦等作物新品种（周春江等，2007；王永芳等，2009），为拓宽作物抗性基因资源和品质改良提供了新的途径。

一、花粉管通道法的产生及分类

花粉管通道法最早要追溯到Pandey（1975）以烟草为材料，将供体品种的花粉经射线杀死后与受体品种的新鲜花粉混合授粉，结果获得了供体花色性状的变异。我国科学家周光宇在1983年首次在"Methods in Enzymology"报道了将外源海岛棉DNA导入陆地棉，培育出抗枯萎病的栽培品种，创立了花粉管通道法。此后人们对花粉管通道法进行了大量的研究，研究内容包括外源DNA的转化机理、转化技术、转化后代的性状鉴定等方面，并把此项技术成功地运用到育种实践中来。近年来花粉管通道法已经成功地运用于棉花、小麦、玉米、水稻、高粱、大豆、番茄、葡萄和泡桐等许多作物中，并得到抗病、抗虫、抗逆性增强的变异后代，有些甚至已经形成品种/品系应用于生产中。

花粉管通道法包括微注射法、柱头滴加法、花粉粒携带法、子房注入法、开苞叶导入法等。微注射法是指利用微量注射器将转基因溶液注射进受精子房。柱头滴加法是在自花授粉或人工授粉后一定时间内剪去柱头，滴上外源DNA溶液。花粉粒携带法是应用外源DNA溶液处理受体花粉粒，利用花粉萌发时吸收外源DNA，通过授粉过程导入外源DNA，使子代出现DNA供体的性状。子房注入法是对于子房较大的受体，在授粉后，使用微量注射器沿子房纵轴插入一定深度注射外源DNA溶液，从而使外源DNA进入受体植株。开苞导入法于果穗外周用小刀纵向切开并扒开全部苞叶，去掉花丝，在花丝断面处用毛笔尖涂抹供体DNA溶液，然后将苞叶复原，用皮套捆紧套袋。

二、花粉管通道法操作技术及转化机理

1.操作技术

花粉管通道法是指在植物授粉后，花粉在柱头上形成花粉管通道，采用微量注射或柱头切除滴加等方法，在通道关闭前适当的时期，通过花粉管将外源DNA导入胚囊，转化其受精卵或配子细胞。

在外源DNA转化中，主要采用的方法有：

（1）自花授粉后导入法

自花授粉后导入法是使用最多的一种方法，即将供体总DNA片段在受体自花授粉后适当的时期滴加在柱头上，使其沿着花粉管通道进入胚囊，实际应用时一般先切除柱头。这样可缩短通道距离，提高转化效率。黄骏麒等（1986）首次利用此法，成功地将外源海岛棉DNA导入陆地棉，培育出抗枯萎病的栽培品种，随后倪建福等（1994）、王亚馥等（1995）成功地将此法用于小麦的转化，将高粱DNA导入普通小麦，选育出抗条锈病白粒新品系。

（2）花粉匀浆涂抹柱头法

以花粉携带外源DNA的原理，将来源不同的花粉进行匀浆处理后直接涂抹柱头的方法，张孔渐等采用此法成功地进行了恢复可育转移（Zeng et al，1998）。

（3）采用花粉管直接携带法

在开花前将受体植株去雄套袋，以防止其先行授粉，待开花后用供体DNA或花粉均匀处理该受体植物柱头，处理毕，待5 min后授以受体植株正常花粉，以使其供体外源遗传物质随花粉管的生长而导入受精卵。刘根齐等（1994）用该方法选育出在新疆大面积推广的75（918）改良新品系，在保持原有优良性状的基础上将粒由红粒改良为白粒，提高了小麦的商品性能。

（4）受体花粉与供体DNA混合授粉法（Hess，1980）

根据导入外源DNA的携带形式可分为三个转化系统，即载体转化系统、直接转化系统和种质转化系统。载体转化系统是将目的基因插入农杆菌质粒或病毒的DNA序列上，在载体DNA的携带下进行转化，随着基因克隆和功能表达研究的深入，这种系统成为发展的主要趋势；直接转化系统是将裸露的DNA直接用于转化，一般是目的基因片段或基因组DNA；种质转化系统是借助花粉携带遗传物质的现象采取的一种转化方法。

2.转化机理的研究和探讨

花粉管通道法自提出以来，在较长的一段时期内尽管在性状方面的确发生了明显的变异，但由于缺少确切的分子证据而遭到人们的质疑，并且有人称之为"中国式的转基因技术"。龚蓁蓁等（1988）用同位素示踪法表明通过³H标记的棉花DNA（50 kb）经珠孔进入开放的珠心到达胚囊，30 min后即观察到胚囊中³H-DNA自显影，80%以上的胚囊2～4 h均有外源DNA进入，除从珠孔到胚囊间的花粉管通道外，珠心的任何其他部位和进入胚囊的花粉管内均无自显影斑点，说明花粉管的珠心通道是DNA从珠孔到达胚囊的唯一途径。邓德旺等报道，采用激光聚焦显微镜观察到花粉管从花粉进入中轴胎座时，需要经过一个折向沿中轴的外周向上生长，在胚珠着生处再折向进珠孔，外源DNA经过胎座上传输组织中的花粉管外缝、胎座表面、珠孔、珠心通道进入胚囊，直接转化处于融合时期的无壁生殖细胞。把外源基因导入的途径确立为花粉管外通道而非花粉管内通道，转化受体确定为融合期的生殖细胞而非受精卵、早期合子细胞等，这个观察结果与先前假说不同，更具有科学性，且有分子细胞试验结果的支持。

Luo和Wu（1988）首次报道用花粉管通道法将含报告基因的质粒DNA转入水稻，经Southern杂交和酶学测定证明，得到了外源基因整合并表达的转基因水稻植株。这使花粉管通道法的转化工作像其他转化法一样，可以完全按转基因技术操作。接着曾君社等（1993）、Chong和Tan（1995）报道了用该法转化小麦，经过筛选、Southern、Northernblot鉴定以及对表达产物的检测，获得了小麦的转基因植株。至此，花粉管通道法已在多种作物中获得成功，确定了其在直接转化法中的地位。

Potrykus（1990）著文将受体组织的细胞分成8种状态。并认为此8种状态中同时具备再生感受态和转化感受态的细胞，才是转化成功至关重要的。关于这类细胞的特征，有人认为，要想使细胞恢复全能性，必须消除细胞以前的分化程序，使之呈脱分化状态，那么这种细胞对外源基因的导入是感受的（Ronchi et al，1994）。对脱分化细胞的形态描述看，大多是指细胞核大、原生质浓厚、液泡化程度低的类似分生组织的细胞，用这种标准分析受精过程发生时的精卵接合和合子形成，就会发现分化程度很高的卵细胞在同精子接触的一刻开始，发生急剧的脱分化过程，受精后形成合子，彻底消除了以前的分化特征，变成核大、质浓和分裂活跃的细胞，具有上述再生及转化感受态细胞的特点，花粉管通道法正是利用这一特点，如在此时将外源DNA引入花粉管内，则有机会参与受精过程，达到转化的目的。因此花粉管实际上是起着运载外源DNA的作用。所以这种方法也可以称为花粉管运载法。

细胞学观察证明，在小麦、黑麦、大麦、水稻等禾本科及棉花、向日葵、豌豆等农作物中，受精过程发生时常有多个花粉管进入胚囊的现象（曾君社等，1993），近年来亚显微结构的观察揭示，在精子进入时，卵细胞的细胞壁还未形成，一些胞壁物质分散地聚集在细胞膜的表面似小岛状（Zhu et al，1993）。因此这时的卵细胞类似未完全酶解的原生质体，为外源基因的进入提供了可能性，何况在精子进入卵细胞的过程中，也为其他内含物的进入提供了机会，因此我们认为这一方法的转化原理同原生质体的转化相似。李忠杰等（1995）研究表明外源DNA经射线辐照后，引起了DNA链断裂和碱基对破坏，断裂的DNA相对分子质量小，导入受体后易于整合，整合后染色体又容易配对，这可能是辐照引起诱导率提高的原因，由此可以推测适当长度的DNA片段是提高转化效率的因素之一；同时质膜和核膜很容易在生物自由基的作用下受到损伤，为小片段 DNA 进入卵细胞创造了条件，这也是辐照提高诱导率的原因之一。冀俊丽等（2002）研究发现，采用负压处理可以提高转化效率，因此，可以采用理化的手段来提高转化效率。基因在花粉管通道法导入后能传递给下一代，从表型看有时不遵循孟德尔遗传规律，并且存在基因沉默现象，这是由于 DNA 碱基被甲基化造成的，也可能由于整合位置不合适而受抑制，导致不表达；同一质粒上的两个基因可以不同时表达，表现出基因表达的独立性，外源基因拷贝数随世代增高而降低，上一代表达量不高的植株，后代中外源基因仍然有高的表达概率（Zeng et al，1998）。

三、花粉管通道法的影响因素

供体 DNA 片段的大小、DNA 的纯度和浓度、DNA 导入时期等都会影响基因的导入。周光宇认为 DNA 片段的大小以不小于 107 Da 为宜。过小将有可能得不到带有完整基因的 DNA 片段，使 DNA 供体的性状无法表达。外源 DNA 直接导入技术对 DNA 纯度要求极高，一般认为 DNA 样品光密度值 $OD_{260}/OD_{280} > 1.8$、$OD_{260}/OD_{230} > 2$，则纯度符合转化要求。不同的植物最适 DNA 浓度不同。

为了提高当代结实率，在操作时应注意掌握剪去柱头的时期，如果过早，花粉未到达子房，受精作用尚未开始，这时候剪去柱头就破坏了受精，影响结实，得不到种子；过晚则受精作用已经完成，细胞已经形成，花粉管通道已经关闭，外源 DNA 不能进入子房。罗明等在 2000 年进行的试验中，在颖片完全打开后约 1 h，在离颖片基部 1/3 处切除并滴加 DNA，其结实率约为 15%，但在约 520 粒种子中未检测到转基因植株；而在 2001 年的试验中，将处理时间提前至颖片完全打开后约半小时，并将切除部位下移至距颖片基部约 1/4 处，其结实率为 3%～4%，但在 250 多粒种子中获得 2 株确认为转基因植株。可见，处理时间及部位对结实率及转化率都有影响。

不同的处理时间、不同的外源 DNA 浓度对花粉管通道法基因转化有很大的影响，各种植物自授粉到受精经历时间不同，处理时间也不一致。如小麦的有效处理时间是授粉后 0.5～3 h，水稻是开花后 1～3 h，棉花是授粉后 20～28 h，大豆自花授粉后 6～32 h，关于玉米的报道较多，方法不同时间也不尽相同，多在自交授粉后 16～30 h 内。花粉管通道法对温度、湿度也有较高的要求，如温度太高及湿度不足都会严重影响转化结果。DNA 载体缓冲液 pH 也是比较重要的因素，因受体作物而异，一般在 6.5～8.5 之间，近中性。

四、花粉管通道法在育种上的应用

近年来花粉管通道法在植物育种中取得了令人瞩目的成绩，培育出了一大批抗病虫害的农作物品种。

在抗性育种方面，甘肃农业科学院较早地开展了花粉管转化技术的应用研究，裴新梧、倪建福等（1999）先后将高粱、玉米等 C_4 植物 DNA 导入普通栽培小麦，选育出一系列小麦新品系，其中将高粱 DNA 导入小麦后获得了优良的变异系，其光合效率高于原受体，光合类型为 C_3 植物与 C_4 植物的中间类型；通过将高粱 DNA 导入受体陇春 13，选育出了高产、抗逆、耐盐碱小麦新品系 89122，产量较原受体增产 21.06%，在盐碱地，比当地主栽品种 V_{26} 增产 10.5%，比原受体增产 22.5%，光合效率明显提高。冀俊丽（2002）首次采用负压花粉管法将耐盐基因HVH_1转入小麦，获得了耐盐材料。万文举等将玉米品种CYB的DNA导入水稻品种XB中，成功选育比受体XB穗大、分蘖力强、秆粗、米质较优、抗性较好的水稻新品种GER-1。欧巧明等（2013）将高粱基因组DNA导入高感条锈病、籽粒粉质的稳定小麦品系，培育出高产优质抗锈小麦新品种陇春32号及优良变异新品系，较供体高粱和受体小麦，生物学性状发生明显变异和改良，对条锈病免疫，HMW-GS发生明显变异，Gul D_1位点基因发生等位变异，其表达产物由原来（89122）的2+12亚基变为5+10亚基，但高粱种子贮藏蛋白中并没有亚基5+10，多项品质指标得到改良，过氧化物酶表达发生明显变化，地区适应性也相应地较受体不同。上述结果说明异源高粱基因组DNA导入小麦引起了相应基因表达的变化，实现了高粱抗条锈基因和HMW-GS基因的转化和多基因聚合，达到了目标性状遗传改良的目的。

在抗病虫育种方面，倪万潮等（1998）利用花粉管通道法将合成的Bt基因导入棉花优良品种泗棉3号和中棉12号，获得转基因植株，现已形成抗虫棉群体。贾力等（2001）、吴茂森等（2000）构建了编码GPv+PAv双价CP基因的植物表达载体pPP114，通过花粉管通道法导入小麦品种北京837，选育出了抗黄矮病毒新品系。孙光祖等（2000）利用辐射与外源DNA花粉管导入技术相结合的方法，选出了抗大麦黄矮病（BYDV）的小麦新品系龙辐97K1099，经多年自然发病和两年接毒蚜鉴定，该品系不仅高产，而且抗大麦黄矮病。王立新等为了提高优良小麦品种白粉病抗性，采用花粉管通道法将抗白粉病小麦品种的基因组DNA导入北农6号，获得了抗白粉病的转基因小麦植株。王才林等（2002）采用花粉管通道法，将bar基因导入两系超级杂交水稻65396的父本E32，在142个后代植株中获得了4个转bar基因植株，在T3代形成抗除草剂稳定株系。王罡等（2004）利用花粉管通道法将Bt毒蛋白基因转入玉米自交系，为抗虫育种提供了优良抗源。欧巧明、倪建福等曾利用花粉管通道法将多种异源高粱基因组DNA导入小麦，成功实现了小麦的抗条锈性、高分子量麦谷蛋白亚基（HMW-GS）以及品质性状的遗传改良。其中将高粱基因组DNA导入受体甘麦8号，获得抗条锈变异系89144系列品系，部分品系已连续21年对混合菌和分生理小种条锈菌均表现免疫，抗锈机理分析显示，89144在条锈菌侵染后表现出系统获得性抗性，HMW-GS发生了突变，由受体的2+12亚基变为5+10亚基，是优质且持久抗条锈病的优良种质资源（欧巧明等，2011）。

在产量育种方面，张茂银等（2000）利用花粉管通道法将新疆大赖草DNA导入普通春小麦花培品系，在后代中选育出了大穗、多粒的转化后代，产量大大提高；何登骥等把茭瓜DNA导入早籼稻90-519，获得的HK4早籼稻新品系，在2000年省区域试验迟熟组中产量第一，比对照增产10%，并且稳产性也优于对照。

在品质改良方面，1989年新疆农科院和中科院新疆化学所合作，应用新疆大赖草总DNA通过花粉管通道法转化栽培春麦761，选育出了大穗、多粒、高蛋白、抗病的优良品系，经鉴定发现，大赖草高度重复序列整合到了受体基因组（缪军等，2000）；雷勃钧等（2000）将外源半野生大豆的总DNA经花粉管通道法直接导入栽培大豆，实现了高蛋白、早熟性状转移，育成了高产、优质的大豆新品种黑生101；林栖凤等（1999；2001）利用花粉管通道技术，将红树DNA导入辣椒、茄子等，获得的转化植株后代能在海滩生长，并可以用2.5%的海水浇灌等；将紫色稻和紫玉米DNA导入水稻，获得紫色性状的转移；大米草DNA导入水稻品种早丰，出现株高变矮，籽粒蛋白增高，氨基酸含量增高等新性状。肖君泽等将小麦品种湘麦13号DNA导入早籼水稻品种191中，成功选育"长早籼9号"高蛋白水稻新品种。王广金等（2002）将麦谷蛋白HMW-GS 1Dx和IDy10基因导入了小麦，选出了高产优质的转基因品系21K867。南开大学王秀玲等（2003）成功地将野生大豆总DNA导入小麦，为选育高蛋白优质的新品系提供了新的途径。伏军等将密穗高粱DNA导入水稻鄂宜105品种中，选育出DH1等4个品系，其品质均达到或超出国家优质稻米的标准。

此外，在我国首批批准释放大田的转基因作物中，中国农科院培育的具有Bt杀虫蛋白基因和豇豆胰蛋白酶抑制剂基因的双价抗虫转基因棉花，正是利用花粉管通道法进行转化，将表达载体转入我国栽培棉品种中获得成功的，经分子检测，证实了双价杀虫基因在棉花基因组中的整合与表达（郭三堆等，1999）。由此可以证明，花粉管通道法可以用于基因表达载体和总DNA等多种形态的遗传物质的转化。

五、小结

花粉管通道法以其易于掌握，方法简便，对条件要求不严格，可以在大田、盆栽或温室中进行；育种时间短，后代稳定快，筛选遗传稳定的品系只需3～4代时间，这是因为在自花授粉的基础上只有部分外源DNA片段进入受体基因组，避免了供体基因与受体基因组全面重组，因而易于稳定；可用于多种单、双子叶显花植物，转化的DNA可以是裸露的总DNA或DNA片段，也可以是重组质粒，甚至人工合成的基因，从而扩大了基因工程目的基因的来源和受体植物的范围等优点，已在多种植物特别是农作物育种中等到广泛的应用。

参考文献

[1]Chong K, Tan K H. Function analysis of vet203 gane through arthsense transganic winter wheat[J]. Plant Physiol, 1995, 108(2): 475.

[2]龚蓁蓁,沈慰芬,周光宇,等.受粉后外源DNA导入植株技术——DNA通过花粉管通道进入胚囊[J].中国科学（B辑）,1988(6):611-614.

[3]Hess D. Investigation on the intra and interspecific trmafer of anthocyanin genes using pollen as vectors[J]. Z. Pftanzanphysiol Bd., 1980(98): 321-327.

[4]黄骏麒,钱思颖,刘桂铨,等.外源抗枯萎病棉DNA导入感病棉的抗性转移[J].中国农业科学,1986,3:32-36.

[5]冀俊丽,盛长忠,石明,等.通过负压花粉管法将耐盐基因HVAI转入小麦的研究[J].麦类作物学报,2002,22(2):10-13.

[6]贾力,曼茂森,张文蔚,等.大麦黄矮病毒单取价外壳蛋白基因植物表达载体构建及小麦遗传转化[J].农业生物技术学报,2001,9(1):23-27.

[7]李长缨,简元才.花粉管通道法在植物遗传转化中的应用[J].生物学杂志,2000,17(1):9-10.

[8]李忠杰.辐射外源DNA导入小麦诱变效果的研究[J].核农学报,2000,14(14):200-205.

[9]李忠杰.转基因抗白粉病小麦植株的选育研究初报[J].麦类作物学报,2000,20(2):

13-16.

[10]李忠杰,孙光祖,王广金,等.辐照外源 DNA 导入小麦诱变效果初探[J].核农学通报,1995,16(1):1-4.

[11]缪军,赵民安,李维琪.大赖草总 DNA 转化小麦的分子证据[J].遗传学报,2000,27(7):621-627.

[12]刘根齐,张孔淮,林世兰,等.外源 DNA 直接导入小麦及其在育种上的应用[J].遗传学报,1994,21(6):463-467.

[13]Luo Z X, Wu R. A simple method for the transformation ofrice via the pollen mbe pathway[J]. Plant Mol. Biol. Rep., 1988,6(31):165-174.

[14]倪建福,周文麟,王亚馥.高粱 DNA 导入小麦选育出抗锈白粒新品系[J].甘肃农业科技,1994,7:10-11.

[15]裴新梧,崔凯荣,孔英珍,等.导入高粱 DNA 选育丰产、抗逆小麦新品系及其 RAPD 分子验证[J].兰州大学学报:自然科学版,1999,35(2):130-135.

[16]Potrykus I. Gene transfer to cereals: an assessment[J]. Bio. technologe,1990,8:535-542.

[17]Ronehi V N, Giorgetti L. The cell's commitment to somatic embryogenesis[J]. Biotechnology in Agriculture and Forestry,1994,30:3-18.

[18]孙光祖,李忠杰,李希臣,等.抗大麦黄矮病小麦新品系选育及其 RAPD 分子验证[J].核农学报,2000,14(2):72-75.

[19]王广金,李忠杰,张晓东,等.利用花粉管通道法将编码优质 HMW-GS 基因导入小麦进行品质改良的研究[J].黑龙江农业科学,2002,6:1-3.

[20]王立新,孟荣华,郭仁俊,等.应用花粉管通道法进行小麦抗白粉病转基因的研究初报[J].农业生物技术学报,2001,9(3):265-268.

[21]王秀玲,卢茜,刘君,等.野生大豆 DNA 导入小麦及 RAPD 分子验证[J].南开大学学报:自然科学版,2003,36(2):37-49.

[22]王亚馥,陈克明,焦成瑾,等.外源 DNA 导入小麦后的变异系生物学特性及胚乳蛋白的研究[J].作物学报,1995,21(4):404-411.

[23]吴茂森,田苗英,陈彩层,等.通过花粉管途径将 BYDV-GPV 株系缺失复制酶基因导入小麦[J].农业生物技术学报,2000,8(2):125-127.

[24]阎新甫,刘文轩,王胜军,等.大麦 DNA 导入小麦产生抗白糟病变异的遗传研究[J].遗传,1994,16(1):26-30.

[25]丁洪欣,柳建军,冯兆礼,等.通过花粉管途径将抗虫基因(CpT1)导入小麦的研究[J].山东农业科学,1999,1:5-8.

[26]曾君祉,王东江,吴有强,等.用花粉管途径获得小麦转基因植株[J].中国科学,1993,23(3):256-262.

[27]Zeng J Z, Wu Y Q, Wang D J, et al. Genetic expression in progeny of wansgenic plants obtained by using pollen-tube pathway(or delivery) method and approach to the Wansformafion mechanism[J]. Chinese Science Bulletin,1998,43(6):561-566.

[28]Zhu T, Mogensen H L, Smith S E. Quantitative three-dimensional analysis of alfalfa egg cells in two genotypes: implication for biparcntal plasfid inheritance[J]. Planta,1993,190:143-150.

第四章 植物遗传转化的鉴定与分析

基因转化后，如何证明外源基因转入植物，需要回答以下几个问题：外源基因是否进入到植物细胞，其整合到植物染色体没有？整合的方式如何？该外源基因是否按照设计要求表达？

目前转基因植物的检测应有以下几点：

（1）要有严格的对照（包括阳性及阴性对照）。

（2）转化 F_1 代要提供外源基因整合和表达的分子生物学证据（Southern 杂交、Northern 杂交和 Western 杂交等）与表型数据（酶活性分析或其他生化指标）。

（3）提供外源基因控制的表型性状证据（如抗虫、抗病等）。

（4）根据该植物的繁殖方式（有性繁殖还是无性繁殖）提供遗传证据。有性繁殖作物需有目的基因控制的表型性状传递给后代的证据，无性繁殖作物需有繁殖一代稳定遗传的证据。

第一节 标记基因和报告基因的检测

转基因植物检测的第一步是要从大量的转化体中筛选出已被转化的细胞和个体。植物基因工程研究中所构建的表达载体，除含有外源目的基因和各种表达调控元件外，还带有可供选择的标记基因，如抗卡那霉素基因（npt-Ⅱ），以及分析目的基因表达的报告基因，如β-葡萄糖苷酶基因（gus）。因此，植物遗传转化的鉴定与分析中首先要进行选择标记基因和报告基因的检测。

报告基因和标记基因必须具有两大特点：

（1）该基因表达产物及产物的类似功能在未转化的植物细胞中并不存在；

（2）便于检测。按照基因产物作用的机制，选择标记基因和报告基因可以分为抗生素抗性基因、除草剂抗性基因、生化代谢基因及生物安全性标记基因（表4-1）。

表4-1 常用标记及报告基因的表达检测

类别	基因	编码产物	检测方法
抗生素抗性基因	gus	β-葡萄糖苷酸酶（Gus）	组织化学染色定位,荧光法、分光光度计法
	cat	氯霉素乙酰转移酶（Cat）	薄层层析法、DTNB法
	npt-Ⅱ	新霉素磷酸转移酶（Npt-Ⅱ）	点渍法、层析法、凝胶原位检测法
抗除草剂基因	pat	PPT乙酰转移酶（PAT）	硅胶G薄层层析法、比色分析法

续表4-1

类别	基因	编码产物	检测方法
生化代谢基因	nos/ocs	与冠瘿碱合成有关的酶	Otten法
	luc	荧光素酶	活体内、外荧光素酶活性检测
	dhfr	二氢叶酸还原酶（LUC）	放射自显影
生物安全标记基因	pmi	磷酸甘露糖异构酶（PMI）	氯酚红法、分光光度计法、蛋白质电泳及染色法
	xyla	木糖异构酶（XI）	半胱氨酸-咔唑法、间苯二酚显色法、木糖酵解实验、旋光法
	badh	甜菜碱醛脱氢酶（BADH）	BADH酶对底物法、相对电导率法、
	gfp	绿色荧光蛋白（GFP）	紫外光测定法

第二节 外源基因整合检测

要明确所获得的转化植株是转基因植株，必须获得充分的检测数据。首先就要筛选转化细胞，因为无论使用哪种转基因方法，转化细胞相比非转化细胞都占少数。因此在含有选择压力的培养基上诱导转化细胞分化，形成转化芽，再诱导形成转化植株，然后对转化植株进行分子生物学检测。而外源基因整合的检测结果即为物理证据的第一步，这是外源基因能否在植物中稳定遗传的关键。对于外源基因整合的检测，目前主要有4种方法：Southern杂交、反向PCR、实时荧光定量PCR绝对定量检测及染色体的原位杂交。

一、外源基因整合的Southern杂交鉴定

印迹（Blot）通常是指通过吸附或电泳方法将经凝胶电泳分离的大分子物质从胶上转移到固相载体上，再与特定的探针反应从而达到检测或鉴定这些大分子物质的过程。Southern杂交技术以经过标记的DNA或RNA探针，与靶DNA进行特异性杂交，分析外源基因在植物染色体上的整合情况（如拷贝数、插入方式）以及外源基因在转基因后代的稳定性问题。杂交可在液相及固相中进行。现在实验室中广泛采用的是在固相膜上进行的固-液杂交。Southern杂交的实验包括以下几个主要步骤：植物基因组DNA的提取；探针的制备；基因组DNA的限制性酶切，凝胶电泳分离酶切片段并通过毛细转移、电转移或真空转印法转移至尼龙膜或硝酸纤维素膜；探针与转移至膜上的酶切DNA杂交；杂交信号的检出（放射自显影或根据标记物的特有性质检出）。

随着Southern杂交技术的不断成熟，其越来越多地被应用到农作物基因工程基础研究和转基因育种中。夏志辉等利用双右边界T-DNA载体系统将广谱抗白叶枯病基因Xa21转入水稻恢复系明86。通过Southern杂交，获得了该转基因系特异的杂交指纹图谱，证实该基因完整插入到水稻染色体内，在后续继代过程中无片段丢失，且内部无缺失。刘会云、王婉晴等采用Southern及染色体原位杂交（FISH）对在Glu-B1位点上1Bx20和1By20双亚基沉默的小麦无性系变异体AS208进行研究证实，6条染色体出现杂交信号，

染色体原位杂交（FISH）结果显示其比对照轮选987中出现杂交信号的染色体少2条。杨静等采用农杆菌介导转化法，将反义GmFAD2-1B基因导入栽培大豆品种，获得油酸含量显著提高的转基因大豆新品系。Southern杂交检测表明，外源GmFAD2-1B基因片段已导入大豆基因组，其插入拷贝数为1～5个。qRT-PCR检测表明，外源GmFAD2-1B主要在大豆种子中表达，并导致种子中内源GmFAD2-1 mRNA表达水平显著降低。总之Southern杂交技术在水稻、小麦、大豆等主要农作物遗传转化研究中的应用，可为农作物转基因研究方法的明确及转基因食品安全检测方法的探索提供参考。

二、整合外源基因拷贝数的IPCR检测

IPCR（Inverse PCR，反向PCR），是Triglia等在普通PCR基础上设计的一种新方法。反向PCR与普通PCR的共同点是都有一个已知序列的DNA片段，引物都与已知序列的两末端互补。但是普通PCR两引物的3′端是相对的，而反向PCR两引物3′端是相互反向的。这样，在DNA聚合酶的引发下，普通PCR扩增的是已知序列片段，而反向PCR扩增的是已知片段旁侧的序列，此旁侧序列可以是未知的。因此可以用于外源基因在植物基因组中整合拷贝数的分析。当多拷贝多位点整合时，扩增产物在凝胶电泳上呈现出多条条带；单拷贝是只有一条带（图4-1）。它要求模板DNA复杂度小于109 bp，如果高于此值，则不能达到理想的效果。另外，自连接（环化）的效率也是影响反向PCR成功的重要因素。

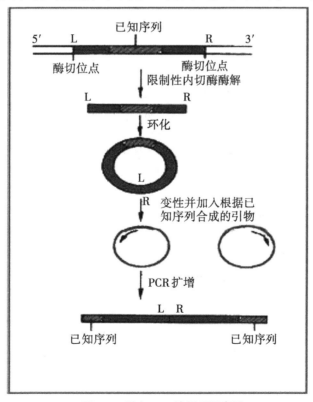

图4-1 反向PCR的原理示意图

模板制备、引物设计及PCR条件优化是反向PCR的三个重要环节。其技术难点主要在于选择一种在已知片段两侧分别具有酶切位点，而已知片段内部没有这个位点的限制性

酶进行酶切。由于通常使用的内切酶在插入序列上有切点而在载体上不合适位置也有切点，因此在酶的选择上有一定困难。大多数有核生物基因组中含大量的中度和高度重复序列，而且在 YAC 或 Cosmid 中的未知功能序列中时常也会有类似的序列，这样，通过反向 PCR 获得的探针类型就有可能与多个基因序列杂交。

三、整合外源基因实时荧光定量PCR检测

实时定量 PCR 是在 PCR 反应体系中加入荧光基团（染料或探针），用荧光信号积累实时监测整个 PCR 进程，最后通过标准曲线对未知模板进行定量分析的方法。其特点是：特异性好，实时定量 PCR 技术通过引物或和探针的特异性杂交对模板进行鉴别，有很高的准确性，阳性低；灵敏度高，用灵敏的荧光检测系统对荧光信号进行实时监控；线性关系好，荧光信号的强弱与模板扩增产物的对数呈线性关系，通过荧光信号的检测对样品初始模板浓度进行定量，误差小；此外使用的材料较少，避免了大量植物组培的工作。此检测结果准确可靠，因此，已成为转基因作物中外源基因整合检测的主要方法。

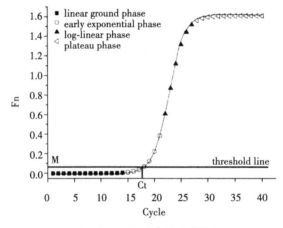

图4-2 反应的产物扩增曲线

M:荧光阈值；Ct 阈值循环数

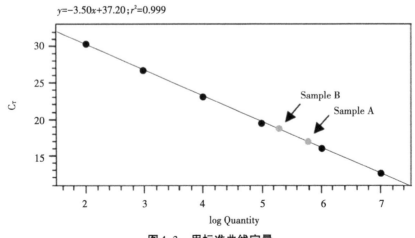

图4-3 用标准曲线定量

李淑洁和张正英（2010）利用SYBR Green Ⅰ实时荧光定量PCR成功检测外源基因在转基因小麦中的拷贝数。王盛、谢芝勋等（2015）用SYBR Green Ⅰ实时荧光定量PCR方法检测转基因烟草中外源绿色荧光蛋白基因（GFP）的拷贝数，在检测的5株转基因烟草中GFP基因的拷贝数分别为5、8、19、28和45，非转基因烟草植株的GFP基因拷贝数为0。

四、整合外源基因的原位杂交

原位杂交技术是20世纪60年代建立起来的一种可以将特定基因或序列直接定位到染色体上的技术，它是细胞遗传学技术与分子生物学技术相结合的产物。

鉴定转基因植物时，当DNA分子大于250 kb，其限制性酶切图谱很难确切得到，这时可采用染色体DNA原位杂交来了解外源基因在植物染色体上的整合位置，即以标记的外源基因为探针，在适宜的条件下，探针与固定在玻片上的细胞内变性染色体上互补序列形成稳定的杂交体，然后根据探针的标记性质进行检测。放射性同位素标记的探针，通过放射自显影检测；酶标探针通过显色反应检出，在显微镜下观察。

王玉海（2016）利用基因组原位杂交（genomic in situ hybridization，GISH）、多色原位杂交（multicolor genomic in situ hybridization，mc-GISH）、多色荧光原位杂交（multicolor fluorescence in situ hybridization，mc-FISH）及分子标记技术，分析并明确了小麦-山羊草渐渗系TA002的染色体组成特点。

第三节　外源基因的表达检测

根据中心法则，遗传顺序是从DNA传递到RNA，再传到蛋白质的。已经整合了目的基因的植株基因组，是否将外源基因所携带的遗传信息传递到RNA水平和蛋白水平？那么就需要对此进行验证，即在转录水平检测到特异mRNA，在翻译水平检测特异蛋白质的生成。

目的基因转录水平的验证方法多用RT-PCR方法。RT-PCR方法是检测目的基因在受体植株中转录表达的快速、简单的方法。提取待检植株的RNA，经特定试剂盒条件，mRNA反转录合成cDNA，利用特异性引物对cDNA进行体外扩增，根据琼脂糖凝胶电泳结果，以检测目的基因是否在转录水平得到表达。此外还有Northern杂交，其以DNA或RNA为探针，检测RNA链。但是其基于凝胶电泳的终点定性及反应终点浓度的定量均不能做到准确无误，而且无法检测核酸序列初始量。而荧光定量PCR（相对定量方法）具有快速和准确分析出植物在不同处理条件下该基因表达量差异的特点。其不仅操作简单，而且具有高效的敏感性、特异性，能在同一个反应体系中对多个基因样本进行实时定性及定量测定，从而避免扩增后的复杂操作，减少无谓的交叉污染，提高了定量的准确性。总之，这是检测目的基因是否发挥功能作用的第一步。

外源基因表达蛋白的检测：外源基因编码蛋白在转基因植物中能够正常表达并表现出应有的功能，是植物基因转化的最终目的。表达蛋白应具有一定的稳定性，不被细胞内的蛋白酶迅速降解，同时应对植物细胞无毒性。外源基因表达蛋白检测主要利用免疫学原理，ELISA 检测及 Western 杂交是经典的方法。

一、外源基因转录的 Northern 杂交检测

与植物的内源基因一样，外源基因整合到植物染色体后的表达受到生理状态调控，还与其调控序列及整合部位等因素相关。而由于转入的基因无法顺利转录成相应的 mRNA 而导致基因沉默。转基因植株中外源基因的转录水平可以通过细胞总 RNA 或 mRNA 与探针的杂交来分析。

Northern 杂交，是指将 RNA 分子变性及电泳分离后，从电泳凝胶转移到固相支持物上进行核酸杂交的方法，是研究基因表达的最严谨的方法之一，可以定量地分析组织中的某一特异 mRNA 的表达丰度，根据其迁移的位置也可以判断基因的分子大小。Northern 杂交程序与 Southern 印迹杂交相似。

需要注意的是，RNA 易受 RNase 作用而降解，因此在提取 RNA 时操作全过程须在 4 ℃ 低温条件下或冰上进行。操作中一次性手套要经常更换，尽量避免 RNase 污染。

Northern 杂交比 Southern 杂交更接近于目的性状的表现，因此更有现实意义。李淑洁（2014）用 Northern 点杂交分别对转基因油菜目的基因表达进行了鉴定。但 Northern 杂交对细胞中低丰度的 mRNA 检出率较低。因此在实际工作中更多的是利用 RT-PCR（reverse transcription PCR）技术对外源基因的转录水平进行检测。

二、外源基因表达的 RT-PCR 检测

RT-PCR 是通过反转录和 PCR 的方法，鉴定外源基因是否转录及在不同组织部位表达丰度的重要方法。该技术是利用植物总 RNA 反转录得到 cDNA，以 cDNA 为模板，以外源基因特异性引物进行 PCR 扩增。根据用于 RT 的已知 RNA 量、已知 cDNA 量、在琼脂糖凝胶上可显带的 PCR 循环数能估算出所研究基因的表达程度。RT-PCR 比 Northern 杂交更灵敏，特别是在外源基因以单拷贝方式整合时，其 mRNA 的检出常用 RT-PCR。

由于 RT-PCR 是在总 RNA 或 mRNA 水平上操作，检测过程中必须注意 RNA 的降解和 DNA 的污染，另外还要设置严格的对照来防止假性结果的出现。

三、外源基因表达的 qRT-PCR 检测

实时荧光定量聚合酶链式反应（Real-time Quantitative Reverse Transcription Polymerase Chain Reaction，简称 qRT-PCR）技术 1996 年推出，其应用包括甲基化检测、目的基因表达量的检测、单核苷酸多态性的测定等分子生物学领域。其原理是在反转录酶的作用下，以待检植株的 RNA 为模板合成 cDNA，再以 cDNA 为模板，在反应体系中加入荧光基团，扩增出特异的产物。利用荧光信号实时检测扩增产物，在反应早期，产生荧光被荧光背景信号所掩盖，无法判断产物量的变化，随着反应时间的进行，产生的荧光进入指数期和平台期，监测到的荧光信号的变化可以绘制成一条曲线，在平台期，扩增产物与起始模板量之间没有线性关系，也不能计算起始拷贝数；只有在反应处于指数期，产物量的对数值与起始模板量之间存在线性关系，可以选择在这个阶段通过标准曲线定量分析从而推断模板最初的含量。因此，不但可在转录水平上检测目的基因是否表达，还可以检测转录出的含量。

在荧光定量 PCR 中，应用较多的是采用相对定量去比较多个样本间的某一特定性质。这就需要以参照基因作为标准进行相对定量，即在测定目的基因的同时测定某一内源性管家基因，该方法要求得到一个或多个在所有测试样本中恒定表达的已知参照基因，而且表达水平不受研究条件下处理方式的影响。确定这样的参照基因十分重要，在大多数研究实验中，使用多个参照基因对于准确定量是必需的。

决定 qRT-PCR 反应成功与否的几个关键因素如下：

1.模板的质量

模板的质量决定总 RNA 的提取、纯化、分装和保存等过程，包括 RNA 的浓度、纯度以及降解度。可用有机溶剂酚与氯仿抽提蛋白质和其他细胞组分，用乙醇或异丙醇沉淀 RNA，用异硫氰酸胍法防止 RNase 降解 RNA。

2.底物的质量与浓度和 PCR 扩增效率有密切关系

底物如保存不当，易变性失去生物学活性，反复冻融会使其降解，应小量分装，−20 ℃冰冻保存。底物浓度要均衡，以免引起错配。

3.引物的质量

引物的序列及其与模板结合的特异性是决定 PCR 反应结果的关键。引物设计的原则是最大限度地提高扩增效率，同时尽可能减少非特异性扩增产物。

4.酶和 Mg^{2+}

酶浓度过高可引起非特异性扩增，浓度过低则合成产物量减少。Mg^{2+} 是 DNA 聚合酶的辅酶，对 PCR 扩增的特异性和产量有显著的影响。同理，Mg^{2+} 浓度过高，降低反应的特异性，易出现非特异性扩增；浓度过低会降低 Taq 酶的活性，使 PCR 产量下降。

5.反应条件的优化

要严格优化反应条件，使目的基因和管家基因同时处于良好的环境下完成定量检测过程。

qRT-PCR 优点是灵敏性好、精确度高、污染小，尤其是可以在样品量较少时达到定量检测基因表达的目的。目前已成为检测基因表达的主流方法。王聪聪（2017）通过 qRT-PCR 方法分析了异源表达陆地棉开花基因 GhFLP5 使拟南芥提前开花，且转基因株系中成花基因 AtAP1 表达量升高达 16 倍，生长素应答基因 AtSAUR20 和 AtSAUR22、赤霉素合成相关基因 GA20OX1 的表达也显著上调。秦朋飞等（2016）利用 qRT-PCR 分析了不同逆境如盐、旱、低温、高温逆境胁迫诱导下棉花酰基辅酶 A 结合蛋白基因 GhACBP3 和 GhACBP6 在陆地棉高盐、干旱胁迫中的功能，为利用 ACBP 基因提高棉花抗逆性提供了重要的理论基础。

四、外源基因表达蛋白的检测

尽管在 mRNA 水平也能一定程度地研究外源基因的表达，但存在 mRNA 在细胞质中被特异性地降解等情况，mRNA 与表达蛋白的相关性不高（相关系数低于 0.5），基因表达的中间产物 mRNA 水平的研究并不能取代基因最终表达产物的研究。

基因只是遗传信息的携带者，蛋白质才是生命功能的最终执行者，从基因到最终行使功能的蛋白质存在着转录水平、翻译水平和翻译后水平三个层次的调控。研究表明 mRNA 的表达量与相应蛋白质表达量之间并不是正相关的关系。转基因植株外源基因表达的产物一般为蛋白，外源基因编码蛋白在转基因植物中能够正常表达并表现出应有的功能才是植物基因转化的最终目的。外源基因表达蛋白检测主要是基于抗原和抗体的免疫学方法，转基因植物及其产品中的外源目的基因表达的特异性蛋白进行定性和定量检测，ELISA 及 Western 杂交是经典方法。

1. ELISA 检测

ELISA 是酶联免疫吸附法（enzyme-linked immunosorbent assays）的简称，基础是抗原或抗体的固相化及抗原或抗体的酶标记，把抗原抗体反应的高度专一性、敏感性与酶的高效催化特性有机结合起来，从而达到定性或定量测定的目的。在实际应用中，通过不同的设计，具体的方法步骤可有多种，即用于检测抗体的间接法、用于检测抗原的双抗体夹心法以及用于检测小分子抗原或半抗原的抗原竞争法。根据细胞法（cell-based ELISA），是一种新的定性蛋白检测技术，将细胞直接在微孔板里培育，待检测时，不需抽提蛋白和裂解细胞，便可直接丈量微孔板里蛋白经影响或抑制作用后的改变。比较常用的是 ELISA 双抗体夹心法及 ELISA 间接法。ELISA 检测程序包括抗体制备、抗体或抗原的包被、免疫反应及检出三个阶段。一般 ELISA 为定性检测，但若做出已知转基因成分浓度与吸光度值的标准曲线，也可据此来确定样品转基因成分的含量，目前由于缺乏转基因植物的内源蛋白作为对照，ELISA 检测方法不能准确定量测定转基因成分，只能达到半定量水平。肖海兵等采用酶联免疫法对转基因棉 Cry1Ab/c 蛋白主茎叶片的 Cry1Ab/c 蛋白含量进行了检测。刘洋等（2016）通过 ELISA 方法分析了转 cry1Ab /Gc 基因玉米的不同转化事件 Bt 蛋白表达。

2. Western 杂交检测

Western 杂交实际上是一种蛋白质转移电泳技术，包括蛋白质凝胶电泳、转移电泳、电泳转膜、抗体反应等步骤。其原理是将聚丙烯酰胺凝胶电泳（SDS-PAGE）分离的目的蛋白原位固定在固相膜上（如硝酸纤维膜），再将膜放入高浓度的蛋白质溶液中温育，以封闭非特异性位点，然后在印迹上用特定抗体（一抗）与目的蛋白（抗原）杂交，再加入能与一抗专一结合的标记二抗，最后通过二抗上的标记化合物的性质进行检出。根据检出结果，可知目的蛋白是否表达、浓度大小及大致的分子量。此方法特异性高，可以从植物细胞总蛋白中检出低至 1～5 ng/mL 中等大小的目标蛋白。

Western 杂交全过程包括：

（1）转基因植株蛋白质的提取

植物细胞的功能蛋白质绝大多数都能溶于水、稀盐、稀酸和稀碱溶液中，所以提取时以水溶液为主，其中稀盐溶液和缓冲液对蛋白质稳定性好、溶解度大，是提取时最常用的溶剂。植物蛋白提取速度要快，否则蛋白容易降解。

（2）蛋白质聚丙烯酰胺凝胶电泳

根据待测目的蛋白质分子量进行电泳分离，原则上高分子量蛋白用低浓度胶，低分子量蛋白用高浓度胶分离。

（3）蛋白质印迹

将 SDS-PAGE 电泳分离的蛋白质区带，从凝胶转移到固相膜上，然后与探针即特异性抗体反应。

（4）探针制备

用抗体制备方法制备目的蛋白质的抗体，即一抗。一抗探针的质量是影响杂交效果的主要因素之一。Western杂交的灵敏度是由所用的免疫血清抗体的滴度决定的。

（5）杂交与检出

包括封闭、第一抗体反应、第二抗体反应和显色4步。印迹首先用蛋白溶液处理以封闭硝酸纤维素膜上剩余的疏水结合位点，而后用一抗处理，印迹中只有目的蛋白质与一抗特异结合形成抗原抗体复合物，而其他的蛋白质不能与一抗结合，这样清洗除去未结合的一抗后，印迹中只有待研究的蛋白质的位置上结合着一抗。处理过的印迹进一步用适当标记的二抗处理，二抗是指一抗的抗体，如一抗是从鼠中获得的，则二抗就是抗鼠IgG的抗体。处理后，带有标记的二抗与一抗结合形成抗体复合物，可以指示一抗的位置，即是目的蛋白质的位置。

为了让试验更加严谨和有说服力，都要设计对照试验，对照分为：

（1）阳性对照

目的蛋白或明确表达目的蛋白的组织或细胞的蛋白提取物，最好有标准品（比如β-actin，GAPDH）或阳性血清，用于检验整个试验体系和过程的正确性、有效性，特别是一抗的质量和效率。可查阅文献或抗体说明书选择购买或自提该对照样本。

（2）内参对照

管家基因编码的、很多组织和细胞中都稳定表达的蛋白质用于检测整个试验过程及体系是否正常工作，并作为半定量检测目的蛋白表达量的标准对照。必须设立空白对照（不加一抗，用PBS代替）和无关对照（用无关抗体）。

由于Western杂交是在翻译水平检测目的基因的表达结果，能够直接表现目的基因的导入对植株的影响，一定程度上反映了转基因的成败，所以具有非常重要的意义，被广泛采用。该方法已应用于水稻、玉米相关目的基因导入后的表达。Western杂交的缺点是操作烦琐，费用较高，不适合做批量检测。

3.表达蛋白的含量测定

研究目的基因在细胞内的表达效率时，常需要测定细胞可溶性蛋白质总量及目的蛋白质在总蛋白质中所占的比例，因而细胞内蛋白质含量测定是植物基因工程研究中必不可少的分析内容。蛋白质含量可以根据它们的物理性质，如折射率、比重、紫外吸收进行测定；也可以用化学的方法，如定氮、双缩脲反应、Folin酚试剂反应等测定；还可以通过与染料结合生成有色物质进行测定。以下主要介绍几种最常用的方法。

（1）紫外吸收法

蛋白质分子中，酪氨酸、苯丙氨酸和色氨酸残基的苯环含有共轭双键，使蛋白质具有吸收紫外光的性质。大多数蛋白质分子中都含有这三种氨基酸残基，因而对280 nm及260 nm紫外光均有吸收，但最大紫外吸收峰在280 nm处，一般蛋白质溶液的280 nm紫外吸收值大于260 nm紫外吸收值。纯蛋白质溶液的280 nm与260 nm的吸收值比为1.8左右，蛋白质溶液280 nm的光密度值（或吸收值）与其含量成正比。

（2）双缩脲法

蛋白质含有两个以上的肽键，因此有双缩脲反应。在碱性溶液中，蛋白质与Cu^{2+}形成紫色络合物，此紫色络合物颜色的深浅与蛋白质含量成正比，而与蛋白质的相对分子量及氨基酸成分无关，可通过测定蛋白质溶液540 nm处的吸收值求出其含量。测定范围为0.5～10 mg/mL蛋白质。干扰这一测定的物质主要有硫酸铵、Tris缓冲液和某些氨基酸等。此法的优点是较快速，不同的蛋白质产生颜色的深浅相近，以及干扰物质少。主要的缺点是灵敏度差。因此双缩脲法常用于需要快速，但并不需要十分精确的蛋白质测定。

（3）Lowry法

该方法是在双缩脲法及Folin试剂法基础上发展起来的（Iowryetal，1951）。试剂由两部分组成：一是碱性的硫酸铜溶液，另一部分是复合的磷钼酸试剂（Folin试剂），反应包括两步，首先是在碱性溶液中蛋白质与Cu^{2+}反应形成铜蛋白质复合物（似双缩脲反应），然后这个复合物还原Folin试剂，产生深蓝色的钼蓝及钨蓝混合物，可通过比色法测定。适应于测定0.02～0.5 mg/mL的蛋白质溶液。

（4）Bradford法

该方法由Bradford（1976）提出，它简单、快速、可靠。其原理是考马斯亮蓝（camassie brilliant biue）G250与蛋白质疏水区，导致最大吸收峰由465 nm变为595 nm，同时颜色由棕色变为蓝色，该蓝色化合物颜色的深浅与蛋白质浓度的高低成正比关系。测定时通常以牛血清白蛋白（BSA）为标准蛋白质，建立标准曲线。进行未知样品蛋白质含量测定时，将待测溶液适当稀释或浓缩后于分光光度计上或酶标仪读出其595 nm的吸收值，从标准曲线上便可直接得出该吸收值对应的蛋白质浓度，再乘以稀释倍数，可获得未知样品蛋白质含量。该方法可定量10～150 μg的蛋白质，十分灵敏。需要注意的是，甘油、乙酸、去污剂、Tris、硫酸铵及碱等都会干扰测定结果。

在选择方法时应考虑：

①测定所要求的灵敏度和精确度；

②蛋白质的性质；

③溶液中存在的干扰物质；

④测定所要花费的时间。

五、外源基因表达的原位杂交检测

原位杂交是通过杂交确定被检物在样本中的原本位置，是目前外源基因在染色体上定位及外源基因在组织细胞内表达定位的主要方法。

1.组织细胞mRNA原位杂交

该技术是将核酸杂交技术与组织细胞学实验技术相结合，对特异的mRNA序列进行组织细胞分布的空间定位。导入外源基因可以引起转基因产生各种类型的突变，而通过mRNA原位杂交可获得外源基因是否表达以及转基因植物组织细胞内表达部位的信息，为基因功能定位提供依据。同时，通过mRNA原位杂交能够确定外源mRNA细胞甚至亚细胞水平的基因表达的时空特征，所以mRNA原位杂交也是研究基因表达调控的主要方法之一。

组织细胞mRNA原位杂交原理：通过化学固定使植物组织细胞保持天然形态结构。在固定过程中mRNA及其他大分子化合物被原位固定在组织细胞内。将组织制成薄切片封固在载玻片上，经蛋白酶消化去除蛋白质。反义RNA或cDNA探针渗入组织细胞，与靶mRNA杂交。根据探针标记物的物理化学及免疫性质检出杂交体。从杂交体的解剖位置可得知特异mRNA在组织细胞中的分布，从而确定基因的表达部位。

2.外源基因表达蛋白的组织细胞免疫定位

外源基因表达蛋白的免疫定位是指利用外源基因表达蛋白的抗体通过免疫反应确定表达蛋白在转基因植物组织及细胞中的分布。对于真核细胞来说，蛋白质位于不同的亚细胞部位，其所行使的功能也不同，或者说蛋白质表达部位发生错误就会失去预期的功能，从而对细胞乃至对整个机体产生影响。在植物基因工程领域，通过优化碱基序列、使用组成型启动子、加载增强子等方法提高外源基因的表达水平，蛋白质植物细胞内的定位活动也能够影响重组蛋白的稳定性、生物活性和积累质量。而表达蛋白定位是研究基因功能的重要方法，尤其是在不知道其编码蛋白结构及功能情况下克隆的基因。通过表达蛋白的组织细胞定位不仅可明确转基因植物中外源基因的功能及外源蛋白的稳定性，还能回答表达蛋白在功能部位的表达量、是稳定表达还是诱导性表达，能否稳定积累等问题。因此，表达蛋白的组织细胞定位是植物基因工程中必然涉及的问题。此项技术为基因功能分析所必需的。

蛋白质免疫定位属组织化学技术，是利用蛋白质特异的抗体检测目标蛋白质在细胞中的位置的方法。一般是将抗体进行标记后识别植物细胞切片中的目标蛋白质，然后借助光学显微镜或电子显微镜观察其所在位置，根据抗原抗体的结合部位确定目标蛋白的位置。但是要明确外源基因表达蛋白在转基因植物组织细胞中的空间定位，需要制备的组织切片能良好保持组织细胞形态结构。免疫定位检测效果与转基因植物组织中外源蛋白质的表达量相关。

蛋白质组织细胞定位试验程序包括植物组织固定和包埋、包埋组织块切片和封固、免疫反应及检出。该技术成功的关键在于切片的质量、固定以及具备目标蛋白质的特异性的抗体，将免疫细胞化学方法与电镜技术联用最大的优点就是体内定位系统，反映的是活体状态下外源蛋白质在细胞中的位置，是最直接、准确的定位方法。

第四节　转基因植物的生物学检测

获得了分子水平上经DNA整合及表达检测证实的转基因植株后，在遗传学水平上还存在着更深层次的问题，即转基因植株是纯合体还是杂合体？在遗传过程中是否出现分离？这就涉及转基因植株的遗传稳定性。因此，在获得转基因材料的同时要进行纯合体的鉴定。纯合体的获得是进一步研究和利用转基因材料的前提。

此外，转基因后代存在遗传多样性的问题，加强对转基因功能植物主要性状和遗传多样性评价，不断挖掘转基因植物种质资源遗传信息，对促进植物种质资源创新和培育综合性状优良品种具有重要意义。利用分子标记技术进行遗传多样性检测是行之有效的手段。

判定转基因植物还需要提供外源基因控制的表型性状（如抗性）及这种表型性状的遗传稳定性等证据，即外源基因的导入是否真正发挥了作用，这种功能是否能稳定遗传，使作物在某一方面的性状得以提高。本节包括转基因植株外源基因纯合和嵌合基因体检测、遗传多样性检测、目的性状检测及遗传稳定性检测等4部分内容。

一、转基因植株外源基因纯合和嵌合基因体检测

1. 转基因植株外源基因纯合体检测

转基因作物在全世界已广泛种植，在转基因植株的利用中，外源基因的快速纯合是育种利用的必要前提。因此，区分转基因后代植株是杂合体还是纯合体很有必要。在遗传学中，纯合体又称同型合子或同质合子，是指由两个基因型相同的配子所结合而成的合子，也指由此种合子发育而成的生物个体。纯合体的同源染色体，在其对应的一对或几对基因座位上存在着完全相同的等位基因，如 AA、aa、AABB、AAbb、aaBB、AABBcc、aaBBcc等，具有这些基因型的生物，就这些成对的基因来说，都是纯合体。在它们的自交后代中，这几对基因所控制的性状不会发生分离。

杂合体又称异型合子或异质合子，是指由两个基因型不同的配子结合而成的合子，也指由此种合子发育而成的生物个体。杂合体的同源染色体，在其对应的一对或几对基因座位上存在着不同的等位基因，如 Aa、AaBb、AaBbCc等，具有这些基因型的生物，就这些成对的基因来说，都是杂合体。在它们的自交后代中，这几对基因所控制的性状会发生分离。

根据外源基因插入位点已知与否，纯合体的鉴定方法并不相同。首先介绍在不清楚外源基因插入位点的情况下如何鉴定转基因植株外源基因是否纯合。

（1）插入位点未知的纯合体鉴定

1）筛选剂及PCR鉴定纯合体

根据遗传分离的原理，可采用常规PCR检测方法进行纯合体的鉴定。常规的方法是对 T_0 代（转基因当代）转化体自交获得 T_1 代转基因植株，然后对每个独立分离的 T_1 代转基因植株产生的 T_2 代个体进行转基因分离比率的研究。通常采用PCR方法鉴定出 T_2 代不再分离的转基因株系（不再出现不含目的基因植株的株系），被鉴定为纯合的转基因株系。如果一个 T_1 代PCR阳性株所产生的 T_2 代幼苗发生转基因分离且分离比率明显偏离3∶1，就表明在转基因植株中存在 2 个或多个不连锁转基因拷贝，而且都为杂合状态。王立光（2014）利用该方法获得了拟南芥转 AtNHX5 及 AtNHX6 的纯合体。

由于标记基因与目的基因紧密连锁，因此可采用简单的标记基因检测来替代目的基因的检测。基于抗生素—筛选标记基因等建立的抗生素筛选体系简单、直观、省时，适用于对转基因纯系种质的筛选，对转基因亲本与杂交组合纯度的检测同样具有指导意义。首先需确定筛选剂的最佳筛选浓度，一般为最低剂量，以确保可以达到筛选效果；其次确定最佳筛选时期和处理时间，以有明显表型为宜；然后确定评价的表型标准；最后利用普通PCR检测作为辅助手段，对抗性植株进行检测，以明确该筛选剂的准确性及筛选压力，并将抗性筛选与PCR检测进行符合度比较。

2）定量PCR法鉴定纯合体

常规的筛选转基因纯合体方法通常耗时费力，而且浪费了许多宝贵的 T_1 代转基因材料。荧光定量 PCR 已成为一种快递、简单、有效的纯度鉴定方法。沈亚欧等基于 SYBR Green I 染料荧光定量PCR技术建立了在不依赖已知目的基因插入位点及侧翼序列的情况下，快速、简易地鉴定出转基因玉米纯合体的早代鉴定方法。该方法的依据为：T_1 代单拷贝转基因株系中杂合体和纯合体最本质的区别是，在杂合体中目的基因只存在于同源

染色体中的一条染色体，而纯合体中目的基因则同时存在于同源染色体中的两条染色体，即纯合体中目的基因含量是杂合体中的2倍。这种差异可以被基于SYBR Green I染料的荧光定量PCR技术灵敏地检出。流程如下：

  a. 提取待测T_1代转基因植株DNA；

  b. 选择参照基因、设计目的基因和参照基因的PCR引物；

  c. 用普通PCR方法对阳性T_1代转基因植株进行预检测；

  d. 证明基因特异扩增，获得基因扩增效率；

  e. 计算目的基因在各T_1代植株中的相对含量；计算公式如下：

$$目的基因相对含量=\frac{(1+E_{参考基因})C_t^{\,参考基因}}{(1+E_{目的基因})C_t^{\,目的基因}};$$

  f. 检出转基因玉米纯合体，当目的基因相对含量约等于1时，该植株为纯合体，当基因相对含量约等于0.5时，该植株为杂合体。

（2）插入位点已知的纯合体鉴定

如果外源基因在遗传转化过程中未发生重组，并且插入位点在植物基因组中已知的话，可利用复合PCR方法筛选鉴定纯合体植株。该方法为转基因植物育种提供了筛选纯合体的方法，可提高转基因植株的利用效率。多重PCR（multiplex PCR）首先由Chamberlain等提出，是在同一PCR反应体系里加入两对以上引物，针对多个DNA模板或同一模板的不同区域进行扩增，以满足同时分析不同DNA序列的需要。张焕春等（2012）利用多重PCR组合四对引物，建立了筛选转Cry1Ab水稻纯合体的鉴定方法。具体的检测分为以下几步：

1）确定基因组DNA和T-DNA边界序列，在T-DNA左边界侧翼序列设计左翼引物G11F，在T-DNA序列右边界侧翼序列设计右翼引物G11R，插入片段T-DNA分别设计上、下游引物5-P和3-P。

2）待测材料内参基因扩增，用于排除由于DNA质量以及操作等因素对检测结果可靠性的影响，避免假阴性结果的发生。

3）利用G11F、G11R、5-P和3-P进行多重PCR，根据PCR扩增条带数和条带的大小来鉴定转基因植株的纯合体。

2. 转基因植株外源基因嵌合体检测

遗传学上嵌合体指不同遗传性状嵌合或混杂表现的个体。根据转基因的方法不同，嵌合体产生的比例也各不相同。通常转化的受体组织为单细胞或分化程度较低的转基因材料，嵌合体的比例相对较低；而多细胞或分化程度较高的组织来源的再生转基因材料，嵌合体的比例较多。嵌合体的检测多采用PCR的方法，即对转基因植株不同组织部位进行检测。需要指出的是，对于嵌合体的植株，T_0代检测阴性的植株并不代表其是非转基因植株，尚需对其后代进行检测，仍有较低阳性率的后代。

二、转基因植株的遗传多样性检测

通过遗传转化将外源基因导入受体植物，并得到稳定遗传和高效表达的转化体实现植物定向遗传改良，在种质创新和育种实践中发挥着越来越突出的作用。然而，外源基因在作物染色体中的导入和整合是随机的，这些都有可能导致农作物的品质和产量及其他农艺性状发生改变。因此加强对转基因功能植物主要性状和遗传多样性的评价，不断挖掘转基因植物种质资源遗传信息，对促进植物种质资源创新和培育综合性状优良品种具有重要意义。而关于转基因植物遗传多样性的研究，目前报道还很少，多采用分子标记技术和表型性状进行评价。分子标记技术检测的多态性是品种（系）DNA水平的变异，而品种的表现型是品种（系）的基因型、环境效应和基因型与环境互作效应的综合评价结果。以下简单介绍利用分子标记技术进行遗传多样性检测的基本原理和成功应用。

1. RFLP检测分析

RFLP是了解基因组细微结构及其变化的一种分析方法。RFLP全称是限制性片段长度多态性。不同生物个体的DNA序列差异都会引起DNA引物结合位点的变化，因而导致带型变化，从带型变化得知遗传变异，即获得两种DNA分子结构差异的信息。外源基因的转入，即便是单拷贝的转入也会导致DNA分子结构的改变，因此利用RFLP的DNA分析检测方法进行转基因植物遗传多样性的检测。

2. RAPD检测分析

RAPD即随机扩增多态DNA，以单个随机核苷酸序列（通常为10个碱基对）为引物，利用PCR技术进行引物选择性的扩增片段，该片段可通过凝胶清晰显现，因此通过同种引物扩增条带的多态性来反映模板的多态性。

因为外源基因转化后获得的不同"转化事件"，其基因组DNA与非转化植株基因组DNA在外源基因插入的部位有着明显不同，当引物适宜时，扩增的条带长短就会不同，所以利用RAPD可以快速对导入的外源基因进行鉴定。由于RAPD可以在对被检对象无任何分子生物学资料的情况下对基因组进行分析，所以对DNA直接导入法基因转化和种质系统介导的基因转化及其后代多样性的分析鉴定也具有重要意义。

3. SSR标记分析转基因植株的遗传多样性

简单重复序列（simple sequence repeat，SSR）是由1～9个碱基为基本重复单元组成的高度重复序列（重复次数一般为10～50），分布在基因组的不同位置上且重复次数不同而形成的多态性。每个SSR座位（SSR loci）两侧多为相对保守的单拷贝序列，因此可根据两侧序列设计一对特异引物来扩增SSR序列。经聚丙烯酰胺凝胶电泳，比较扩增带的迁移距离，就可知不同个体在某个SSR座位上的多态性。

外源基因转化，由于基因插入位点不同而产生具有遗传多样性的不同"转化事件"，不同"转化事件"种质或品系之间就会产生不同的SSR差异。这样在同一条件下，用SSR技术可以检测出对照植株和转化植株PCR产物带型的区别，以及不同"转化事件"间的多样性，还可以检测后代植株间基因组的遗传多样性。

朱四元等（2006）利用SSR分子标记对不同类型的14份抗虫棉花品种（系）的遗传多样性进行分析，发现ISA4ne、BR-S-10和97014 3个无蜜腺的形态抗虫棉品种与其他抗虫棉之间存在较大差异。最终提出利用形态抗虫棉和转基因棉花品种进行杂交，配制新的抗虫组合、选育优质高产的抗虫棉新品种的转基因育种的思路。

三、转基因植株的目的性状检测

判定转基因植物还需要提供外源基因控制的表型性状证据（抗性），即外源基因的导入是否真正地发挥了外源基因的作用，使作物某一方面的性状得以提高。基因决定功能，功能体现于表型。转基因与未转基因的植物在生理生化或表型上是有差距的。因此检测生理生化指标可以间接地鉴定外源基因的作用；而直接证据就是表型的差异。

1. 生理生化检测转基因植物的目的性状指标

根据外源基因功能的不同，转基因植物的生理生化指标会发生相应的变化，因而通过测定这些生理指标可以间接地鉴定外源基因的作用，尤其是改变一些植物应对非生物胁迫（如干旱和盐碱胁迫）的基因表达。如植物在高盐胁迫下迅速积累脯氨酸是植株抵抗胁迫的生理响应机制。通过检测转基因植物及对照在盐胁迫下游离脯氨酸的含量的变化来检测外源基因或判断外源基因的功能。另外，细胞膜的相对电导率，SOD（超氧化物歧化酶）、CAT（过氧化氢酶）等活性的变化，也可以作为一种生理生化指标来确定外源基因的转化是否成功并行使功能。

2. 转基因目的性状的生物学鉴定

转基因的目的是通过外源基因在受体植株中表达，来改良植株某些方面的生物学性状。同样是在那些以提高植物生物和非生物胁迫抗性的转基因研究中，也可以通过表型特征来判断外源基因在转基因植物中的作用。可以给转基因植株施加一定的选择压力，如低温、干旱、盐胁迫、接种病毒、虫害等，检测转基因植株和未转基因植物表型的差异，如果植株表现同对照植株相比有明显的抗性，则表明该植株是转基因植株，并且确定转入的外源基因起了作用。孙越等（2015）通过农杆菌获得抗虫、抗除草剂、抗干旱转基因玉米，在严格控制条件下对6个转基因株系进行玉米螟接种抗虫试验、喷洒大田除草用量的草甘膦溶液和干旱胁迫处理检测。结果表明，在营养生长期和灌浆期这6个株系玉米的抗虫能力均显著高于未转基因自交系；转基因植株比未转基因自交系对草甘膦有更强的耐受性；在干旱控水期间，转基因植株因能维持较强的光合能力和光系统 II 活性，对干旱胁迫的抗性显著高于对照植株。

四、转基因植物的遗传稳定性检测

转基因植物新品种的选育要经过试验研究、中间试验、环境释放和生产性试验、获批安全证书等过程，最终才能进入产业化生产。遗传稳定性是各阶段选育的前提，对于转基因植物育种的成功与否具有关键作用。其对于确定和评估转基因植物的实用价值和应用前景具有重要意义。

关于转化外源基因在受体细胞培养、分裂繁殖及分化过程中的稳定性含义包括两个方面，即外源基因在无性培养阶段的稳定性和有性繁殖阶段的遗传稳定性。因此在转基因的当代通过不同水平检测到转基因的存在只是万里长征第一步，还需要将这样的检测延续到下一代，甚至后几代，即转基因植株遗传稳定性的分析，此处探讨的即遗传稳定性。

外源基因在转基因植物中的遗传具有复杂性和多样性的特点，外源基因片段大小、插入位点、拷贝数、受体基因组染色体的结构等都会影响插入基因稳定遗传和表达，甚至同一转化体的不同转基因株系和不同世代间，目的基因的表达也可能具有显著差异。评价外源基因在转基因植物中的遗传稳定性对于转基因植物新品种产业化生产至关重要。因此，研究外源基因在转化体后代中的遗传规律及其稳定性是植物基因工程育种的新兴发展领域。

转基因植物遗传稳定性检测主要考察转基因植物不同世代目的基因整合的稳定性、目的基因表达的稳定性和目标性状表现的稳定性等方面。针对每个方面，都要对转基因植株的后代进行检测，并且至少要持续3代。通过连续3代的基因检测结果，确定外源基因在传递过程中的遗传稳定性，并可判断外源基因的遗传规律。

以下为转基因植物安全评价针对遗传稳定性提出的要求：

（1）目的基因整合的稳定性

用Southern或PCR手段检测目的基因在转化体中的整合情况，明确目的基因的拷贝数及在后代中的分离情况，需要提供不少于3代的试验数据。

（2）目的基因表达的稳定性

用Northern、Real-Time PCR、Western等手段提供目的基因转化体不同世代在转录盒翻译水平表达的稳定性（包括不同发育阶段和不同器官部位的表达情况），提供不少于3代的试验数据。

（3）目的性状表现的稳定性

用适宜的观察手段，考察目标性状在转化体不同世代的表现情况。

（4）具体要求

①目的基因在基因组的整合情况：采用PCR、Southern杂交等方法，分析外源插入片段在植物基因组中的整合情况，包括目的基因和标记基因的拷贝数，标记基因、报告基因或其他调控序列删除情况，整合位点等。外源插入片段的全长DNA序列包括实际插入受体植物基因组的全长DNA序列和插入位点两侧的边界序列。

②外源插入片段的表达情况：转录水平表达采用RT-PCR或Northern杂交等方法，分析主要插入序列（如目标基因、标记基因等）的转录表达情况，包括表达的主要组织和器官（如根、茎、叶、种子等）。翻译水平表达采用ELISA或Western杂交等方法，分析主要插入序列的蛋白质表达，包括表达的主要组织和器官。

参考文献

[1]Wang L, Wu X X, Liu Y F, et al. AtNHX5 and AtNHX6 Control Cellular K+ and pH Homeostasis in Arabidopsis: Three Conserved Acidic Residues are Essential for K+ Transport[J]. PLoS One, 2015, 10(12): 144-716.

[2]Zhou H L, Liu J G, Bai G H. Techniques for Detecting Functional Protein Expression in Transgenic Plants[J]. Agricultural Science & Technology, 2014, 15(3): 326-328, 332.

[3]李淑洁, 张正英. Ta6-SFT基因对油菜的转化及抗旱性分析[J].草业学报, 2014(5): 201-207.

[4]李淑洁, 张正英. REAL-TIME PCR方法测定转基因小麦中外源基因拷贝数[J].中国生物工程杂志, 2010(3):90-94.

[5]刘会云, 王婉晴, 李欣, 等. 小麦突变体AS208中Glu-B1位点缺失对籽粒中蛋白体形成和储藏蛋白合成与加工相关基因表达的影响[J].作物学报, 2017, 43(5): 691-700.

[6]刘苗苗, 程家慧, 林海燕, 等. 抗草甘膦转基因玉米AG16分子特征和抗性鉴定[J].草业科学, 2017, 34(9):1830-1837.

[7]刘洋, 柳青, 李楠, 等. 转cry1Ab/Gc基因玉米的不同转化事件Bt蛋白表达和抗虫性

分析[J].哈尔滨师范大学自然科学学报,2016,3(32):87-92.

[8]秦朋飞,尚小光,宋健,等.棉花酰基辅酶A结合蛋白(ACBP)家族基因的发掘及在非生物胁迫抗性中的功能鉴定[J].作物学报,2016,42(11):1577-1591.

[9]王聪聪,张晓红,王小艳,等.陆地棉开花相关基因GhFLP5的表达及功能分析[J].中国农业科学,2017,50(12):2220-2231.

[10]王关林,方宏钧.植物基因工程[M].2版.北京:科学出版社,2014.

[11]王盛,谢芝勋,谢丽基,等.转基因烟草中外源基因实时荧光定量PCR检测方法的建立[J].南方农业学报,2015,46(5):745-749.

[12]王玉海,何方,鲍印广,等.高抗白粉病小麦-山羊草新种质TA002的创制和遗传研究[J].中国农业科学,2016,49(3):418-428.

[13]申煌煊,李刚.分子生物学实验方法与技巧[M].广州:中山大学出版社,2010.

[14]孙越,刘秀霞,李丽莉,等.兼抗虫、除草剂、干旱转基因玉米的获得和鉴定[J].中国农业科学,2015,48(2):215-228.

[15]夏志辉,刘鹏程,高利芬,等.水稻无选择标记Xa21转基因系CX8621的获得与遗传分析[J].中国水稻科学,2016,30(1):10-16.

[16]肖海兵,王鹏军,李先锋,等.转Bt棉主茎叶Cry1Ab/c蛋白含量的时空分布分析[J].生物技术通报,2017,33(12):1-6.

[17]杨静,邢国杰,牛陆,等.反义RNA介导GmFAD2-1B基因沉默增强大豆种子中油酸的高效累积[J].作物学报,2017,43(11):1588-1595.

[18]朱四元,陈金湘,刘爱玉.利用SSR标记对不同类型抗虫棉品种的遗传多样性分析[J].湖南农业大学学报:自然科学版,2006,32(10):469-472.

第五章　细胞工程育种技术

第一节　单倍体育种

在高等植物中，单倍体可自发产生或通过人工诱导产生，但由于自发产生单倍体的概率很低，难以在实践中应用。单倍体的人工诱导方法主要有花药培养、小孢子培养、子房培养、胚培养、远缘杂交、染色体消除法等。单倍体无论在基础研究还是在育种实践中均有重要的应用价值，其最重要的优点是可以快速获得杂交后代的纯系材料，因而可以缩短育种时间并提高育种效率。

自1964年印度学者 Guha 和 Maheshwar 通过花药培养获得曼陀罗的再生植株以来，单倍体人工诱导技术得到广泛而深入的研究，迄今为止已经在250多个物种中获得成功。在一些重要的农作物如小麦、水稻、油菜、大麦中，国内外应用单倍体育种技术创制出一批具有重要应用价值的种质资源材料，并培育出一批性状优良的新品种得以推广应用。据不完全统计，利用单倍体育种技术已育成100多个水稻品种、100多个大麦品种、50多个小麦品种、50多个油菜品种以及100多个玉米、橡胶、柑橘、苹果等新品种（系）等。在加拿大，利用该技术育成的25个小麦新品种的推广种植面积达小麦种植总面积的1/3，其中Lillian 与 AC Andrew 为该国种植面积最大的小麦品种。在罗马尼亚，利用该技术育成的小麦品种 Glossa 在5年内种植面积就达到小麦种植总面积的16%。在欧洲，约有一半的大麦品种是采用单倍体育种技术所育成的（Germanà, 2011）。在我国，利用花药培养技术育成的中花系列品种（中花8-14）、花育系列（花育1-3号、花育13、花育560）、龙粳系列等水稻品种累计推广超过3000万亩；选育出的"京花1号""京花3号""花培764"等小麦花培品种均累计推广种植超过1000万亩；利用小孢子培养技术育成的油菜品种"中双9号"推广面积超过3000万亩，连续9年成为我国推广面积最大的优质常规油菜，并作为优异的育种亲本材料育成9个优质抗病油菜新品种；应用花药培养育种技术培育的17个甜（辣）椒系列品种或杂交种种植面积超过百万亩，增产1.9亿千克。在秘鲁，单倍体育种技术在大麦育种研究中节省了约26%的研究经费（Dwivedi et al, 2015）。目前单倍体育种技术（也称为DH育种）已成为国内外一些育种单位、跨国大型种业公司所采用的一种重要育种方法。

单倍体育种主要分为两个过程，首先为单倍体的诱导及加倍，其次为田间选育；而后者除了无杂交后代的纯合过程外，其余与常规育种方法基本相同（表5-1）。诱导所得的单倍体经染色体加倍后的加倍单倍体群体（DH群体）即为纯系材料，是进行产量、品质、抗旱性等重要性状QTL（数量性状基因座）定位的极好的作图群体，也是单倍体育种过程中的基础材料。单倍体诱导技术既可应用于杂交育种中进行自交系的纯合，亦可应用于常规育种中生产纯系育种基础材料。目前常见的植物单倍体诱导的方法主要有花药和小孢子培养、远缘杂交及染色体消除法、未受精子房和胚珠培养、孤雌生殖诱导系法、半配合等（图5-1），其中以雄核发育途径的花药和小孢子培养在不同植物中的研究和应用最为广泛；其余一些方法在某些特定植物中的应用效果相对较为成功（表5-1、表5-2）。

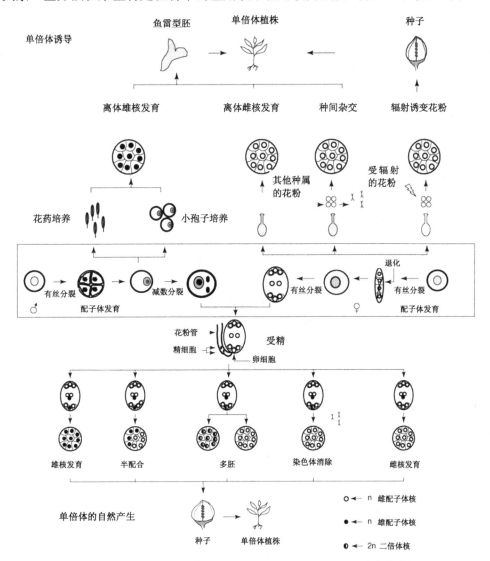

图5-1 植物单倍体的产生过程（引自Forster et al, 2007, 略有修改）

表5-1 单倍体育种与常规杂交育种进程比较（以小麦为例）

时间	单倍体育种技术	时间	常规杂交技术（系谱法）
第1年	杂交获得F_1种子	第1年	杂交获得F_1种子
第2年	种植F_1，单倍体的诱导及加倍	第2年	种植F_2，选择优秀单株
第3年	种植DH系材料，选择优秀株系	第3—6年	种植F_3—F_6，选择优秀株系
第4—7年	品系鉴定品比等	第7—10年	品系鉴定品比等
第8—10年	区域试验和生产试验	第11—13年	区域试验和生产试验
第11年	品种审定及示范推广	第14年	品种审定及示范推广

表5-2　单倍体育种技术在不同作物育种中的研究与应用

单倍体育种技术	应用作物
花药培养	多种作物,主要为小麦、水稻、大麦、烟草、辣椒、马铃薯、西红柿等
小孢子培养	多种作物,主要为十字花科植物,如油菜、甘蓝、青花菜、白菜及大麦、小麦、烟草、辣椒等
未受精子房/胚珠培养	黄瓜、洋葱、甘薯、郁金香等
远缘杂交及染色体消除法	主要为大麦(球茎大麦法)、小麦(玉米×小麦杂交法)
孤雌生殖诱导系法	玉米(Stock6诱导系、农大高诱系列等)
半配合	棉花

一、花药和小孢子培养

花药和小孢子培养均是以雄核发育途径产生单倍体的培养方法。花药培养是人们在单倍体诱导技术中最早开展研究的方法,也是迄今为止应用于育种实践最成功的单倍体育种技术,尤其在小麦、水稻这两种重要农作物中的研究和应用居多;小孢子培养技术是在花药培养技术的基础上发展起来的,由于其更具优势,近年来得到快速发展,在大麦、油菜等作物中较为成功,目前已成为单倍体育种技术中的研究热点之一。就操作技术和方法而言,花药培养属于器官培养的范畴,而小孢子培养则属于细胞培养范畴。

1.花药培养技术操作过程简述

花药培养一般是指将处于一定发育阶段的花药经过一定预处理,之后在无菌状态下接种于培养基上,改变其发育方向,使其不形成配子,而是如体细胞一样分裂分化,最终形成再生植株。花药培养操作过程主要分为花药的脱分化培养和再分化培养,即首先诱导分化为愈伤组织或胚状体,之后再分化为再生植株,一些植株在此过程中染色体已经得到自发加倍,如自发加倍率低时可进行人工加倍,从而形成加倍单倍体。从具体操作来说,主要分为供试材料种植、采穗/蕾、接种、愈伤组织/胚状体诱导、绿苗分化、生根壮苗、染色体加倍、炼苗移栽等。以小麦为例,花药培养的流程一般如图5-2所示:

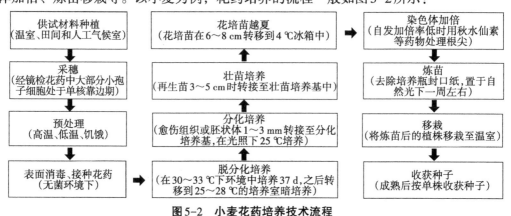

图5-2　小麦花药培养技术流程

（1）杂交亲本的选择

不同基因型材料的花药培养力差异极大,一些材料几乎诱导不出愈伤组织或胚状体,而另外一些材料的诱导率则可以达到比较高的水平,可见花药培养具有较强的基因型依赖性。因此在杂交亲本的选择上,除了常规育种中对亲本的要求之外,还应注意亲本之一至少要选择那些具有良好的花药培养特性或高花药培养力的材料。因此，在花培育种中，筛选高花药培养力的亲本材料是一项重要的基础性工作。

（2）供试材料的种植和管理

供试材料可种植于田间、温室或人工气候室。田间种植的材料由于环境条件不稳定，对花药培养效率的影响较大，温室次之，人工气候室中最佳。但由于人工气候室花费较大，对大部分育种单位来说并不现实，因而目前绝大部分花药培养的供试材料均种植于田间。所有用于花药培养的供试材料在生长阶段一定要认真细致管理，及时足量施肥、浇水，并预防倒伏和病虫害。此外，在花培育种中，由于接种时间较为集中，工作量较大，短期内会对工作人员形成较大压力，因此可在田间或温室进行分批种植以增加接种的数量和规模。

（3）培养基的配制

在花药培养中，诱导花药组织脱分化形成愈伤组织或胚状体的培养基称为脱分化培养基或诱导培养基。培养基的配制方法与其他植物组织培养相同，即需要将大量元素、微量元素、铁盐、有机成分等先配制成不同倍数的母液，贮藏于4℃冰箱保存；在接种前2～3 d按规定量及不同倍数进行稀释配制培养基，培养基的pH值一般调为5.8左右；配制好的培养基经高温灭菌后置于常温下放置1～3 d后进行接种。

（4）取材与镜检

取材时要选取健康旺盛、无病虫害的植株上的花蕾或穗子。小孢子细胞发育时期一般分为四分体时期、单核早期、单核中期、单核末期（也称为单核靠边期）、双核期以及成熟花粉粒时期。采集的花药需要进一步做镜检，以确定其中小孢子的发育时期。国内外的研究表明，大部分植物花药中小孢子发育时期处于单核中期至双核早期时较为适宜进行花药培养，可能是因为这一时期小孢子细胞的活动较为活跃，且处于胚胎形成的临界期，也是不同分裂方式及发育途径的共同起点。

在完全没有花药培养的经验时，需在前期做小孢子发育时期与外部形态一致性的研究以便于取材。小孢子发育时期的细胞学观察方法如下：每组随机取10个花蕾或5个穗子，将花药用镊子取出置于卡诺氏固定液中（冰醋酸：纯酒精=1：3）固定24 h，转至70%酒精中，于0～4℃冰箱中保存。制片时，取出花药置于载玻片上，轻轻挤压花粉涂抹到载玻片上，去除花药壁等较大的杂质，滴1%的醋酸洋红液染色1～2 min，盖片，烤片，压片，制成临时制片，即可在显微镜下观察细胞形态结构，从而确定其所处的发育时期。

（5）预处理

预处理是诱导小孢子细胞由原来的发育途径（配子体发育途径）向孢子体发育途径转变的重要因素之一。适宜方式的预处理能够极大提高花药培养的成效。因此，在进行花药培养之前，一般还要对材料进行一定方式的预处理。尽管不同的植物材料预处理的效果不尽相同，但目前最常用的预处理方式主要有高温（30～33℃）、低温（4～7℃）、饥饿（甘露醇）等，其中在大部分植物中以低温预处理最为方便，也比较有效。

（6）表面消毒与接种

接种到培养基上的花药必须保证完全无菌，否则会导致污染而使得培养彻底失败。在对无外围组织包裹的花药进行消毒时，需要注意用较为柔和的消毒剂，如次氯酸钠等；而对外围组织包裹的穗子和花蕾进行消毒时，根据不同材料可用较为强力的升汞、75%酒精等，由于这两种消毒剂对外植体的损害较大，因此在时间上一定要掌握好，一般0.1%的升汞消毒不超过10 min，75%酒精消毒不超过1 min，无菌水冲洗干净后进行接种，接种时要轻轻地操作，以免损坏花药，并彻底去除花丝，从而减少或排除花药壁或花丝产生体细胞的二倍体愈伤组织。

（7）脱分化培养（愈伤组织/胚状体诱导培养）

花药愈伤组织或胚状体的诱导一般需要在接种后进行7～10 d高温暗培养（28～33 ℃），之后转入22～25 ℃进行光照或暗培养。一般在10～20 d后花药开裂产生愈伤组织或释放出胚状体，一部分植物如胡萝卜等在此过程中需要更换培养基（主要是去除2,4-D等激素），并转接愈伤组织或胚状体1～2次，以利于更好地分化出绿苗。

（8）分化培养

待形成的愈伤组织或胚状体直径1～3 mm时转入再生培养基以分化形成苗。一些植物可以一次性完成芽和根的分化（如小麦、大麦等），而其他一些则需要分段进行（如油菜、胡麻等）。

（9）染色体加倍处理

对自发加倍率比较低的物种，再生苗还需要利用药物处理等方式来达到染色体加倍的目的。一般采用秋水仙素在移栽前或分蘖期浸根或浸泡的方法，不同材料处理的时间也不尽相同。

（10）炼苗和移栽

组培室所获得的再生苗需要炼苗以适应移栽后的环境，再生苗的移栽技术是规模化育苗的关键技术之一，盲目移栽或稍有不慎，就会造成大批苗的死亡。因此要不断完善移栽技术，提高炼苗效率。一般采用清水炼苗或在移栽后的环境中（如温室）打开瓶口敞开3～7 d，然后进行移栽。

2.影响花药培养的因素

供试材料的基因型、培养基类型及成分、花药中小孢子发育时期、预处理方式、接种密度、白化苗的分化频率、花培苗的越夏、单倍体植株的加倍以及这些因子之间的互作等均可对花药培养效果产生重要影响。其中以下几个因素最为关键：

（1）基因型依赖性

从最初花药培养研究开始，人们就注意到了不同基因型材料的花药培养力差异极大，一些材料几乎诱导不出愈伤组织或胚状体，而另外一些材料的诱导率则可以达到比较高的水平，此后大量的研究均证明了几乎在所有物种的花药培养中均存在基因型依赖性问题。这也是花药培养目前最大的限制因素之一。

（2）脱分化培养基类型

不同植物适宜于花药培养的诱导培养基并不相同。花药培养中氨基态氮较一般组培中要偏低。在禾本科植物小麦、大麦、水稻等作物中，诱导培养基一般用N6、W14、C17、马铃薯培养基、葵培养基等；在十字花科植物油菜、白菜、甘蓝等作物中，一般用B5或NLN13等；而在其他一些植物中，MS培养基也有较多的应用。许多研究表明，愈伤组织或胚状体的诱导效果在液体培养基上要优于固体培养基，但其分化则往往较差，原因可能在于愈伤组织在形成后会沉入培养瓶底部受到"淹害"所致。为防止愈伤组织沉底，可将高分子量聚合物Ficoll加入液体培养基中，也可以采用固液双层培养基。

（3）供试植株的生理状态

供试植株的生理状态直接影响其花药组织内的内源激素水平和营养状态，进而决定花药培养的成效。而供试植株的生理状态则又由其生长环境所调控，如种植环境中的温度、光照强度及光周期、湿度、土壤中的营养成分等诸多因素。大量研究表明，取材于田间种植的材料，受季节影响极为显著。尽管不同植物所适宜的生长环境不同，但目前一般认为，在冬春季较夏秋季取材更适合于进行花药培养，并且生长在较低温度下的供试植株（12～18 ℃）以及年幼的植株，其花药易于诱导形成愈伤组织或胚状体。

3. 小孢子培养

小孢子培养是指将植物花药中一定发育阶段的小孢子细胞从花药中分离并纯化出来，接种到浅层液体培养基上进行培养，使小孢子启动脱分化过程，再经分化培养，进而发育成完整植株的一种技术。相对于花药培养，小孢子培养是在细胞水平上的操作技术，因此其对培养条件的要求更为严苛，过程更为烦琐。

（1）小孢子培养的优势

小孢子培养较其他单倍体诱导技术具有以下明显的优势：

①游离小孢子培养主要是通过胚状体途径发育成植株，避免了愈伤组织阶段，因而成苗率高，在较短时间内可获得大量重组纯合系，使得所有性状得到表达，可直接进行农作物新品种选育或作为优良亲本间接应用于品种改良，也可进行有关性状的分子标记研究，大大缩短了因自交纯合所需时间，提高了育种效率，节省了人力、物力和财力。

②游离小孢子（或由小孢子起源的胚状体）是转基因的良好受体材料，一旦获得转基因材料后（或者转基因材料经小孢子培养），经一代即可获得转基因纯系进行基因功能分析，从而提高研究工作效率。

③由于从花药中分离获得的游离小孢子是单倍体单细胞，具有与单细胞微生物系统相似的所有优势，加上小孢子胚胎发生和植株再生能力强，因而能用于胚胎的克隆和新基因型或突变体的大量快速繁殖。

④游离小孢子培养能产生大量一致的胚状体，这些胚状体与合子胚的生长发育极为相似，为人工种子的开发提供了新途径，而且能被广泛应用于胚胎发育的生理生化研究，以及胚胎生长过程中如蛋白质、脂肪酸积累等的动态研究，便于品质性状的早期选择。

⑤冷冻游离小孢子及其胚状体仍保持较强的胚胎发生能力和植株再生能力，因而可作为种质资源保存的替代途径。

⑥分离后的游离小孢子具有较强的胚胎发生能力和植株再生能力，因而是进行突变诱导和突变体产生的理想途径。

（2）小孢子培养的技术要点

小孢子培养除了增加小孢子细胞的分离纯化外，其余过程与花药培养基本相同。此外，由于小孢子细胞无花药壁与培养环境的缓冲，因而对所处的环境条件（培养基成分、预处理方式、培养环境等）尤为敏感。国内外的研究表明，供试材料的种植环境、预处理方法、培养基等因素在提高小孢子培养效果方面具有重要作用。

①小孢子细胞的分离纯化方法

主要有自然释放法、研磨过滤法、剖裂释放法等。

自然释放法：把花药表明消毒后，在无菌条件下取出花药，置于培养基上进行培养，花药自然开裂，就会将花粉散落在培养基上，然后去掉花药壁等其他组织再进行培养。这种方法早期采用较多，缺陷是收集到的小孢子细胞数量相对较少，因此目前使用较少。

研磨过滤法：将花药表面消毒后，在无菌条件下放入含有分离液的研磨器中研磨，使得花粉（小孢子细胞）释放出来，然后通过一定孔径的筛网过滤，离心收集，然后进行培养。这是目前大多数小孢子培养过程中所采取的方法。

剖裂释放法：这种方法需要借助一定工具将花药剖开，使得花粉（小孢子细胞）释放出来，这种方法在烟草等植物中有较为成功的应用，但显然较第一种方法更为费时费力。

②预处理

启动小孢子细胞胚胎发生途径，预处理是关键因素之一，适宜的预处理方式能够大幅提高小孢子胚胎发生能力。基于目前的经验，人们认为要有效启动小孢子胚胎发育过程，必须给予一定的胁迫处理，不同的植物种类，甚至同一植物小孢子不同的发育阶段，所需的胁迫方式也有所不同，最常用的为温度（冷或热）、饥饿（糖饥饿或氮饥饿）、化学药物（秋水仙素、乙醇等），表5-3列出了一些植物小孢子培养中所采用的预处理方法。

表5-3　用于部分植物小孢子培养中的预处理方式

植物	预处理方式	小孢子发育阶段
小麦	冷/干旱	单核早中期
	冷与饥饿联合/饥饿/秋水仙素	单核中晚期
	热与饥饿联合/乙醇	单核晚期至双核前期
水稻	冷	单核中期至双核早期
	热激/饥饿	单核晚期
	伽马射线辐射	单核中晚期
油菜	冷/伽马射线辐射	单核中晚期
	热/秋水仙素	单核晚期
	乙醇	单核晚期至双核早期
大麦	冷/冷与饥饿联合	单核早中期
	饥饿	单核中晚期
	乙醇/甘露醇	单核晚期至双核早期
	ABA	双核早期
玉米	冷/秋水仙素/2,4-D	单核中期
	冷和热联合	单核中晚期
烟草	冷	单核晚期至双核早期
	热和饥饿联合/pH/饥饿	单核晚期
	重金属/减压	双核早期
西红柿	伽马射线辐射	单核中晚期

③有机添加物

在培养基中添加某些植物器官组织或有机添加物能够有效提高小孢子胚胎的产率。在小麦、大麦等作物的小孢子培养中，一般在培养基中加入未成熟子房预培养或与小孢子共培养。此外，培养基中加入AGP（酸性糖蛋白）、脯氨酸和谷氨酰胺等有机添加物具有良好的效果。

④种植环境

供试材料可种植于田间、温室或人工气候室。由于田间环境的不可控性，而供试材料的生理状态对小孢子培养的效果具有重要作用，能否收集到足量的、有活力的且发育同步化较高的小孢子细胞是小孢子培养获得成功的关键因素之一。人工气候室由于可实现对光照、温度、湿度等环境的人为控制，可进行一个环境因子的不同处理试验且不受季节性影响，因此被普遍用于小孢子培养研究中，尤其在建立小孢子培养再生技术体系的初期非常重要。

⑤培养基

小孢子培养中一般均采用液体培养基，培养基一般需要过滤灭菌。植物种类不同，培养基类型也各异。小麦小孢子培养中一般采用MMS、CHB培养基，大麦普遍使用FHG、N_6培养基；油菜等十字花科植物则普遍采用NLN、B_5培养基。

二、染色体消除法

大部分植物种间杂交后其后代杂种中一般携带双亲染色体，称为核型稳定的杂交。但是有些种间杂交在精卵融合形成的杂种合子会随着合子分裂和早期杂种胚的发育，父本的染色体会消失而只剩下母本染色体，杂种胚中只携带一套母本染色体，因此这也是单倍体产生的一种方式。染色体消除法产生单倍体的确切机制目前还不清楚，基于前期的研究结果，现主要有两个假说：①两个精核中的其中一个与胚珠中的极核经正常受精形成了有生物学功能的胚乳，并刺激未受精卵进行孤雌生殖，从而产生了单倍体胚；②在双受精过程发生后，杂种胚中的父本染色体在胚胎发育早期消失，进而形成单倍体，即单一亲本的染色体消失。

利用球茎大麦给栽培大麦授粉，可获得单倍体大麦胚，幼胚经胚拯救可获得单倍体植株，这种方法也称为球茎大麦法，在大麦单倍体生产中得到广泛应用；又如在用玉米作为父本与小麦杂交，玉米染色体也会在杂种胚中消失，因而可产生小麦单倍体。在染色体消除法中，由于远缘杂交所形成的杂种胚一般情况下无胚乳或胚乳发育异常，在自然情况下，幼胚缺少生长发育中的必要营养。因此，需要进行胚拯救，即对幼胚进行离体培养。目前已在约110个植物物种中发现了单一亲本的染色体消失现象。

1.小麦与玉米杂交法

小麦和玉米杂交后，由于玉米的染色体与小麦的纺锤体不亲和，在最初的几次细胞分裂中，杂合子中的玉米染色体会全部丢失，因而产生仅含有小麦21条染色体的单倍体，经胚挽救获得单倍体苗，之后经染色体加倍，即可获得纯合的加倍单倍体。

（1）优点

①玉米对于小麦可交配的Kr基因不敏感，因此其得胚率远高于小麦与球茎大麦杂交法；

②小麦基因型依赖性不强，绝大多数小麦基因型一般均可获得单倍体，这就特别适合于那些在花药培养中无反应的小麦基因型；

③无白化苗产生及体细胞变异现象，因此较易获得稳定纯合的单倍体，而白化苗的产生是小麦花药培养成效的一个重要的限制因素。

（2）操作技术要点

陈新民等在多年研究（1993—2013）的基础上，提出了一套可以稳定获得较高单倍体胚胎产率（30%左右）的小麦与玉米杂交和幼胚培养的方案，现简述如下：

选用易于诱导单倍体胚胎的玉米品种（系）作为父本，如中单120、中单5384或中夏一号等，分期分批在温室中种植，注意要调节其开花期，使其与小麦花期恰好相遇；同时把冬小麦材料种植或移栽至温度较低的温室，加强肥水管理，抽穗时浇水，从而提高生长环境中的湿度。在小麦开花前4～5 d，采用垂直穗轴剪颖剪药技术去雄，套袋；套袋之后4～5 d用玉米花粉重复授粉2次。第1次授粉后1 d再进行第2次授粉。第2次授粉后24 h用2,4-D（150 mg/L）的溶液蘸穗处理1次。授粉后12～14 d时在23～25 ℃、黑暗条件下培养幼胚（用1/2MS培养基）。待幼胚萌发后光照培养14～21 d。待试管苗长高后置于冰箱中（4 ℃左右）越夏，11月上旬时移栽到阳畦，地表覆盖塑料薄膜增温以促进分蘖，待生长至3～4个分蘖时进行染色体加倍处理（秋水仙素浸根），之后生长至成熟，收获加倍单倍体植株种子。采用上述技术，每100朵小花一般可以获得单倍体胚20～30个，单倍体植株10～20个，加倍单倍体植株7～10个。

2.球茎大麦法

球茎大麦（*Hordeum bulbosum*）是一种多年生的野生大麦，有二倍体与四倍体两种倍性类型，具有较强的抗寒性和分蘖能力，对大麦白粉病、叶锈病、斑点病等具有良好的抗性；其花药大，异花授粉，且自交不育。当二倍体球茎大麦与栽培大麦（*Hordeum vulgare*）杂交后，绝大多数杂合子的染色体会消失，从而产生栽培大麦的单倍体，其可交配性好、结实率高。

球茎大麦法的主要技术要点如下：

（1）调节花期

球茎大麦为强冬性和长日照植物，通常需要经过低温和长日照处理才可以开花。为了与栽培大麦的花期相遇，就需提早移栽（球茎）或播种（种子），这一工作一般在9—10月进行。作为母本的栽培大麦可以分期分批播种，以使父母本的花期能够相遇，确保杂交工作的正常进行。

（2）胚挽救（幼胚培养）

球茎大麦与栽培大麦之间的杂交与其他远缘杂交相似，其杂种胚乳在授粉后8～10 d也开始退化。因此需要拯救幼胚，即在授粉后12～14 d时对杂种幼胚进行离体培养。通常情况下接种于不添加任何激素的MS培养基上，暗培养3～5 d即可分化出苗，之后转入光照培养。当幼苗出现2个叶片时，转至4～10 ℃低温越夏。

（3）染色体加倍

一般采用先移栽，再取苗后用秋水仙素浸根的方式进行染色体加倍处理，但这种方式对试管苗产生的药害较大，可导致苗的根系受到破坏，因此移栽成活率也较低。有人采用了低浓度长时间结合液体培养的方式进行染色体加倍，获得了较为理想的结果。主要过程为：试管苗在室内炼苗几天后洗去培养基，在添加有0.01%～0.02%秋水仙素的Knop培养液中培养2～3 d，冲洗干净后在去除秋水仙碱的Knop培养液中继续培养至新根长出，取根镜检之后进行移栽。这种方式药害小、移栽成活率高。加倍后的植株在形态上与其母本相似，且发育正常；而未加倍的植株形态也似母本，但植株相对矮小、生长势弱、开花提前、叶片及花药较小。因而根据植株外部形态不用镜检也基本可以区别这两种植株。

三、其他方法

1.孤雌生殖诱导系法（玉米）

诱导系品种间杂交指用该系作为亲本，与选系用的基础材料进行杂交，杂交后在当代杂交果穗上就可以产生一定比例的单倍体籽粒。这种方法在玉米单倍体育种中应用较为成功。玉米诱导系杂交法中单倍体的诱导受细胞核基因控制，并且可以稳定遗传性状；但该方法诱导除产生单倍体外，还会出现大量的二倍体，且单倍体的产生不符合孟德尔遗传分离定律，研究起来颇为复杂，因此对于其遗传及分子机理尚未完全研究清楚。

选育综合性状优良的高频诱导系是进行玉米单倍体育种的先决条件。Stock6是最早在玉米单倍体技术中应用的诱导系，杂交后代中能够产生平均约2%的孤雌生殖的单倍体，该方法通常无基因型依赖性、诱导过程简单，因此是大量生产玉米单倍体的有效途径，但其主要缺点是其植株生长矮小、散粉少、对温度敏感、结实性较差、标记基因弱。因此，从20世纪50年代以来，诸多育种工作者致力于单倍体诱导系的选育，并结合各个特定的区域生态环境，经过不懈努力，国内外已培育出了大量优良的诱导系和诱导系间杂交种，部分诱导系的诱导率达到了8%以上（表5-4），这为该技术日益成熟和完善奠定了坚实的基础。

表5-4　目前国内外主要的玉米单倍体诱导系

诱导系	来源	诱导率
CAU[B]	B73+B×农大高诱5号	6.75%
CAUHOI	BHO×Stock6	1.9%～9.2%
CAU[YFP]	HiII[YFP]×农大高诱5号	11.26%
吉高诱3号	M278×Stock6	5.50%～15.94%
MHI	KMS×ZMS	6%
农大高诱2-5号	CAUHOI×UH400	8%以上
RWS	KEMS×W14	8.65%～13.39%
Stock6	墨西哥农家品种	2.29%
PK6	WS14×Stock6	6.75%
TIC	CML×(RWS×UH400)	8%～10%
WS14	W23ig×Stock6	0.60%～3.40%
Y8	B1×CAUHOI	5%～6%

才卓等人（2013）在多年研究及实践验证的基础上，制定了《玉米杂交诱导单倍体选育自交系技术规范》，利用该规范程序，只需2～3个生育世代即可批量选育出高度纯合的

玉米自交系（加倍单倍体系）。现将该技术要点概述如下：

（1）杂交诱导

首先将基础材料与诱导系的株数按6∶1进行播种，要尽量选用花期与基础材料相近的诱导系，采取分期播种（2～3期）、地膜覆盖加快早熟或延期管理促晚熟等系列措施，以确保花期能够相遇，使杂交顺利完成。杂交授粉时以单倍体诱导系作为父本，被诱导的母本基础材料作为母本，授粉时间、方式与普通杂交相同。但花丝的长短与授粉时间对单倍体诱导率有重要影响，一般在凉爽季节授粉或延迟授粉（长花丝≥8 cm）时有利于提高单倍体诱导率（提高1.5～2倍），但结实率会有所下降。杂交果穗成熟后及时收获并妥善保管，通常所收获的籽粒中含有一定比例的无胚种子和不发育空壳籽粒；籽粒干燥后脱粒，尽量避免籽粒受到机械损伤。

（2）单倍体籽粒的鉴选

通过色素基因在诱导的杂交籽粒上表达色素，肉眼就可以方便直观地对单倍体进行选择。在玉米单倍体诱导中，利用玉米籽粒的R-nj基因（Navajo标记）和ABPl基因（紫色叶鞘标记）是最基本的方法，可根据籽粒顶部和胚芽颜色对单倍体做出初步判断，一般情况下杂交籽粒胚乳糊粉层为紫色及胚芽无色的为单倍体籽粒，胚乳糊粉层及胚芽均为紫色或无色的为二倍体籽粒。在杂交果穗数量较为充足时，可去掉果穗的上下端的圆形籽粒，将中部扁形籽粒进行混合脱粒后进行单倍体籽粒鉴定。因着色程度由多个修饰基因所控制（C1-I、Idf等）以及发育环境等因素的影响，在硬粒型品种及热带材料中Navajo标记表现较弱，着色不清楚，需要加大预留比例，并要靠经验判断；这些籽粒也可继续在田间种植，根据植株的ABPl紫色标记做进一步判断，即凡幼苗叶鞘绿色的为单倍体，而紫色的为杂交二倍体。此外，如果以农大高诱1号或其衍生系作为诱导系时，除可利用上述方法鉴定单倍体籽粒外，亦可以根据籽粒的含油量通过改良的核磁共振仪（NMR）进行单粒油分含量的测定，进而实现机械化自动选择；以基础材料自交籽粒的含油量为标准，高于自交籽粒的为双受精籽粒，而显著低于自交籽粒的可认为是单倍体籽粒。

（3）单倍体植株的确认

玉米诱导单倍体的自然加倍率一般在10%左右，但不同材料的加倍率也有较大差异。在凉爽和温和的生态环境种植诱导的玉米单倍体籽粒，有利于植株的自然加倍，如冬季在海南种植的加倍率明显高于北方春季播种的。种植单倍体籽粒时，需选择土壤肥力中上及排灌方便的地块，并在最适播期播种，以确保全生育期有优良的生长发育环境和肥水保障。单倍体植株由于生长缓慢发育弱，加倍过程更需要良好的环境和条件。

幼苗10叶期前后，可根据植株ABPl紫色标记及形态学特征对单倍体进行鉴别，凡幼苗叶鞘及叶片为紫色且植株粗大高壮的均不是单倍体，予以淘汰。但需要注意紫色标记性状可能会因自然突变而丧失，因此还需依据幼苗其他特征来判断，如生长发育速度、叶色、叶长以及株高等。一般单倍体植株瘦弱，生长缓慢，株高低，叶片相对数量较少、狭窄或直立，偶尔会有白斑，叶片短且较上冲，叶色浅，叶鞘绿色。

（4）单倍体植株的加倍

一般约80%的单倍体植株的雌穗自然可育，而雄穗的自然加倍率仅为5%～10%，且不同基因型材料间存在较大差异。对于散粉株率高的单倍体材料，依靠育性的自然恢复即可实现自交结实。当单倍体植株的花药外露且有花粉明显产生时，小心取其花药，破开后取其花粉,进行精细自交授粉操作;次日有花粉时,重复一次自交授粉;授粉后严格封闭套袋。

对于自发加倍率低的材料,可对其进行人工加倍。加倍化学试剂一般为秋水仙素,同时配合二甲基亚砜和细胞分裂素等助渗剂使用效果较好。加倍方法主要有浸种法、浸根法、浸芽法和注射法等。浸种法是先将所获得的单倍体籽粒用清水浸泡12 h,之后用秋水仙素溶液(0.6 mg/mL)浸泡24 h,清水浸泡6 h后播种。浸芽法为用秋水仙素溶液浸泡幼芽的方法,即当单倍体籽粒萌发形成的芽长至2~3 cm时,用秋水仙素溶液(0.06~0.2 mg/mL)分别浸泡根或芽18 h和12 h,之后用清水浸泡6 h,加倍成功率可达到18%以上。浸根法是将3叶期的单倍体幼苗的根系在秋水仙素溶液(0.05%或0.15%)中浸泡24 h或3 h,清水冲洗处理后进行移栽;该方法加倍效果好,雄花可育率能达到30%~60%,但所需剂量较大,成本较高。注射法是在6叶期时,用注射器将秋水仙素溶液(0.4%~0.6%)与二甲基亚砜(DMSO,2.0%)配成的混合溶液2.0 μL注射到植株茎尖生长点,其加倍率可达32.3%;该方法一般在精密试验时采用,优点是不需进行育苗和移栽,难点在于处理时期和注射部位的选择比较难以把握,从而影响加倍的效果。

(5)加倍单倍体的收获及保存

果穗成熟后或授粉后35 d左右时仔细收获其果穗,避免自交籽粒丢失。干燥后小心脱粒并妥善保管,尽量避免自交籽粒受到损害。

(6)加倍单倍体植株的获得、鉴定及繁殖

选择肥水条件良好的地块播种,播种时按单穗分行仔细播种,确保出苗正常,勿受病虫危害。同一果穗的多个加倍单倍体籽粒在播种后如植株长势整齐一致、籽粒无分离,且不是杂交种株型时可确认为是纯合加倍单倍体自交系;对于一些来源于同一果穗但在播种后得到的果穗严重分离,或带有诱导系标记性状,则可能为杂合花粉污染或加倍单倍体系中含有诱导系的DNA污染所致,应及时淘汰。对于单株的加倍单倍体植株,如长势良好且符合自交系性状特征,应先自交,根据其生长势、植株形态和籽粒颜色等统筹予以收获;第2年按穗行播种繁殖,获得的植株长势整齐一致,即可确认为纯合的玉米加倍单倍体自交系。

将确认为纯合自交系的加倍单倍体植株仔细自交授粉,获得自交籽粒,第2年通过相应环节的鉴定,选出表现优异的加倍单倍体系,第3年即可作为新的自交系进行配合力测定和杂交组合的配制等。

2.未受精子房/胚珠培养

在子房或胚珠培养过程中,雌配子体(一般指未受精的卵细胞)受刺激启动雌核发育途径,进而产生单倍体再生植株。这种方法的研究与利用的程度远不及花药与小孢子培养,但在黄瓜、甜瓜等葫芦科植物的单倍体诱导中得到广泛使用;同时在雄性不育系或雄性配子诱导反应较差的基因型的单倍体生产中具有独特的优势。目前在葫芦科、禾本科、菊科等14科的30多个植物中通过该方法获得了单倍体再生植株(表5-5)。

影响植物离体雌核发育成效的因素主要有供体植株的基因型、接种胚囊的发育时期、预处理方式、培养基类型及组成、培养条件等。基因型是其中最重要的影响因子(Mukhambetzhanov,1997),一般认为杂合子比定型品种的诱导率高,粳稻比籼稻的诱导率高。研究发现,玉米的成熟子房较幼嫩子房更易于诱导单倍体产生,烟草从大孢子母细胞至成熟胚囊期均可诱导单倍体植株;培养基则一般使用改良的MS、N6、Miller等作为基本培养基。

表5-5 子房和胚珠培养获得单倍体再生植株的植物

科名	种名	培养的外植体	参考文献
禾本科	小麦	子房	祝仲纯等,1987
	水稻	子房	周嫦和杨弘远,1980
	玉米	子房	Li and Pandey,1999
	大麦	子房	王敬驹和匡伯健,1981
	青稞	子房	谷祝平和郑国锠,1984
	小黑麦	子房	潘景丽等,1983
	薏苡	子房	李民伟和张彬,1984
	糜子	子房	Kashin et al,2000
葫芦科	黄瓜	子房	Gémes-Juhás et al,2002
		胚珠	王烨等,2015
	西瓜	子房	李玲等,2014
		胚珠	荣文娟等,2015
	甜瓜	子房	Ficcadenti et al,1999
		胚珠	韩丽华,2004
	南瓜	子房	孙守如,2011
	西葫芦	子房	徐静,2006
		胚珠	Chambonnet et al,1986
茄科	烟草	子房	祝仲纯等,1979
		胚珠	冉邦定,1980
	马铃薯	子房	陶自荣等,1985
	矮牵牛	胚珠	Deverna and Collins,1984
	辣椒	子房	朱献辉,2008
菊科	向日葵	子房	祝仲纯等,1982
		胚珠	蔡得田和周嫦,1983
	非洲菊	胚珠	Sitbon,1981
百合科	洋葱	子房	Geoffriau,1997
		胚珠	Roger,1989
	韭菜	子房	田惠桥和杨弘远,1989
	大蒜	子房	刘颖颖,2013
	百合	子房	谷祝平和郑国锠,1983
	黄花菜	子房	周朴华等,1986
藜科	甜菜	子房	Geyt et al,1987
		胚珠	张月琴和邵明文,1986
亚麻科	亚麻	子房	孙洪涛等,1984
大戟科	橡胶	胚珠	陈正华等,1985
杨柳科	杨树	子房	吴克贤和徐妙珍,1985
豆科	刺槐	子房	王启忠等,1981
天南星科	魔芋	子房	孔凡伦等,1990
桑科	桑树	子房	计东风等,1991
蔷薇科	草莓	子房	王文和等,2011
十字花科	甘蓝	子房	贾学方,2016

参考文献

[1]陈新民,王凤菊,李思敏,等.小麦与玉米杂交产生小麦单倍体与双单倍体的稳定性[J].作物学报,2013,39(12):2247-2252.

[2]才卓,徐国良,任军,等.玉米杂交诱导单倍体选育自交系技术规范(修订版)[J].玉米科学,2013,21(2):1-5.

[3]董昕.玉米单倍体诱导基因qhir1精细定位与新型诱导系选育研究[D].北京:中国农业大学,2014.

[4]Dwivedi S L,Britt A B,Tripathi L,et al. Haploids: Constraints and opportunities in plant breeding [J]. Biotechnology Advances,2015,33(6):812-829.

[5]Forster B P,Heberlebors E,Kasha K J,et al. The resurgence of haploids in higher plants [J]. Trends in Plant Science,2007,12(8):368-375.

[6]Germanà M A. Anther culture for haploid and doubled haploid production[J]. Plant Cell, Tissue and Organ Culture (PCTOC),2011,104(3):283-300.

[7]Lantos C,Weyen J,Orsini J M,et al. Efficient application of in vitro anther culture for different European winter wheat (*Triticum aestivum* L.) breeding programmes[J]. Plant Breeding, 2013,132(2): 149-154.

[8]李英,王佳,季乐翔,等.植物单倍体技术及其应用的研究进展[J].中国细胞生物学学报,2011(9):1008-1014.

[9]Maluszynski M,Kasha K J,Forster B P,et al. Doubled haploid production in crop plants: A manual[M]. Dordrecht: Kluwer Springer,2003: 1-417.

[10]宋运贤,周素英,杜雪玲,等.小麦花药培养效率的影响因素研究[J].西北农林科技大学学报:自然科学版,2012 ,40(5): 62-68.

[11]Zhao L S,Liu L X,Wang J,et al. Development of a new wheat germplasm with high anther culture ability by using a combination of gamma-ray irradiation and anther culture[J]. Journal of the Science of Food and Agriculture,2015,95(1): 120-125.

第二节 体细胞无性系变异与植物遗传改良

体细胞无性系变异(somaclonal variation)是指植物组织培养再生植株及其后代发生的变异。20世纪60年代末,Sacristan和Melchers首先注意到由长期继代培养的烟草愈伤组织再生植株出现各种形态变异;与此同时,Heinz和Mee在甘蔗的再生植株中也观察到高频率的变异植株。Larkin和Scowcroft(1981)把有关再生植株变异的资料加以评述,用"体细胞无性系变异"来描述经组织培养后再生植株上观察到的表现型变异,并指出它不是偶然的现象,其变异机理值得研究,而且在育种上具有应用前景。此后,国内外学者从体细胞无性系变异的来源、特点、筛选和鉴定以及不同植物、不同组织器官、各种表型变异的鉴定及其分子机理方面做了大量的研究工作,目前已成为细胞工程育种研究方面的一个十分活跃的领域。

一、植物体细胞无性系变异的来源及特点

1.植物体细胞无性系变异的来源

植物体细胞无性系变异来源大体上有两种：一种来源于外植体本身而在再生植株中表达出来的变异，其中嵌合体是这类变异的一个重要来源，不定芽发生是导致嵌合体分离的最通常原因，通常认为不定芽是从单细胞或特定组织的少数细胞起源的；另一种变异来源是在进行植物组织和细胞培养过程中由于受到外界培养环境的影响而产生的变异。体细胞无性系变异频率远高于自然突变频率，在一个植物组织培养的周期内一般可产生1%～3%的无性系变异，其中大部分为可以稳定保持的可遗传变异。因而其为植物品种改良和新品种选育提供了新的途径（朱至清，2003；Mohan et al，2001；Legkobit et al，2004）。

2.植物体细胞无性系变异的特点

（1）普遍性和多样性

体细胞无性系变异是植物组织培养过程中出现的普遍现象，而且几乎可以在所有的植物类型上发生，广泛涉及植物的农艺性状、品质性状、抗病性及抗逆性等多个方面。

（2）稳定速度快

体细胞无性系变异一般在第二代就可稳定，而这时正是优良性状选择的关键时期，因此可以缩短育种年限；也有少数为杂合体，需要继续分离，但大多为简单分离。

（3）可基本保持原有材料的优良性状

无性系变异常出现1个或少数基因的突变，因此可在不改变品种原有优良特性的情况下对个别性状进行改良，如降低株高、增强抗病或抗逆性等。这就可以利用该方法，根据育种目标，对现有品种的个别表现较差的性状进行改良研究。尽管利用无性系变异在短时间内创造有很大突破的全新品种可能性较小，但可有针对性地对现有品种在株高、粒重、生育期、抗病性等单个性状进行改良。

3.植物体细胞无性系变异的筛选

植物体细胞无性系变异的类型众多，且变异方向不易受到人为控制，因此需要对变异性状进行有效筛选。目前常用的筛选方法主要有以下几种：

（1）在大田种植的再生植株中筛选有用突变体

这是最简单便捷的筛选方法，其结果可直观反映变异产生的性状变化，并对改良的性状直接做出判断，在实践中得到广泛应用，在一些较为直观的农艺性状（如株高、粒色、生育期、育性等）的筛选中较为有效。

（2）通过施加选择压力，进而进行体细胞无性系突变体的筛选

这种方法与微生物抗性突变体筛选的方法相似。首先在植物组织培养阶段，在培养基中加入一些物理或化学因子，以增加选择压力，然后筛选抗性细胞系，之后经过再生阶段获得抗性突变体植株。在植物组织培养阶段，由于可发生变异的细胞或细胞团高度集中，此时通过施加选择压力，可获得一定数量的具有抗性性状的细胞突变体，而后通过诱导分化出再生植株，得到部分无嵌合体的纯合性状的植株，再经过大田筛选，最终获得性状改良的植株。这比单纯采用大田筛选方法可节省大量的人力、物力。

目前在培养基中加入的物质有氨基酸和氨基酸类似物。在体细胞无性系变异的诱导培养过程中，在培养基中加入氨基酸或氨基酸类似物作为选择剂。这些物质在加入后首先可

在氨基酸生物合成中起到反馈抑制的作用，其次可被组入蛋白质中然后使部分酶的作用失活，因此可筛选到对反馈抑制不敏感的突变体，同时一些突变体可超量表达某些类型的氨基酸。例如，赖氨酸、苏氨酸和甲硫氨酸等的合成均以天冬氨酸为底物，受其末端产物的反馈抑制调控，其中赖氨酸与苏氨酸是天冬氨酸生物合成途径中的第一个调节酶（天冬氨酸激酶）的最有效的协同反馈抑制剂。因此，氨基酸或氨基酸类似物作为选择剂可筛选出对反馈不敏感而过量合成赖氨酸和苏氨酸等氨基酸的突变体。一些研究者利用这种方法来提高作物中相对较为缺乏的氨基酸含量，从而改善营养品质。如耿瑞双等利用这种方法，获得了积累游离苏氨酸和赖氨酸的突变体以及种子蛋白质组分发生改变的高蛋氨酸和高赖氨酸突变体，且该性状遗传稳定，育性正常。该方法目前主要存在以下问题：一是突变体的育性一般较差；二是突变体大多仅涉及部分游离氨基酸水平的变化，而对种子蛋白的影响甚微。

抗逆细胞突变体的筛选：在体细胞无性系变异的筛选中，可通过人为因素造成低温、干旱、盐碱、重金属、除草剂等作为选择压力，从而筛选到相应的抗逆细胞突变体。目前研究者已经利用这种方法，在小麦、水稻、高粱、番茄、柑橘、烟草、小黑麦等植物中得到一批稳定的抗逆细胞系和再生植株。

抗病细胞突变体的筛选：在植物体细胞无性系变异诱导中，也可在培养基中加入植物致病毒素作为筛选剂筛选抗病的无性系突变细胞，通过再生分化为植株，进一步筛选到抗病突变体。Calrson曾于1973年首次设计了这方面的一个经典试验。他用烟草野火病毒素的类似物甲硫氨酸磺（M50）作为筛选剂并获得了抗性突变体，该抗性能稳定遗传。陆维忠等则以小麦赤霉病毒素脱氧雪腐镰刀菌烯醇（DON）为筛选剂获得了一批稳定遗传的抗赤霉病小麦新品系。

4.植物体细胞无性系变异的鉴定

对植物体细胞无性系变异的检测和鉴定，可从形态学、细胞学、生理生化以及分子生物学等多个方面及多个层次进行，从而使人们对其能够在植物个体、器官、组织、细胞、蛋白质及基因表达等不同水平上全面了解和分析植物体细胞无性系变异的遗传机制及其稳定性。

对于植物体细胞无性系变异的细胞遗传学方面的鉴定，目前主要是通过观察细胞有丝分裂和减数分裂过程中染色体的数目和行为，利用染色体核型和形态的配对分析对变异植株的染色体数目和结构变异进行鉴定。但由于不同特化组织类型组织内存在多倍性（endopolyploidy），因而有时检测到的染色体数目存在差异；此外，植物在离体培养中产生的染色体数目和结构变异又常与培养类型相关（刁现民和孙敬三，1999）。

对植物体细胞无性系变异进行生物化学鉴定，通常采用同工酶酶谱分析，如有酯酶、过氧化物酶、淀粉酶、多酚氧化酶以及其他一些可溶性蛋白等。但同工酶的改变只能解释其中很小一部分变异，同时同工酶的酶谱易受环境因素和植物个体发育程度的影响。

近年来，RAPD、RFLP、SSR等分子标记技术在植物体细胞无性系变异的检测和鉴定中得到了广泛应用。RAPD则是一种建立在PCR基础上的分子生物学技术，因其快速、方便、经济等优点已成为目前应用最广泛的植物体细胞无性系变异鉴定方法；它可随寡聚核苷酸引物结合位点的变化而检测基因组中更大的部分。RFLP技术在检测由于碱基插入或缺失而引起限制性内切酶识别位点发生变化的变异时发挥作用，是一种较早应用于植物体细胞无性系变异分析鉴定的分子标记技术；同时如果结合应用一些能特异性地识别甲基化碱基的限制性内切酶，RFLP对检测因DNA甲基化状态改变而引起的植物体细胞无性系变异将非常有效，但对引物和酶的筛选在一定程度上限制了该项技术的应用。AFLP分子标记技术则结合了RFLP和RAPD的优点，具有方便快捷、信息量大及稳定性强等优点，已应用于多种植物体细胞无性系变异的分析和鉴定中，研究者已检测到了相对较多的多态性信息。目前，对于由于DNA甲基化状态改变而导致的体细胞无性系变异，常采用成对的可以识别相同碱基的不同甲基化状态（甲基化/去甲基化）的限制性内切酶（同裂酶，isos-chizomers），结合AFLP标记技术，即MSAP分子标记技术进行检测，可获得较多的表观遗传信息。这对于推动人们对植物体细胞无性系甲基化变异模式和机制的研究具有重要意义。虽然一些表型与DNA水平变化并不一致，然而无论如何，分子标记技术仍然是目前多数研究者用于分析植物体细胞无性系变异的较为有效的工具。

5.植物体细胞无性系变异机理

（1）染色体畸变

染色体畸变主要指染色体数目和结构两方面的变异。染色体数目的变异又可分为倍性变异和非倍性变异。在染色体非整倍性变异中包含染色体数目的增加或减少，有时还存在混倍体。有人认为在植物体细胞无性系变异的诱导培养中所产生的染色体数目变异，主要是因为有丝分裂过程中纺锤体的异常所导致的。在细胞有丝分裂后期，纺锤体在不同程度上的缺失导致染色体的不分离、向多极移动、滞后或者不聚集，最终会产生变异细胞；此外，外植体脱分化的第一次细胞分裂的不规则的无丝分裂也是染色体数目变异的一个重要原因（Amato，1985）。染色体结构变异一般是指在染色体断裂后经修复并重新连接所导致的易位、倒位、重复或缺失等。目前已发现在小麦、小黑麦等植物的再生植株中均存在易位系。在大蒜、山杨等植物的组织培养过程中，也出现了诸如染色体加长、次缢痕延长、形成带有随体或长臂较长的大型染色体等所导致的染色体结构的变异。一些被子植物的部分体细胞在分化过程中会出现染色体的多倍化，其发生的程度因组织而异，对于一般的分生组织会一直保持较低的变异率，而对于分化水平较高的组织产生的变异则较多，而且即使同一组织内的细胞之间其倍性也并不完全一致，存在四倍体、八倍体等不同倍性变异。由于在植物组织培养中采用存在这种变异的外植体，因而也会导致组织培养中出现一定程度的染色体畸变，这也就是外植体自身已有的变异。在水稻、小麦、大麦和玉米等作物的无性系再生植株中也已发现了染色体倍性变异、非倍性变异以及染色体结构方面的变异。在植物无性系再生植株中，染色体畸变发生越多，植株受损伤的程度也就越严重，生长势就越弱，在育种实践中的利用价值就越低。

（2）转座子的激活

转座子的激活可能是导致植物体细胞无性系变异的主要原因之一。一些研究者认为，在组织培养过程中，由于细胞处于高速分裂的状态，而染色质的复制往往发生滞后，其结果导致在细胞分裂后期形成染色体桥或染色体断裂；断裂部位的DNA修复过程中属于异染色质的转座子去甲基化而被激活，从而引起一系列的结构基因的活化、失活以及位置变化，最终产生了植物体细胞无性系变异。研究结果表明，在植物组织培养过程中，很多低拷贝的反转录转座子均可被激活，同时一些高拷贝的反转录转座子也具有转录活性；但目前尚未发现高拷贝的反转录转座子发生转座的直接证据。虽然目前对于在植物组织培养中导致转座子激活所引起的遗传学效应能否稳定遗传至后代尚无定论，但愈来愈多的证据表明转座子的激活对于无性系变异具有重要作用。

用转座子激活的理论可以解释植物体细胞无性系变异中出现的诸多现象。首先，植物内多种转座子能够引起广泛的变异，这就可以解释体细胞无性系的高频变异的发生；其次，转座子可使得未活化的结构基因激活，这就解释了无性系变异中一些高频出现的显性突变；其三，转座子还可以使多拷贝基因中的一些不表达的拷贝激活，提高基因的表达强度，因此而导致表型的变异。植物体内的转座子包括玉米的 Ac 因子、Ds 因子、Spm 因子、Mu 因子及金鱼草的 Tam 因子。许多研究已经证明许多不稳定遗传现象就是这类转座子的作用引起的。

（3）DNA甲基化

近年来表观遗传学的兴起和发展使得人们对植物体细胞无性系变异机理的研究更加深入，其中 DNA 甲基化（DNA methylation）表观遗传学是其研究的重要内容之一。DNA 甲基化表观遗传是指在 DNA 甲基化酶（DNA methyltrans-ferase，DNMTs）的催化作用下，将 S-腺苷酰甲硫氨酸（SAM）上的甲基转移至 DNA 分子的胞嘧啶碱基上的化学修饰过程。此外，DNA 甲基化还包括少量的 N6-甲基腺嘌呤（N6-m A）及 7-甲基鸟嘌呤（7-m G），其中前者主要存在于原核生物中，而在真核生物中较少。通常情况下，植物甲基化修饰可以自己特有的方式遗传给后代，然而植物组织培养、转基因、种间杂交或者在逆境条件等多种方式或因素也可导致这种相对较为稳定的表观遗传状态发生变化，从而改变原有的甲基化水平和模式，进一步导致植物产生大量的表型变异，如植株外部形态、颜色等表型性状的改变。

在植物组织培养过程中其基因组可产生广泛的甲基化变异，不同植物 DNA 甲基化变异的趋势和模式也具有明显的差异。在水稻、玉米、大豆、大麦、香蕉、玫瑰等植物的体细胞无性系再生植株中均发现了甲基化变异；多数植物的愈伤组织或再生植株出现 DNA 甲基化总体水平降低的趋势，然而在部分植物如番茄的愈伤组织以及豌豆的再生植株中则出现了 DNA 甲基化程度增加的变异；而且不同植物体细胞无性系基因组的 CCGG 位点的内外侧胞嘧啶残基出现去甲基化变异的频率也存在着明显差异。研究发现，水稻体细胞无性系的甲基化变异与包括管家基因在内的 RFLP 多态性变化密切相关，油棕体细胞胚珠因甲基化的减少而导致雄蕊产生雌性化变异。这些研究进一步地说明了甲基化确实与 DNA 水平的变异有关。由于在植物组织培养过程中所产生的 DNA 甲基化变异往往伴随着高频率的质量表型的变异、转座子的激活、染色体的断裂或者高频率的序列变异，因此有人认为 DNA 甲基化的变异很可能是植物体细胞无性系变异的一个根本原因。然而，有研究表明，某些植物如马铃薯、亚麻等，DNA 甲基化状态的改变并未能导致无性系表型的改变。推测这种情况下产生甲基化状态的基因极有可能是隐性基因或是不足以导致表型有显著变化的性状控制基因，甚至是出现甲基化状态的位置处于不活跃区域，因此无论甲基化改变与否均不会导致表达活性的改变。其确切的机理尚需进一步研究。

（4）点突变

点突变指 DNA 碱基序列中单个或多个碱基对产生变化，包括碱基序列插入、替换或缺失等。碱基序列替换的一个主要特点是其具有较高的恢复突变率，而碱基插入或缺失效率则较低。某些点突变可以导致蛋白质活性的部分丧失甚至完全失活，因而影响到植物表型的变化；某些突变中虽然碱基发生了变化，但却是同义变化，即所翻译的氨基酸序列并未发生变化；也有些突变并不会影响蛋白质的活性，因此性状上也不会产生明显的变化。点突变在植物体细胞无性系变异中广泛存在。如 Noro 等（2007）对继代培养了 20 年的水稻细胞进行检测时发现，两个与水稻直链淀粉合成相关的管家基因 EPSPs-RPS20 内出现高频率的由 A/T 变为 G/C。在对水稻、玉米和烟草等植物的体细胞无性系变异的研究表明，在单基因突变的再生植株后代中表现出了典型的孟德尔隐性遗传方式。目前点突变已被认为是导致水稻体细胞无性系变异的重要来源（高东迎等，2002）。点突变与其他几种变异方式相比较，对再生植株的损伤程度较低，且获得的变异在后代中能够较快稳定。此外，在正常的植物组织培养条件下，植物基因组还可能发生基因扩增、丢失或基因重排，这也是植物体细胞无性系变异的原因之一。

（5）外遗传变异

外遗传变异是由外部因素的影响而导致基因表达变化，最终产生表型上的变异。这种变异仅仅表现在当代植株或当代植株生长的某一阶段，不能遗传至下一代。最为常见的外遗传变异是植物组织培养中的复幼现象，即在离体培养中来源于成龄的外植体因其需要适应环境而逐渐朝幼龄化的方向发展；这种状态可在一段时间中出现，也可能在随后消失。Sikm 等曾报道，桉属植物的再生植株有时会着生无柄叶片，这种典型的幼龄习性会随着时间的推移而消失。另外一种外遗传变异是指植物无性系组织或细胞的驯化作用，它们因失去对生长素、细胞分裂素或维生素的需求而转变为自养。此外，外遗传变异还包括移栽后的极强生长势即短暂的矮化等现象。

除上述几种体细胞无性系变异类型外，还有一类变异是植物细胞器 DNA 所发生的变化，而细胞器 DNA 是真核生物不可或缺的组成部分。众所周知，在高等植物中细胞质中的叶绿体与线粒体基因组是相对独立于核基因组的遗传物质，其在进化上相对保守，而在遗传行为上则表现为非孟德尔方式，主要为母性遗传及体细胞中的分离现象。在某些植物体细胞无性系中其再生植株有时会发生细胞器基因组 DNA 的变异，进而导致再生植株的表型变异。在小麦花药培养中经常出现大量的白化苗，研究发现这种白化苗的叶绿体基因丢失可达 80%；一些植物再生植株的线粒体 DNA 也经常发生变异。因此无性系细胞器基因变异也需引起重视。

二、植物体细胞无性系变异在性状改良中的应用研究

植物组织培养产生的体细胞无性系变异为植物遗传改良及新品种选育提供了另外一种方法和途径。植物体细胞无性系变异育种技术，就是通过对可遗传的无性系变异进行人工选择及培育，最终获得兼具原有亲本的优良性状以及新性状的新品种的过程，是一种属于细胞水平上的生物技术育种方法。这种方法自提出至今，已被广泛应用于水稻、小麦、大麦、谷子、香蕉、甘蔗等植物的抗逆、抗病、高产、优质等重要性状的改良中，并取得成功。

1. 抗逆性改良研究

干旱气候和土壤的盐碱化是自然界中对植物生产造成重大损失的两个最主要的环境因素。选育抗旱、耐盐的植物新品种是育种工作者的一项重要工作。体细胞无性系变异技术作为一种育种方法也被人们应用于植物的抗旱性及耐盐碱能力改良研究。PEG 和 NaCl 等

化学物质被广泛应用于实验室中模拟干旱和盐碱胁迫的研究，在体细胞无性系变异研究中则被加入培养基中进行抗旱、耐盐无性系的筛选。王瑾、沈银柱、彭剑涛、梁小红和Bnaskaran等利用该方法分别对小麦、菠萝、早熟禾、高粱等植物进行了抗旱体细胞无性系变异的筛选研究，并获得了抗旱性或耐盐碱性增强的再生植株。

此外，体细胞无性系变异方法还被应用于植物抗除草剂、耐寒和耐热性的改良研究。李波等对苜蓿幼茎诱导的愈伤组织在−7 ℃低温下筛选获得了抗寒性增强的突变体；林定波等结合辐射诱变及羟脯氨酸离体选择，获得了能够稳定遗传、抗寒性增强的锦橙体细胞无性系变异株系；李卫国则对棉花的抗除草剂体细胞无性系变异筛选技术进行了系统研究并获得了棉花的抗草甘膦突变体；杨炜茹等则筛选出30棵耐热性能优良的百合体细胞无性系突变体。

2. 抗病性改良研究

目前，体细胞无性系变异方法在植物的抗病性改良方面的研究最多，并取得了不俗的成绩。虽然可以利用植物组织培养中自发突变进行抗病无性系的筛选，但效率总体较低；而目前国内外研究者主要通过在培养基中添加病菌或病毒所产生的毒素物质增加选择压，同时可以结合辐射和化学诱变提高抗病突变体产生的频率。高东迎等、陈璋等利用该技术获得了抗稻瘟病、叶枯病植株，并对抗病基因进行了遗传分析或基因定位；陆维忠、郭丽娟、曾寒冰、沈晓蓉、杨随庄、Arun等先后利用该方法分别获得了抗赤霉病、抗病毒病、抗根腐病、抗条锈病、抗斑枯病等性状的小麦新品系（种）；此外，体细胞无性系变异在油菜、大蒜、辣椒、葡萄、香蕉等植物的抗病种质创制中均得到一定程度的应用。

3. 品质改良研究

随着经济社会的不断发展和人们消费水平的提高，品质育种已经成为一个重要的育种方向。育种的目标是在所选育的品种中所含的营养成分含量平衡或提高，以及有害成分得到降低或消除，从而满足人们对营养和加工品质的要求。目前以体细胞无性系变异为手段的品质育种中，提高品种中蛋白质与必需氨基酸的含量最受人们的关注。张怀刚、朱志清、王培等对小麦体细胞无性系中影响品质的氨基酸含量、高分子量麦谷蛋白、SDS沉淀值等变异情况及遗传特性进行了较为系统的研究，并获得了氨基酸和蛋白质含量提高的变异株系；孙宗修等研究了水稻体细胞无性系中直链淀粉和蛋白质含量变异，结果表明部分无性系二代再生植株的蛋白质含量得到提高，而且稻米蒸煮品质的变异至少能稳定地遗传到第八代；黄秋等结合辐射诱变和离体筛选获得了比优良栽培种蛋白质含量更高的坛紫菜材料；邹雪等（2015）利用该方法获得了较原亲本叶绿素含量升高23.78%，且试管苗和试管薯质量显著提高的马铃薯变异系M-13；郭鹏飞等（2013）则获得了纤维素含量较原亲本提高的梁山慈竹无性变异再生植株。一些植物中含有有毒有害物质，如高粱中的氢氰酸、棉籽中的棉酚等，但目前利用体细胞无性系变异方法进行降低和去除有害物质的突变筛选的相关研究尚少，因而这也将会是该方法的另外一个研究内容。

4. 高产及其他性状的改良

长期以来，高产品种的选育一直是育种的主要目标。作物的产量属于典型的数量性状，表现为连续变异，并易受环境因素的影响。目前国内外已利用体细胞无性系变异方法育成了不少高产新品种，并得到推广应用。高明尉等利用该方法首次育成了具有高产早熟的小麦新品种"核组8号"；陆维忠等以大面积主栽品种为亲本材料，通过体细胞无性系变异筛选得到宁894013等10多个高产、抗赤霉病的稳定品系；选育出的生抗1号和生选3号均通过品种审定，并在生产中得到了较大面积应用；刁现民等则选育出了一批高产及综合性状优良的谷子新品系，其中矮88已通过品种审定；张志勇则选育出高产、优质、高抗蔓割病甘薯新品种龙薯3号；Jalaja等和Tawar等结合辐射诱变和离体筛选，分别选育出高产、高糖的甘蔗新品种Co94012和VSI434；Whitehouse等则选育出高产草莓新品种Serenity。

此外，国内外研究者已利用体细胞无性系变异在多种植物中获得多个性状的突变体，如小麦矮秆突变体AS34，水稻半矮秆突变体SV1S和SV14S，水稻光温敏不育系株1S矮秆突变体SV5、SV10和SV14，水稻温敏核不育系湘陵628S，高粱恢复系7501A，烟草抗苯丙氨酸突变体等多个在育种及基础研究上具有重要应用价值的材料。

参考文献

［1］Francesco M W. Bayliss. Cytogenetics of plant cell and tissue cultures and their regenerates［J］. Critical Reviews in Plant Sciences，1985，3（1）:73-112.

［2］Bairu M W，Aremu A O，Staden J V. Somaclonal variation in plants: causes and detection methods［J］. Plant Growth Regulation，2011，63（2）:147-173.

［3］Bouharmont J，Dekeyser A，Jan V V S，et al. Application of somaclonal variation and in vitro selection to rice improvement［M］// Rice Genetics II:（In 2 Parts）. 2015:271-277.

［4］刁现民，孙敬三. 植物体细胞无性系变异的细胞学和分子生物学研究进展［J］. 植物学报，1999，16（4）:372-377.

［5］Larkin P J，Scowcroft W R. Somaclonal variation — a novel source of variability from cell cultures for plant improvement［J］. Theoretical and Applied Genetics，1981，60（4）:197-214.

［6］Kaeppler S M，Kaeppler H F，Rhee Y. Epigenetic aspects of somaclonal variation in plants.［J］. Plant Molecular Biology，2000，43（2）:179-188.

［7］Karp A. Somaclonal variation as a tool for crop improvement［M］// The Methodology of Plant Genetic Manipulation: Criteria for Decision Making. Springer Netherlands，1995:295-302.

［8］李晓玲，丛娟，于晓明，等. 植物体细胞无性系变异研究进展［J］. 植物学报，2008，25（1）:121-128

［9］刘进平，郑成木. 体外选择与体细胞无性系变异在抗病育种中的应用［J］. 遗传，2002，24（5）:617-630.

［10］Mujib A，Banerjee S，Ghosh P D. Tissue culture induced variability in some horticultural important ornamentals: Chromosomal and molecular basis-a review ［J］. Biotechnology，2013，12（6）: 213-224.

［11］Popoola A R，Durosomo A H，Afolabi C G，et al. Regeneration of Somaclonal Variants of Tomato（*Solanum lycopersicum* L.）for Resistance to Fusarium Wilt ［J］. Journal of Crop Improvement，2015，29（5）:636-649.

［12］王立新，颜暘，石海波，等. 小麦体细胞无性系的DNA突变［J］. 分子植物育种，2005，3（6）: 105-111.

［13］韦彦余，赵民安，王晓军. 植物体细胞无性系变异在植物性状改良中的应用［J］. 植

物生理学报,2004,40(6):763-771.

　　[14]张春义,杨汉民.植物体细胞无性系变异的分子基础[J].遗传,1994,16(2):44-48.

　　[15]朱至清.体细胞无性系变异与植物改良[J].植物学报,1991(1):1-8.

　　[16]邹雪,肖乔露,文安东,等.通过体细胞无性系变异获得马铃薯优良新材料[J].园艺学报,2015,42(3):480-488.

第六章　分子标记辅助选择育种

第一节　分子标记技术分类

遗传标记是可以在遗传分析上用作标记的基因，是可以识别的等位基因，遗传标记可追踪染色体或某一个片段、某个基因位点的遗传特性，也是生物遗传多态性的表现形式。遗传标记的两个基本特征是可遗传性和可识别性，所以所有能使生物的表型产生差异的基因突变型都可以用作遗传标记。遗传标记主要用于连锁分析、基因定位、构建遗传连锁图谱等，在重组实验中一般用于测定重组型和亲本型。对于微生物，用作遗传标记的基因一般与生化性状有关，而对于高等生物，则较多使用与形态性状有关的基因。迄今为止，共发现了四种遗传标记，包括形态学标记、细胞学标记、生化标记和DNA分子标记。在这四种标记中，前三种标记以表型性状也就是基因表达的结果为基础，是对基因的间接反映，而DNA分子标记是在DNA的层面上以其多态性为基础，是对基因的直接反映。

分子标记是能够体现生物核苷酸序列变异的一种遗传标记，广义的分子标记包括可遗传并检测的DNA序列和蛋白质，狭义的分子标记主要指特异性的DNA片段，它能直接反映DNA水平的遗传多态性。DNA分子标记是一种较为理想的遗传标记，较前面三种遗传标记优势在于：DNA分子标记多为共显性标记，能够简单直观地分出纯合和杂合的基因型，适合用于分辨隐性性状；多态性高，由于自然界中存在丰富的基因组变异，能够开发出几乎无限的DNA分子标记；稳定性好，不需要观察表型的变化，不会受到环境和生物发育阶段的影响；由于分子标记是在DNA水平上开发而来，表现为中性，不会与其他性状连锁，因此不影响其性状的表达；利用电泳技术检测简便、迅速，成本低。基于以上这些优点，DNA分子标记发展迅速，现在已有十几种，并且被广泛地应用在基因定位、构建遗传连锁图谱、作物遗传育种、遗传多样性分析等各个方面。

根据不同的检测DNA多态性的手段，DNA分子标记基本上可以分为四类：第一类是以DNA杂交技术为基础的DNA分子标记，主要包括限制性片段长度多态性（RFLP）、可变数目串联重复（VNTR）、原位杂交（ISH）等，其中RFLP是最早发现的一种DNA分子标记，使用范围极广；第二类是以PCR技术为基础的DNA分子标记，根据特点可分为随机引物PCR标记和特异引物PCR标记，前者主要为随机扩增多态性（RAPD），后者主要为简单重复序列（SSR）、序列特异性扩增区域（SCAR）、序列标签位点（STS）等，两者区别在于特异引物PCR标记需要了解物种基因组信息，具有特异性；第三类是以PCR与限制性酶切技术相结合为基础的DNA分子标记，根据先后顺序可分为限制性酶切片段的选择性扩增和PCR扩增片段的限制性酶切，前者主要为扩增片段长度多态性（AFLP），后者如酶切扩增多态性序列（CAP）；第四类是以DNA芯片技术为基础的DNA分子标记，主要包括单核苷酸多态性（SNP）等。现今发现的这些DNA分子标记都有各自的优缺点，大部分还在普遍的使用中。下面介绍几种常用分子标记的原理以及方法（郑成木，2003；周延清，2005）。

一、基于分子杂交技术的分子标记

基于分子杂交技术的分子标记主要包括RFLP标记（Restriction fragement length polymorphisms，限制性片段长度多态性，简称RFLP标记）、VNTR标记（Variable number of tandemrepeats，可变数目串联重复序列，简称VNTR标记）和原位杂交（in situ hybridization）等。RFLP标记是出现最早的DNA标记技术，于1980年由人类遗传学家Bostein提出。

1.RFLP标记的原理

RFLP的基本原理是特定生物类型的基因组DNA经限制性内切酶消化后，产生数百万条DNA片段，通过琼脂糖电泳将这些片段按大小顺序分离开来，然后将它们按原来的顺序和位置转移至易于操作的尼龙膜或硝酸纤维素膜上，用放射性同位素（如^{32}P）或非放射性物质（如生物素、地高辛等）标记的DNA作为探针，与膜上的DNA进行杂交（Southeern杂交），若某一位置上的DNA酶切片段与探针序列相似，或者说同源程度较高，则标记好的探针就结合于这个位置上，后经放射自显影或酶学检测，即可显示出不同材料对该探针的限制性酶切片段多态性的情况。RFLP的产生主要是由于植物基因组DNA序列上的变化，如碱基替换造成某种限制性内切酶（restriction enzymes，简称RE）酶切位点的增加或丧失以及内切酶酶切位点间DNA片段的插入、缺失或重复等。对每一个DNA/RE组合而言，所产生的片段是特异性的，它可作为某一DNA所特有的"指纹"。

RFLP是根据不同品种（个体）基因组的限制性内切酶的酶切位点碱基发生突变，或酶切位点之间发生了碱基的插入、缺失，导致酶切片段大小发生了变化，这种变化可以通过特定探针杂交进行检测，从而可比较不同品种（个体）DNA水平的差异（多态性），多个探针的比较可以确立生物的进化和分类关系。所用的探针来源于同种或不同种基因组DNA的克隆，位于染色体的不同位点，从而可以作为一种分子标记（Mark），构建分子图谱。当某个性状（基因）与某个（些）分子标记协同分离时，表明这个性状（基因）与分子标记连锁。分子标记与性状之间交换值的大小，即表示目标基因与分子标记之间的距离，从而可将基因定位于分子图谱上。分子标记克隆在质粒上，可以繁殖及保存。不同限制性内切酶切割基因组DNA后，所切的片段类型不一样，因此，限制性内切酶与分子标记组成不同组合进行研究。常用的限制性内切酶一般是Hind Ⅲ、amH Ⅰ、EcoR Ⅰ、EcoRV、Xba Ⅰ，而分子标记则有几个甚至上千个。分子标记越多，则所构建的图谱就越饱和。因此构建饱和图谱是RFLP研究的主要目标之一。

2.RFLP标记的基本类型

（1）点的多态性

表现为DNA链中发生单个碱基的突变，且突变导致一个原有酶切位点的丢失或形成一个新的酶切位点。Southern杂交即可诊断。

（2）序列多态性

因DNA链内发生较大部分的缺失、重复、插入等变异，其结果是即使其内切酶位点碱基序列没有变化，但原有的内切酶位点相对位置发生了变化，从而导致RFLP的发生。

3.RFLP标记的方法步骤（见图6-1）

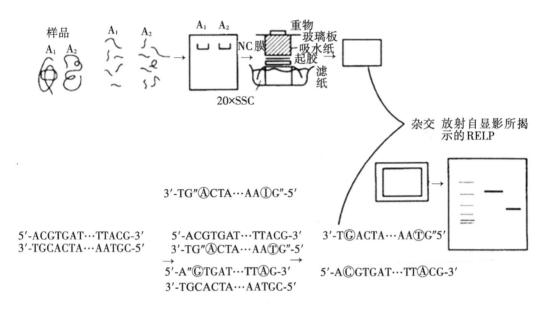

图6-1　RFLP标记技术分析流程图

（1）基因组DNA的酶解

①大片段、高纯度DNA的提取详见植物基因组DNA提取实验，要求提取的DNA相对分子质量大于50 kb，没有降解。

②在50 μL反应体系中，进行酶切反应体系中包含5 μg基因组DNA，5 μL 10×酶切缓冲液，20 U限制酶（任意一种），加dd H₂O至50 μL。

③轻微振荡，离心，37 ℃反应过夜。

④取5 μL反应液，0.8 %琼脂糖电泳观察酶切是否彻底，这时不应有大于30 kb的明显亮带出现。

（2）Southern印迹转移

①酶解的DNA经0.8 %琼脂糖凝胶电泳（可18 V过夜）后EB染色观察。

②将凝胶块浸没于0.25 mol/L HCl中脱嘌呤，10 min。

③取出胶块，蒸馏水漂洗，转至变性液变性45 min。经蒸馏水漂洗后转至中和液中和30 min。

④预先将尼龙膜、滤纸浸入水中，再浸入10×SSC中，将一玻璃板架于盆中铺一层滤纸（桥），然后将胶块反转放置，盖上尼龙膜，上覆两层滤纸，再加盖吸水纸，压上500 g重物，以10×SSC盐溶液吸印，维持18～24 h。也可用电转移或真空转移。

⑤取下尼龙膜，0.4 mol/L NaOH 30 s，迅速转至0.2 mol/L Tris·Cl、2×SSC（pH7.5）溶

液中 5 min。

⑥将膜夹于两层滤纸内，80 ℃真空干燥 2 h。

（3）探针标记

将准备作为探针的 DNA 片段纯化（这些 DNA 片段可以是基因组 DNA 的一个片段，或是 cDNA，或是人工合成的寡核苷酸），用放射性元素（如 α-^{32}P）或非放射性元素（如 Dig-dUTP 等）标记，经纯化后再用。

①取 1.5 mL 离心管于冰上，将 1 μg DNA 和 19 μL dd H$_2$O 混匀，短暂离心至管底，放至 100 ℃水浴中变性 10 min，之后迅速置于冰浴上 5 min。

②地高辛标记：按反应体系在变性 DNA 中依次加入 2 μL 六聚核苷酸混合物，2 μL dNTP 标记用混合物，1 μL Klenow 聚合酶。37 ℃保温 1～20 h，加入 2μL EDTA（0.2 mol/L），终止反应，加 2μL 4 mol/L LiCl，75 μL 预冷的乙醇沉淀 DNA，-70 ℃ 30 min 或 -20 ℃ 2 h，离心收集沉淀物，真空干燥后加 50 μL TE 溶解。

③同位素标记：按反应体系在变性 DNA 中依次加入 2 μL dNTP、3 μL dNTP 随机引物，1 μL Klenow 聚合酶。在同位素操作台上，加入 1 μL ^{32}P 标记的 d NCP（a-^{32}P d CTP，放射性比活>300 ℃/mmol），30 ℃温育 3 h 以上。

（4）杂交

①预杂交：将酶解的 DNA 转移膜放入杂交袋内，取适量经 65 ℃预热的 Hyb 高效杂交液（Hyb-100），加入杂交袋中排尽气泡，65 ℃杂交炉中预杂交 2 h（8～15 r/min）（杂交液的用量一般为 1 mL 高效杂交液/10 cm^{2}胶）。

②探针变性：将已标记好的探针在沸水浴中变性 10 min，立即放冰水浴冷却 10 min（探针一经变性，立即使用）。

③杂交：排尽预杂交液，在适量高效杂交液（Hyb-100）中加入 3.0 μL 新变性好的探针（1～3 μL/膜，5～20 ng/mL 杂交液），混匀，65 ℃杂交仪中杂交过夜（8～15 r/min）。

④杂交完成后，将杂交液回收置于耐低温又可耐沸水浴的管中，贮存于 -70 ℃以备重复使用。重复使用时，解冻并在 65 ℃下变性 10 min。

（5）洗膜、信号检测（化学显色法）

①杂交后室温下，20 mL 2×SSC，0.1% SDS 洗膜 5 min × 2 次。

②50 ℃，20 mL 0.1×SSC，0.1% SDS 洗涤 15 min × 2 次。（洗液需要先预热到 50 ℃）

③再将膜置于 20 mL 洗涤缓冲液中平衡 2～5 min。

④将膜在 10 mL 阻断液中阻断 30 min（在摇床上轻轻摇动）。

⑤封闭完成后倒出阻断液，加入稀释好的 10 mL 抗体溶液，浸膜至少 30 min。〔Anti-Dig-AP 在 10000 r/min 离心 5 min。离心后将 Anti-Dig-AP 用阻断液稀释（1：5000），2.0 μL Anti-Dig-AP 加入 10 mL 封闭液混匀〕

⑥去除抗体溶液，用 20 mL 洗涤缓冲液缓慢洗膜 2 次，每次 15 min。

⑦去除洗涤缓冲液，在 20 mL 检测液中平衡膜 2 次，每次 2 min。

⑧用检测缓冲液稀释 300 μL NBT/BCIP 化学显色底物，在约 15 mL 新鲜制备的显色液中反应显色，在显色过程中勿摇动。

注意：在几分钟内即有颜色开始沉淀，并在 16 h 后完成反应。为检测显色程度，膜可以短时间暴露于光线下。

⑨当达到所需的点或带强度后，用50 mL双蒸水或TE缓冲液洗涤5 min终止反应，照相记录结果。

（6）放射自显影（同位素法）

①洗膜：室温下用20 mL 2×SSC，0.1%（W/V）SDS洗膜，5 min×2次；68℃用20 mL 0.1×SSC，0.1%（W/V）SDS洗膜，15 min×2次。

②包膜：膜从洗膜液中捞出，在滤纸上晾干，膜表面无可见水膜为止（注意：不能太干，以防探针难以洗脱影响再次使用），用保鲜膜包膜，压X-光片，置于-20或-70℃ 3～7 d（依据信号强弱掌握曝光时间）。

③在暗室红灯下取出X-光片，置入显影液中至杂交带显现出来（显影时间依据信号强弱及曝光时间长短可由几秒钟到2 min），转入清水中漂洗，然后放入定影液中定影至清亮（约10 min）。自来水冲洗干净后，晾干，读片。

4. RFLP标记试验操作中特别需要注意的问题

（1）作为检测对象的DNA分子必须保持大分子，在抽提DNA的过程中一定要避免由于操作不当等原因将DNA分子打断成小片段的DNA，否则最终显示的RFLP图谱可能是一种假象。

（2）在用限制性内切酶消化大分子DNA时，DNA浓度不能太高，要使DNA被完全消化（电泳条带呈弥散状），否则所得的结果也不可靠；有时用一种限制性内切酶不能充分消化大分子DNA时，应换一种消化效果更好的消化酶。

（3）电泳时要用低压电泳，转膜时绝对防止胶与膜之间有气泡发生，加盖过滤时也不应有气泡发生。

（4）杂交前探针必须充分变性；要根据探针标记的情况以及探针与靶DNA间序列互补的程度和G、C的含量来掌握杂交和洗膜的条件。

（5）放射自显影时，要根据杂交后膜上的放射活性等因素决定曝光的时间。

5. RFLP技术的优点

（1）无表型效应。RFLP不受发育阶段或器官特异性的限制，也不受环境条件及基因互作的影响，它揭示的是DNA水平自然变异，其标记的数目几乎是无限的。

（2）RFLP标记具有共显性的特点，因而配制杂交组合时不受杂交方式的影响。所谓显性标记指的是F_1的多态性片段与亲本之一完全一样，而共显性标记指的是双亲的两个以上分子量不同的多态性片段均在F_1中表现。因此，基于RFLP标记的共显性特点已被广泛用于多种生物的分析中，特别是成功地构建植物遗传图谱。

（3）RFLP具有高度变异性，每一植株都会有大量的多态性。通常通过有性杂交建一个作图群体，就能构建一个较丰富的RFLP图谱。

（4）RFLP标记范围遍及全基因组，因而它已被广泛用于有益基因的分子标记定位，数量性状微效基因的质量化以及用于杂种优势的理论探讨和有效预测。

6. RFLP标记的不足

（1）RFLP技术对样品纯度要求较高，样品用量大（DNA量为5～15 μg）。

（2）RFLP多态信息含量低，多态性水平过分依赖于限制性内切酶的种类和数量。

（3）检测中要利用放射性同位素（通常为^{32}P），易造成环境污染。虽然也可以用非放射性物质（如Biotin系统、Dig系统等）替代同位素，但其杂交信号相对较弱，灵敏度较同位素标记低得多且价格较高。

（4）检测步骤烦琐，需要的仪器、设备较多，工作量大，周期长，成本高昂，其应用受到了一定的限制。

总之，RFLP标记很难直接用于育种，将RFLP标记转化为PCR标记，便于在育种上利用。

二、基于PCR扩增的DNA标记

PCR即聚合酶链式反应，是一种利用酶促反应对特定DNA片段进行复制扩增的核酸合成技术，它的实质是体外合成特异性DNA片段，又称无细胞分子克隆系统。PCR扩增DNA片段由高温变性、低温退火（复性）及适温延伸等几步反应组成一个周期，循环进行，使目的DNA得以迅速扩增，具有特异性强、灵敏度高、操作简便、省时等特点，可用于基因分离、克隆和核酸序列分析等基础研究。

以PCR为核心的分子标记技术，包括随机引物PCR标记和特异引物PCR标记。随机引物PCR标记就是反应中采用的引物的核苷酸序列是随机的（长度为9～10个核苷酸），它所扩增的DNA区段是事先未知的，应用这种技术可在基因组中寻找未知的多态性位点作为新的DNA标记，此类标记有随机扩增多态性（Random Amplified Polymorphism，RAPD）、DNA扩增指纹印记（DNA Amplification Fingerprinting，DAF）等；特异性引物的PCR标记即以重复顺序为基础的，用的是RAPD是标记，DAF标记、AP-PCR标记应用不多。特异引物PCR标记的引物是特异的，它与随机引物PCR的区别在它所用的引物是针对已知序列的DNA区段而设计的，具有特定的核苷酸序列，引物长度为18～24个核苷酸。特异引物PCR标记根据引物来源不同，分为简单重复序列（Simple Sequence Repeat，SSR）、序列特异性扩展区（Sequence-characterized Amplified Region，SCAR）和序列标志位点（Sequence Tagged Sites，STS）等，其中，RAPD和SSR标记应用最为广泛。

1.RAPD标记

RAPD即随机扩增多态性DNA（Random Amplification Polymorphism DNA，RAPD），该技术是在1990年由Williazm等人以DNA聚合酶链式反应为基础而提出的，RAPD标记是用随机排列的寡聚脱氧核苷酸单链引物（通常长度为10个核苷酸）通过PCR扩增染色体组中的DNA所获得的长度不同的多态性DNA片段。

（1）RAPD标记的原理（见图6-2）

RAPD标记是建立于PCR技术基础之上，即根据DNA双链分子在高温下变性解链、较低温度下复性（退火）以及在适温下延伸的性质，利用寡核苷酸随机引物对基因组DNA进行PCR扩增，扩增产物凝胶电泳分离，溴化乙锭染色，显示扩增产物DNA片段的多态性。RAPD标记使用10个左右碱基的单链随机引物，对基因组的DNA全部进行PCR扩增，引物结合位点DNA序列的改变以及两个扩增位点之间DNA碱基的缺失、插入或置换均可导致扩增片段数目和长度的差异，呈现出多态性。

（2）RAPD标记的技术流程

①植物基因组DNA提取。

②PCR反应体系，25 μL反应体系中包含Template DNA（10 ng/μL）1 μL，10×PCR buffer 2.5 μL，Random Primer（10 μmol/L）1 μL，10 μmol/L dNTP 0.5 μL，Taq DNA Polymerase（5 U/μL）0.2 μL，加 dd H$_2$O 至 25 μL，加样完毕后加盖混匀，放入 PCR 仪。

③PCR 反应程序：PCR 仪中预变性 94 ℃ 3 min，45 个循环（94 ℃ 30 s，36 ℃ 40 s，72 ℃ 45 s），循环结束后，72 ℃ 10 min，反应结束，4 ℃ 保存。

④电泳检测：在 PCR 产物中加 5 μL 6×上样缓冲液，于 1.5% 琼脂糖胶上电泳，稳压 80～100 V，电泳结束，溴化乙锭染色 20 min，用凝胶成像仪观察、拍照，条带统计分析。

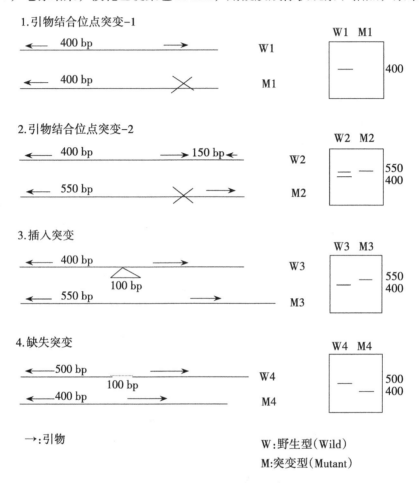

图 6-2 RAPD 标记原理示意图
1. 为显性标记；2、3、4. 为共显性标记

（3）RAPD 标记的特点

①检测未知序列的基因组 DNA

RAPD 标记无须预先知道被研究生物基因组的核苷酸序列，引物可随机合成和随机选定，一般采用一系列随机引物对基因组进行检测，因而能检测多个基因位点，信息覆盖率比较大，虽然每条引物检测基因组 DNA 多态性的区域是有限的，但利用一系列引物则可以使检测区域几乎覆盖整个基因组。因此，RAPD 多态信息含量（PIC）值波动较大，在 0.2～0.9 之间。

②遗传特性

RAPD 标记一般表现为显性遗传，极少数表现为共显性遗传。显性遗传基因位点符合孟德尔遗传定律，不能鉴别出杂合子和纯合子。

③引物无种族特异性

RAPD引物一般为10个碱基长，人工合成成本低。每个反应体系中仅加单个引物，就可通过引物和模板DNA随机配对实现扩增，扩增无特异性。RAPD引物没有严格的种属界限，同一套引物可以应用于任何一种生物的研究，因而具有广泛性、通用性。

④RAPD技术简单

RAPD技术简便易行，省时省力，由于使用DNA扩增仪，操作自动化程度高，分析量大，且免去了RFLP中探针制备、同位素标记、Southern印迹及分子杂交等烦琐步骤，分析速度很快。RAPD分析所需样品量少（一般5～10 ng），对DNA质量要求较RFLP低。同时，RAPD标记还可转化为SCAR及STS等表现为共显性的分子标记。

（4）RAPD标记的缺点

RAPD标记技术易受各种因素影响，试验的稳定性和重复性差。模板的质量和浓度、PCR反应体系、PCR的循环次数、基因组DNA的复杂性和技术设备等，都有可能是造成RAPD技术重复性差的原因。可从以下几个方面来提高反应的稳定性：

①RAPD标记对试验条件摸索和引物的选择十分关键，研究人员应对不同物种做大量的探索工作，优化确定每一物种的最佳模板DNA、引物、Mg^{2+}浓度及试验条件。理想的PCR反应参数能产生多态性丰富、强弱带分明的RAPD图谱。

②规范操作，反应体系的组成要力求一致，尽可能地使RAPD反应标准化，试验条件标准化可以提高RAPD标记的再现性。

③将RAPD标记转化为SCAR标记后再进行常规的PCR分析，可以提高反应的稳定性及可靠性。

2.SSR标记（见图6-3）

简单序列重复（SSR），也叫微卫星DNA（microsatellite DNA），是由Hamade于1982年发现。SSR是一类由1～6个核苷酸为基本单元经多次串联重复得到的DNA序列，串联重复次数一般为10～50次，序列长度在100～200 bp之间。这些简单重复序列绝大部分随机、均匀、广泛地分布于真核生物的基因组上，由于重复次数不同，从而造成简单序列长度多态性。不同物种的SSR序列在长度、组成、重复次数、突变率和在染色体上的分布情况呈高度多态性，反映出高度的等位基因多样性。微卫星广泛分布于真核生物的整个基因组中，包括编码区和非编码区，平均23.3 kb就有一个SSR，且在不同基因组中的分布差异很大（Zhang et al，2007）。

（1）SSR标记的原理

尽管微卫星DNA分布于整个基因组的不同位置上，但其两端的侧翼序列是相对保守的单拷贝序列。因而可以将微卫星侧翼的DNA片段克隆、测序，然后根据微卫星侧翼两端高度保守的单拷贝序列设计一对特异引物，利用PCR技术，扩增每个位点的微卫星DNA序列，通过电泳分析核心序列的长度多态性。一般地，同一类微卫星DNA可分布于整个基因组的不同位置上，而通过其重复的次数不同以及重复程度的不完全而造成每个座位的多态性。目前，SSR标记技术已被广泛用于遗传图谱构建、品种指纹图谱绘制、品种纯度检测，以及目标性状基因标记筛选等领域。

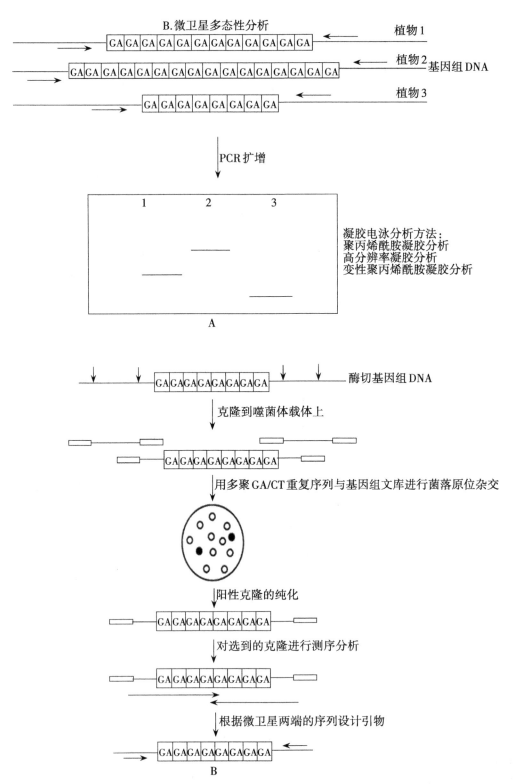

图6-3 微卫星克隆的分离及SSR标记产生示意图

A. SSR标记的检测;B.微卫星克隆的分离

（2）SSR标记的技术流程

①植物基因组DNA提取。

②PCR反应体系，25 μL反应体系中包含Template DNA（10 ng/μL）1 μL，10×PCR buffer 2.5 μL，Primer L（10 μmol/L）1 μL，Primer R（10 μmol/L）1 μL，10 mmol/L dNTP 0.5 μL，Taq DNA Polymerase（5 U/μL）0.2 μL，加dd H₂O至25 μL，加样完毕后加盖混匀，上样。

③PCR反应程序：样品预变性94 ℃ 3 min，35个循环（94 ℃ 30 s，45～63 ℃ 45 s，72 ℃ 45 s），循环结束后，72 ℃ 10 min，反应结束，4 ℃保存。

④电泳检测：SSR标记PCR产物如果目标条带数量和分子量大小明确，则可采用1.0% 琼脂糖凝胶电泳（有效分离范围0.2～20 kb）来检测，若目标产物条带未知，则采用5%变性聚丙烯酰胺凝胶电泳（适合检测5～500 bp DNA片段）可提高分辨率和检测效率。

下面介绍聚丙烯酰胺凝胶电泳操作方法及步骤：

a.电泳玻璃板准备

1）用洗涤剂把玻璃反复擦洗干净，用酒精擦干，干燥。在平板上均匀涂上300～500 μL的0.5%的亲和硅烷Binding Silane。可放置过夜。

2）配制凝胶前，在凹板上均匀涂上2%的剥离硅烷Repel Silane，保证玻璃板的每个地方都均匀涂到，晾干（至少5 min），然后用酒精轻轻擦拭以去掉多余的亲水剂。

3）玻璃板干燥后进行组装。平板涂有亲和硅烷的一面向上置于实验台上，沿两边边缘放置配套胶条，凹板涂有剥离硅烷的一面朝下放置在平板上，调整玻璃板与胶条位置至完全对齐时，使用制胶夹子左右对称夹住玻璃板两边，将装好的玻璃板放置于实验台上，保证玻璃板的水平。

b.聚丙烯酰胺凝胶的制备

1）胶的用量：视玻璃板的大小而定，一般60个样品的电泳装置凝胶配制量为Urea-TBE 51 mL，40%Acr-Bis 9 mL，10%APS（新鲜配制）400 μL，TEMED 30 μL。

2）加样完毕后迅速轻轻摇匀，注意不要用力搅拌，混匀后立即灌胶。

3）将混合液导入大注射器中，将导管中气泡挤出，迅速将导管口插入灌胶口，缓慢匀速推动活塞，使混合液流入两块玻璃板之间，人为控制流速以防止气泡产生，灌满后凹板端反向插入电泳梳以保证胶面水平。

4）灌胶完成后，聚合时间至少1 h。若凝胶要放置过夜，则须在凝胶两头覆上保鲜膜以防止凝胶变干，4 ℃保存。凝胶使用之前可保存1～2 d。

c.凝胶电泳

1）正极槽（下槽）中加入600 mL的1×TBE缓冲液，组装上配好凝胶的玻璃板，负极槽上加入800 mL的0.5×TBE缓冲液直至凹板边缘。

2）拔去维持凝胶上方水平的电泳梳，将凝胶上方多余的胶用枪冲洗干净，并将气泡清除。

3）预电泳30 min，保持在恒定功率60 W（相当于电压1500 V，电流40 mA）。

4）预电泳完成后，关闭电源，用加样枪将凝胶上方多余的气泡和胶清除干净，正向插入梳子，再用枪将梳子中的气泡清除干净。

5）加入5 μL样品PCR反应液，每块板点1～2个DNA标准分子量Marker，60 W恒定功率电泳大约 1 h，至第一条 Loading buffer 指示带（二甲苯青带，约相当于 260 bp 双链 DNA）跑至胶板的 2/3 处（距底部 1/3 处）时停止电泳，关闭电源。

6）通过带电极玻璃板中部的出水孔排出 0.5×TBE 缓冲液，剩余的 0.5×TBE 缓冲液直接倒掉，缓冲液可反复使用几次。

7）小心地分开两块玻璃板，这时凝胶会粘连在涂有亲和硅烷的玻璃板上。

d. 银染

1）固定：将带凝胶的玻璃板浸在固定液（10% 乙醇，0.5% 冰醋酸）中 20 min，凝胶朝上放置，盒子可放在摇床上缓慢摇动。

2）银染：将玻璃板取出，浸在染色液 [10% 乙醇，0.5% 冰醋酸，0.2% AgNO₃（ACS 试剂）] 中 15 min，凝胶朝上放置，盒子可放在摇床上缓慢摇动。

3）洗板：用自来水（最好用双蒸水）短时间（5～10 s）冲洗玻璃板两面，玻璃板须离水近些，否则凝胶容易变黑。

4）显影：将凝胶浸在显影液（3% NaOH，0.1% 甲醛）中显影 20～30 min，直至带纹出现。凝胶朝上放置。

5）洗板：用自来水（最好用双蒸水）冲洗凝胶 2 遍，每次 2 min。

6）晾干：室温下自然干燥，干燥后的胶板覆盖保鲜膜，可以永久保存，也可以进行拍照记录。

（3）SSR 标记的特点

SSR 是一种较理想的分子标记，与其他分子标记相比，它有以下几方面特征：

①SSR 标记的数量极为丰富，可以检测几乎整个基因组的遗传信息。

②信息含量高，多态性位点丰富，并且是位点特异性的分子标记。

③以孟德尔方式遗传，呈共显性，不易被自然选择和人工选择所淘汰，能够鉴别出纯合基因型与杂合基因型，提供完整的遗传信息。

④兼具 PCR 反应的优点，所需 DNA 样品量少，对 DNA 质量要求不高。

⑤兼具 PCR 反应的优点，所需 DNA 样品量少，对其质量要求不高。

⑥试验重复性好，结果稳定可靠，便于进行数据比较。

⑦试验程序操作简单，低成本高效率，能够用于大批量的基因组序列分析，可以广泛用于各个方面的研究。

（4）SSR 标记的不足

使用 SSR 技术的前提是需要知道重复序列两翼的 DNA 序列的信息，这可以在其他种的 DNA 数据库中查询。但开发新的 SSR 标记必须针对每个染色体座位的微卫星，从其基因组文库中发现可用的克隆，进行测序，以其两端的单拷贝序列设计引物，开发技术成本高（SSR 设计引物时需要构建 cDNA 文库，并进行大量的测序，成本昂贵）。随着更多的 SSR 多态性位点的开发及 SSR 标记技术的进步，这一有价值的分子遗传标记技术必将用于更多的植物分子标记中。

三、基于限制性酶切和 PCR 技术的 DNA 分子标记

基于限制性酶切结合 PCR 扩增技术的 DNA 分子标记，包括扩增片段长度多态性（Amplified Fragment Length Polymorphism，AFLP）和酶切扩增多态性序列（Cleaved Amplified

Polymorphism Sequences，CAPS）等。AFLP是由荷兰科学家（Vos et al，1995）创建的新型分子标记技术，是在随机扩增多态性（RAPD）和限制性片段长度多态性（RFLP）的基础上发展起来的DNA多态性检测技术，具有RFLP技术高重复性和RAPD技术简便快捷的特点，无须制备探针，且与RAPD标记一样对基因组多态性的检测不需要知道其基因组的序列特征，同时弥补了RAPD技术重复性差的缺陷。与其他以PCR为基础的分子标记相比，AFLP技术能同时检测到大量的位点和多态性标记。近年来，AFLP技术获得了很大进步，并展示出良好的发展前景，已经广泛应用于生命科学研究的诸多领域，如动物学、植物学、医学等方面。

1.AFLP标记技术的原理(见图6-4)

AFLP技术是基于PCR反应的一种选择性扩增限制性片段的方法。由于不同物种的基因组DNA大小不同，基因组DNA经限制性内切酶切割后，形成分子量大小不等的随机限制性酶切片段，将特定的人工合成的短的双链接头连在这些片段的两端，形成一个带接头的特异片段，通过接头序列和PCR引物3′端选择性碱基的识别，对特异性片段进行预扩增和选择性扩增。只有那些两端序列能与选择性碱基配对的限制性酶切片段才能被扩增，最后将选择性扩增产物在高分辨率的变性聚丙烯酰胺凝胶上电泳，寻找多态性扩增片段。

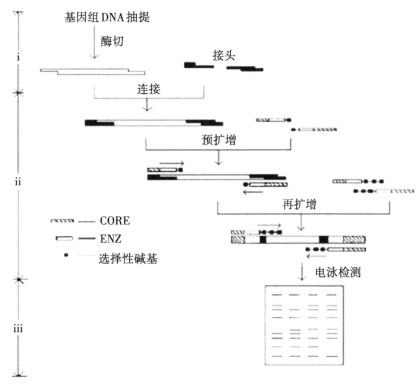

图6-4　AFLP标记的原理及分析流程示意图
A.基因组DNA酶切;B.选择性扩增酶切片段;C.AFLP标记的检测

2.AFLP标记技术的方法步骤

AFLP分子标记技术包括3个步骤（周延清，2005；侯雷平等，2010）：首先是制备高纯度基因组DNA，即DNA的酶切以及与人工合成的寡聚核苷酸接头（artificial oligonucle-otide adapter）连接，为了使酶切片段大小分布均匀，一般采用双酶酶切，在基因组上分别产生低频切口和高频切口；其次是选择性扩增酶切片段，AFLP引物包括与人工接头互补的核心序列（CORE）、限制性内切酶识别序列（ENZ）和3'端选择性碱基三部分，一般用不带或带1个选择性碱基的引物进行预扩增，然后用带2～3个选择性碱基的引物进行再扩增；最后是AFLP标记的统计，AFLP产物通过聚丙烯酰胺变性凝胶电泳（SDS-PAGE）检测样品的多态性，可灵敏地分辨只有1个碱基差异的不同DNA片段。

（1）DNA制备

AFLP技术成功的关键在于DNA的充分酶切，所以对模板质量要求严格，分离到高质量的基因组DNA至关重要。基因组DNA 260/280的值应为1.8左右。在制备DNA的过程中要特别注意避免其他DNA污染和抑制物质的存在。

（2）酶切

进行AFLP分析时，一般采用两种限制性内切酶在适宜的缓冲系统中对基因组DNA进行酶切，一种为低频剪切酶，识别位点为六碱基的rare cutter（常用EcoRI、PstI或SacI）；另一种为高频剪切酶，识别位点为四碱基的frequent cutter（常用MseI、TaqI）。双酶切产生的DNA片段长度一般小于500 bp，在AFLP反应中可被优先扩增，扩增产物可被很好地分离，因此一般多采用稀有切点限制性内切酶与多切点限制性内切酶搭配使用的双酶切。常用的两种酶是4个识别位点的MseI和6个识别位点的EcoRI。经过酶切后就形成了三种类型的酶切片段，如EcoRI/MseI酶切形成EcoRI—EcoRI片段、EcoRI—MseI片段、MseI—MseI片段。

（3）连接

酶切后的DNA片段在T4 DNA连接酶的作用下，与两种内切酶相应的特定接头相连接，形成带接头的特异性片段。接头（Artificial adapter）为双链，一般长14～18个碱基对，由一个核心序列（Core sequence）和一个酶特定序列（Enzyme-specific sequence，能与酶切片段粘端互补）组成。通常在酶特定序列中变换了一个内切酶识别位点的碱基，保证了连接片段不能再被酶切。只有遵循"引物扩增原则"设计的接头才能得到满意的扩增结果。

（4）PCR扩增

应用与接头相识别的引物进行扩增。AFLP引物由三部分组成：5'端的与人工接头序列互补的核心序列（core sequence）、限制性内切酶特定识别序列（enzyme-specific sequence）、3'端的带有选择性碱基的黏性末端（selective extension）。其中AFLP接头的设计（包括核心序列和酶特定序列）是关键之处，常用的多为EcoRI和MseI接头，接头和与接头相邻的酶切片段的碱基序列是引物的结合位点，合成的寡核苷酸接头经过94℃变性，37℃退火，4℃保存备用。理论上每增加一个选择性碱基，将只扩增限制性片段的1/4，而在两个引物上都有三个选择性碱基的情况下，则仅获得1/4096的片段。也就是说，只有那些两端序列能与选择碱基配对的限制性酶切片段被扩增，所以选择性碱基是选择用于扩增的特定的限制性片段的一种精确而有效的方法。

AFLP标记中PCR扩增包括预扩增（Pre-amplified）和选择性扩增（Elective amplified）。预扩增所用引物3'端有1个选择碱基，通过预扩增对扩增模板进行初步筛选，一方面可以避免直接扩增造成的指纹带型背景拖尾现象，另一方面可以避免直接扩增由引物3'端3个选择碱基误配形成的扩增产物。预扩增产物经稀释后进行选择性扩增，使所需模板量不受限制。所用引物3′端有3个选择碱基的延伸，通过3个选择碱基的变换获得丰富的DNA片段。

（5）检测方法

随着检测技术的不断提高，同位素标记是早期检测AFLP的一种方式，之后被荧光标记取代，灵敏度虽高但成本昂贵，地高辛标记相继出现，大大降低了同位素的危害性，同时荧光标记技术也由单纯标记引物转变为标记d NTP。扩增产物用6%变性聚丙烯酰胺胶（厚0.5 mm）和1×TBE电泳缓冲液电泳分离（BIO-RAD公司测序电泳仪），用银染技术检测PCR产物，方法与SSR检测方法相同。

（6）数据分析

多态性比较分析，特异片段回收克隆分析。用BIO-RAD公司的Quantity One软件统计，再用NTSYS软件计算出遗传相似性系数，用UPGMA法进行聚类分析构建聚类图。

3.AFLP标记的技术特点

（1）分析所需DNA量少，一个0.5 mg的DNA样品可做4000个反应，AFLP对模板浓度的变化不敏感，DNA浓度在1000倍的范围内变化时对反应的影响不大，所产生的指纹图谱十分相似。但AFLP对模板DNA的质量要求较为严格，DNA的质量影响酶切、连接扩增反应的顺利进行。

（2）结果稳定可靠，重复性好。AFLP分析采用特定引物扩增，退火温度高，使假阳性降低，可靠性增高。

（3）多态性高。AFLP分析可以通过改变限制性内切酶和选择性碱基的种类与数目，来调节扩增的条带数，理论上AFLP可产生无限多的标记数并可覆盖整个基因组。每个反应产物经变性聚丙烯酰胺凝胶电泳可检测到的标记数为50～100个，能够在遗传关系十分相近的材料间产生多态性，被认为是指纹图谱技术中多态性最丰富的一项技术。

（4）样品适用性广。AFLP技术适用于任何来源和各种复杂度的DNA，如基因组DNA、cDNA、质粒、某一个基因或基因片段，且不需要预知这些DNA的序列特征。用同样一套限制酶、接头和引物，可对各种生物的DNA进行分子遗传标记研究。

（5）遗传稳定性好。AFLP标记在后代中的遗传和分离中符合Mendel式遗传规律，种群中的AFLP标记位点遵循Hardy-Weinberg平衡。在技术特点上，AFLP实际上是RAPD和RFLP相结合的一种产物。它既克服了RFLP技术复杂、有放射性危害和RAPD稳定性差，标记呈现隐性遗传的缺点，同时又兼有两者之长。近年来，人们不断将这一技术完善、发展，使得AFLP迅速成为迄今为止最有效的分子标记之一。

4.存在的问题及其对策

AFLP技术虽然是对生物基因组进行分析的一种较为理想的方法，但也存在不足之处。AFLP标记的不足之处在于步骤烦琐、费时、所需实验试剂及设备费用仍较高，操作技术难度大等。如AFLP技术对DNA纯度要求很高，需要高质量、高纯度的DNA，由于其灵敏度高，微量的DNA污染可以导致很大的偏差等；AFLP试验步骤烦琐，涉及试验试剂多，极易造成试验体系不稳定而导致试验失败，所以酶切、连接、预扩和选扩试验严格规范操作；试验中所用到的酶、接头和引物要防止污染和降解。基因组的不完全酶切会影响试验结果，因此，试验如果失败应首先从酶切开始分步设置对照寻找原因。

四、新一代分子标记

第三代分子标记是基于基因组DNA、cDNA序列的新型分子标记，不仅具有数目多、适于高通量检测的优点，而且能够找到稳定可靠的基于表达基因的特定分子标记，可以更好地对基因功能的多样性进行更直接的评估，极大地方便了对目标基因的分子标记辅助选择。

表达序列标签（Expressed Sequence Tags，EST）是长150～500 bp的基因表达序列片段。EST技术是将mRNA反转录成cDNA并克隆到质粒或噬菌体载体构建成cDNA文库后，大规模随机挑选cDNA克隆，对其5′或3′端进行一步法测序，所获序列与基因数据库中已知序列进行比较，从而获得对生物体生长、发育、代谢、繁殖、衰老死亡等一系列生理生化过程认识的技术。EST序列对发现、克隆和定位新基因有重要的作用，而且为以PCR技术为基础开发各种新型功能分子标记提供了重要的资源。

EST标记是根据EST特征序列的差异而建立的分子标记，存在多种类型（赵雪等，2014；李小白，2006）：

（1）EST-PCR和EST-SSR，这一类标记以PCR技术为核心，操作简便、经济，是目前研究和应用最多的一类；

（2）EST-SNP（单核苷酸多态性），它是以特定EST区段内单个核苷酸差异为基础的标记，可依托杂交、PCR等多种手段进行检测；

（3）EST-AFLP，它是以限制性内切酶技术和PCR相结合为基础的标记；

（4）EST-RFLP，它是以限制性内切酶和分子杂交为依托，以EST本身作为探针，与经过不同限制性内切酶消化后的基因组DNA杂交而产生的。其中，开发最多、应用最广的标记类型有EST-SSR、SNP等。

1.EST-SSR标记

采用传统方法开发SSR标记的过程中，要求的技术平台比较高，需要经过文库的构建、含有SSR克隆的识别和筛选、序列测序并分析、引物设计、PCR引物检测、应用SSR标记六步，步骤烦琐而且还需要投入大量的人力物力。目前，公共数据库中的EST数量呈指数级的速度增长，美国国立生物技术信息中心（National Coalition Building Institute，NCBI）、欧洲分子生物学实验室（European Molecular Biology Laboratory，EMBL）和日本DNA数据库（DNA Data Bank of Japan，DDBJ）三大公共数据库存储了不同物种的大量EST序列，这些快速增长的EST数据为分子标记的开发提供了丰富的序列资源。通过利用计算机软件，可以从GenBank等数据库中将这些序列下载并识别出其中的SSR、SNP等潜在的多态性位点。

（1）EST-SSR标记的开发策略

①EST数据的获得与前期处理

从数据库中直接获取的EST中包含一些低质量片段（<100 bp），同时包含着带有少量载体序列及末端存在polyA/T"尾巴"的序列，影响相关信息的分析，所以在开发标记之前应去除这些DNA片段。现在有很多软件可以用来去除"尾巴"和屏蔽载体序列，如EST-trimmer、DNAstar、cross-mateh（www.phrap.org）等（陈全求等，2008）。

②EST序列的拼接和聚类

EST是随机选取测序的，因此不可避免地导致同一基因重复测序的冗余现象。因此，在鉴别和利用 EST-SSR 标记时，使用无冗余的 EST 数据库的 SSR 标记才能更真实地反映 SSR 在基因组转录部分的密度。因此，挖掘 EST-SSR 序列之前，需要对 EST 序列进行聚类分析（EST clustering），将来源于同一基因的 EST 序列合并成单一序列簇。一个有效的 EST 聚类方法能够大大减少 EST 数据的冗余程度，并且通过序列拼接产生 EST 一致序列（con-sensus），从而有效提高 EST 数据的准确性。目前通常用 TigAssembler、stadenPackage 和 Phrap 等软件进行拼接和聚类来去除冗余的 EST 序列，从而获得高质量的 EST 数据。在 EST 筛选分析中，根据实际情况选择适当严谨程度的软件，如果严谨程度太高就会产生大量漏拼，反之，则会导致大量的错拼。

③SSR 位点的搜索

在经过前期处理后对序列进行组装，去除冗余序列和延长转录片段的长度，利用软件根据一定的鉴定标准搜索 SSR，根据返回结果分析 EST 中 SSR 的频率、特点和分布。搜索 SSR 的软件有很多，表 6-1 中归纳了 SSR 位点搜寻专用软件。因此，在研究中将不同的软件结合起来使用，相互验证，可以获得更可靠的结果。不同软件所采用的算法标准和严谨程度并不统一（如搜索的重复单元长度不同或 SSR 位点判别标准不同等），搜索到的结果也不尽相同。在应用中可根据实际情况选取合适的搜索软件或几个软件联合使用发掘 EST-SSR 位点。

表 6-1　主要 SSR 位点搜索软件及其特点（张利达等, 2010）

软件名称	软件特点	文献来源
Sputnik Modified Sputnik	程序采用递归算法，搜索重复单元为 2～5 个核苷酸的 SSR 序列；允许一定程度的插入、缺失和错配，但突变影响总体分值	（http://espressosoftware. com/sput-nik/index. html；Morgante et al, 2002）
SSRIT	该方法可以在序列中搜索重复单元为 1～10 个核苷酸的完全重复型 SSR 序列	（Kantety et al, 2002）
Tandem-Repeats Finder	该方法并不预先指定重复元件类型或长度，其按照重复元件匹配百分比和重复元件间插入/缺失频率进行建模，并根据一定标准进行统计识别	（Benson, 1999）
MISA	可搜索完全和非完全重复型 SSR 序列	（Thiel et al, 2003）
SSRFinder	可对重复单元为 1～6 个核苷酸的所有重复型 SSR 序列进行搜索，并可对结果进行统计分析	（Gao et al, 2003）
SciRoKo	可快速搜索完全和非完全重复型 SSR 序列，具有统计功能，适合基因组 SSR 序列的挖掘	（Kofler et al, 2007）

④EST-SSR 标记的引物设计

根据搜索到的 EST-SSR 位点的侧翼序列设计引物，应尽量选择重复次数较多的 SSR，从而提高检测的效率。此外，由于编码区碱基序列较为保守，应尽量使用在不同材料间变异较大的 3′ 或 5′ 端非编码区段，因为这些区域变异性较高（Scott et al, 2000）。现在最常用的引物设计软件有 Primer3、Primers、OLIGO。在设计引物时，要严格遵守引物设计原则，对 GC 含量、退火温度、引物长度、产物长度这些重要的参数要限定标准，最终使设计的每对引物都能够和目标区域特异性地结合。

⑤PCR 检测 EST-SSR 引物的有效性

引物设计好后，通常是通过 PCR 来检验其有效性，分析 SSR 位点在不同品种中是否存在长度多态性。利用EST数据库序列信息开发SSR为当前的成熟方法，但同时也存在一定局限。由于EST-SSR较基因组序列保守性高，意味着相应的EST-SSR序列的多态性较低，此方法需要用试验手段分析大量的SSR位点才能筛选到具有多态性的EST-SSR标记。

（2）EST-SSR标记的特点

基于EST序列开发的SSR标记同基于基因组文库开发的SSR标记相比有很多内在的优点：

①由于利用的是公共序列，省去了SSR引物开发过程中的克隆和测序步骤，EST-SSR标记的开发过程简单，成本低；

②EST-SSR标记来自比较保守的转录区，因此其在相关物种之间具有很高的可转移性和通用性，使之在比较基因组学研究、合并不同遗传图谱、定位候选基因等研究中比基因组SSR更有价值；

③EST-SSR反映了基因的编码部分，可以直接获得基因表达的信息，为功能基因提供可靠的标记，这有可能对决定重要表型性状的等位基因进行直接鉴定；

④EST-SSR标记通常都代表着某种功能，这种功能可以通过序列同源性比对获得；

⑤EST-SSR高质量标记的比率要比基因组SSR高。

（3）EST-SSR标记的应用

采用EST分子标记作为分析手段对相关物种基因组进行比较分析，为发掘同源基因，研究复杂的生理和病理过程，从而认识生物学机制的普遍性以及分析种内遗传背景的差异和物种间进化关系、比较作图等方面的研究，都具有重要的应用价值。

①遗传图谱构建

随着植物基因组学研究的不断深入，构建功能基因图谱已成为植物基因组学的研究热点。由于EST-SSR标记来源于基因组编码区，可能与基因的功能密切相关。与基因组SSR标记相比，EST-SSR标记并不集中于染色体着丝粒附近，而是分布于基因组的基因富集区域，遗传图谱中EST-SSR标记的分布可以反映出基因在基因组的实际分布情况。

②比较作图

比较基因组学是通过对一种生物相关基因组的研究来理解、诠释另一种生物的基因组。基因组比较作图是利用共同的遗传标记对相关物种进行物理或遗传作图，并比较这些标记在不同物种基因组中的分布。由于EST-SSR标记物种间的良好通用性，为此其在比较作图方面具有独特优势。通过比较不同物种间对应EST-SSR引物扩增产物的相似性及标记在基因组中的位置可以进行基因组共线性分析。用EST-SSR标记进行比较作图揭示染色体或染色体片段上的基因及其排列方式的相同或相似性，有助于在不同物种间互相利用遗传信息，从而研究不同物种的基因组结构和功能，解释物种演化的相关性。

③物种遗传多样性研究

遗传多样性是生物多样性的基础和重要组成部分，EST-SSR标记为物种遗传多样性的分析研究提供了一条新途径。生物多样性分析的核心就是遗传多样性，即基因多样性，而EST-SSR正好显示的是基因转录部分，通过EST-SSR位点的多态性分析可揭示不同品种或材料间的遗传差异。当EST-SSR用于物种资源评价时，它表现的是转录区的差异，因而能够反映出"真实的遗传多样性"。

④分子标记辅助选择

在应用于分子标记辅助选择时，当EST-SSR位于控制目标性状的基因内部时，可以进行直接的等位基因选择。

⑤分子标记开发

EST-SSR作为基因的一部分，其侧翼序列保守程度较高，在不同物种间具有良好的通用性，从一种物种开发的EST-SSR标记往往可用于其他物种的相关研究。因此，对于尚未进行EST测序的物种，利用其近缘物种已有的EST-SSR标记或EST序列已成为开发目标物种SSR标记的有效途径（Sim et al，2009）。

（4）EST-SSR的不足之处

EST-SSR作为一种新型的分子标记，尽管在相关研究中具有多方面的利用价值，但同时也存在一定的缺陷：目前注册的EST为一次性测序，其中存在着一定的错误信息；mRNA存在选择性剪接，事实上利用软件进行序列拼接时错拼是很难避免的；EST研究中有相当一部分为未知基因，利用这些EST开发的分子标记，不易很快与功能建立联系；由于生物信息学的有关软件的不同算法以及设置的参数严谨度不同，得出的结果不尽相同，如SSR出现的频率等；基于PCR的EST分子标记是以长度多态性为基础的，其分辨取决于高分辨率的凝胶，然而由于高频率非长度变异的等位基因的存在，这些信息检测存在一定难度（Decrooq et al，2003），EST的保守性在一定程度上也限制了EST标记的多态性。

2.SNP标记

（1）SNP标记的定义与分类

单核苷酸多态性（single nucleotide polymorphisms，SNP）是指由单个核苷酸的变异而引起基因组水平上的DNA序列多态性，是由单碱基的转换、颠换、插入和缺失等现象引起的。主要以两种形式出现：一种形式是单个同类碱基间的转换（胞嘧啶和胸腺嘧啶之间的转换或腺嘌呤与鸟嘌呤之间的转化）；另一种形式是颠换，即嘌呤与嘧啶之间的互换。从原理上分析，突变处的碱基可以是C、G、A、T，而实际上大约2/3的SNP标记是由单个同类碱基的转换引起的，多发生在T和C之间（杜玮南等，2000）。1996年，SNP作为新一代分子标记被美国学者Lander提出。

在基因组的所有遗传变异中，SNP多态性占了很大的比例，其中任意一种等位基因在群体中出现的频率不少于1%（Alain et al，2002），占所有已知多态性的90%以上。根据SNP在基因组分布的位置可分为基因编码区SNP（cSNP）、基因间SNP（iSNP）和基因周边SNP（pSNP）等三类。由于cSNP在外显子内的变异率仅为周围序列的1/5，因此数量相对比较少，但它在生物育种和医学遗传疾病的研究中具有重要意义。

（2）SNP标记的特点

与前几代分子标记相比，SNP标记是直接对单核苷酸的差异进行检测，而不是以DNA片段的长度变化来区分个体间遗传物质的差异。除此之外，SNP还具有以下几个特征（唐立群等，2012；李兆波，2010）：

①高密度性：SNP标记广泛分布在动植物的基因组中。在人类基因组中，大约每1 000 bp就有1个SNP；在大豆基因组中，大约每272 bp就有1个SNP；玉米SNP频率更高，大约每57 bp就有1个SNP。

②高分辨率：检测可以达到单个碱基，更适合精确的遗传多样性分析和高密度的遗传

连锁图谱构建。

③二态性：理论上，在1个二倍体生物中，每个SNP位点都应该有2、3、4个碱基，但是实际上后两种情况非常少见，甚至可以忽略，即SNP通常都是二等位基因的，因此在检测时只需做一个"+/-"或"全或无"的分析方式，有利于SNP的检测分析方法实现自动化。

④富有代表性：某些位于基因内部的SNP有可能影响蛋白的结构和表达水平，说明它们有可能代表基本遗传机理中的某些作用因素。

⑤遗传稳定性好：SNP具有高遗传稳定性，尤其是处在编码区的SNP，遵循孟德尔遗传规律，与传统标记相比准确度及重复性均较高，更适合进行大样本检测分析。SNP标记技术，主要包括SNP的开发和SNP基因检测分型两个方面。

（3）SNP标记的开发

SNP标记的开发主要有两种途径：第一种是采用试验技术开发SNP标记，主要指DNA扩增片段直接进行测序的方法，这是最简单的开发SNP标记的方法，这种方法的检出率可达99.99%（Shendure et al，2008），主要根据EST序列或单拷贝基因组序列设计引物，将扩增产物进行测序，然后直接进行序列比对，这个方法假阳性率较低，但是工作量很大，成本相当高，所以目前只用于特定SNP标记的开发；第二种方法是利用数据库和生物信息学开发SNP标记，现今主要从核酸数据库（基因组文库和EST文库）中筛选SNP标记，利用生物信息学软件自动识别多态性位点，这种方法成本相对较低，而且十分有效。

（4）SNP检测分型技术

基因分型（Genotyping）是利用生物学检测方法测定个体基因型（Genotype）的技术，又称为基因型分析（Genotypic assay）。经典SNP检测方法分为两大类：一类是以传统凝胶电泳为基础的检测方法，包括限制性酶切片段长度多态性法（PCR-RFLP）、单链构象多态性法（SSCP）、变性梯度凝胶电泳（DGGE）、等位基因特异性PCR（AS-PCR）；另一类检测方法是近年来发展起来的，高通量、自动化程度较高的检测SNP的方法，包括DNA测序法、DNA芯片技术、飞行质谱仪（MALDI-TOFMS）、变性高效液相色谱（DHPLC）等（Fan et al，2006；刘颖等，2011；徐梦琦，2015）。下面介绍几种常用技术。

①DNA测序法

DNA测序法是对SNP进行分型的最直观有效的方法，其准确程度高达95%以上。DNA测序法就是直接对不同个体的基因或基因片段进行测序，根据测序结果比较各个序列中存在的碱基差异，从而确定SNP位点而达到分型的目的。这种方法可以直观地得到SNP位点的位置和突变的类型，是最有效的SNP分型方法。直接测序法还可以对已经定位的序列标签位点进行再次检测，从而进一步确定SNP位点。直到现在，直接测序法仍是对SNP进行检测和分型的最佳判定方法（许阳等，2004）。直接测序法的流程主要包括PCR扩增、目的片段回收纯化、测序分析三个步骤。它的缺点主要是成本较高，工作量大，而且杂合子不易进行分型。然而随着测序技术的自动化进程越来越快，测序成本在不断地降低，直接测序法将会更多地应用于SNP的分型中。

②基因芯片技术

基因芯片（Gene chip）又称DNA微阵列（DNA Microarray），其测序原理是杂交测序方法，即通过与一组已知序列的核酸探针杂交进行核酸序列测定。基因芯片是在基因探针的基础上研制出来的，通过应用平面微细加工技术和超分子自组装技术，把大量分子检测单元集成在一个微小的固体基片表面，用荧光标记正常 DNA 与突变 DNA，分别与两个基因芯片杂交，它们将产生不同的杂交图谱，然后用激光共聚焦显微镜扫描载体基片，由计算机收集荧光信号，然后对每个荧光强度数字化后进行分析，从而用于 SNP 的鉴定（周海飞等，2001）。在基因芯片的研究中，美国 Nanogene 公司研制了 Nanochip 电子微阵列，使数小时的杂交反应缩短到 20~30 s。基因芯片技术可同时对大量的核酸和蛋白质等生物分子实现高效、快速、低成本的检测和分析。

③Taqman 技术

TaqMan 技术的理论基础是荧光共振能量传递（FRET），FRET 是指一对称为供者—受者的染料，在相互接近时供者的荧光会因接近受者而被淬灭，相互分离时则能检测到供者的荧光。TaqMan 探针是在两端分别结合上荧光发光基团——荧光吸收基团的一种探针，这种探针在正常状态下不会发出荧光，当探针与目的片段结合时，会激发 TaqMan DNA 聚合酶的 3′ 外切酶活性，切去 5′ 端的荧光发光基团，从而检测到荧光。如果目的片段中存在碱基突变，探针与目的片段的结合程度就会下降，从而影响外切酶活性，最终导致检测到的荧光量降低，TaqMan 探针法就是利用这一点来检测 SNP 位点（Kim et al，2007）。结合 PCR 技术的 TaqMan 探针法简单快速，能够用于 SNP 位点的快速分型，但是探针的设计成本较高，而且受 Taq 酶活性的影响较大。

④变性高效液相色谱技术

变性高效液相色谱（DHPLC）是一项在单链构象多态性（SSCP）和变性梯度凝胶电泳（DGGE）基础上发展起来的新的杂合双链突变检测技术，可自动检测单碱基替代及小片段核苷酸的插入或缺失。DHPLC 检测变异的基本原理如下：把未知的 DNA 与双链 DNA 混合，将工作温度（柱温）升高，使 DNA 片段开始变性，部分变性的 DNA 可被较低浓度的乙腈洗脱下来；退火后形成同源双链和异源双链，由于异源双链 DNA 的结合能力低，与同源双链 DNA 的解链特征不同，在相同的部分变性条件下，异源双链因有错配区的存在而更易变性，会先形成单螺旋 DNA 从色谱柱流出，从而在色谱图上出现两个保留时间较短的色谱峰，表现为双峰或多峰的洗脱曲线，依据此现象很容易从色谱图中判断突变碱基（欧阳建华，2003）。DHPLC 的优点在于能够检测未知突变，而且成本较低，适用于大批量样本的自动化筛选，但是这种方法不能确定 SNP 位点的位置和突变类型。

一个理想的检测 SNP 的方法必须具备以下优点：适合自动化操作，简便快速；分析费用低，特殊试剂少；反应要紧密，不纯的样品也可以分析；数据分析简单，易于自动化；反应的通量大而灵活。每种检测方法各有所长，现在为止还没有出现一个符合上述全部条件的理想方法。因此，在实际研究工作中，研究者应根据研究经费、检测通量、所需仪器和不同方法的特点综合考虑选择合适的检测技术。理想的方法必须依赖生物化学、工程学和分析软件的进步。

（5）SNP 标记的应用

①SNP 分子标记有无法比拟的优势。首先，单核苷酸多态性本身是生物遗传变异的根本原因，位于基因内部的 SNP 可能直接影响相关基因的表达水平和蛋白质结构，对于研究生物体的形态或性状变异以及适应性进化具有先天的优势。

②由于不同 SNP 位点在染色体上的连续分布，同一染色体上所有 SNP 位点可作为一个

整体或一个单倍型（Haplotype）进行遗传。基于单倍型的分析比基于单个SNP分析可提供更多的生物学信息，且在分析SNP与表型相关性时更为有效（Salisbury et al，2003）。

③来自表达序列标签的EST-SNP除具备传统的SNP标记的优势外，还可能与功能基因表达有直接或间接的关系，从而强化了SNP标记在遗传研究中的应用。同时由于EST-SNP来自转录区，具有较高的保守性，在比较不同物种基因组时非常有利，因而被广泛应用于比较基因组学、进化基因组学和候选基因的筛选等方面（周锦等，2011）。

SNP标记作为目前最具发展潜力的分子标记，因其在基因组中数量多、分布广，分析系统自动化程度高，通量大，速度快，易于建立标准化操作，更适合于大规模基因分析研究，已被广泛应用于遗传图谱的构建、DNA指纹鉴定、基因精细定位、分子标记辅助选择、全基因组关联分析（GWAS）及其检验、群体遗传学分析、人类疾病诊断、物种起源进化与系统发育研究等方面，对分子遗传学、医学、作物遗传育种、生物进化等领域将产生不可估量的影响。

目前，全基因组SNP标记的开发策略仍依赖于基因组草图搜索法，即通过基因组不同染色体的测序结果发现SNP位点，在植物界的研究仅限于玉米、水稻、小麦、大豆、西红柿和拟南芥等少数农作物和模式植物中，再加上SNP标记的开发费用仍相对过高，这在很大程度上制约了SNP技术的应用。但作为一种崭新的生命科学研究工具，SNP标记具有不可替代的优势，随着高通量测序技术的快速发展和完善，及新的发掘软件的不断研发和成熟，SNP标记的开发检测费用可逐步降低，相信SNP标记技术会得到更加广泛的应用，必将对生命科学各研究领域的发展产生深远影响。

参考文献

［1］郑成木.植物分子标记原理与方法［M］.长沙:湖南科学技术出版社,2003.

［2］周延清.DNA分子标记技术在植物研究中的应用［M］.北京:化学工业出版社,2005:3.

［3］Zhang Z,Deng Y,Tan J,et al. A genome-wide microsatellite polymorphism database for the indica and japonica rice［J］. DNA Res.,2007,14(1):37-45.

［4］Vos P,Hogers R,Bleeker M,et a1. A new technique for DNA finger printing［J］. Nucleic Acids Research,1995,23:4407-4414.

［5］侯雷平,梅燚,崔艳玲,等.AFLP分子标记技术及其在蔬菜遗传育种中的应用进展［J］.江苏农业科学,2010(5):22-25.

［6］赵雪,李永光.基于EST的分子标记开发及在大豆中的应用研究［M］.哈尔滨:黑龙江科学技术出版社,2014.06.

［7］陈全求,詹先进,蓝家样,等.EST分子标记开发研究进展［J］.农业生物技术科学,2008,24(9):72-77.

［8］张利达,唐克轩.植物EST-SSR标记开发及其应用［J］.基因组学与应用生物学,2010,29(3):534-541.

［9］Scott K D,Eggler P,Seaton G,et al. Analysis of SSRs derived from grape ESTs［J］. Theoretical and Applied Genetics,2000,100(5):723-726.

［10］Sim S C,Yu J K,Jo Y K,et al. Transferability of cereal EST-SSR markers to ryegrass

[J]. Genome, 2009, 52(5): 431-437.

[11]Decroocq V, Fave M G, Hagen L, et al. Development and transferability of apricot and grape EST microsatellite markers across taxa[J].Theoretical and Applied Genetics, 2003, 106: 912-922.

[12]杜玮南, 孙红霞, 方福德. 单核苷酸多态性的研究进展[J]. 国外医学:遗传学分册, 2000 (4): 392-394.

[13]Alain V, Denis M, Magali S C. A review on SNP and other types of molecular markers and their use in animal genetics[J]. Genet. Sel. Evol., 2002(34):275-305.

[14]唐立群, 肖层林, 王伟平. SNP分子标记的研究及其应用进展[J]. 中国农学通报, 2012, 28(12): 154-158.

[15]李兆波, 吴禹, 王岩, 等. SNP标记技术及其在农作物育种中的应用[J]. 辽宁农业职业技术学院学报, 2010, 12(3): 8-9.

[16]Shendure J, Ji H. Next-generation DNA sequencing[J]. Nature Biotechnology, 2008, 26 (10):1135-1145.

[17]Fan J, Chee M S, Gunderson K L. Highly parallel genomic assays[J]. Nature Reviews Genetics, 2006, 7(8): 632-644.

[18]刘颖, 朱方何, 洪彦彬, 等. 单核苷酸多态性的研究进展与应用[J]. 广东农业科学, 2011(4):50-53.

[19]徐梦琦. 花生SNP分子标记的开发及应用[D]. 大连:大连工业大学, 2015.

[20]许阳, 李东潮, 李晓丽, 等. 单核苷酸多态性在大豆育种中的应用[J]. 安徽农业科学, 2004, 32(5): 1000-1002.

[21]周海飞, 赵武玲, 阎隆飞. 玉兰肌动蛋白基因的克隆与序列分析[J]. 农业生物技术学报, 2001, 9(3): 274-278.

[22]Kim S, Misra A. SNP genotyping: technologies and biomedical applications[J]. Annu. Rev. Biomed. Eng., 2007, 9: 289-320.

[23]欧阳建华. 单核苷酸多态性及其检测方法[J]. 江西农业大学学报, 2003, 25(6): 920-923.

[24]Salisbury B A, Pungliya M, Choi J Y, et al. SNP and haplotype variation in the human genome[J]. Mutation Res., 2003, 526:53-61.

[25]周锦, 刘义飞, 黄宏文. 基于EST数据库进行SNP分子标记开发的研究进展及在猕猴桃属植物中的应用研究[J]. 热带亚热带植物学报, 2011, 19(2):184-194.

[26]李小白, 崔海瑞, 张明龙. EST分子标记开发及在比较基因组学中的应用[J]. 生物多样性, 2006, 14(6): 541-547.

第二节　分子标记辅助选择

在作物新品种的选育工作中, 选择是其中最重要的环节之一。所谓的选择就是指在一个育种群体中选择符合育种要求的基因型。传统的个体选择是针对符合育种目标的农艺性状所进行的直接选择，即选择的是个体的表现型而不是基因型。一般来讲，这种方法对质量性状的选择是有效的，但其缺陷是选择的时间长，成本高，对显性基因控制的性状很难选到基因型纯合的个体；对于数量性状的选择，由于存在一因多效、多因一效、调控基因以及修饰基因等的作用，所以个体的表现型与基因型之间存在很大的偏差，同时环境条件、基因间互作、基因型与环境互作等多种因素会影响表型选择效率，因而通过田间表型性状进行个体选择的准确性较差（李海渤，2002）。虽然这种通过表型选择优良性状的方法在作物育种上也取得了令人瞩目的成绩，然而由于环境条件、基因间互作、基因型与环境互作等多种因素的影响，依赖于植株表现型的选择过程常遇到很多困难，一个优良品种的培育往往需花费7～8年甚至更长的时间，周期长，代价高。如何提高选择效率，是育种工作的关键。因此，就分子标记辅助选择技术的基本原理以及该技术在作物遗传育种领域的应用策略进行全面探讨是十分必要的。

随着现代分子生物学的发展，现代生物技术为作物育种提供了强有力的工具，分子标记技术就是其中重要的一项手段，不仅弥补了作物育种中传统的选择技术准确率低的缺点，而且加快了育种进程。1980年限制性片段长度多态性（RFLP）技术的问世，开创了直接应用DNA多态性发展遗传标记的新纪元。分子标记技术是以生物大分子（主要是遗传物质DNA）多态性为基础的遗传标记技术，它的问世和发展为定向地对作物进行遗传操作和改良提供了可能性。而将分子标记应用于作物改良过程中进行选择的分子标记辅助选择技术，通过分析与目标基因紧密连锁的分子标记的基因型来进行育种，不仅弥补了传统育种中选择技术准确率低的缺点，而且提高了育种效率，显示出广阔的应用前景（张天真，2003；崔世友等，2014）。随着20世纪80年代中后期PCR技术的诞生和人类基因组计划及之后的水稻等多种作物基因组计划的相继推动，分子标记辅助选择技术的研究和应用得到迅速发展。

一、分子标记辅助选择技术的基本原理

分子标记辅助选择（Marker-assisted Selection，MAS）育种的概念最早是由Lande和Thompson（1990）提出的，它是将分子标记应用于作物改良过程中，借助分子标记达到对目标性状基因型进行选择的一种技术手段。其基本原理是利用与目标基因紧密连锁或呈共分离关系的分子标记对选择个体进行目标区域以及全基因组筛选，从而减少连锁累赘，获得带有期望性状的个体，从而达到提高育种效率的目的（Lee，1995；Mohan et al，1997）。MAS育种不仅可以通过与目标基因紧密连锁的分子标记在早世代对目的性状进行选择，同时，也可以利用分子标记对轮回亲本的背景进行选择。目标基因的标记筛选是进行MAS育种的基础。分子标记辅助选择是分子标记技术用于作物改良的重要领域，是传统育种技术和现代生物技术相结合的产物。

二、分子标记辅助选择技术的特点

大量理论研究发现，MAS比以表现型为基础的选择更有效率，它不仅针对主基因有效，针对数量性状位点（QTL）也有效，对异交作物和自花授粉作物也有效（张文龙等，2008）。MAS的优点体现在以下方面：

（1）可以在植物发育的任何阶段进行选择，对目标性状的选择不受基因表达和环境的

影响，可在早代进行准确的选择，加速育种进程，提高育种效率。有很多重要性状（如产量和后期叶部或穗部病害抗性等）只有在成熟植株上才能表现出来，因此采用传统方法在播种后数月或数年（多年生）均不能对其进行选择，而利用分子标记就可以在植株发育的任何阶段进行检测，大大节省人力、物力和财力。

（2）共显性标记可有效区分纯合体和杂合体，在分离世代能快速准确地鉴定植株的基因型，而不需到下一代再鉴定，因而对分离群体中目标基因的选择，尤其是对隐性农艺性状的选择十分便利，并且共显性标记在揭示遗传多样性方面要比显性标记具有更大的优势。

（3）植物在长期进化过程中，通过启动不同基因的表达可在一定范围内适应光、温、水、病虫害等环境的变化。植物有些表型如抗病虫性、抗旱性或耐盐性等只有在异常环境条件下才能表现出来（诱导型基因），通常情况下对这些表型鉴定困难的性状利用分子标记技术则可进行基因型鉴定。

（4）聚合多个有利基因，提高育种效率。基因聚合（gene pyramiding）就是将分散在不同品种（材料）中的有用基因聚合到同一个基因组中，基因聚合育种就是通过传统杂交、回交、复交技术将有利基因聚合到同一个基因组，在分离世代中通过分子标记选择含有多个目标基因的单株，从中再选出农艺性状优良的单株，实现有利基因的聚合，可大大提高育种效率。

（5）克服不良性状连锁，有利于导入远缘优良基因。在回交育种时，利用分子标记可有效识别并打破有利基因和不利基因的连锁，快速恢复轮回亲本的基因型。对于一些主效基因，利用回交技术结合MAS的方法，可以高效地将这些基因转移到轮回亲本中。

与表型性状和同工酶标记进行个体选择相比，利用分子标记与决定目标性状基因紧密连锁的特点，通过检测分子标记，即可检测到目的基因的存在，达到选择目标性状的目的，具有快速、准确、不受环境条件干扰的优点。可作为鉴别亲本亲缘关系，回交育种中数量性状和隐性性状的转移、杂种后代的选择、杂种优势的预测及品种纯度鉴定等各个育种环节的辅助手段。

三、作物MAS育种须具备的条件

利用分子标记进行MAS育种可显著提高育种效率，但必须具备如下条件：

（1）需要构建高密度遗传连锁遗传图谱，利用与已知基因紧密连锁的分子标记对目标基因进行前景选择，可加快育种进程；

（2）对目标性状的选择效率取决于标记与目标基因之间连锁的紧密程度，最好是标记与检测基因达到共分离或紧密连锁，一般要求两者间的遗传距离小于5 cM，最好1 cM或更小；

（3）简便快捷的标记检测方法，具有在大群体中利用分子标记进行有效筛选的技术手段，要求自动化程度高，重复性好，相对易于分析，且成本较低；

（4）筛选技术在不同育种机构重复性好，且具有经济、易操作的特点；

（5）具有实用化程度高并能协助育种家做出选择的计算机数据处理软件。

分子标记辅助选择的成功应用取决于分子标记和目标基因之间的距离，若分子标记位于目标基因内部与目标基因共分离，则对于分子标记辅助选择是最理想的，也称为基因辅助选择，但这种分子标记比较少见；若分子标记与目标基因在群体中连锁不平衡，这也标志着目标基因与分子标记之间存在紧密的连锁关系，通过这类分子标记的选择称为连锁不平衡选择。另外，当分子标记与目标基因在群体中连锁平衡时，应用分子标记辅助选择较为困难，一般需要使用位于目标基因两端的2个或多个分子标记共同进行选择。总体来说，标记基因与目标基因座位之间的遗传距离越小，分子标记辅助选择的准确率就越高。

四、分子标记辅助选择的育种方法

当前MAS育种的基本方法主要有回交育种、SLS-MAS育种、系谱MAS育种、MAS聚合育种以及新兴的以生物信息学为平台的分子设计育种等（范吉星等，2008）。

1.回交育种

回交育种主要用于个别性状的改良。一般采用回交（常规育种技术只能对显性性状进行选择）和一代回交、一代自交的方法将1～2个性状导入轮回亲本中，最终获得的是具有轮回亲本遗传背景但携带1～2个目标性状的新品种。而利用MAS育种则可对目标性状（显性基因和隐性基因）进行直接选择，无须每隔1～2代通过测交确认目的基因是否存在。此外，利用MAS育种还可以减少与目标性状连锁的不良性状的导入。因此，回交育种中应用MAS，既可大大加快育种进程，也可提高育种效率。

2.SLS-MAS育种

Ribaut等（1999）提出了关于大范围群体内的单目标基因分子标记辅助选择（Single Large-Sale，SLS-MAS）的育种方法，基本原理是在一个随机杂交的混合大群体中，利用分子标记辅助选择目标性状，尽可能保证选择群体足够大，保证中选的植株目标位点纯合，而在目标位点以外的其他基因位点上保持较丰富的遗传多样性，最好呈孟德尔式分离。这样采用分子标记筛选后，仍有丰富的遗传多样性供育种家通过传统育种方法选择，产生新的品种和杂交种。这种方法对于由单基因控制的质量性状或多基因控制的数量性状的MAS育种均适用。

在SLS-MAS育种方法中，利用传统育种方法结合DNA指纹图谱选择用于MAS育种的优异亲本，尤其对于数量性状而言，不同亲本针对同一目标性状要具有不同的重要的QTL，即具有更多的等位多样性。但用于分子标记辅助选择的QTL最好不要超过3个，而且要求这些QTL在不同的遗传背景和环境中表达稳定，所占的表型变异较大，同时选择最有效的QTL，使所用分子标记与QTL间的距离低于5 cM，以得到紧密连锁的分子标记。在这一方法中，首先要在优良材料中选择亲本，以便获得可通过等位基因互补改良的性状，然后通过杂交所选的亲本，建立起分离群体。每个亲本的目标基因组区域可以通过在分离群体中组合有利的等位基因而被鉴定出来。MAS育种依赖以PCR为基础的分子标记来定位目标基因组区域内的有利等位基因，它只需对优良品系杂交得到的大型分离群体进行一次筛选即可。多性状同时采用MAS育种改良方法能聚集数量性状育种价值，它的育种效果比常规方法选择或单个性状改良更好。

SLS-MAS育种的优势在于：

（1）控制目标性状的有利等位基因主要来源于2个或多个优良亲本，而不用考虑是否是供体株或受体株；

（2）带有特定基因组区域内有利等位基因的植物体在重组的早期世代中就可被筛选出

来，而且目标区域外部不会有选择压力，这确保了其他基因组基因可在各种条件和环境下为开发未来的新品种而积累有利的变异；

（3）SLS-MAS育种在聚合新种质中的基因克隆或主效QTL上的有利等位基因时有重要作用。

3. 系谱MAS育种

系谱法育种是指2个或2个以上亲本通过杂交或复交等产生分离群体，从杂种第一次分离世代（单交F_2，复交F_1）开始选株，分别种成株行即系统，以后各世代均在优良的系统中选优良单株，直到选出优良一致的系统，最后在大田进行大规模试验以确定优良品系。系谱法目前仍是作物品种改良中最常用的育种技术，在每一世代选择中都要根据育种目标淘汰大量不良株系，以减少育种的工作量。

系谱MAS育种，目前主要应用于优异种质系谱已知的作物如小麦等，优质小麦材料的指纹图谱，必须建立在育种中应用的一系列品系与后期选育的优良品种上，这些数据可以与不同选择周期中收集的表型数据结合起来，鉴定带有目标性状的等位基因。例如，一个优良品系带有在目标环境中表现抗病的等位基因，那么在此优良母系产生的后代中，该基因的频率会高于期望的随机频率。这种基因频率的变化反映了育种者进行表现型选择的结果，同时也可通过对比亲代和后代的指纹图谱数据鉴定出来。一旦目标等位基因被确定下来，在从新一代到下一代优良品系的选择中，与目标基因紧密连接的分子标记就能被用于快速定位目标基因。系谱MAS育种在F_2代或F_3代分离群体中应用最为有效，可大大提高选择效率。

4. MAS聚合育种

基因聚合是指将分散在不同品种中的有利基因聚合到同一个基因组中。通过常规育种将分散于各个品种（系）中的多个优良基因聚合于同一个体，从而培育优良新品种的过程缓慢，难度很大。MAS聚合育种是通过传统杂交、回交、复交技术将有利基因聚合到同一个基因组，在分离世代中通过分子标记辅助选择含有多个目标基因的个体，从中再筛选出带有优良目标性状的单株，实现有利基因的聚合（张晓阳，2007）。MAS应用于基因聚合分子育种的基本要求有：标记必须与目标性状共分离或紧密连锁（遗传距离低于5 cM）；建立采用分子标记进行大规模群体筛选的有效方法；筛选技术具有重复性好、简便经济、安全高效等特点。MAS应用于基因聚合育种的两个重要步骤：一是将多个供体亲本中与目标性状紧密连锁的基因导入受体亲本；二是从亲本杂交后产生的分离世代中采用分子标记筛选出含有目标基因的纯系。

应用MAS聚合育种的基本策略：利用F_2群体及衍生群体、回交群体、重组自交系群体、单双倍体群体或同时应用多种群体筛选出聚合多个优良基因的株系（Bonnett，2005；徐小万，2010）。运用MAS进行基因聚合与运用MAS对单基因控制的质量性状进行改良在技术要求上基本相同，只要找到与目标基因紧密连锁的分子标记，育种者就可以运用MAS的手段筛选出同时含有多个优良基因的个体。研究表明，MAS聚合育种，不仅可以提高作物的抗性，而且可以有效改良作物的品质产量及改善农艺性状，尤其在抗病性方面，单基因长时间反复利用容易丧失其抗性，多基因聚合有利于拓宽抗性谱，提高作物的抗性，达到持久抗性的目的（Bharari et al，2010；Fu et al，2011；Singh et al，2012）。

5.设计育种

设计育种（Breeding by Design）的概念最早是由荷兰科学家Peleman和Voort（2003）提出的。他们认为，育种者对所有在农艺性状上有重要作用的基因的所有等位变异可进行控制。他们提出，只要了解这些重要农艺性状的遗传背景和等位变异的位点，育种者就能通过计算机来设计优良基因型，采用MAS不但可以加快选择过程，而且有利于产生带有目标性状的新基因型。作物分子设计育种发展到目前，已经形成相对成熟的概念，它是以生物信息学为平台，以基因组学和蛋白组学等若干个数据库为基础，综合作物育种学流程中的作物遗传、生理、生化、栽培、生物统计等所有学科的有用信息，根据作物的育种目标和生长环境，在计算机上设计最佳方案，然后开展作物育种试验的分子育种方法。

万建民（2006）和Wang等（2007）提出分子设计育种分三步进行：

①定位相关农艺性状的基因位点，评价这些位点的等位变异，确立不同位点基因间以及基因与环境间的相互关系；

②根据育种目标确定满足不同生态条件、不同育种需求的目标基因型；

③设计有效的育种方案、开展设计育种。

设计育种的核心是建立以分子设计为目标的育种理论和技术体系，通过各种技术的集成与整合，在育种家进行田间试验之前，对育种程序中的各种因素进行模拟、筛选和优化，确立满足不同育种目标的基因型，根据具体育种目标设计品种蓝图，提出最佳的亲本选配和后代选择策略，结合育种实践培育出符合设计要求的农作物新品种，最终大幅度提高育种效率，实现从传统的"经验育种"到定向、高效的"精确育种"的转变（Peleman，2003；万建民，2006）。与常规育种方法相比，作物分子设计育种首先在计算机上模拟实施，考虑的因素更多、更全面，因而所选用的亲本组合、选择途径等更科学，能很好地满足育种的需要，极大地提高育种效率。分子设计育种成功与否在本质上还要依赖于高密度的分子标记图谱和精确的表型分析。

作物分子设计育种是一个综合性的新兴研究领域，是结合分子生物学、生物信息学、计算机学、作物遗传学、育种学、栽培学、植物保护、生物统计学、土壤学、生态学等多学科的系统工程，将对未来作物育种理论和技术发展产生深远的影响。

五、影响分子标记辅助选择的因素

尽管MAS是提高选择效率的一种有效方法，但由于MAS研究涉及的内容广泛，影响MAS选择效率的因素非常复杂，有很多遗传学和生物学的因素影响其效率，包括标记与基因之间的距离、目标性状的遗传率、群体大小、选用分子标记数目以及选择世代等（张文龙等，2008）。

1.标记与目标基因间遗传距离的影响

回交育种程序中的分子标记辅助选择技术可分为前景选择（foreground selection）和背景选择（background selection）。前景选择是在对回交群体的选择中，通过对转入受体中的与供体优良目标基因座位紧密连锁的标记或基因内标记的检测，从而筛选出携带目标基因的单株，保证从每一回交世代选出的作为下一轮回交亲本的个体都包含目标基因。前景选择的准确性主要取决于标记与目标基因间连锁的紧密程度，标记与目标基因连锁的越紧密，依据标记进行的选择可靠性就越高。若只用一个标记对目标基因进行选择，则标记与目标基因间的连锁必须非常紧密，才能够达到较高的准确率。例如，理论上在F₂代通过标记基因型MM选择目标基因型QQ，其正确率P和标记与基因间重组率r的关系为：$P=(1-r)^2$，选择正确率P随重组率r的增加而迅速降低，如果要求P达到95％以上，则r不能超过2.5％；当r超过10％时，则P下降到81％以下。如果用两侧相邻标记对目标基因进行跟踪选择，可大大提高选择正确率。在单交无干扰的情况下，在F₂代通过标记基因型M1M1和M2M2获得目标基因型QQ的P值和r的关系为：$P=(1-r_1)^2(1-r_2)^2/[(1-r_1)(1-r_2)+r_1r_2]^2$，即使$r_1$、$r_2$均达20％时，同时使用两个标记P值也仍可达88.5％。可见，双标记选择的正确率比单标记选择高很多。需要指出的是，在实际情况中，单交换间一般总是存在相互干扰的，这使得双交换的概率更小，因而双标记选择的正确率要比上述理论期望值更高。

2.遗传群体大小的影响

群体大小是制约MAS选择效率的重要因素之一。一般情况下，MAS群体大小不应小于200个。选择效率随着群体增加而提高，特别是在低世代、遗传力较低的情况下尤为明显（Hospital et al，1997；Moreau el al，1998）。群体连锁不平衡性越大，MAS效率就越高。由两个自交系杂交产生的F₂群体，其连锁不平衡性往往较大，因而其MAS效率也较高。数量性状所需群体数的大小随QTL数目的增加呈指数上升。

3.遗传力大小的影响

遗传力又称遗传率，指遗传方差在总方差（表型方差）中所占的比值。遗传力可以作为对杂种后代进行选择的一个指标。遗传力表明某一性状受到遗传控制的程度，性状的遗传力极大地影响MAS的选择效率。遗传力较高的性状，根据表型就可对其实施选择，MAS效率随性状遗传力增加而显著降低。在群体大小有限的情况下，遗传力低的性状，MAS的相对效率较高。但存在一个最适的群体大小，群体过大或过小MAS效率都会降低。如遗传力在0.1～0.2时，MAS效率会更高，但出现负面试验的频率也高一些，因此，利用MAS技术所选性状的遗传力应在中度（0.3～0.4）为好（Moreau et al，1998）。数量性状受到环境因素的影响很大，表型的变异可能有遗传的因素，也有环境因素，甚至还有环境和遗传相互作用的因素。

4.选用分子标记数目和类型的影响

理论上标记数越多，从中筛选出对目标性状有显著效应的标记机会就越大，因而越有利于MAS。事实上，MAS效率随标记数增加先增后减。MAS效率主要取决于对目标性状有显著效应的标记，因而选择时所用标记数并非越多越好。Gimelfarb和Lande（1994）研究表明，利用6个标记时，MAS效率明显高于3个标记，但利用12个甚至更多的标记时，MAS效率在低世代时反而降低，在高世代时增幅很小。一条染色体上有多个标记时，存在一个最适标记密度，最优距离为20 cM。沈新莲等（2001）用2个RAPD标记和1个SSR标记进行棉花纤维强度QTL辅助选择，比较显性标记和共显性标记对纯合基因型和杂合基因型选择差以后，认为共显性SSR标记（可有效地剔除杂合基因型）对以加性/隐性为主遗传的QTL进行MAS效果会更好。

5.世代的影响

回交育种中除了目的基因的转移外，主要目标是尽可能快速地恢复轮回亲本基因组，需要对基因组中除了目的基因之外的其他部分选择，即背景选择。背景选择是为了避免或减轻连锁累赘，其目标之一是加快轮回亲本基因组在回交后代中的恢复速率，目标之二是加快轮回亲本基因组在目标基因邻近区域的恢复速率，缩短育种年限。背景选择尽可能覆盖整个基因组，是对全基因组的选择。在回交育种的早代（BC1）变异方差大，重组个体多，MAS效率高。因此背景选择应在育种早期世代进行，随着世代的增加，背景选择效率会逐渐下降。在早期世代，分子标记与QTL的连锁不平衡性较大；随着世代的增加，效应较大的QTL被固定下来，MAS效率随之降低（Luo，1998）。

6. 控制性状基因（QTL）数目的影响

模拟研究发现，随着QTL数目的增加，MAS效率降低。当目标性状由少数几个基因（1～3个）控制时，用分子标记选择对发掘遗传潜力较为有效；然而当目标性状由多个基因控制时，由于需要选择的世代较多，加剧了标记与QTL位点间的重组，降低了标记选择效果。在少数QTL可解释大部分变异的情况下，MAS效率较高（吴为人等，2002）。

7. 选择强度和QTL的遗传方式和相位

在高选择强度下，常规选择更易丢失有利基因，MAS效率随着选择强度升高而增加。显性作用随着世代增加而降低，因此显性遗传QTL的MAS效率高。当对多个QTL进行选择时，相引连锁比相斥连锁MAS效率高。在中等或较低选择强度下，目标基因QTL周围染色体区段由较远端标记控制更有效。

8. 控制数量性状基因QTL的划分、定位及其效应分布

QTL的准确发现和对其效应无偏估计有助于MAS效率提高，QTL精准定位取决于分子连锁图谱的饱和度以及对QTL性状的准确度量，可利用永久分离群体通过反复试验精确定位QTL；基因与环境的互作直接影响着MAS效率，一般在不同年份间不同时期不同地点均能检测到的QTL的效果较好。基因型对QTL检测有较大影响，杂交早代植株基因型杂合度高，随着自交代数增加许多位点趋于纯合，在早代选择的植株到高代表现会与原先表现不一致，应重新估算和筛选分子标记。同一性状在不同群体间甚至不同大小的群体间QTL不一致，这些因素均影响QTL检测并影响MAS的效率。

六、MAS育种存在的问题及研究策略

近20多年来，MAS育种技术已经取得了较大的发展，在许多作物中已定位了很多重要性状的基因，但育成品系或品种的报道还相对较少，绝大多数的研究仍停留在标记鉴定、基因定位、遗传作图等基础环节。通过分子标记辅助选择提高育种效率，大规模培育优良品种（系）的期望仍未实现。究其原因主要是标记鉴定与辅助育种脱节、标记鉴定技术效率较低、标记辅助选择技术体系还不够完善等（张文龙，2008）。

在今后的育种研究策略上，应重视分子标记鉴定与标记辅助选择相结合，在选择杂交亲本上应尽量考虑与育种直接相关，所构建的群体尽可能既是遗传研究群体，又是育种群体，这样可能缩短基因定位研究与育种应用的距离。此外，在基因聚合育种时，最好以一个优良品种（材料）为共同杂交亲本，以便在基因聚合时使优良品种得到改良，以便直接应用于育种或生产。在实际育种过程中，进行目标基因选择的同时，最好连续对农艺性状进行选择，以便在改良目标性状的同时也能够将轮回亲本和受体亲本的其他优良性状结合在一起。

七、前景与挑战

近年来，随着分子标记技术的快速发展，MAS技术作为一种快速、准确、有效的育种选择手段，在作物育种中的应用途径主要涉及种质资源的鉴定评价、重要农艺性状基因的定位和辅助选择、目标基因回交辅助选择、基因聚合、野生种基因转移跟踪、早代选择等方面。但目前我国MAS主要还是应用于单基因遗传性状的改良育种上，在数量性状改良应用上还有所限制。今后，数量遗传学可以从基因组学中获取更多信息，从而发展出更多有意义的模式生物，基因组学也寄希望于数量遗传学发展和验证那些复杂基因相互作用的假说，而生物信息学在推动这些学科交叉中将扮演重要的角色（范吉，2008）。因此，把基因组学、生物信息学与分子育种整合起来有望给植物育种带来更多根本性的变革。但是应该清醒地看到，经过分子标记辅助选择途径选育的新材料不是直接应用于大田的新品种，还要经过进一步的田间检验，才能把改良后的优良性状稳定地传给后代。因此，只有将分子生物学技术和传统育种融合起来，取长补短，才能在未来的作物育种工作中取得长足的进步。

可以预见，在未来几十年中，随着第三代分子标记技术的不断完善和发展，充分利用植物基因组学和生物信息学等前沿学科的重大成果，及时开展分子育种的基础理论研究和技术平台建设，实现分子育种的目标，将会大幅度提高作物育种的理论和技术水平，实现从传统的"经验育种"到定向、高效的"精确育种"的转变。

参考文献

[1]张天真.作物育种学总论[M].北京:中国农业出版社,2003:3.

[2]崔世友,孙明法.分子标记辅助导论[M].北京:中国农业科学技术出版社,2014:7.

[3]Lee M. DNA markers in plant breeding programs[J]. Advances in Agronomy, 1995, 55(8): 265–344.

[4]Mohan M, Nair S, Bhagwat A, et al. Genome mapping, molecular markers and marker-assisted selection in crop plants[J]. Mol. Breeding, 1997, 3(2):87–103.

[5]张文龙,陈志伟,杨文鹏,等.分子标记辅助选择技术及其在作物育种上的应用研究[J].种子,2008,27(4): 39–43.

[6]Ribaut J M, Betran J. Single large–scale marker–assisted selection (SLS–MAS)[J]. Molecular Breeding, 1999, 5(6):531–541.

[7]张晓阳.分子标记辅助转移、聚合陆地棉纤维品质QTL[M].南京:南京农业大学出版社,2007:11.

[8]Bonnett D G, Rebetzke G J, Spielmeyer W. Strategies for efficient implementation of molecular markers in wheat breeding[J]. Molecular Breeding, 2005, 15: 75–85.

[9]徐小万,雷建军,罗少波,等.作物基因聚合分子育种[J].植物遗传资源学,2010,11(3):364–368.

[10]何光明,孙传清,付永彩,等.水稻抗衰老IPT基因与抗白叶枯病基因Xa23的聚合研究[J].遗传学报,2004,31(8):836–841.

[11]Peleman J D, van der Voort J R. Breeding by design[J].Trends in Plant Science,2003,8

(7):330-334.

[12]万建民.作物分子设计育种[J].作物学报,2006,32(3):455-462.

[13]Wang J,Wan X,Li H,et al. Application of identified QTL-marker associations in rice quality improvement through a design breeding approach[J]. Theor. Appl. Genet.,2007,115: 87-100.

[14]王建康,李慧慧,张学才,等.中国作物分子设计育种[J].作物学报,2011,37(2):191-201.

[15]潘海军,王春连,赵开军,等.水稻抗白叶枯病基因Xa23的PCR分子标记定位及辅助选择[J].作物学报,2003,29(4):501-509.

[16] Moreau L,Charcosset A,Hospital F,et al. Marker-assisted selection efficiency in populations of finite size[J].Genetics,1998,148(3):1353-1365.

[17]Gimelfarb A,Lande R. Simulation of marker assisted selection in hybrid population [J]. Genetical Research,1994,63(1):39-47.

[18]沈新莲,袁有禄,郭旺珍,等.棉花高强纤维主效QTL的遗传稳定性及它的分子标记辅助选择效果[J].高技术通讯,2001(10):13-16.

[19]Luo Z W. Detecting linkage disequilibrium between a polymorphic marker locus and a trait locus in natural population[J].Heredity,1998,80(2):198-208.

第三节　植物分子标记辅助选择育种的研究进展

分子标记作为一种新的遗传标记技术发展时间虽短，却具有很强的生命力，十分活跃，呈现出广阔的应用前景和巨大的应用潜力。在作物新品种选育和品种改良方面，分子标记的出现为植物遗传育种注入了强大的活力。利用分子标记技术，通过对现有品种的分子遗传图谱作图，能最大限度地综合利用有利基因和淘汰不利基因，设计出最佳杂交组合；通过对连锁标记的追踪和对数量性状的拆分，可准确定位一些其他方法难以确定的目标性状，从而进行早期选择，大大减少世代间隔和育种的盲目性，而且不受植株发育阶段和外界环境条件的限制。分子标记辅助选择技术是现代生物技术在作物遗传改良领域中应用的一个重要方面。实践证明，分子标记辅助选择为传统的育种提供了一种有力的辅助手段。我国利用分子标记在许多作物中已定位了很多重要性状的基因，用分子标记辅助选择进行新品种选育工作已取得了可喜的进展。

一、分子标记辅助选择在作物育种上的应用

1.分子标记辅助选择在作物回交育种中的应用

回交是指以具有综合优良性状、预计有发展前途而个别性状欠缺的尚待改良品种为轮回亲本，以具有轮回亲本欠缺的优良性状的品种为非轮回亲本，两者的杂交后代又与轮回亲本进行系列的回交和选择，在回交结束时还需要进行1～2次的自交，以便使这一对基因纯合，形成具有轮回亲本一系列的优良性状而少数欠缺性状得到改进的新品种的选育方式。包括控制目标基因的前景选择和控制遗传背景的背景选择。回交育种的效果，在很大

程度上取决于亲本选择是否恰当。回交育种对带有个别不良性状的品种改良是一种较好的选育途径，分子标记辅助选择应用于回交育种可以提高选择效率，加快育种进程。

（1）对目标基因的快速选择

分子标记辅助选择利用与目标基因紧密连锁的分子标记对是否带有目标基因的单株进行前景选择，大大加快了育种进程。主要表现在：

①分子标记辅助选择不受环境条件及植株生长发育阶段的影响，因而在植株的苗期或低世代就可进行筛选；

②当目标基因为隐性基因时，利用呈现共显性遗传的分子标记可直接对其进行选择，无须进行测交或自交的检验；

③如果目标性状不能在当代进行选择，例如玉米的淀粉含量等，采用分子标记辅助选择可直接在当代确定目标基因是否存在，而无须进行后代的品质检验。

Hansen等（1997）利用4个RAPD标记，在10个BC1 F_2家系的4605个单株中快速选出了ogu CMS恢复位点纯合的906个单株。此法大大节省了测交的工作量及时间，充分展现了分子标记辅助选择的优越性。梁荣奇等（2001）利用wx-B1基因的STS标记和显微镜检辅助选择，经过3代杂交转育获得了含wx-B 1b的接近京411的4A单体代换系，为小麦品质育种提供了广泛的遗传材料，证实利用分子标记辅助选择可以加快育种进程。

（2）对轮回亲本基因组遗传背景的快速选择

在回交育种中，非轮回亲本在为轮回亲本导入优良性状的同时也带来了与之连锁的不良基因，这种连锁累赘现象常常使得经过改良而获得的新品种与最初的育种目标不一致。在回交育种中，分子标记辅助选择技术可以快速选出以轮回亲本基因组为主要遗传背景的单株。在这一过程中，可同时进行前景选择和背景选择。通过分子标记辅助选择技术，借助于饱和的分子标记连锁图，对各选择单株进行整个基因组的组成分析，进而可以选出带有多个目标性状而且遗传背景良好的理想个体。Tanksley等（1989）通过计算机模拟分析，结果表明，如果从每个回交世代含有目标基因的30个的单株中通过分子标记辅助选择选出一株带有轮回亲本基因组比率最高的个体作为下一次回交的亲本，则完全恢复到轮回亲本基因组的基因型只需3代。在传统的育种方法中，要达到99%的轮回亲本比率则需要6.5±1.7代。陈升等（1999）运用分子标记辅助选择将Xa21基因从IRBB21导入明恢63中，导入片段不大于3.8 cM，而基因组的其余部分（>99.65%）均与受体亲本相同。

（3）减少连锁累赘

连锁累赘（linkage drag）是指在传统的回交育种过程中，在目标基因的转移中往往带入了非轮回亲本上的染色体片段，这些染色体片段上携带有不利性状的基因，这些不良基因与目标基因形成连锁，从而造成育种目标与预期结果不一致的现象。在回交育种中，连锁累赘现象是影响回交育种的一个主要限制因素。传统的解决方式一般是通过扩大选择群体或增加回交次数来解决。Stam和Zeven（1981）研究表明，即使回交20代后，还能发现相当大的与目标基因连锁的供体染色体片段，而在大多数植物基因组中10 cM的DNA序列足够包含数百个基因。通过分子标记辅助选择可以快速减轻连锁累赘。Tanksley等（1989）的研究表明，用位于目标基因两侧1 cM的两个分子标记进行辅助选择，通过两个世代就可获得含目标基因长度不大于2 cM的个体，这样的结果如果采用传统的育种方式则需要100代才能达到。因此，分子标记辅助选择可以对目标基因附近发生了重组的个体进行鉴定。乔岩等（2011）通过与玉米胚乳突变基因ae连锁的SSR标记，对轮回亲本2个回交一代群体目标基因两侧的连锁累赘进行了研究，发现通过基因组的负向选择可以使CHBC1 F$_2$群体中某些植株的5号染色体的遗传背景恢复率达到85.7%，使DHBC1 F$_2$群体的染色体的遗传背景恢复率达到87.5%，减少了不必要的遗传连锁累赘。

2. 分子标记辅助选择在基因聚合中的应用

基因聚合就是将分散在不同品种中的优良性状基因通过杂交、回交、复合杂交等手段聚合到同一个品种（系）中。基因聚合突破了回交育种改良个别性状的局限，使品种在多个性状上同时得到改良，产生更有实用价值的育种材料。基因聚合常在抗性育种中得到应用，育种专家将多个控制垂直抗性的基因聚合在同一品种中可以提高作物抗病的持久性。采用与抗性基因紧密连锁的分子标记或相应基因的特异引物进行分子标记辅助选择，可加速抗原筛选和抗性基因的鉴定，提高育种选择效率，缩短育种周期。

目前，基因聚合技术已在作物遗传育种中得到广泛应用，在水稻抗性育种中已取得显著成绩，例如，在水稻抗白叶枯病上，Huang等（1997）运用RFLP和PCR技术在一个分离群体中筛选出同时含有4个抗白叶枯病基因Xa4、Xa5、Xa13和Xa21聚合到IRBB60品系中，聚合后的品系比原品系的抗谱更广、抗性更高。在水稻抗稻瘟病上，Hittalmani等（2000）选用3个含单抗性基因的近等基因系分别两两杂交，从F$_2$代选到含有两个抗性基因的植株，然后将各含两个抗病基因的单株继续聚合杂交，从F$_2$代选到了同时含有Pi1/Piz-5/Pita的改良单株。柳李旺等（2003）将棉花（*Gossypium hirsutum*）胞质雄性不育恢复系0-613-2R与转Bt基因抗虫棉R019（轮回亲本）杂交、回交产生BC2群体。利用CMS恢复基因Rf1紧密连锁的3个SSR标记和Bt基因特异的STS标记进行MAS，培育出聚合有Rf1和Bt基因抗虫棉恢复系。基因聚合在作物品质改良与种质资源评价与利用中也得到了广泛利用。张晓科等（2004）认为，在聚合多种优质HMW-GS基因和改良高产小麦品系品质育种中，回交转育、HMW-GS基因分子标记辅助选育与高代蛋白质电泳筛选相结合是一种定向、快速、有效的育种途径；王红梅等（2015）应用STS标记和多重PCR技术对甘肃省552份小麦品种资源中1BL/1RS易位系的分布和HMW-GS组成情况进行了检测，分析了1BL/1RS和非1BL/1RS易位品种的品质差异，筛选出同时含有1/7+8/5+10或1/14+15/5+10等多个优质亚基的品种，可供小麦品质改良利用。借助MAS，还可以将与产量、品质或抗性等相关的不同基因聚合到一个品种之中，使品种在多个方面同时得到改良。

3. 分子标记辅助选择在数量性状改良中的应用

作物中大部分的农艺性状是由多基因控制的数量性状，每个基因对目标性状只表现微效作用，表现型与基因型之间没有明显的显隐性关系，而且表现型受环境条件影响很大，采用传统的育种途径对这些性状进行选择有较大的难度。综合利用分子标记连锁图和杂交育种技术，采取QTL定位与优良品系筛选同步进行的策略，应用分子标记连锁图在高回交世代（一般在回交二代）找到相关的QTL，借助紧密连锁的分子标记选择出含有特定QTL的新品系。一个典型的例子来自玉米杂交优势的遗传改良试验研究（Stuber，1995），该研究用76个标记对控制玉米产量杂种优势的QTL进行定位鉴定，然后将自交系Tx303和Oh43中的有利等位基因分别转入自交系B73和Mo17中。最后获得了116个改良的B73×改良的Mo17的组合，比原始的B73 × Mo17组合和一个高产组合先锋杂交种3165皆增产10%

以上。郭旺珍（2005）采用来自棉花优异纤维种质系7235的2个高强纤维主效QTL的分子标记，通过分子标记对位于不同连锁群上的2个QTL进行选择，其纤维强度的选择效率大大增强，中选单株的纤维强度显著提高。杨益善（2005）将来自马来西亚普通野生稻的两个高产主效QTLyld1.1和yld2.1导入优良晚稻恢复系测64-7及中稻恢复系9311和明恢63中，采用分子标记辅助选择与田间选择相结合，育成了Q611等携带野生稻高产QTLyld1.1和yld2.1的新恢复系。经测交鉴定，Q611所配组合表现出强大的产量优势，说明野生稻高产QTL具有显著的增产效应和重要的育种价值，同时也表明采用分子标记辅助选择方法对数量性状进行遗传改良同样具有明显的效果。中国水稻研究所（程式华等，2004）通过分子标记辅助选择与常规测交相结合，选育出强优恢复系R8006；应用籼粳特异标记检测，选育出籼粳中间型恢复系R9308。分子标记辅助选择能够对有关QTL的遗传性状进行追踪，提高对数量性状优良基因型选择的准确性和预见性。

但是，由于数量性状遗传的复杂性，与由单基因控制的质量性状相比，采用分子标记辅助选择对数量性状的改良仍存在一些问题，要想明显提高目标性状，则需要同时对多个QTL进行操作，另外由于QTL与环境条件、基因间互作、基因型与环境互作等多种因素，会影响数量性状基因定位的准确性，以及对QTL的效应估计发生偏差。

4. 分子标记辅助选择在分子设计育种中的应用

传统育种过程中，育种家潜意识地利用设计的方法组配亲本，估计后代种植规模，选择优良后代。Peleman和Voort于2003年提出了"设计育种"的概念，试图对所有在农艺上有重要作用的基因的所有等位变异进行控制。近年来，美国、英国、日本、澳大利亚和欧盟等国家和地区都对分子设计育种研究进行了规划和布局，采用分子技术改良作物的抗性和品质，提高作物产量。美国农业部农业研究局（ARS）作为美国最重要的农业项目资助及研究机构，在玉米、小麦和水稻等粮食作物分子育种方面资助并开展了多项研究，同时针对大豆、花生、油菜、棉花等经济作物的分子标记辅助育种研究，其中大豆主要是开发SSR和SNP标记，以提高大豆的抗蚜虫性、蛋白质含量及大豆孢囊线虫病抗性。王慧媛（2013）对于花生则是利用分子标记技术提高传统育种的效率，利用野生花生开发DNA标记序列和标记资源的研究，以扩大花生的遗传多样性，加速基因发现和标记辅助选择。李家洋（2017）运用"分子模块设计"技术育成的水稻新品种"嘉优中科系列新品种"获得了丰收，种植嘉优中科1号水稻品种的两块田实收测产表明，平均亩产分别为913千克和909.5千克，比当地主栽品种亩产增产200千克以上，这意味着我国科学家突破了传统育种技术，走出了分子育种的新思路，使我国在分子设计育种技术方面取得了重大突破性进展。

作物分子设计育种是一个高度综合的新兴研究领域，最终将实现育种性状基因信息的规模化挖掘、遗传材料基因型的高通量化鉴定、亲本选配和后代选择的科学化实施、育种目标性状的工程化鉴定，对作物育种理论和技术发展将产生深远的影响。未来作物的分子设计育种，将更加重视新型育种杂交设计及分析方法，利用分子标记追踪目标基因，评估轮回亲本恢复程度，改良多基因控制的数量性状，提出改良产量等相关复杂性状的全基因组关联性分析，利用模块育种高效、定向、高通量地提高作物育种效率。

二、分子标记辅助选择存在的问题

近十多年来，分子育种的理论研究已取得了很大的发展，但凭借分子标记辅助选择手段育成品系或品种的报道还相对较少，分子标记辅助选择技术在育种中的应用成效不显著，大规模培育优良品种的期望仍未实现。主要存在以下几个方面的问题（李宏，2004；刘志文等，2005）：

（1）基因定位研究与育种程序相脱节。大多数的研究者只把工作目标确定在目标性状鉴定、基因定位和遗传作图等基础环节上，在设计研究方案时，材料选择时往往只考虑基因定位的便利而不考虑育种的需要，在完成目标基因的定位时，并不能直接应用于育种。目前应重视使基因定位研究成果加快走向育种应用。

（2）基因定位和分子标记分析技术在实用性和成本方面还有待进一步改进。对于质量性状的基因定位，技术上是成熟的，但仍然存在对主要农艺性状基因的发掘和相应分子标记的开发不够的问题；对于数量性状的基因（QTL）定位和效应估算不精确，技术难度还很大，期待开发出快速、准确定位 QTL 和对其效应的无偏估计以及 QTL 与 QTL 之间、QTL 与环境的互作关系的研究方法。

（3）分子标记辅助选择技术体系还有待进一步完善。对于单个或少数几个基因的标记和定位，现有的分子标记辅助选择技术体系是有效的，但由于大多数重要性状如丰产性、抗旱性、抗病虫害、耐盐碱、抗逆性等是由多基因控制的数量性状，现有的分子标记辅助选择技术体系还难以满足育种需要。

（4）分子标记开发成本高（如 SSR、SNP），有些分子标记结果识别费时费力（如 AFLP），结果不稳定（如 RAPD），误差大，期待将来简便、准确性高、自动化程度高、价格低廉的新型分子标记的问世。

三、分子标记辅助选择发展策略

（1）对目标性状的选择。应选用常规选择费时、费力但又十分重要的目的性状，如难以通过表现型鉴定和检测的性状、鉴定成本很高的性状、在个体发育后期才出现或才能检测的性状等。表型容易识别的性状则无须采用 MAS 进行选择。

（2）构建高密度遗传连锁图谱。分子标记辅助选择的可靠性取决于目的性状与标记之间的重组频率，两者之间的遗传距离越小越好。与目的基因共分离或紧密连锁的分子标记，可提高基因型和表现型的一致性。

（3）重视性状鉴定、基因定位与分子标记辅助选择相结合。在选择杂交亲本上应尽量考虑与育种直接相关，所构建的群体尽可能既是遗传研究群体，又是育种群体，杂交亲本之一最好是当前推广应用的优良品种，那么，目标基因定位的结果就可以直接指导分子标记辅助选择，对现有品种进行遗传改良，从而加快培育新的优良品种步伐。

（4）将对目标基因的定位和选择与对农艺性状的连续选择同步进行，以便在改良目标性状的同时也能够将轮回亲本和受体亲本的其他优良性状结合在一起。最好选择符合育种目标的优良品种作为作图亲本之一，在回交选育过程中采用 MAS 方法将筛选与育种同步进行。

（5）改进和完善自动化检测体系，如 DNA 提取、PCR 检测的自动化（全自动核酸抽提、移液工作站和计算机识别系统等使用），以尽快满足分子标记辅助选择中对大样本检测的需要。

（6）在利用分子标记辅助选择时，构建的群体大小不少于200个单株，所选性状的遗传力在0.05～0.5之间，标记与QTL或主基因紧密连锁，同时，确定一个最佳选择强度，最好是检测少量杂交组合的很多后代，而不是很多组合的少量后代。在早代通过MAS提高选择效率，因为在高代材料中MAS反而没有表现型选择有效。

（7）对数量性状进行改良时，由于单个QTL呈微效作用，因此，从全基因组水平上对QTL展开研究，包括QTL的数目、位置、效应以及QTL与QTL之间、QTL与环境的互作、QTL的一因多效性等，充分发掘QTL的信息，以针对单个性状遗传改良的措施为研究重点或突破口，逐步操作多个QTL才能使改良性状发生显著变化。

四、展望

目前，MAS主要还是应用于单基因遗传性状的改良育种上，在数量性状改良应用上还有所限制。在解析作物由多基因控制的复杂性状时，全基因组关联分析和分子模块育种将成为未来分子育种的重要手段。全基因组关联分析技术主要应用于通过整个基因组规模对基因功能进行分析和主效基因的挖掘。一批新的技术如DNA芯片技术、高通量测序技术及EST等涌现出来，不仅有望识别更多的涉及不同调控途径的基因，而且使分子育种领域也迎来了巨大的变革。今后，数量遗传学可以从基因组学中获取更多信息，从而发展出更多有意义的模式生物，基因组学也寄希望于数量遗传学发展和验证那些复杂基因相互作用的假说，而生物信息学在推动这些学科交叉中将扮演重要的角色。因此把基因组学、生物信息学与分子育种整合起来有望给植物育种带来更多根本的变革。但是特别应该注意，经过分子标记辅助选择途径选育的新材料不是直接应用于大田的新品种，还要经过进一步的田间检验和纯合，才能把改良后的优良性状稳定地传给后代。因此，只有将分子生物学技术和传统育种紧密结合起来，取长补短，才能在未来的作物育种工作中取得长足的进步。

可以预见，在不久的将来随着更加准确、可靠、高效率的新型分子标记技术的开发和不断完善，水稻、玉米等多种作物基因组计划的相继推动，分子标记辅助选择育种与基因组学、生物信息学等前沿学科的紧密结合，将对未来作物育种理论和技术发展产生深远的影响，极大地提高育种效率。

参考文献

［1］Hansen M，Hallden C，Nilsson N O，et al. Marker-assisted selection of restored male-fertile Brassica napus plants using a set of dominant RAPD markers［J］. Molecular Breeding，1997，3（6）：449-456.

［2］梁荣奇，张义荣，唐朝晖，等. 利用 wx 基因分子标记辅助选择培育面条专用优质小麦［J］.农业生物技术学报，2001，9（3）：269-273.

［3］Tanksley S D，Young N D，Paterson A H，et al. RFLP mapping in plant breeding：new tools for old sciences［J］. Biotechnology，1989，7：257-263.

［4］陈升.应用分子标记辅助选择培育广谱高抗白叶枯病的杂交水稻恢复系［D］.武汉：华中农业大学，1999.

[5]乔岩,王汉宁,张成,等.玉米胚乳突变基因ae连锁累赘的SSR分析[J].草业学报,2011(1):140-147.

[6]Huang N, Angeles E R, Domingo J, et al. Pyramiding of bacterial blight resistance genes in rice: Marker-assisted selection sing RFLP and PCR [J].Theoretical and Applied Genetics,1997,95(3):313-320.

[7]Hittalmani S, Parco A, Mew T V, et al. Fine mapping and DNA marker-assisted pyramiding of the three major genes for blast resistance in rice [J]. Theoretical and Applied Genetics,2000,100(7):1121-1128.

[8]柳李旺,朱协飞,郭旺珍,等.分子标记辅助选择聚合棉花Rf-1育性恢复基因和抗虫Bt基因[J].分子植物育种,2003(1):48-52.

[9]张晓阳.分子标记辅助转移、聚合陆地棉纤维品质QTL[M].南京:南京农业大学出版社,2007:11.

[10]张晓科,魏益民.快速导入小麦多个优质HMW-GS基因方法和效果的研究[J].中国农业科学,2004,38(1):208-212.

[11]王红梅,厚毅清,欧巧明,等.甘肃小麦种质资源1BL/1RS易位系和HMW-GS分子检测及品质性状分析[J].农业现代化研究,2015,36(3):494-500.

[12]Stuber C W. Mapping and manipulating quantitative traits in maize [J]. Trends in Genetics Tig,1995,11(12):477-481.

[13]Bernacchi D, Beck-Bunn T, Emmatty D, et al. Advanced backcross QTL analysis of tomato. II.Evaluation of near-isogenic lines carrying singledonor introgressions for desirable wild QTL alleles derived from Lycopersicon hirsutum and L. pimpinellifolium [J]. Theoretical and Applied Genetics,1998,97(2):170-180.

[14]Schneiderk A, Brothers M E, Kelly J D. Marker-assisted selection to improve drought resistance in common bean[J].Crop Sciences,1997,37:51-60.

[15]Tanksley S D, Nelson J C. Advanced backcross QTL analysis: A method for the simultaneous discovery and transfer of valuable QTL from unadapted germplasm into elite breeding lines[J]. Theoretical and Applied Genetics,1996,92:191-203.

[16]程式华,庄杰云,曹立勇,等.超级杂交稻分子育种研究[J].中国水稻科学,2004(5):3-9.

[17]王慧媛,阮梅花,王方,等.作物分子设计育种的发展态势分析[J].生物产业技术,2013(6):42-50.

[18]李宏,李友莲.分子标记辅助选择在植物育种中的应用与前瞻[J].科技情报开发与经济,2004(12):197-199.

[19]刘志文,傅廷栋,刘雪平,等.作物分子标记辅助选择的研究进展、影响因素及其发展策略[J].植物学通报,2005(1):82-90.

第七章　转基因植物的生物安全性检测与评价

第一节　转基因植物的生物安全性概述

一、生物安全的概念

随着现代生物技术尤其是基因工程技术的发展，生物安全问题逐渐成为全球关注的话题。重组DNA技术的建立使现代生物技术进入一个新的基因工程时代，人们从此可以根据自己的意愿设计、构建重组体，改造生物体，进而影响整个自然界，这对社会进步具有重要意义。但也从这时起，重组DNA技术对环境安全和人类健康潜在的安全问题也引发了人们激烈的讨论，经过不断的争论和各国科学家的努力，人们就生物安全作为基因工程中必须考虑的问题达成共识。

按照联合国粮农组织的定义，生物安全是指避免由于对具有感染能力的有机体或遗传修饰有机体的研究和商品化生产而对人类健康和安全以及对环境保护带来的风险。而狭义的生物安全是指转基因生物安全。转基因生物安全是指转基因生物技术及其遗传修饰产品在其研究、生产、开发和利用的全过程中可能产生负面影响，即对动植物及人类的身体健康和安全、遗传资源、生物多样性和生态环境带来不利影响和危害，及对这些不利影响和危害采取有效预防和控制措施，最终能够达到保护生态环境、生物多样性和人类健康的目的。

二、转基因植物的安全性评价

1.安全评价的原理及原则

了解转基因植物造成的危害及产生危害的概率，是进行转基因植物安全性评价的基本途径。转基因植物安全性评价工作主要针对转基因植物对生态环境及人类健康可能会带来的风险进行评价。风险不等于危险性，两者既相互关联，又有明显区别，它们之间的关系为：风险（%）=危险性×暴露率。

根据国际通行的做法，在进行转基因植物风险评价时，一般也是遵循科学透明原则、熟悉原则、预防原则、个案分析原则、逐步深入原则和实质等同原则。

2.转基因植物安全评价的目的

转基因植物安全管理一般包含安全性的研究、评价、监测和控制措施等几个方面的内容。其中，安全评价是转基因植物安全管理的核心和基础，其主要目的是从技术层面上分析转基因植物及其产品的潜在危险，确定转基因植物安全等级，制定防范措施，防止潜在危害，也就是对生物技术研究、开发、商品化生产和应用的各个环节的安全进行科学、公正的评价，从而为转基因植物安全管理提供决策依据，以便在保障生态环境和人类健康的同时，也促进生物技术健康、有序的可持续发展，最终达到兴利避害的目的。

3. 转基因植物安全评价的主要内容

转基因植物及其产品的安全性评价主要包括四个方面：

一是分子特征方面，主要从基因水平、转录水平和翻译水平评价导入的外源基因及其产物对受体植物是否会产生不利影响。

二是遗传稳定性方面，基因在转基因植物不同世代间的整合与表达是否稳定，以及产生的目标性状是否稳定。

三是环境安全性方面，主要有以下内容：

①转基因植物中的转入基因是否存在转移至近缘物种，使其变为杂草的风险；

②转基因作物本身转变为杂草的风险；

③转基因植物在水平方向上转移至其他物种带来的生态学问题；

④基因以其他不明的方式使作物和其野生近缘物种间生态关系紊乱的风险；

四是食用安全性方面，即毒理学方面的安全性问题，主要从新表达物质的毒理学和致敏性、关键成分及食品、饲料和其他消费领域的安全性等方面进行评价。

三、转基因生物安全等级的划分

转基因植物安全等级的确定需要进行综合考虑受体植物、目的基因及基因操作方式等对生态环境和人类健康的影响程度，需要在每个因素科学评价分级的基础上，采取合适的方式最终确定转基因植物安全等级。中国农业部发布的《农业转基因生物安全评价管理办法》中对转基因生物安全等级做了明确划分，按照危险程度，由高到低地将农业转基因生物划分为4个安全等级（表7-1）。

表7-1　农业转基因生物安全等级划分标准

安全等级	潜在危险程度
Ⅰ	尚不存在危险
Ⅱ	具有低度危险
Ⅲ	具有中度危险
Ⅳ	具有高度危险

1. 受体生物安全等级

对受体安全性评价主要包括：受体生物的分类学地位、自然生境、进化过程、地理分布、原产地或起源中心、环境中作用、演化成为有害生物的可能性、毒性、致病性、过敏性、适应性、生存竞争能力、传播能力及对非目标生物影响、监控能力等。根据受体生物的特性及其安全控制措施的有效性可将受体生物划分为4个等级：

等级Ⅰ：对生态环境和人类健康未曾产生过不良影响，演化成有害生物的可能性极小，或仅用于特殊研究，存活期短，试验结束后在自然环境中存活性极小；

等级Ⅱ：对生态环境和人类健康可能产生低度危险，而通过采取安全措施可以对其危害进行避免；

等级Ⅲ：对生态环境和人类健康可能造成中度危险，但是采取安全措施仍可以基本避免其危害；

等级Ⅳ：对生态环境和人类健康可能产生高度危险，且目前没有有效的安全措施避免其在封闭设施外发生危害。

2.基因操作安全等级

基因操作安全评价的主要内容是：目的基因、标记基因等转基因的来源、结构、功能、表达方式及产物、稳定性等，载体的来源、结构、复制及转移等特性，供体生物种类及其主要生物学特征，转基因的方法等。根据基因操作对受体生物安全性的影响，基因操作可以分为3种安全类型：

类型1：操作增加受体生物的安全性（如消除致病性、适应性等基因或抑制这些基因的表达等）；

类型2：操作对受体生物的安全性不造成影响（如不带危险性的标记基因，提高营养的贮藏蛋白基因等）；

类型3：操作使受体生物的安全性降低（如导入产生有害毒素的基因，对环境和人类健康产生了不利影响）。

3.转基因生物安全等级的确定

上面已经提到转基因生物分为4个安全等级，其分级标准与受体生物的分级标准相同。其主要评价内容为：对人体及其他生物体的致病性、过敏性和毒性，繁殖特性和育性，适应性和生存竞争力，遗传变异能力，转变为有害生物的可能性，对非目标生物和生态环境的影响等。

转基因植物生物安全评价和安全等级确定的步骤是：

①确定受体生物安全等级；

②确定基因操作对受体生物安全等级影响的类型；

③确定转基因生物的安全等级；

④确定生产、加工活动对转基因生物安全的影响；

⑤确定转基因产品的安全等级。

转基因生物安全等级的确定是由受体生物安全等级和基因操作安全等级决定的，其关系如表7-2所示。

表7-2　转基因生物安全等级与受体生物安全等级和基因操作安全等级的关系

转基因生物安全等级　　受体生物安全等级	基因操作安全等级		
	1	2	3
Ⅰ	Ⅰ	Ⅰ	Ⅰ，Ⅱ，Ⅲ，Ⅳ
Ⅱ	Ⅰ，Ⅱ	Ⅱ	Ⅱ，Ⅲ，Ⅳ
Ⅲ	Ⅰ，Ⅱ，Ⅲ	Ⅲ	Ⅲ，Ⅳ
Ⅳ	Ⅰ，Ⅱ，Ⅲ，Ⅳ	Ⅳ	Ⅳ

4.转基因产品安全等级的确定

根据农业转基因生物安全等级和产品的生产、加工活动对其安全等级的影响类型和程度，来确定转基因产品的安全等级。转基因产品的生产、加工活动对转基因生物安全等级的影响可以分为三个类型：

类型1，增加转基因生物安全性；

类型2，不影响转基因生物安全性；

类型3，降低转基因生物安全性。

转基因生物产品的生产、加工类型与转基因生物安全等级影响转基因生物产品安全等级的关系如表7-3所示。

表7-3　转基因产品安全等级与转基因生物安全等级和生产、加工类型的关系

转基因产品安全等级 ＼ 转基因生物安全等级	生产、加工类型		
	1	2	3
Ⅰ	Ⅰ	Ⅰ	Ⅰ，Ⅱ，Ⅲ，Ⅳ
Ⅱ	Ⅰ，Ⅱ	Ⅱ	Ⅱ，Ⅲ，Ⅳ
Ⅲ	Ⅰ，Ⅱ，Ⅲ	Ⅲ	Ⅲ，Ⅳ
Ⅳ	Ⅰ，Ⅱ，Ⅲ，Ⅳ	Ⅳ	Ⅳ

第二节　转基因植物的生物安全性检测与评价的主要技术方法

转基因植物作为一项现代生物技术的产物，缓解了粮食短缺问题，改进了植物来源，改善了食品营养品质等，给人类带来了巨大的收益，但是同时也可能存在潜在的风险。随着其田间试验和商品化的发展，有关转基因植物安全性评价、检测方法和程序也逐步完善。转基因植物的生物安全评价主要包括三个方面：

一是检测、评价转入外源基因及其产物对受体植物的影响；

二是转基因植物的生态风险检测与评价；

三是转基因植物产品的安全性检测与评价。

一、外源基因对受体植物的风险检测与评价

大部分转基因植物试验中使用两种遗传成分，即标记基因和目的基因。目前使用的标记基因主要是选择基因和报告基因，标记基因又可以分为抗生素抗性、除草剂抗性和植物代谢三大类。大部分标记基因会表达相应的酶或蛋白质，它们可能会对受体植物产生不利影响，因此需要对这些标记基因产物进行检测，从而进行风险评价。在转基因过程中，外源基因一般是随机插入的，插入位置和拷贝数都存在不确定性，而这些都会对转基因或植物本身产生影响（基因失活或沉默），对目的基因活性及插入位置的检测也就成为外源基因对受体植物风险评估的前提。

二、转基因植物的生态学风险检测与评价

转基因植物带来的生态环境风险，主要体现在两个方面，即转基因植物杂草化的潜在风险和外源基因通过基因流向近缘物种逃逸产生的生态风险。种群替代试验是检测这两种潜在风险的常用方法。所谓种群替代试验，是指经过世代交替，当年种群在次年可被它自

己产生的后代或被另一种更具活力的后代所取代。种群替代试验是检测不同世代间基因型减少或增加的一种有效方法，它可以检测出某一特定基因型能否持续存在。具体说种群替代试验可检测两类信息，一类信息是某一种群自身被替代的频率，另一类信息是土壤中存留的所有种子（种群种子库）的持久性。这些数据可以用来比较转基因植物与非转基因植物的生态行为表现。如果在相同环境的试验表明转基因植物与非转基因植物亲本相比，其种群数下降，且其种子库不能持续存在，那转基因植物产生的负面影响就不会高于非转基因植物。

对于转基因植物转变为杂草的潜在风险的评估，Rissler 和 Mellon 于 1996 年提出了一种三步式评估方法。三步评估法的基本步骤是：

第一步，通过现有的知识，将转基因植物进行风险分类，判定是属于高风险一类，还是低风险甚至无风险一类；

第二步，根据第一步的分类对试验对象进行不同的田间试验，评价其生态上的行为表现；

第三步，如果第二步证明转基因植物具有更高的生态上的行为表现，则需要对转基因植物进一步检测，确定在何种条件下造成何种程度的潜在危害（图7-1）。

对转基因作物的第二大生态风险——基因流及其效应评估的方法类似于第一类风险的评估，仍旧是进行三步分析。现以基因流向近缘杂草为例进行介绍。

第一步：基因流分析，主要通过现有的知识，评价了转基因作物与近缘野草间产生可育杂草的可能性。评价内容有：转基因作物本身是否具有有性繁殖能力？不具有或属于低风险，评价可以终止，但是如果具有或信息不全难以确定，则需要进一步评价是否存在与转基因作物有杂交亲和性的近缘种。不存在或属较低风险，评价则终止，如存在或是信息不全难以确定，则进一步分析转基因作物与近缘植物种的授粉方式是否利于基因流入和流出。如不允许或属于较低风险，分析可以终止，若利于或信息不全难以确定，则分析转基因作物与近缘种是否相遇。转基因作物花期与近缘物种花期不一致，属于低风险，分析可以终止，如花期一致或信息不全难以确定，就要继续分析转基因作物与近缘种的传粉方式是否相同。传粉方式若不同，属于较低风险，分析也可终止，如相同或信息不全难以确定，则再进一步分析转基因作物与近缘种在田间环境下是否自然进行异花传粉、受精并产生有活力的可育后代。如若不能，转基因作物就被归为基因流测试的低风险一类，监测评估便可以终止，如果有杂种产生，则分析就要进入第二步。

第二步：野生杂草转入基因后生态上的行为表现分析。此步主要是检测转基因的野生杂草种群在种群替代试验中是否比亲本杂草具有更好的表现。如不是，则风险较低，分析可以终止；如是，则风险较高，需要重新考虑其商业应用或进入第三步分析。

第三步：转基因的杂草植株的杂草化试验。如果转基因的杂草在生态上有强的行为表现，导致转基因杂草植株的杂草化趋势增强，则风险较高，需重新考虑商业应用；若不会导致杂草化增强，则风险较低，分析便可以终止。

在基因流分析中，花粉散布是一个重要指标。测定转基因植物花粉散布的主要分析方法有父本分析、花粉计数、花粉收集及花粉活力测试等。父本分析的目的是分辨出特定的基因型母株所产种子可能存在的父本的特定基因，用以鉴定基因流动的存在。花粉计数可以估计花粉的产量等，在转基因花粉散布的研究中，常与花粉收集相结合来测度花粉的释放。若转基因植物花粉为风媒传播，需要进行数据采集、花粉沉降采集、气象数据分析、花粉风力输送模型等研究。花粉收集计数较常用且简单的方法是用设在离地面10 m的花粉收集器来进行，这样不但可以评价花粉长距离的移动，还可以在不使其正对风向情况下计数1 m³/d中的花粉粒的数量。然后再采用试验性授粉，种子或果实的形成作为花粉粒活力的测度。若转基因植物传粉为虫媒扩散，则还需要对昆虫活动范围进行调查及花粉鉴定等综合作用分析。转基因作物花粉测度研究通常采用亲本分析法进行。其方法是在试验地中心设置一个转基因作物样方，在其周围种植非转基因作物或近缘种，待作物成熟期在不同方向的不同距离上收取一定面积的样方或一定数量的种子或果实，对所收集成熟种子或果实中转基因存在的频率进行分析，即可作为转基因作物的传粉频率。

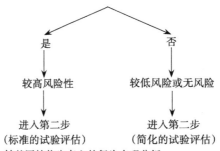

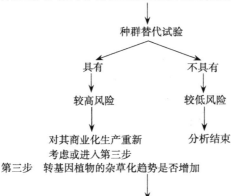

图7-1 转基因植物转变为杂草潜在风险评估

　　在转基因植物安全评价中，检测非转基因作物或其近缘种的后代中是否存在转基因是评价转基因逃逸，也是转基因作物与近缘种间基因流动是否产生杂交种的依据。对于抗除草剂转基因的杂种后代，一般向后代幼苗喷洒响应除草剂就可以初步筛选鉴定。对于其他类型转基因，基因流动的检测主要是采取形态特征分析、细胞学鉴定、蛋白质及同工酶电泳分析、DNA分析标记技术等分子检测和统计方法（具体操作可以参考相关章节）。一般在实际运用中，会对这些方法进行综合运用进行检测。

三、转基因植物产品的安全性风险评价

加强转基因植物产品管理的核心和基础是安全性评价，既要考虑期望效应，还要考虑非期望效应。目前，转基因植物产品的评价一般采用实质等同性原则。转基因植物安全性评价的内容涵盖营养学、毒理学、致敏性及结合其他资料进行的综合评价。

1.转基因植物产品营养学检测与评价

转基因植物产品进行营养成分分析是营养学评价的基础。一般是对转基因植物产品与其非转基因植物产品进行营养成分的显著性差异进行分析，这些营养成分主要指蛋白质、脂肪、纤维、水分、灰分、碳水化合物、脂肪酸、氨基酸、矿质元素、维生素等与人类健康营养密切相关的营养素，以及植物体内的植酸、单宁、胰蛋白酶抑制剂等抗营养因子。当转基因植物产品与其亲本植物产品不等同时，要充分考虑这一差异是否在此类食品参考范围之内。若营养成分变化与导入不同的目的基因有关，则应对除了目标成分以外的其他成分的营养水平进行全面的分析。另外，转基因植物产品的营养学分析和评价还可以通过动物试验进行，即通过观察转基因植物产品对动物采食量、消化率、健康和生长性能影响以及对动物体质量、器官大体病理和食物利用率等指标检测。

2.转基因植物产品毒理学检测与评价

转基因植物产品毒理学检测是其安全评价中首先需要考虑的问题，包括对外源基因表达产物及全产品的毒理学检测。对转基因植物产品毒性评价的原则是：转基因植物产品不应比其他同种可食产品具有更多的毒素。对外源基因的表达产物，通常是通过生物信息学分析，与已知的毒性蛋白、氨基酸和核酸序列进行同源性检测，之后再进行热稳定性和胃肠道模拟消化试验，以及急性毒性啮齿动物试验。在检测过程中，一般在产生预期效应的同时，常常伴随非预期效应，对转基因植物产品毒理学检测主要是检测转基因的植物产品的非预期效应。目前，通常是采用动物试验观察转基因植物产品对人体健康的长期影响。动物饲养试验的结果不仅反映转基因植物产品的毒理学指标，也反映其营养学指标。通过用转基因植物产品饲养动物，检测试验动物的血液及脏器等重要指标，并与对照组（非转基因植物产品饲养的动物）进行比较，从而评价转基因植物产品在毒理学方面产生的影响，为转基因植物产品的进一步利用提供参考。不同的转基因植物产品需要根据情况进行急性毒性试验、遗传毒性试验、亚慢性毒性试验及慢性毒性试验四个毒理学评价阶段。目前，mRNA分析、基因毒性和细胞毒性分析也是转基因植物产品毒理学分析常用的检测方法。

3.转基因植物产品的过敏性检测与评价

在评价转基因植物产品的安全性时，必须对外源基因产生的新蛋白进行致敏性评价，以确保转基因植物及其产品的安全性。转基因植物产品的潜在过敏性危险评价方法是树状分析法，此方法是国际食品生物技术委员会与国际生命科学研究院和免疫研究所的专家会议提出的。该方法主要分析基因的来源、目标蛋白与已知的过敏原的序列同源性、目标蛋白与已知过敏病人血清中的IgE能否发生免疫应答，以及目标蛋白的理化特性。当基因来

自已知的过敏原，且其所编码的蛋白在基因工程体的食用部分表达，需要提供数据以确定该基因是否编码一种过敏原，首先做目标蛋白的免疫反应分析。基因若来自不常见的过敏原，体外免疫试验结果若为阳性，则表明转基因植物产品有过敏性；若转基因植物产品含有常见过敏原基因，体外免疫分析为阴性或不确定，则有必要进一步做皮肤穿刺试验；再对过敏病人做双盲、以安慰剂为对照的食物试验，体内试验任何一种为阳性，就证明转基因植物产品有过敏性。当基因来自未知是否具有过敏性的生物，应首先与已知过敏蛋白质的氨基酸进行比较，若有同源性，则用对该过敏原敏感病人的血清进行免疫试验；若无同源性，需要继续分析该蛋白对消化和加工的稳定性。

第三节　转基因植物的生物安全性检测与评价的规范机制

一、 国外转基因植物的生物安全检测与评价的规范机制

转基因植物的生物安全性检测与评价不仅仅是一个科学分析、科学决策的过程，同时还是不同利益团体之间利益平衡、相互妥协的过程。由于各国转基因技术发展和产业化程度存在较大差异，同时文化传统和政治结构也存在差别，导致各国对转基因植物的生物安全性的认识也不同，也导致各国对转基因植物制定的法律法规体系和管理模式有所不同。目前，国际转基因植物安全性管理可以归纳为三种类型：以产品为基础的美国模式，以技术为基础的欧盟模式，以及介于两者间的中间模式。

从20世纪80年代开始，FAO（联合国粮农组织）、WHO（世界卫生组织）等国际组织就开始制定转基因植物及其产品的生物安全性检测与评价的技术与管理规范，致力于国际协调管理。FAO、WHO、OECD（经济合作与发展组织）、UNIDO（工业发展组织）和UNEP（环境规划署）等国际组织制定了一系列有关转基因植物生物安全管理的法规与准则。CAC（国际食品法典委员会）针对转基因植物产品安全管理也制定了一系列指导原则与规范。

二、中国转基因植物的生物安全性检测与评价的规范机制

我国是人口大国，又是发展中国家，粮食安全是关系国民经济、社会稳定的重大战略问题。多年来，我国高度重视并一贯支持转基因技术的发展和应用，是接受生物和基因改良活生物体（LMO）进入的大国，并制定了"加快研究、推进应用、规范管理、科学发展"的指导方针，同时积极开拓LMO的输出。由于我国转基因技术研究起步晚，同发达国家有一定差距，所以在管理上借鉴了国外的一些做法，兼顾产品管理和技术管理，力求在科学检测与评价、依法管理、确保转基因植物生物安全的前提下加快研究，推进应用。

我国对转基因植物及其产品的安全性管理十分重视，根据发展趋势与产业要求，相继制定和出台了有关的管理条例和管理办法。1990年制定的《基因工程产品质量控制标准》，是我国制定的第一个有关生物安全的标准和管理办法，1993年国家科委颁布了《基因工程安全管理办法》，1996年农业部颁布并实施了《农业生物基因工程安全管理实施办法》，1998年国家烟草专卖局发布了《烟草基因工程研究及其管理办法》，2001年国务院

颁布了《农业转基因生物安全管理条例》（简称《条例》）。为配合该条例的实施，农业部于2002年发布了3个相关的农业部令，即《农业转基因生物安全评价管理办法》《农业转基因生物进口安全管理办法》《农业转基因生物标识管理办法》，并于2003年实施。

转基因植物生物安全检测与评价涉及众多领域，归口于多个部门，为此，国务院批准建立了包含农业部、科技部、环保部、国家质检总局等11个部委成员单位的农业转基因生物安全管理部际联席会议制度，以便于协调转基因植物及其产品生物安全管理中的重大问题，保证转基因植物生物安全管理的统一性和高效性。根据规定，农业部行政主管部门负责全国农业转基因生物安全的监管工作，是我国农业转基因生物安全管理的具体主管部门，农业部下设了农业转基因生物安全管理办公室，是我国农业转基因生物安全管理的日常行政机构。

根据《条例》规定，我国建立了农业转基因生物安全检测与评价、生产许可、加工许可、经营许可、产品标识、进口审批等管理制度，对在国内开展的转基因生物的研究、试验、生产、加工、经营和进口、出口活动进行全过程监管，其中转基因生物的检测与安全评价制度是转基因生物安全管理的核心，贯穿转基因生物研发的整个过程，确保了转基因生物及其产品的安全性。

农业部还依托国内的相关科研单位，设立了一个国家级检测机构和一批部级检测机构，初步形成了以国家级检测机构为龙头的农业转基因生物安全检测机构网络体系，为我国转基因生物安全管理提供了完善的检测和监测平台。对于转基因生物安全评价标准，农业部牵头成立了全国农业转基因生物安全管理标准化技术委员会，负责国家转基因生物标准的修订工作，并通过审定和发布实施了一大批环境安全、使用安全和产品成分检测技术标准，极大地推动了我国转基因生物安全管理工作的标准化进程。

参考文献

[1]闫新甫,李润植,苗泽伟,等.转基因植物[M].北京:科学出版社,2003.

[2]王明远.转基因生物安全法研究[M].北京:北京大学出版社,2010.

[3]沈平,黄昆仑.国际转基因生物使用安全检测及其标准化[M].北京:中国物资出版社,2010.

[4]宋新元,张欣芳,于壮,等.转基因植物安全评价策略[J].生物安全学报,2011,20(1):37-42.

[5]王关林,方宏筠,朱延明,等.植物基因工程[M].北京:科学出版社,2014.

[6]刘谦,朱鑫泉.生物安全[M].北京:科学出版社,2001.

第八章 甘肃省现代农业生物技术科技发展报告

现代农业生物技术是指运用基因工程、细胞工程及分子育种等现代生物技术手段，打破原有的常规育种局限，在细胞和分子水平上实现物种间遗传物质转移交换，定向改变生物性状，进而创制优良动植物及微生物新品种和新产品，并且赋予动植物在产量、品质、抗逆性等方面突出的表现，从而大幅度地提高资源利用率和农业生产率。

现代农业生物技术在20世纪80—90年代即取得突破性的进展，并迅速进入产业化阶段。目前，现代农业生物技术已成为现代生物技术发展最活跃及技术与经济层面最富争议的领域（乔颖丽等，2005；金红等，2000），它的快速发展和产业化必将为传统农业注入新的活力，也为现代农业发展带来质的飞跃，农业生物技术作为一项高新技术产业在发达国家已经形成，并处于一个高速发展时期，为解决农业可持续发展问题发挥着重要作用。

第一节 现代农业生物技术科技及产业发展动态

当前，全世界许多国家通过调整机制、加大政府预算、鼓励社会投入、培育领军企业等措施，加快农业生物技术产业的发展，现代农业生物技术正快速朝着大规模产业化集聚（中国报道，2006）。

当前，我国已进入加速生物技术产业发展的重要时期，在基因测序、功能基因组研究等领域，紧跟世界前沿水平，取得了令世人瞩目的成就，在转基因水稻和转基因棉花的研发和应用方面已达世界前沿水平，农业转基因作物生产已跃居世界第四。目前，我国现代生物技术产业每年以30%以上的速度增长（中国报道，2006）。

一、转基因作物的大规模推广应用

目前，国际上抗虫、抗病、抗除草剂的转基因棉花、玉米、大豆、油菜等已进入大规模商业化应用阶段（梅方竹，2007）。据国际农业生物技术应用服务组织（ISAAA）发布的报告显示，转基因作物的种植面积从1996年的170万公顷上升至2015年的1.797亿公顷，仅用20年就增长了100倍；种植转基因作物的国家从1996年的6个增加到2016年的28个，并已从转基因作物中获益超过1500亿美元（Clive，2016）。我国2015年转基因棉花采用率达到了96%，仅2014年就实现了13亿美元的收益，创造了巨大的社会、经济和生态环境效益（Clive，2016）。目前，我国已有转基因耐贮藏番茄等7种转基因植物通过了商品化生产许可，另有水稻、玉米等13种转基因植物进入了环境释放和生产性试验阶段。这些进展标志着我国已基本具备了独立研究和开发转基因农作物的实力（王琴芳等，2004）。以植物代谢工程为基础的第二代转基因植物研究已取得了进展，但创新不足。

二、分子育种技术的日臻成熟与广泛应用

分子育种就是把表现型和基因型选择结合起来的一种作物遗传改良理论和方法体系，可实现基因的直接选择和有效聚合，大幅度提高育种效率，缩短育种年限，在提高产量、改善品质、增强抗性等方面已显示出巨大潜力，成为现代作物育种的主要方向。近十余年来，我国在新基因发掘、分子标记育种、转基因育种、分子设计育种等领域取得了重要进展。目前，对水稻、小麦、玉米、大豆等10多种作物的种质资源进行了表型多样性和遗传多样性研究，在此基础上建立了核心种质。利用各种自然群体和人工群体，标记和定位了1000多个基因，克隆相关基因300多个，为作物分子育种奠定了坚实的基础。用新鲜胚胎已在牛、羊、猪等家畜上移植成功，冷冻胚胎移植技术已用于牛、羊、家兔等，试管牛、羊相继问世，克隆牛、羊亦获成功。

三、基因组学研究的革命性发展

基因组学的兴起是生命科学发展新的里程碑。目前已完成了包括拟南芥、水稻、小麦、人类等多个物种基因组测序（王琴芳等，2004）。自启动中国杂交水稻基因组计划以来，我国已先后独立完成了多个作物的全基因框架图和精细图、全基因组测序、结构基因研究（王琴芳等，2004），整体已达到国际领先水平。目前，功能基因组研究，尤其是与基因开发应用直接相关的各类重要性状相关基因的分离和功能鉴定的研究已成为基因组学研究的重点，重要等位基因的发现与功能研究将会迅速走向应用，并结合基因克隆、转基因等分子生物学手段在农业动植物高产、优质、抗病育种和微生物遗传改良中发挥巨大作用（王琴芳等，2004）。

四、细胞工程、生物反应器等技术研究迅猛发展

我国迄今已获得各类作物花药培养的再生植株达40多种（全世界约200余种），其中小麦、水稻、烟草等主要农作物花培新品种种植面积达数十万公顷，居世界领先水平（王琴芳等，2004）；我国科学家完成了多种重要粮食作物、经济作物、蔬菜和中草药植物的原生质体再生植株研究工作，其中玉米、大豆、谷子、高粱等20余种植物再生植株在世界上属首次（王琴芳等，2004）。目前，国内外已在人参等多种植物上实现了大规模细胞培养。我国已在水稻、小麦、大麦、玉米等作物上获得原生质体再生植株，并成功地进行了多个种属的种间体细胞融合，获得体细胞杂交育种材料（王琴芳等，2004；赵凯等，2003）。

五、农业微生物基因工程研究正在孕育新的突破

近年来，我国农业微生物研究已全面深入到分子水平，并广泛应用于病虫害防治、节肥增产、饲料与食品添加剂、环境污染物降解等领域，农业生物技术已成为微生物遗传改良和新一代微生物制品研制的有效手段（王琴芳等，2004）。目前，以重组苏云金芽孢杆菌为代表的10余种新型微生物农药已进入国际市场，植酸酶、甜蛋白等多种饲料与食品加工用的酶制剂已广泛投入生产和应用。我国学科较为齐全的农业微生物研究体系及研究团队现已初步形成，在微生物肥料、农药和饲用酶制剂的研发中取得了显著的进展。通过

进一步加强功能基因发掘的技术平台建设和微生物代谢工程等基础研究，可望拓展应用范围并取得新的技术突破（王琴芳等，2004）。

第二节　甘肃省现代农业生物技术科技发展现状与问题

一、甘肃省现代农业生物技术发展概况及"十二五"期间发展成效

甘肃省自20世纪70年代初开始农业生物技术开发与应用研究。四十多年来，先后开展了主要粮食作物、经济作物和林果的生物技术育种探索和实践，取得了丰硕的成果和明显的经济效益。

1. 植物细胞工程

（1）以植物细胞工程为主的农业生物技术研究体系日臻成熟，已成功培育多种农作物新品种及新种质。甘肃省已建立了比较完善的包括花药培养体系、组培快繁体系、原生质体培养体系、体细胞杂交技术体系在内的植物细胞工程技术体系，并先后用于马铃薯、兰州百合、油菜、小麦、谷子、玉米、葡萄、百合、胡麻等作物，已经获得多种农作物及药用植物的再生植株；小麦、大麦及油菜等十字花科作物大、小孢子培养体系建立并逐步完善（王琴芳等，2004；赵凯等，2003）。

在单倍体育种方面取得了一系列的研究成果，先后选育出花培764，张春11号，陇春21、31、32号多个小麦新品种，累计推广面积1200万亩，累计增产粮食4亿千克；选育出苜蓿系列新品种，在西北地区的生态环境治理及畜牧业发展中起着重要作用（史振业等，2004）。

利用远缘杂交、抗生素诱导、幼胚离体培养及染色体倍性操作等手段，获得了一批优质、抗病的小麦、谷子、甜瓜等新种质。通过抗生素诱导获得了温敏型隐性亚麻雄性核不育突变材料，并在世界上首次培育出亚麻杂交种陇亚杂1、2号；发现了小麦不育（隐性）基因，通过天蓝偃麦草4E染色体附加系实现了隐性核不育基因的标记，建立了杂种生产育种体系（史振业等，2004）。

（2）组培快繁及脱毒技术与应用。成功研制了马铃薯、葡萄、草莓、百合等多种植物组培脱毒及病毒检测技术，已在生产中应用；建立了马铃薯试管苗脱毒快繁、病毒检测及三级种子繁殖体系，累计推广脱毒种薯151.05万亩（史振业等，2004）；通过兰州百合组培快繁脱毒原种苗，可规模化培育脱毒籽球；建成国内最大的酿酒葡萄无病毒母本园，省级苹果、梨、葡萄无病毒母本园，对甘肃百合、酿酒葡萄等地方优势资源的产业化开发起到了推动作用。

2. 植物基因工程研发

开展花粉管通道外源DNA导入研究，提出了相应的优化技术体系，使这一技术成为创造变异、进行品种选育的常规技术。利用农杆菌介导等遗传转化，获得了马铃薯、啤酒大麦、谷子、小麦、玉米、油菜等植物的转化系（史振业等，2004）。近年来，相继开展了优良性状基因、抗逆基因以及合成相关基因的克隆与转化，建立了相应技术体系，同时开展了一大批作物分子标记辅助育种、分子遗传标识图谱构建和数量性状基因定位、利用

植物反应器生产疫苗等工作(史振业等,2004)。

农业生物技术研究与产业化已累计获得省部级奖项的科研成果30多项,以分子标记辅助育种为支撑的小麦、谷子、玉米、胡麻、油菜等作物种质创新及新品种选育进入应用开发阶段。

3.动物生物技术

用基质金属蛋白酶谱技术、反义技术、小鼠胚泡体外植入模型和间接免疫荧光等方法,进行了胚胎植入机理的研究。近年来,陆续在平凉、张掖、武威、天水等地成功地实施了奶牛、肉牛胚胎移植,牛羊胚胎移植成功率达到50%左右,为甘肃省动物胚胎移植示范推广奠定了基础(史振业等,2004)。

二、甘肃省现代农业生物技术科技发展中的主要问题

由于甘肃省经济总量有限,农业生物技术研发机构及农业生物技术企业获得的资金支持不足,加之市场机制运用滞后,与其他经济发达省份相比,甘肃省农业生物技术及其产业整体发展水平还有一些差距。

农业生物技术科研成果转化水平较低,诸多基础条件也比较薄弱,产业化进程相对较慢,在一定程度上制约了农业的研究与开发以及成果的转化速度。此外,市场对农业生物技术成果的需求不旺,农业生物技术科研成果仍然未能得到迅速转化,而农业生物技术企业整体规模不大,市场竞争力不强(史振业等,2004)。

近年来,在国家和地方的大力支持下,甘肃省农业生物技术科研条件有了较大的改观,研究与开发水平有了较大提高,但农业生物技术研究开发人员、技术装备和资金等要素合理配置机制仍需创新,科技资源没有得到充分利用;大部分农业生物技术企业研发能力较弱;产学研结合不紧密,一体化程度不高,运行机制滞后,总体研发能力亟待提高。

政府、科研人员及企业对加速发展农业生物技术的认识还需提高。同时政府在生物技术的科研方向和成果转化上的调控能力较弱;缺乏强有力的政策、措施支撑;引导性研发经费投入不足。企业对农业生物技术研究开发认识局限,农业生物技术企业对生物资源综合开发利用水平有待提高,相关产业链没有形成,技术附加值较小,甘肃省生物资源优势没有很好地转化为经济优势。

三、甘肃省发展农业生物技术的主要政策建议和措施

1.加强宏观规划指导

为充分发挥政府的宏观调控职能,强化支撑条件和保障措施,甘肃省已明确指出要加强农业生物技术的研究开发,并及时启动一批农业生物技术领域重大专项,为甘肃省农业生物技术科研及产业化发展提供资金和发展环境支撑。

2.多渠道强化资金投入

继续加大对农业生物技术项目的支持力度;鼓励产学研结合,促进企业对农业生物技术研究与开发的投入;尝试引进外资、合资、合作研究等手段,积极引进国际资本;积极争取国家项目资金的支持。

3.合理布局,择优扶持,形成农业生物技术产业聚集区

利用农业科技园区、高新技术开发区等载体,大力引进、示范与推广农业生物技术,

促进农业生物技术成果的转化，加速农业生物技术产业集群的形成。建立定西国家农业科技园区、张掖农业高新技术产业示范区、河西走廊星火产业带，促进区域经济发展。

第三节　甘肃现代农业生物技术科技创新
发展思路目标及重点

一、基本思路及重点发展目标

未来10年，甘肃省现代农业生物技术科技创新的总体发展思路应以动物、植物和微生物重要性状功能基因的发掘利用为重点；以提升农业生物技术的整体研究水平以及产业化水平为目标；加快从跟踪性研究到自主创新研究转变，从通用技术应用到开发并建立关键性技术平台转变，逐步使甘肃省农业生物技术科技创新研究和应用在整体上紧跟国内、国际发展步伐，使自主创新能力得到显著提升（康永兴，2014）。

甘肃省农业生物技术的战略重点应该着眼于加强生物技术与常规技术相结合及高附加值新兴农业产业的开拓，推动传统农业的提升改造和农业生物技术的扩大推广应用以及大规模产业化。

二、现代农业生物技术研究方向与目标

1.植物生物技术

（1）植物分子标记辅助育种。建立符合甘肃经济发展需求的分子育种技术体系，全面带动传统育种手段的更新改造，提高优质、高产、抗病、抗虫、抗逆作物和林木新品种的开发能力。

（2）抗逆、抗病虫、抗除草剂及品质改良转基因植物。结合甘肃省以干旱和半干旱耕地为主的特点，通过分子育种和转基因技术培育多抗、抗旱、抗盐、耐低温作物和林草新品种，为甘肃省农业生态环境的改变和农业可持续发展提供重要保证。

（3）植物生物反应器。甘肃省将植物生物反应器及其产业研究确定为战略发展重点及目标，将对甘肃省现有农作物种植结构和产业结构产生显著影响。

2.动物生物技术

甘肃省转基因动物育种应以改良产品的品质和抗性为重点，并同动物体细胞克隆和生物反应器的研究相结合，这对甘肃省畜牧业传统育种技术的提升改造和未来发展具有重大意义（王琴芳等，2004）。

3.微生物生物技术

甘肃省应加强以新一代高效基因工程微生物农药和其他新型微生物农药的开发为主的生物防治微生物工程；加强以固氮微生物、牛胃生物降解微生物以及耐受各类极端环境的微生物的重要功能基因的分离鉴定和表达调控为主的环保微生物工程研究，建立和完善相关新技术、新工艺，并应用于生产；加强食品与饲料加工的微生物基因资源的发掘与应用研究，建立重组微生物发酵生产的新工艺体系，开发新型、优良的食品饲料用微生物产品（王琴芳等，2004；康永兴，2014）。

第四节 现代农业生物技术科技创新载体
建设与保障措施

一、现代农业生物技术科技创新载体建设

针对甘肃省现代农业生物技术科技创新载体建设，建议成立甘肃省"农业生物技术产业技术创新战略联盟"，在政府相关政策及科技和农业主管部门的指导和监督下，建设以科技创新为支撑，以市场为导向、企业为主体、产学研相结合的现代农业科技创新平台，加快农业生物技术成果转化；通过联盟的协同发展，大力发展生物种业、生物农药、生物肥料和生物反应器等关键农业生物技术，最终提升甘肃省现代农业的生产效益和国际核心竞争力。

二、现代农业生物技术科技创新的政策与保障措施

1.加强对农业生物技术发展的战略规划

从一定意义上讲，目前影响我国农业生物技术发展的最大障碍是现行管理体制上的不统一和不协调。甘肃省当前急需专门制定一个甘肃省农业生物技术战略发展规划。规划应包括技术发展的指导方针、方向与目标、战略对策、基础研究、开发研究和产业化研究重点、优先发展领域、发展预测，以及运行管理机制、相关法律政策等重大问题。

2.制定积极稳健的产业化政策

产业化是农业生物技术发展的最终目标，甘肃省应高度重视农业生物技术产业化战略与政策的研究，在全面调研和科学分析的基础上制定积极、稳健的产业化政策。目前，甘肃省农业生物技术研发企业数量少，力量弱，规模小，这已成为当前影响甘肃省农业生物技术产业化的主要"瓶颈"之一。应当尽快制定和完善甘肃省农业生物技术产业化的各类政策，以调动企业投资的积极性。

3.加快科研计划管理机制的改革

在各管理部门之间和各科技计划之间缺乏统一规划和协调，以致加剧了研究工作的低水平重复和资源浪费，科研投资无法取得应有的产出和效益，深化科研计划管理机制改革已迫在眉睫（康永兴，2014）。

4.继续增加科研投入

甘肃省科技经费的绝对数额较低，应针对农业生物技术研究开发高投入、高风险和高回报的特点，在继续增加科技投入的同时，积极通过发展风险基金、鼓励企业投资和地方科技经费匹配等多种方式，形成多元化、市场化的投入体系，为农业生物技术的发展奠定坚实的物质基础。

参考文献

[1] 乔颖丽,田颖莉,贾金凤.现代农业生物技术产业化发展的思考[J].河北北方学院学报:自然科学版,2005,21(5):75-79.

[2] 金红,李爱华,张要武,等.天津市现代农业生物技术发展战略研究[J].天津农业科

学,2000,6(2):47-51.

[3]陆浩.甘肃生物技术产业发展潜力巨大[J].中国报道,2006(2):24-25.

[4]史振业,李锐,张建韬,等.甘肃省生物技术及其产业专项综合调研报告[J].甘肃科技,2004,20(1):1-7.

[5]梅方竹.浅谈转基因植物研究及我国的发展策略[J].华中农业大学学报:社会科学版,2007,1:49-52.

[6]Clive J.2015年全球生物技术转基因作物商业化发展态势[J].中国生物工程杂志,2016,36(4):1-11.

[7]李瑞国.国际农业生物技术发展趋势分析[J].中国农业科技导报,2010,12(4):6-11.

[8]姜虹.国际农业生物技术应用服务组织在京发布年度报告——过去二十年间,农民因转基因作物的发展获得了超过1500亿美元的收益[N].中华工商时报,2016-04-15(8).

[9]白京羽,王君."十一五"期间生物产业支撑保证条件建设发展思路研究[M]//中国生物产业发展报告.北京:化学工业出版社,2006:28-39.

[10]邓家琼.转基因农业生物技术的产业化、政策与启示[J].西北农林科技大学学报,2008,8(5):36-41.

[11]马春艳.我国农业生物产业技术创新路径及政策研究[D].武汉:华中农业大学,2008.

[12]国家发展改革委产业发展研究所课题组.我国生物产业发展的问题与政策建议[J].中国经贸导刊,2004(20):25-26.

[13]蒋建科.中国农业生物技术整体水平已经跃居世界先进水平[N].人民日报,2007-01-20(2).

[14]潘月红,逮锐,周爱莲,等.我国农业生物技术及其产业化发展现状与前景[J].生物技术通报,2011(6):1-6.

[15]马春艳,冯中朝.我国农业生物技术产业存在的问题及出路[J].农业科技管理,2006,25(6):52-54.

[16]陈道雷.我国生物技术在农业生产中的应用及存在的问题研究[D].重庆:西南大学,2013.

[17]黄大昉.转基因生物育种的发展与管理[J].紫光阁,2014(6):66-67.

[18]曹军平.现代生物技术在农业中的应用及前景[J].安徽农业科学,2007,35(3):671-674.

[19]赵凯,王晓华.生物技术在农业中的应用[J].生物技术通讯,2003,14(4):342-345.

[20]康永兴.我国政府农业科技投入的重点领域研究[D].北京:中国农业科学院,2014.

第二篇
基础及应用研究实例

第一章 基因克隆与功能基因研究

AtNHX5 and AtNHX6 Control Cellular K⁺ and pH Homeostasis in Arabidopsis: Three Conserved Acidic Residues Are Essential for K⁺ Transport

1 Materials and Methods

1.1 Plant materials and growth conditions

Arabidopsis thaliana ecotypes Columbia （Col-0）, mutants, and transgenic lines were used in this study. In the growth chamber, plants were grown on compost （Pindstrup Substrate, Latvia） and subirrigated with tap water. Greenhouse conditions were as follows: 16-h-light /8-h-dark cycles, light intensity 100 μmol·s⁻¹·m⁻² photosynthetically active radiation, temperature 22℃, and relative humidity 50±10%. For plate-grown plants, Arabidopsis thaliana seeds were surface sterilized with 20% （V/V） bleach. After cold treatment at 4℃ for 3 days in the dark, the seeds were germinated on plates with Murashige and Skoog （MS） medium containing 1.0% agar, pH 5.8. For growth at low potassium, seedlings grew on the modified MS medium containing various concentrations of KCl. The modified MS medium contains 1/20 strength major salts and 1× minor salts. For solidification of MS medium, 1.0% ultra-pure agarose was used.

1.2 Generation of the nhx5 nhx6 double mutant and complementation assays

T-DNA insertion lines were obtained from the SALK collection. Alleles and SALK lines used in this work were Wisc-DsLox345-348M8 （nhx5-1）, SALK_113129C （nhx6-1）, and SALK_100042 （nhx6-2）. Insertion mutant information was obtained from the SIGnAL website (http://signal.salk.edu) and confirmed experimentally. Positions of T-DNA insertion sites are shown in S2A Fig online. Mutant nhx5-1 has a T-DNA insertion at nucleotide +1504 relative to the start codon. The T-DNA insertion in line nhx6-1 occurred at nucleotide +3809 relative to the start codon, whereas mutant nhx6-2 carries the insertion at nucleotide +545. Homozygous mutant lines were identified by PCR screening with allele-specific primers designed to amplify wild-type or mutated loci.

The double mutant lines were generated by crossing nhx5-1 with nhx6-1 or nhx6-2 to obtain nhx5-1 nhx6-1 and nhx5-1 nhx6-2, using nhx6-1 or nhx6-2 as pollen donors. The homozygous double mutant lines were identified by PCR screening with allele-specific primers designed to amplify wild-type or mutated loci.

For complementation assays, the CDS of AtNHX5 and AtNHX6 (without stop codons) was amplified by PCR from pDR196-NHX5 and pDR196-NHX6, ordered from ABRC, using the following primers: AtNHX5 (5'-ACAAGTTTGTACAAAAAAGCAGGCTTCATGGAGGAAGTGAT-GATTTCT

CCG-3' and 5'-ACCACTTTGTACAAGAAAGCTGGGTCCTCCCCATCTCCATCTCCATCTC-3'), and AtNHX6 (5'-ACAAGTTTGTACAAAAAAGCAGGCTTCATGTCGTCGGAGCTGCAGATT-3' and 5'-ACCACTTTGTACAAGAAAGCTGGGTCGCCGCGGTTATTTAGATTTCCTCTT-3'). The PCR products were cloned into the vector pDONR/Zeo (Invitrogen). The entry vectors (pDONR-NHX5 and pDONR-NHX6) were recombined into the expression vector pUBC-GFP using Gateway technology (Invitrogen) to produce pUBC-NHX5-GFP and pUBC-NHX6-GFP. The expression constructs were transformed into the A. tumefaciens strain GV3101, and the resulting bacterial clones were used to transform nhx5-1 nhx6-1 for complementation assays by the floral dip procedure. Meanwhile, the expression constructs were introduced into Arabidopsis Col-0 plants to generate the overexpression plants. Transgenic plants were screened on MS medium supplemented with 0.0015% Basta. The homozygous lines of T3 progeny were selected for experiments.

1.3 Generation of the point mutants of the conserved acidic residues in AtNHX5 and AtNHX6

For plant transformation, pDONR-NHX5 and pDONR-NHX6 were used as templates to generate the point mutants. The site-directed mutagenesis was performed by Quikchange mutagenesis. For AtNHX5, the mutations were GAC to AAT (pDONR-NHX5-D164N), GAA to CAA (pDONR-NHX5-E188Q), GAT to AAT (pDONR-NHX5-D193N), and GAA to CAA (pDONR-NHX5-E320Q). The mutations of AtNHX6 were GAT to AAT (pDONR-NHX6-D165N), GAA to CAA (pDONR-NHX6-E189Q), GAT to AAT (pDONR-NHX6-D194N), and GAG to CAA (pDONR-NHX6-E320Q). These point mutants of AtNHX5 and AtNHX6 were recombined into pUBC-GFP using Gateway technology. The C-termini of these genes was fused with GFP, driven by Ubiquitin-10 (Ub10) promoter. These plasmids were transformed into the GV3101 A. tumefaciens strain, and the resulting bacterial clones were used to transform the A. thaliana (ecotype Columbia) by the floral dip procedure. Transgenic plants were screened in vitro on MS medium supplemented with 0.0015% Basta. The homozygous lines of T3 progeny were selected for experiments.

For the yeast expression assay, the point mutants of AtNHX5 and AtNHX6 were amplified by PCR using the pDONR vectors mentioned above as templates. These point mutants were amplified using the following primers: AtNHX5 (5'- CCGGAATTCATGGAGGAAGTGATG -3' and 5'-CCGCTCGAGCTACTCCCCATCT -3'), AtNHX6 (5'- CCGGAATTCATGTCGTCGGAGCT -3' and 5'- CCGCTCGAGTTAGCCGCGGTTATTTAG -3'). The PCR products were digested with EcoRI and XhoI and cloned into the yeast vector pDR196.

1.4 Quantitative real-time RT-PCR (RT-qPCR) analysis

Col-0 seedlings growing on MS plates were collected at 7-, 14- and 21-day growth. The total

RNA was isolated using the RNAiso Plus （TaKaRa）. The first-strand cDNA was synthesized from the total RNA （1 μg） using the PrimeScript® RT reagent kit with cDNA Eraser （TaKaRa）, and was used as templates for PCR amplification. PCR amplification was performed with the CFX96 system （Bio-Rad） using the SYBR® Premix Ex Taq™ （TaKaRa）. The Arabidopsis Actin7 gene was used as an internal control, and differences in product levels among the tested samples during the linear amplification phase were used to calculate the differential gene expression. The gene-specific primers used are as follows: AtNHX5 （5'-CATGATCTACCAGAGGGTCACG-3' and 5'-CAGACATGGAGTCATCAAGATCG-3'）, AtNHX6 （5'-GGAAGTGGATTCAGGACAAAAC-3' and 5'-GTTGCTCCATGTTACCCTCA TC-3'）.

1.5 Determination of K⁺ content

The mutants and wild-type seedlings grew on MS plates for 10 days. The seedlings were then collected, washed briefly for 4 times with deionized water, and dried at 80 ℃ for 36 h. Dried samples were digested with HNO_3, and the K^+ concentration was determined by the atomic absorption spectrophotometer.

1.6 Vacuolar pH measurement

The pH-sensitive fluorescent dye BCECF-AM was used to measure the vacuolar pH in root cells. 5-day-old seedlings grown on vertical plates were collected and incubated in liquid media containing 1/10 MS medium, 0.5% sucrose, 10 mM MES （pH 5.8）, 10 μM BCECF-AM and 0.02% pluronic F-127 （Molecalur probes） for 1 h at 22 ℃ in darkness. The seedlings were washed once for 10 min before microscopy. Dye fluorescent images were obtained using a Leica confocal. The fluorophore was excited at 458 and 488 nm, and single emission between 530 and 550 nm was detected for all the images. The root tip cells and mature root cells of fully elongation zone were collected for the images. After background correction, the integrated pixel intensity was measured for both the 458 and the 488 nm excited images. The ratio values were used to calculate the pH based on the calibration curve, which was calculated using the WCIF ImageJ. For in situ pH calibration, the 5-day-old seedlings were incubated for 15 min in pH equilibration buffers containing 50 mM Mes-BTP （pH 5.3-6.4） or 50 mM Hepes-BTP （pH 6.8-7.6） and 50 mM ammonium acetate. The average ratio values were determined from 20 individual seedlings.

1.7 Cell Sap pH measurement

The cell sap was extracted from rosette leaves of 4-week-old plants. Leaves dissected were squeezed in a 1.5 ml reaction tube with a micropestle for 2 min. Samples were centrifuged at 20, 000 g for 1 min. The supernatant was transferred to a new tube, and the procedure was repeated once. Pool the supernatants of two extractions and immediately measure the pH of the solution using a semimicroelectrode.

1.8 Yeast strains, media, and growth conditions

Saccharomyces cerevisiae strains W303-1B （MATα leu2-13 112, ura3-1, trp1-1, his3-11 15, ade2-1, can1-100）, AXT3 and AXT4K were gifts from Dr. Jose M. Pardo. All strains used were derivatives of W303-1B. Saccharomyces cerevisiae strain Δnhx1 was derivatives of BJ3505. Untransformed strains were grown at 30℃ in YPD medium （1% yeast extract, 2% peptone and

2% glucose). Transformation of yeast cells was performed by the lithium acetate method. After transformation, strains were grown on selective Hartwell's complete (SC) medium or APG medium (10 mM arginine, 8 mM phosphoric acid, 2 mM MgSO₄, 1 mM KCl, 0.2 mM CaCl₂, 2% glucose, and trace minerals and vitamins). NaCl, KCl, or hygromycin B was added to the medium. Drop test media contained 20 mM MES, and pH was adjusted to 7.5 with arginine or to acidic pH values with phosphoric acid.

1.9　Functional expression of AtNHX5 and AtNHX6 in yeast

The cDNAs of AtNHX5, AtNHX6 and AtNHX2, ordered from ABRC, were cloned into the yeast expression vector pDR196 with the promoter PMA1.

To clone AtCHX17, gene fragments were amplified by PCR from Arabidopsis cDNA using the following primers: AtCHX17 (5′-AAACTGCAGATGGGAACAAACGGTACAAC-3′ and 5′-CGCGTCGACCTAAGGACTCTCAGAATCC-3′). To clone ScNHX1 and ScKHA1, gene fragments were amplified by PCR from the genomic DNA isolated from the Saccharomyces cerevisiae strain BJ3505 using the following primers: ScNHX1 (5′-CGCGTCGACATGCTATCCAAGG-TATTGC-3′ and5′-CCGCTCGAGCTAGTGGTTTTGGGAAGAG-3′), ScKHA1 (5′-CGCGTC-GACATGGCAAACACTGTAGGAG-3′and5′-CCGCTCGAGTTATTCAGACGAAAAATGGTG-3′). The PCR fragments were cloned into the plasmid pDR196. All gene fragments were verified by sequencing. All plasmids were transformed into the yeast strain AXT3 or AXT4K; the empty vector pDR196 was transformed into the same yeast strains as a control. For stress tolerance tests, yeast cells were normalized in water to A₆₀₀ of 0.12. 4 μL aliquots of each 10-fold serial dilution were spotted onto AP plates supplemented with KCl, or YPD plates supplemented with NaCl as indicated, and incubated at 30 ℃ for 3 days. Resistance to hygromycin B was assayed in YPD medium.

1.10　Localization of AtNHX5 and AtNHX6 in Arabidopsis Protoplasts

The transient expression in protoplasts was performed as described. The protoplasts were derived from the leaf mesophyll cells of Arabidopsis. RFP gene was fused in frame to the N-termini of AtNHX5 and AtNHX6. The AtNHX5 and AtNHX6 were amplified using the following primers: AtNHX5 (5′-TCGCGGATCCATGGAGGAAGTGATGATT-3′ and 5′-CCCG-GAATTCCTACTCCCCATCTCCATC-3′), AtNHX6 (5′- ATCGCGGATCCATGTCGTCGGAGCT-3′ and 5′- TCCGGAATTCTTAGCCGCGGTTATTTAGAT-3′). The amplified fragments were cloned into the EcoRI and BamHI sites of the pSAT6-C1-Red fluorescent protein (RFP) vector to yield the final plasmids RFP-AtNHX5 and RFP-AtNHX6. Plasmids carrying genes tagged with a fluorescent marker were transiently co-expressed with TGN marker GFP-SYP41, Golgi marker GFP-SYP31 and PVC marker Ara7-GFP in leaf protoplasts as described. Arabidopsis seedlings of 4 weeks old were used for protoplast isolation. Fluorescence was visualized by a confocal laser scanning microscope (FV1000, Olympus). The excitation wavelength was 488 nm for GFP and 594 nm for RFP, and emission was 500-530 nm for GFP and 590-630 nm for RFP.

1.11　Localization of AtNHX5 and AtNHX6 in Stably Transformed Arabidopsis Seedlings

For the stable transformation assays with Arabidopsis thaliana, the pUBC-NHX5-GFP and pUBC-NHX6-GFP were transformed into Agrobacterium tumefaciens GV3101. Arabidopsis thaliana （ecotype Columbia） wild-type plants were transformed. The transgenic plants were screened by basta spray; the basta positive seedlings were re-confirmed with PCR amplification of the GFP fragment.

To generate the double reporter lines coexpressing Rha1, VTI12 or MEMB12 with pUBC-NHX5-GFP or pUBC-NHX6-GFP, the homozygous parents were crossed using mCherry-Rha1, mCheery-VTI12 or mCherry-MEMB12 as pollen donors. GFP and mCherry fluorescence were visualized under a confocal laser scanning microscope （FV1000, Olympus）. The excitation wavelength was 561 nm and emission was 595-620 nm for mCherry. The roots of the transgenic seedlings containing the Rha1, VTI12 or MEMB12 with pUBC-NHX5-GFP or pUBC-NHX6-GFP fusion protein were visualized under the confocal microscope.

2　Results

2.1　AtNHX5 and AtNHX6 mediate K^+ and Na^+ transport in yeast

We first tested the ion transport activity of AtNHX5 and AtNHX6 using a yeast expression system. The coding sequences of AtNHX5 and AtNHX6 were cloned in the yeast expression vector pDR196 and introduced into a Saccharomyces cerevisiae strain AXT3. AXT3 lacks the plasma membrane Na^+-ATPases ScENA1-4, plasma membrane Na^+, K^+/H^+ antiporter ScNHA1, and vacuolar Na^+, K^+/H^+ antiporter ScNHX1. Therefore, it is sensitive to salt and to high K^+. The yeast was grown on Arg phosphate （AP） or YPD medium containing high levels of KCl or NaCl, respectively. AXT3 mutants failed to grow in the medium containing 800 mM KCl or 200 mM NaCl while the nhx1-positive strain W303-1B grew robustly. AtNHX5 and AtNHX6 recovered tolerance to high K^+ or salt, similar to the AXT3 strains expressing ScNHX1 or AtNHX2 . In addition, AtNHX5 and AtNHX6 did not confer Li^+ tolerance. AXT3 mutants were sensitive to hygromicin B （60 μg/ml）, and ScNHX1 and AtNHX2 improved tolerance to hygromicin B. Expression of AtNHX5 and AtNHX6 conferred resistance to the drug hygromicin B , implying their roles in endosomal compartments. These results suggest that the endosomal NHX antiporters AtNHX5 and AtNHX6 facilitate both K^+ and Na^+ homeostasis and function in endosomal trafficking, which is similar to the vacuolar NHX antiporter AtNHX2. Moreover, AtNHX5 and AtNHX6 showed similar recovery capacities in salt, high K^+ or hygromicin B treatment, suggesting these two endosomal NHX antiporters share similar catalytic mode for ion transport.

2.2　AtNHX5 and AtNHX6 confer yeast growth at acidic pH

AtNHX5 and AtNHX6 recovered AXT3 mutant growth at 800 mM KCl at pH 6.0. However, AtNHX5 and AtNHX6 completely lost their functions at pH 7.5 at 800 mM KCl. Interestingly, AtNHX5 and AtNHX6 were still active when pH was dropped to 4.0 under 800 mM KCl; however, the recovery capacity of ScKHA1 and AtCHX17 was significantly reduced under the same conditions. AtNHX5 and AtNHX6 were further tested in the yeast mutant strain AXT4K, generated by deleting kha1 in the AXT3 background. AXT4K mutants failed to grow at low K^+ at pH 7.5, while the kha1-positive strain W303-1B grew vigorously. However, expression of AtNHX5 and AtNHX6 failed to confer AXT4K growth at low K^+ at pH 7.5, while ScKHA1 and AtCHX17 improved yeast growth. These results suggest that AtNHXs and AtCHXs may have different modes of action in mediating K^+ homeostasis. AtNHXs function at high K^+ at acidic pH while AtCHXs at low K^+ under alkaline conditions.

2.3 AtNHX5 and AtNHX6 are essential to K^+ homeostasis in Arabidopsis

We next generated the nhx5 nhx6 double mutant to characterize the function of AtNHX5 and AtNHX6 in K^+ homeostasis in Arabidopsis. We obtained one T-DNA line for the AtNHX5 gene (nhx5-1) and two separate T-DNA lines for the AtNHX6 gene (nhx6-1 and nhx6-2). The double knockout lines were produced by crossing nhx5-1 with nhx6-1 and nhx6-2, respectively, to obtain two independent double knockout lines, nhx5-1 nhx6-1 and nhx5-1 nhx6-2. The absence of the AtNHX5 and AtNHX6 transcripts in these double knockout lines was confirmed by RT-PCR. These two double knockout lines had identical growth phenotypes. The nhx5-1 nhx6-1 double mutant line was used in the following experiments.

Similar to Bassil et al. (2011), we found that the nhx5 nhx6 double mutant showed profound defects in growth and development. The nhx5 nhx6 double mutant had smaller rosettes and shorter seedlings, was flowering and bolting late, and produced less seeds. These results confirmed the notion that AtNHX5 and AtNHX6 play an important role in plant growth and development.

To verify the function of the AtNHX5 and AtNHX6 genes, we performed genetic complementation test. GFP was fused with the C-terminus of the AtNHX5 and AtNHX6 genes and the resulting constructs were introduced into the nhx5 nhx6 double mutants. Transformation of nhx5 nhx6 with either ANHX5 or AtNHX6 rescued the nhx5 nhx6 phenotype, and the growth and development of the transgenic seedlings resembled the wild-type seedlings. However, overexpression of either AtNHX5 or AtNHX6 in wild-type plants did not enhance plant growth.

To test their function in K^+ homeostasis in plants, we examined the growth of nhx5 nhx6 seedlings on media containing various levels of K^+. The low K^+ media were made by adding different amount of KCl (from 0.01 to 10 mM) to the potassium-free modified MS medium. The modified MS medium contains 1/20 strength major salts and 1×minor salts. For both the wild-type and mutant seedlings, root growth was slower when the potassium concentration was lower than 1 mM. Root growth was peaked at 5 mM KCl, but was reduced dramatically when KCl concentrations were increased to 10 mM for all the seedlings. Root growth of the nhx5 and nhx6 single mutants was not significantly inhibited compared with the wild-type seedlings. However, root growth of nhx5 nhx6 was inhibited drastically at low potassium levels tested. Moreover, overexpression of either the AtNHX5 or AtNHX6 genes in nhx5 nhx6 recovered root growth to the wild-type levels. These results suggest that AtNHX5 and AtNHX6 are critical to K^+ homeostasis in Arabidopsis.

In addition, we determined the K^+ concentrations of the seedlings by the atomic absorption spectrophotometer. The K^+ levels in nhx5 nhx6 were dramatically reduced when grown in MS media. Interestingly, the nhx6 single mutant had a reduced K^+ while nhx5 was not affected significantly.

2.4 Conserved acidic residues in AtNHX5 and AtNHX6 are critical for K^+ transport in Arabidopsis

Studies from bacteria, yeast and mammals show that acidic residues in transmembrane domains of Na^+/H^+ antiporters are critical for exchange activity. Sequence alignment reveals that there are four conserved acidic residues in the transmembrane domains of Na^+/H^+ antiporters. Mutation of these conserved acidic residues in yeast ScNhx1p blocked protein trafficking in yeast. These studies suggest that the conserved acidic amino acids in Na^+/H^+ antiporters are critical for exchange activity as well as cellular functions.

We are interested in identifying whether the plant NHXs have the same conserved acidic residues that are essential for their exchange activity and cellular functions. Interestingly, AtNHX5 and AtNHX6 contain the conserved acidic residues in transmembrane domains when aligned with the ScNhx1p sequence. The four acidic residues D164, E188, D193 and E320 of AtNHX5 align with the D201, E225, D230 and E355 of ScNhx1p, respectively; similarly, the D165, E189, D194 and E320 of AtNHX6 line up with the D201, E225, D230 and E355 of ScNhx1p, respectively.

To test their function, we substituted these four acidic amino acids with uncharged polar residues. In AtNHX5, D164 was mutated to N, E188 to Q, D193 to N and E320 to Q; in AtNHX6, D165 to N, E189 to Q, D194 to N and E320 to Q. The mutant genes of AtNHX5 and AtNHX6 were cloned in the yeast vector pDR196 and introduced into the strain AXT3. The yeast was grown on Arg phosphate (AP) or YPD medium containing high levels of KCl or hygromicin B, respectively. Surprisingly, the D164 N, E188 Q and D193 N mutants of AtNHX5 lost their capability in recovering yeast growth in both high K^+ and hygromicin B. Similarly, the D165N, E189Q and D194 N mutants of AtNHX6 failed to recover yeast growth in high K^+ and hygromicin B. These results suggest that the conserved acidic residues are essential for ion transport activity and cellular functions of the plant NHXs. Furthermore, the plant NHXs may share the same catalytic mechanism for ion transport as their bacterial, yeast and mammalian counterparts. However, the E320Q mutants of both AtNHX5 and AtNHX6 remained their activities in conferring yeast growth under both high K^+ and hygromicin B. This is similar to the observation that the ScNhx1p mutant E355Q is still active in protein trafficking in yeast (Bowers et al, 2000), suggesting that this conserved glutamic acid may not be involved in exchange activity and cellular functions.

To further test the function of the conserved acidic residues in growth and development in Arabidopsis, we expressed AtNHX5 and AtNHX6 genes mutated in these four conserved residues in nhx5 nhx6 double mutant seedlings. The mutations were made by replacing the acidic residues with uncharged polar residues (as described in the yeast test). The genes were cloned into pUBC-GFP plasmids, driven by Ubiquitin-10 (Ub10) promoter. GFP was fused with the C-termini of the genes. Intriguingly, consistent with the yeast test, the D164 N, E188 Q and D193 N mutants of AtNHX5 failed to complement the growth of the nhx5 nhx6 seedlings, although a partial recovering was observed in D164 N and E188 Q mutants of AtNHX5. Likewise, the D165N, E189Q and D194 N mutants of AtNHX6 did not complement the growth of the nhx5 nhx6 seedlings. A partial recovering was observed in E189Q mutant of AtNHX6. Similar to the yeast test, the E320Q mutants of both AtNHX5 and AtNHX6 fully recovered the growth of the nhx5 nhx6 seedlings. These results suggest that the conserved acidic amino acids play essential roles in growth and development in Arabidopsis.

2.5 AtNHX5 and AtNHX6 regulate cellular pH homeostasis

To test the function of AtNHX5 and AtNHX6 in pH regulation, we measured vacuolar pH using an imaging-based approach. The fluorescein-based ratiometric pH indicator BCECF （2′, 7′-bis- （2-carboxyethyl） -5- （and-6） -carboxyfluorescein） was loaded into vacuoles of intact roots using its membrane-permeant acetoxymethyl （AM） ester. pH values were calculated from fluorescence ratios of confocal images using an in situ calibration curve. For the root tip cells, no significant difference was observed in vacuolar pH between the wild-type （pH 5.50） and nhx5 nhx6 （pH 5.36） seedlings. However, the vacuolar pH was significantly reduced in mature roots of the nhx5 nhx6 seedlings （pH 5.41） compared with the wild-type （pH 5.68） seedlings .

To verify the function of AtNHX5 and AtNHX6 in facilitating pH homeostasis, we measured the cellular pH with a different approach. We extracted the cell sap from rosette leaves and measured the pH using a semimicroelectrode. Consistent with the BCECF measurement, the cell sap pH of the nhx5 nhx6 seedlings was significantly reduced to 5.69, while the wild-type seedlings had a pH of 5.86 .

2.6 AtNHX5 and AtNHX6 are Localized to Golgi and TGN in Arabidopsis

The subcellular localization of AtNHX5 and AtNHX6 was first visualized by transient expression in Arabidopsis protoplasts. RFP genes were fused to the N-terminal ends of AtNHX5 and AtNHX6, driven by the 35S promoter. The RFP-AtNHX5 or RFP-AtNHX6 plasmids were transiently co-expressed in Arabidopsis leaf protoplasts with Golgi marker GFP-SYP31, TGN marker GFP-SYP41 or PVC marker Ara7-GFP. RFP-AtNHX5 fluorescence appeared on punctate structures in the cytosol. RFP-AtNHX5 fluorescent signals were co-localized extensively with AtSYP31-GFP and GFP-SYP41 but not Ara7-GFP, suggesting that AtNHX5 is localized to Golgi and TGN. Similarly, RFP-AtNHX6 fluorescence also appeared on punctate structures and its signals were co-localized with AtSYP31-GFP and GFP-SYP41 but not Ara7-GFP, suggesting that AtNHX6 is also localized to Golgi and TGN.

The subcellular localization of AtNHX5 and AtNHX6 was verified by stably transformed Arabidopsis seedlings coexpressed various organelle markers. The double reporter lines were generated by crossing the AtNHX5-GFP and AtNHX6-GFP seedlings with the Golgi marker Wave127 （mCherry-MEMB12）, TGN marker Wave13 （mCherry-VTI12）, or PVC marker Wave7 （mCherry-Rha1）. In consistent with the transient expression assays, AtNHX5-GFP and AtNHX6-GFP fluorescent signals were visualized at the punctate structures within the cells.

AtNHX5-GFP and AtNHX6-GFP fluorescent signals were co-localized with mCherry-MEMB12, mCherry-VTI12 but not mCherry-Rha1. These studies from both the transiently expressed protoplasts and stably transformed seedlings suggest that AtNHX5 and AtNHX6 are localized to Golgi and TGN.

3 Discussion

3.1 The endosomal K$^+$, Na$^+$/H$^+$ antiporters AtNHX5 and AtNHX6 are crucial for cellular K$^+$ and pH homeostasis in Arabidopsis

In this report, we characterized the function of AtNHX5 and AtNHX6 in K$^+$ and H$^+$ homeostasis in Arabidopsis. Using a yeast expression system, we found that AtNHX5 and AtNHX6 recovered tolerance to high K$^+$ or salt. We showed that the nhx5 nhx6 double mutant contained less K$^+$ and was sensitive to low K$^+$ treatment. Overexpression of AtNHX5 or AtNHX6 gene in nhx5 nhx6 recovered root growth to the wild-type level. In addition, nhx5 nhx6 had a reduced vacuolar and cellular pH as measured with the fluorescent pH indicator BCECF or semimicroelectrode. We futher show that AtNHX5 and AtNHX6 are localized to Golgi and TGN. These results indicate that AtNHX5 and AtNHX6 function in facilitating K$^+$ transport in cells and play an important role in K$^+$ and pH homeostasis in Arabidopsis.

Sequence analysis indicates that AtNHXs share high similarity among their transmembrane domains. Since the transmembrane domains participate in the transport of cations and H$^+$ across the membrane, the conservative in transmembrane domains among the AtNHX family may suggest that the AtNHX members share similar mechanisms for ion transduction. Indeed, all types of NHXs, including the endosomal NHXs, vacuolar NHXs, and plasma membrane NHXs, have been demonstrated to participate in K$^+$ and Na$^+$ transport in Arabidopsis. These results suggest that AtNHXs share a common mode of action and are involved in K$^+$ and Na$^+$ transport in Arabidopsis.

Arabidopsis contains three different types of Na$^+$, K$^+$/H$^+$ antiporters, including AtNHXs, AtKEAs and AtCHXs, but their action mode for ion transport is still less defined. Phylogenetic analysis shows that AtNHXs, AtKEAs and AtCHXs form three distinct clusters with their E. coli or yeast orthologs, suggesting that these three different types of Na$^+$, K$^+$/H$^+$ antiporters may function distinctly from each other in plants. In this study, using yeast growth assay, we found that AtNHX5 and AtNHX6 function at high K$^+$ at acidic pH while AtCHXs at low K$^+$ under alkaline conditions. In addition, we have shown in a previous study that AtKEAs have strict pH requirements and function at high K$^+$ at pH 5.8, suggesting that AtKEAs may function differently from both AtNHXs and AtCHXs. Furthermore, we found that similar to the plasma membrane and vacuolar NHXs, AtNHX5 and AtNHX6 recovered yeast tolerance to salt stress, suggesting that AtNHXs may function in salt stress. Nevertheless, neither AtCHXs nor AtKEAs have been found to improve yeast growth in salt stress. These results suggest that AtNHXs, AtKEAs and AtCHXs may have different modes of action in mediating K$^+$ or Na$^+$ transport.

3.2　Three conserved acidic residues in AtNHX5 and AtNHX6 are important for K⁺ transport and seedling growth in Arabidopsis

Bowers et al （2000） identified four conserved acidic residues in transmembrane domains of NHE proteins from species including yeast, plants, human beings, insects and rats. Mutation of three of these residues blocked protein transport out of the PVC, suggesting that these conserved amino acids are crucial for vacuolar trafficking in yeast. These conserved residues may be vital for ion exchange activity since mutation of E262 in human NHE1 （E262 is equivalent to E225 of yeast ScNhx1p） abolished ion exchange activity. A homology modeling study shows that two of the residues （Asn262 and Asp267） are localized within TM5. TM5 is located close to TM4 and TM11, which form an assembly structure and involve in conformation change at the cation-binding site following pH activation. Thus, localization of these acidic residues in the proximity of the core structure suggests that they may function in binding and translocating cations in the process of ion exchange.

In this study we found that AtNHX5 and AtNHX6 contain four conserved acidic amino acids in transmembrane domains that align with the ScNhx1p and human NHE1 sequences. We showed that mutation of three of the conserved residues in both AtNHX5 and AtNHX6 failed to recover yeast growth in high K⁺ and hygromicin B. We further expressed the mutate genes of these conserved residues in AtNHX5 and AtNHX6 in nhx5 nhx6, and demonstrated that the mutants failed to complement the growth of the nhx5 nhx6 seedlings as well. Our results suggest that the conserved acidic residues play critical roles in K⁺ transport and growth and development in Arabidopsis. These results also suggest that AtNHX5 and AtNHX6 may share similar core structure and transport mode to their yeast and human counterparts, and these conserved acidic residues may involve in binding and translocating cations in ion exchange.

Wang Li-guang, Wu Xue-xia, Liu Ya-fen, Qiu Quan-Sheng：MOE Key Laboratory of Cell Activities and Stress Adaptations, School of Life Sciences, Lanzhou University

甜瓜 APX 和 Mlo 基因的克隆与功能分析

甜瓜是重要的瓜类作物，在世界范围内广泛栽培。近年来，甜瓜白粉病逐渐成为栽培中的主要病害，在露地以及保护地生产条件下，发病后均可导致严重减产，品质下降。常见病原菌主要为瓜单丝壳属白粉菌和二孢白粉菌，瓜单丝壳白粉菌的危害性要大于二孢白粉菌。生产上主要通过常规杂交选育的方法，培育甜瓜抗白粉病品种，但是由于白粉病原菌生理小种的演替速度很快，所以抗病育种往往落后于小种更替。施用化学杀菌剂是目前防控白粉病的主要手段，但又往往损伤了叶片和带来了污染。因此，通过基因工程，创造广谱抗白粉病的甜瓜种质具有重要的意义。

本研究从甜瓜中克隆到 APX 和 Mlo 家族基因，研究了各基因在白粉病胁迫条件的表达，发现 APX 和 CmMlo 家族基因在白粉病发病过程中具有一定的相关性，其中 $CmMlo_2$ 在白粉病发病过程中具有重要作用，可能参与了白粉病抗性机制的负调控过程，缺失 Mlo 会降低白粉病入侵的门槛。将 $CmMlo_2$ 构建 RNA 干扰载体，转化甜瓜，获得了抗白粉病的 To 代转基因植株，试验取得的主要结果如下：

（1）利用同源序列设计兼并引物，通过 RT-PCR 方法从甜瓜叶片中克隆到抗坏血酸过氧化物酶 APX 基因的中间片段，再通过 5′-RACE 和 3′-RACE 分别克隆得到 5′ 端片段和 3′ 端片段，拼接后设计特异引物扩增到全长 1012 bp cDNA，ORF 为 750 bp，编码 249 个氨基酸的多肽，分子量大约为 27.3 kDa。同源序列比对表明，甜瓜 APX 基因和黄瓜、番茄、玉米、小麦、大麦、拟南芥等 APX 基因高度同源，将该基因命名为 CmAPX，GenBank 登录号：EF693949。根据获得的 cDNA 序列，设计引物，从基因组扩增得到甜瓜 APX 的 gDNA 序列，与 cDNA 序列比对发现，CmAPX 包含 10 个外显子、9 个内含子，所有内含子均符合 GT-AG 剪切规则。

（2）构建了 pET24-CmAPX 原核表达载体，诱导 1、2、3、4、5 h 后蛋白表达量分别占总融合蛋白的 40%、47.5%、50.6%、51.7%、51.6%。表明 CmAPX 基因在 pET24a（+）载体中获得高效表达。表达产物具有 APX 酶活性，说明 CmAPX 编码抗坏血酸过氧化物酶基因。

（3）通过 RT-PCR 半定量，甜瓜 APX 基因在不同器官中呈非特异性表达，在叶片中的 mRNA 含量明显高于根、茎、花及果实。经白粉病诱导 0、1、3、5、7 d 后，表达量在 5 d 时达到最高值，和叶片中酶活性变化一致，表明 CmAPX 可能参与了白粉病生物胁迫过程。

（4）根据大麦、拟南芥等 Mlo 基因的保守序列，设计兼并引物，扩增得到了 3 个甜瓜 Mlo 类似中间片段，进一步通过 Race 技术，获得了 3 个 cDNA 全长，分别命名为 $CmMlo_1$、$CmMlo_2$ 和 $CmMlo_3$。其中 $CmMlo_1$ 全长 1551 bp，编码 516 个氨基酸；$CmMlo_2$ 全长 1713bp，编码570个氨基酸；CmMlo$_3$全长1464 bp，编码487个氨基酸。序列比对结果表明，CmMlo属于基因家族，和拟南芥的Mlo基因同源性在70%左右。定量和半定量分析结果表明，CmMlo在甜瓜组织中呈特异性表达，在受到白粉病胁迫条件下，CmMlo$_2$表达量上调，CmMlo$_2$可能参与了白粉病发病的负调控过程。

（5）跨膜蛋白预测表明，CmMlo$_2$为跨膜蛋白，具有7个跨膜螺旋结构，构建pROK-CmMlo$_2$-GFP融合蛋白并转化洋葱表皮细胞，结果表明，CmMlo$_2$蛋白定位于细胞膜，将pROK-CmMlo$_2$-GFP融合蛋白转化烟草，野生型烟草出现了荧光，构建发夹结构pFGC1008-CmMlo$_2$干扰载体，转入荧光烟草可以导致荧光消失，表明干扰载体对靶序列是有效的。

（6）建立了稳定高效的甜瓜再生体系，优化了甜瓜遗传转化体系，通过农杆菌介导法转化感白粉病甜瓜材料，获得了转化植株。PCR结果及荧光定量分析表明，pFGC1008-CmMlo$_2$已经整合到甜瓜基因组，接种白粉病鉴定表明，转化植株具有白粉病抗性，叶片表面未见白粉病菌丝生长。转化植株卷须早，长势较对照（野生型植株）弱，叶片大小、色泽没有明显区别，RNA$_i$植株没有出现明显的生理缺陷。

程鸿：甘肃省农业科学院蔬菜研究所

西和半夏凝集素抗虫基因克隆及对棉花的遗传转化[①]

据统计，全球粮食与饲料作物总产量每年因虫害造成的损失达14%，直接给农业生产造成的经济损失高达数千亿美元。同翅目害虫蚜虫、稻飞虱和叶蝉等对农业生产造成的危害是严重的，在直接引起作物的产量损失和品质下降的同时，还将多种致病病原菌和病毒传播给植物，加重危害程度。在植物抗虫育种研究中，应用植物外源凝集素基因转基因技术获得抗虫特性近年来研究较多。在体外或转基因抗虫试验中应用最多的是雪花莲外源凝集素（GNA），研究结果显示对烟草夜蛾、豌豆象、飞虱和蚜虫等咀嚼式和刺吸式口器昆虫均有抗性。

半夏（*Pinellia ternata*）为天南星科半夏属植物。凝集素是半夏蛋白的重要组分之一，能专一结合甘露糖，属于单子叶植物甘露糖凝集素家族（孙册等，1983；王克夷等，1993）。研究结果显示，人工饲喂半夏凝集素提取物的量达到1.2 g/L时，对棉蚜发育有明显的抑制作用；当人工饲喂半夏凝集素提取物的量达到1.5 g/L时，对桃蚜发育有明显的抑制作用（黄大昉等，1997）。

---

①本论文在《分子植物育种》2012年第10卷第5期已发表。

国内部分实验室应用半夏凝集素基因（pta）在水稻（张红宇等，2003）及百合（唐东芹等，2004）、菘蓝（许铁峰等，2003）等植物上开展了转基因研究，获得了一些转基因工程植株，显示出良好的抗虫性能和应用前景。

甘肃西和半夏是半夏之精品，在国内外享有盛誉。本研究克隆了甘肃西和半夏凝集素完整基因，通过花粉管通道法开展了棉花转基因研究，旨在建立棉花转基因方法和培育抗虫种质。

1 材料与方法

1.1 试验材料和试剂

本试验用西和半夏无菌苗、大肠杆菌（E. coli）DH5α、植物表达载体pBI121由本实验室保存。Taq DNA Polymerase、T4 DNA连接酶、限制性内切酶购自大连宝生物公司，Rnase、GEM-T vector、DNA回收试剂盒等分别购自Sigma公司、Promega公司和中科开瑞生物公司。参照Genbank半夏凝集素基因（AY191305.1）的核心序列，以及Xba I和Sma I酶切位点，设计了PCR扩增正、反向特异引物。引物由大连宝生物公司合成。以甘肃省棉花主栽品种陇棉2号（代号k9505，白棉）为试验材料。

1.2 半夏凝集素基因pta的扩增

按照CTAB法（王关林等，1998）提取半夏模板DNA进行PCR扩增和产物回收，方法见参考文献（张正英等，2010）。

1.3 扩增产物的克隆及鉴定

依照说明将扩增的PCR产物克隆到T-easy载体上，转化大肠杆菌DH5α。通过蓝白斑筛选、重组质粒限制性内切酶双酶切和PCR扩增产物的电泳结果进行鉴定。

1.4 序列测定与分析

阳性克隆送大连宝生物公司测序。测序结果用BLAST和DNAMAN 6.0软件分析。

1.5 植物表达载体的构建

按照张正英等（2010）叙述方法进行载体构建。

1.6 花粉管通道法介导的棉花遗传转化

参照《分子克隆》实验指南提取待转化质粒。参照刘方等介绍方法（刘方等，2008）进行转化，方法略有修改。先沿纵轴插入至子房中轴约2/3处，然后再退至约1/3处开始注射。涂抹赤霉素溶液（浓度40 mg/kg）于处理铃柄基部，以减轻幼铃脱落。同时，对转基因铃绑线以区分非转基因处理棉铃。质粒浓度10～20 μg/mL，每朵花注射用量10 U。

1.7 导入材料的田间筛选和室内分析

将收获的处理棉花种子种植于大田。利用4000～5000 mg/L的卡那霉素在T_1棉花苗期、盛蕾期喷涂倒2叶，选出抗性植株，单独收获。将T_2棉铃种子按单粒种植，待长出第一片真叶时进行2500 mg/L的卡那霉素溶液涂抹，每天分早、中、晚3次涂抹，连续7 d。统计棉花叶片的变化情况。表现为抗性的材料进一步进行4000 mg/L、6000 mg/L的卡那霉素抗性检测。对检测到的抗性植株做PCR检测。

2 讨论

在早先的试验中，证明所克隆的半夏凝集素基因具有较好的抑制蚜虫效果，转基因烟草植株的蚜口密度抑制率在25.5%～89.4%，平均蚜口密度抑制率为56.2%（张正英等，2010）。本研究通过花粉管通道法将半夏凝集素基因直接转入棉花品种陇棉2号中，通过抗性筛选和PCR分析证明获得了转基因后代。对T_1抗性植株在伏蚜期田间调查单株蚜量，以棉株顶部5叶中受害最重叶片为标准叶，结果初步显示抗性植株对棉蚜表现中抗水平，抗性植株蚜害减退率较对照高10%。抗虫性是否稳定表达，需要继续验证。

花粉管通道法操作简单，转化成本较低，为农作物育种提供了创造新种质的新途径。多数利用花粉管通道法获得转化棉花后代的研究报告，提供了分子生物学证据（翁坚等，1984；郭三堆等，1999；邓德旺等，1999）。但是，转化后代假阳性植株多，鉴定工作量大，总体转化效率低（周小云等，2008）。

本研究从6000 mg/L卡那霉素抗性植株中检测出了报告基因npt Ⅱ，而非抗性植株没有扩增出npt Ⅱ基因，说明6 000 mg/L卡那霉素的筛选是可靠的。但这个浓度比刘方等（2008）建议的要高，与马纪等（2008）的相同。

在经卡那霉素抗性筛选的PCR分子鉴定中，没有扩增到pta，可能与马盾等（2007）报道的外源基因丢失和外源DNA的遗传不稳定有关。

本研究中选用了4种不同的受体材料，所做处理数相同，但只有陇棉2号得到的转化植株，这是否说明花粉管通道法的成功与否也与基因型依赖有关，仍需要做进一步的试验分析。

3 结果与分析

3.1 半夏凝集素基因pta扩增

扩增模板DNA为提取纯化的半夏叶片基因组DNA，特异引物为pta-F、pta-R，通过PCR扩增获得目的基因片段长度约1 000 bp，长度与试验设计预期结果一致（图1）。

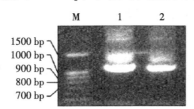

M：100 bp DNA marker；1，2：PCR产物

M: 100 bp DNA marker；1，2: PCR product

图1　PCR扩增半夏DNA片段

Fig.1　DNA fragment of Pinellia ternate amplified by PCR

3.2 目的基因的克隆与鉴定

按照回收试剂盒说明，纯化回收PCR扩增产物，将其连接到pGEM-T载体上，转化大肠杆菌DH5α。少量提取重组质粒用Xba Ⅰ和Sma Ⅰ双酶切及PCR进行鉴定（图2），结果都出现了大约1 000 bp的序列片段，其长度与扩增片段相符。证明pGEM-T载体构建是正确的（图2）。

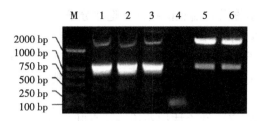

M：DL2000 DNA marker；1，2，3：PCR扩增产物；4：阴性对照；5，6：XbaⅠ和SmaⅠ双酶切产物

M: DL2000 DNA marker；1，2，3: PCR Dproduct；4: Negative control；5，6: Digesting products by Xba
Ⅰ，SmaⅠ

图2 pGEM-T-pta重组质粒PCR及酶切鉴定

Fig.2 Identification of pGEM-T-pta by PCR and Enzymetic Digestion

3.3 半夏凝集素基因pta序列及其编码氨基酸分析

pta序列测定结果表明（图3），扩增片段全长为1069 bp，应用DNAMAN 6.0对序列进行分析，在序列的29～835 nt处发现一连续ORF，第29～31 nt处是该序列的转录起始密码子ATG，833～835 nt为终止密码子，全编码区为804 bp，编码一条268个氨基酸残基的多肽，预测分子量29.1 kD，等电点为7.77。5′端非编码区（5′UTR）28 bp，3′端非编码区（3′UTR）234 bp。在poly（A）上游存在典型的真核生物基因poly（A）的信号序列-AATAAA。第27～120位氨基酸残基、第144～177位氨基酸残基分别为两个保守结构域，第1个结构域含1个甘露糖结合位点，第2个结构域含2个甘露糖结合位点，具有甘露糖结合植物凝集素的典型特征（Lin et al，2006）；分析pta编码蛋白N-末端序列，发现序列中N-端有21个氨基酸残基的信号肽，剪切位点位于第24位的丙氨酸（A24）和第25位的缬氨酸（V25）之间；前端33个氨基酸和中间区域第118～155位的37个氨基酸残基主要是由一些疏水性氨基酸组成的肽链，其余区域以亲水性氨基酸组成，从整体来看，pta在一级结构上以亲水性为主。pta已在GenBank/EMBL中登记，登录号：AY725425。与已报道的同科PTA基因核苷酸序列比对分析显示，该基因序列也有相似的保守序列域和QX-DXNXVXY（QDNVY）甘露糖结合识别区，因而推测也应具有相同的抗虫功能。

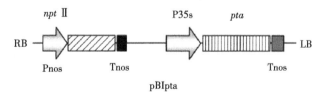

图3 表达载体pBI-pta结构简图

Fig.3 The scheme of plasmid pBI-pta

3.4 表达载体pta的构建与鉴定

用XbaⅠ和SmaⅠ限制性内切酶对质粒pGEM-pta进行酶切，回收1069 bp的目标片段。用XbaⅠ和SmaⅠ限制性内切酶消化pBI121质粒后，补平经SmaⅠ黏端，然后将回收的pta基因通过黏端（XbaⅠ）-黏端（XbaⅠ）、平端（SmaⅠ）-平端（SmaⅠ）连接，得到由CaMV 35S启动子驱动的pta基因的植物表达载体pBI-pta（图3），导入E.coli DH5a。进行酶切和PCR，均得到一条1069 bp目标片段，说明pBI-pta植物表达载体的构建是正确的，可以用于基因转化研究。

3.5 转基因棉花植株及其后代的抗性筛选和分子鉴定

以陇棉2号为受体材料，做2000个导入处理，收获T_0棉铃共130个，导入材料成铃率为6.5%。将T_0棉铃种子按单粒种植，经卡那霉素筛选获得T_1抗性植株5株，单株收获并进行室内考种。抗性植株与对照田间调查和室内考种发现，两者在植株形态与经济性状上无明显差别。

用2500 mg/L卡那霉素连续涂抹棉花第一片真叶7 d后，对照及导入材料仅有个别植株（<5%）有叶片变薄、变大和发黄症状；4000 mg/L卡那霉素涂抹5～7 d后，有50%以上植株叶片明显黄化或出现黄色斑点；6000 mg/L卡那霉素涂抹3～6 d后，50%～96%植株黄化。在后续转基因棉花的筛选中直接选用了6000 mg/L卡那霉素作为筛选浓度，筛选周期为6 d，每批转基因材料筛选周期缩短约14 d，T_2植株中，23株卡那霉素6000 mg/L的黄化植株PCR扩增没有出现pta和nptⅡ目的条带；14株抗性植株中有6株扩增出现了nptⅡ的目的条带（图4），但都没有扩增出pta基因。PCR分子鉴定结果初步表明，外源nptⅡ已整合到棉花的基因组中。

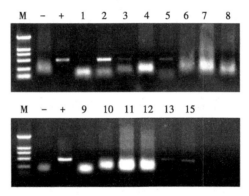

M：DL2000 DNA marker；1～15：抗性植株；−：未转基因对照；+：阳性对照

M: DL2000 DNA marker；1～15: Transgenic plant；−: Nontransgenic plant；+: Positive control

图4 棉花抗性植株nptⅡ扩增结果

Fig.4 nptⅡ amplification of cotton resistant plants

张正英：甘肃省农业科学院

李淑洁，李静雯，王红梅：甘肃省农业科学院生物技术研究所

Ta6-SFT在烟草中的逆境诱导型表达及抗旱[①]

目前已从小麦、大麦、冰草、菊芋、葛首等植物中克隆了果糖基转移酶基因并开展了相关的基因功能和转基因研究。高翔等、李慧娟等和Bie等都以CaMV35S启动子驱动Ta6-

---

①本论文在《作物学报》2014年第40卷第6期已发表。

SFT（蔗糖：果聚糖-6-果糖基转移酶基因）、1-SSZ（蔗糖：蔗糖-1-果糖基转移酶基因）和 Tal-FFT（果聚糖：果聚糖-1-果糖基转移酶基因）在烟草中的组成型表达，提高了转基因烟草的抗旱、抗盐和抗低温能力。张小芸以玉米 Ubi-1 启动子驱动冰草 1-FFZ 在黑麦草中表达，王正鹏等构建了在茎秆中特异性表达的连接有转运肽序列的番茄 rbcs 启动子驱动的菊芋 1-SST 植物表达载体。

本研究以来自抗旱小麦品种扬麦6号的 Ta6-SFT 为目的基因，构建 CaMV35S 启动子驱动的 Ta6-SFT 组成型表达载体和 rd29A 启动子驱动的逆境诱导型表达载体，并分别导入烟草，比较干旱胁迫下2种启动子驱动的 Ta6-SFT 转基因株系的相对表达量和果聚糖含量，分析株高等部分农艺性状指标，筛选烟草中 Ta6-SFT 的高效表达方式，为植物中高效表达外源果糖基转移酶基因和抗逆相关基因提供理论依据和参考，同时也可为果聚糖在植物抗旱中的作用提供形态的和分子的证据。

1 材料与方法

1.1 试验材料

烟草（*Nicotiana tabacum*）组培苗 NC89、植物表达载体 pCAMBIA3300、大肠杆菌菌株 DH5α、农杆菌菌株 LBA4404 均由甘肃省农业科学院生物技术研究所实验室保存。Tab-SFT、rd29A 启动子分别由中国农业科学院作物科学研究所叶兴国博士和甘肃农业大学生命科学院司怀军博士惠赠。

1.2 植物表达载体构建

1.2.1 组成型植物表达载体 pCAMBIA-6-SFT 的构建

用 Hind Ⅲ 和 EcoR Ⅰ 从 pBI121-6-SFT 载体中将 2938 bp 的 CaMV35S 启动子、Tab-SFT 和 nos 终止子 DNA 大片段（简写为 P35S-6-SFT-Tnos，以下同）酶切下来并回收；同时用 Hind Ⅲ 和 EcoR Ⅰ 酶切消化 pCAMBIA3300 质粒，用 P35S-6-SFT-Tnos 片段替换 pCAMBIA3300 载体上的 P35S-Tnos 片段，构建成 pCAMBIA-6-SFT 植物表达载体（图1）。

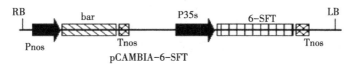

图1 pCAMBIA-6-SFT植物表达载体结构简图

Fig. 1 Sketch of plasmid pCAMBIA-6-SFT

1.2.2 诱导型植物表达载体 pCAMBIA-rd29A-6-SFT 的构建

将 CaMV35S 启动子片段从植物表达载体 pCAMBIA-6-SFT 上用 HindⅢ 和 BamH Ⅰ 酶切下来，用 rd29A 启动子代替，构建成 pCAMBIA-rd29A-6-SFT 载体（图2）。

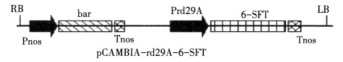

图2 pCAMBIA-rd29A-6-SFT植物表达载体结构简图

Fig.2 Sketch of plasmid pCAMBIA-6-SFT

1.3　转Ta6-SFT烟草植株的获得及分子检测

将pCAMBIA-6-SFT和pCAMBIA-rd29A-6-SFT质粒DNA用冻融法转化根癌农杆菌LBA4404。采用农杆菌介导的叶盘法转化烟草，用草胺膦25mg/L筛选再生植株。对获得的抗性植株进行PCR、Southern杂交和Northern斑点杂交分子检测。以含Ta6-SFT质粒为阳性对照，非转基因烟草为阴性对照，提取的草胺膦抗性植株基因组DNA为模板，以Tab-SFT特异引物进行PCR扩增。上游引物5′-CTGGATATCATGGGGTCACACGGCAAGCC-3′，下游引物5′-GGACTAGTTCATTGAACATACGAGTGATC-3′，PCR产物长度为1851 bp。

Southern杂交以地高辛标记的Ta6-SFT全长为DNA探针，HindⅢ酶切PCR检测阳性的转基因烟草基因组DNA，参照Roche公司DIG High Prime DNA Labeling and Detection starter Kit Ⅰ（货号：11745832001）说明书操作。Northern斑点杂交以Ta6-SFT全长为DNA探针，将Southern杂交呈阳性的转基因株系的总RNA变性后固定在尼龙膜上，杂交、免疫检测等步骤同Southern杂交。

1.4　Ta6-SFT在转基因株系中的表达分析

挑选Southern杂交和Northern斑点杂交呈阳性的转基因株系进行干旱胁迫。取0～20 cm表层土壤过筛混匀，用称重法测土壤含水量。装盆，盆高为30 cm，上口径28 cm，下口径22 cm，每盆装干土20 kg。参试的转基因烟草株系通过无性繁殖，挑选长势一致的植株随机盆栽，每盆栽3株，为3次重复。待烟草植株长到七叶一心期浇水至盆中土壤含水量达25%，开始干旱胁迫，一直持续18 d，处理期间不浇水。

提取胁迫0 d和18 d各转基因株系和非转基因对照叶片总RNA，参照Invitrogen Gold Script cDNA合成试剂盒（货号：c81401190）合成cDNA第一链。以烟草actin基因（gi：50058114）为内参，采用半定量RT-PCR分析Ta6-SFT在干旱胁迫不同时期的转录水平表达。烟草actin基因上游引物5′-TCCATGCTCAATGGGATACT-3′，下游引物5′-TTCAACCCCTTGTCTGTGAT-3′。Ta6-SFT引物同前。

1.5　果聚糖含量、细胞膜透性和丙二醛(MDA)含量的测定

取干旱胁迫0 d和18 d各转基因株系和非转基因对照同一叶位叶片，利用GENMED植物果聚糖化学比色法定量检测试剂盒（货号：GMS 19023.1v.A）测定果聚糖含量，参照《植物生理学实验指导》电导法测定细胞质膜透性和硫代巴比妥酸（TBA）法测定MDA含量。

1.6　转基因烟草的农艺性状测定

用直尺测量干旱胁迫0 d和18 d各转基因株系和非转基因对照的株高，用螺旋测微器测1/2株高处茎粗（以下简称茎粗），直尺测量1/2株高处上下相邻3片真叶的最长和最宽处，烟草叶面积=0.6435×叶长×叶宽。

1.7　数据分析

利用Microsoft Excel软件绘图，并用DPS 7.05软件的SSR法进行多重比较。

2　结果与分析

2.1　转Ta6-SFT烟草植株的获得和分子检测

PCR检测获得了CaMV35S启动子驱动Ta6-SFT的组成型表达的转基因烟草12株（编号S1、S3～S13），rd29A启动子驱动Ta6-SFT的逆境诱导型表达的转基因烟草10株（编号

R1～R10）。取9株进行了Southern印迹杂交，以有杂交信号的5株进行Northern斑点杂交。图4和图5说明Ta6-SFT已经整合到这5个植株的染色体上（图4），并得到了转录（图5）。

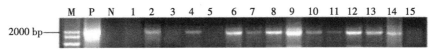

M：DNA maker D2000；P：阳性对照；N：阴性对照；1～7：转pCAMBIA-rd29A-6-SFT草胺膦抗性植株；8～15：转pCAMBIA-6-SFT草胺膦抗性植株

M: DNA maker D2000；P: positive control；N: negative control；1-7: Glufosinate resistant plants transformed with pCAMBIA-rd29A-6-SFT；8-15: Glufosinate resistant plants transformed with pCAMBIA-6-SFT

图3　转基因植株的PCR检测结果

Fig.3　PCR detection result of trandgenic lines

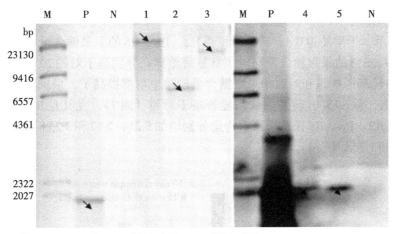

M：地高辛标记的DNA maker Ⅱ；P：阳性对照；N：阴性对照；1：R2；2：R3；3：R5；4：S9；5：S13

M: DIG labeled DNA maker Ⅱ；P: positive control；N: negative control；1:R2；2:R3；3:R5；4:S9；5:S13

图4　转基因植株的Southern杂交部分结果

Fig.4　Southern blot of transgenic lines

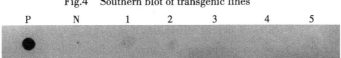

P：阳性对照；N：阴性对照；1：R2；2：R3；3：R5；4：S9；5：S13

P: positive control；N: negative control；1:R2；2:R3；3:R5；4:S9；5:S13

图5　转基因植株的Northern斑点杂交结果

Fig.5　Northern dot blot of transgenic lines

2.2　干旱胁迫下转基因烟草中Ta6-SFT的表达

Ta6-SFT的半定量RT-PCR分析结果表明，干旱胁迫0 d和18 d各转基因株系中Ta6-SFT都能被正常转录。干旱胁迫0 d，逆境诱导型表达转基因株系R2、R3、R5中Ta6-SFT微量表达，而组成型表达转基因株系S9和S13中Ta6-SFT表达水平明显高于R2、R3、R5。干旱胁迫18 d时，R2、R3、R5中Ta6-SFT表达较干旱胁迫0 d时明显升高，尤其是R2株系，S9和S13中Ta6-SFT表达较干旱胁迫0 d时不变或略有降低（图6）。

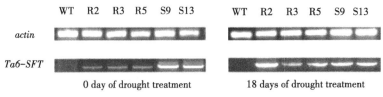

图6 干旱胁迫时转基因烟草半定量RT-PCR分析

Fig.6 Semi-quantitative RT-PCR of transgenic lines under drought stress

以上说明rd29A启动子驱动的Ta6-SFT逆境诱导型表达转基因株系只有在遭受逆境时才启动外源基因的正常转录和表达，而CaMV35S启动子驱动的Ta6-SFT组成型表达转基因株系在任何条件下外源基因都处于转录的激活状态。

2.3 干旱胁迫对转基因株系中果聚糖含量的影响

图7所示，干旱胁迫0 d，转基因株系R2、R3、R5的果聚糖含量与非转基因对照无显著差异，S9、S13的果聚糖含量与对照具显著差异，分别高于对照20.0%、21.2%。干旱胁迫18 d时各转基因株系和对照中果聚糖含量较胁迫前都提高了，果聚糖含量为R2>R5>R3>S13>S9>CK，除S9外，转基因株系显著高于对照（图7），尤其是R2株系。与非转基因材料相比，R2、R3、R5株系果聚糖含量分别增加5.21、2.17和3.23倍，S9、S13株系分别增加1.1倍和1.7倍（表1）。

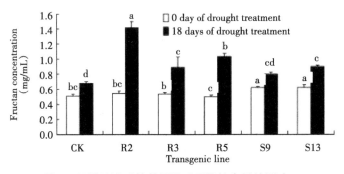

图7 干旱胁迫对转基因株系果聚糖含量的影响

Fig. 7 Fructan concentration of the transgenic lines under drought stress

注：柱形图上不同字母表示株系间差异达到0.05的显著水平。

Note: Bars superscripted by different letters are significantly different at $P<0.05$.

表1 干旱胁迫后烟草各株系果聚糖、细胞膜透性和丙二醛的变化

Table1 Changes of fructan, cell membrane permeability, and MDA in transgenic lines under drought stress

转基因株系 transgenic line		果聚糖 Fructan	细胞膜透性 Cell membrane permeability	丙二醛 MDA
R2	Δ增长量 Increase amount	0.865±0.082 a	0.253±0.058 c	1.358±0.073 bc
	百分数 Percentage (%)	521.9±49.2	53.3±12.2	12.5±3.4
R3	Δ增长量 Increase amount	0.360±0.118 c	0.287±0.095 bc	2.296±0.3637 b
	百分数 Percentage (%)	217.3±71.2	60.3±19.9	21.5±3.4

	转基因株系 transgenic line	果聚糖 Fructan	细胞膜透性 Cell membrane permeability	丙二醛 MDA
R5	Δ增长量 Increase amount	0.536±0.044 b	0.287±0.019 bc	2.177±0.180 bc
	百分数 Percentage (%)	323.5±26.7	60.4±4.0	20.3±1.7
S9	Δ增长量 Increase amount	0.182±0.013 de	0.217±0.041 c	1.267±0.152c
	百分数 Percentage (%)	110.1±7.6	45.6±8.7	11.8±1.4
S13	Δ增长量 Increase amount	0.282±0.020 cd	0.401±0.020 ab	1.999±0.118 bc
	百分数 Percentage (%)	170.2±11.8	84.4±4.2	18.7±1.1
CK	Δ增长量 Increase amount	0.1657±0.0116 e	0.475±0.091 a	10.701±1.121 a
	百分数 Percentage (%)	100	100	100

注：表中数据为平均数±标准误，同一列中标以不同小写字母的值在 0.05 水平上差异显著（$P < 0.05$）。

Note: The data are mean ± SE，values within a column followed by different letters are significantly different at $P < 0.05$.

数据表明，正常生长条件下逆境诱导型表达转基因株系 R2、R3、R5 中 Ta6-SFT 有微量表达，当遭受逆境胁迫时，Ta6-SFT 的表达被激活，表达量大幅上调。组成型表达转基因株系 S9、S13 在正常生长条件和逆境胁迫下 Ta6-SFT 都有一定表达，在逆境胁迫时 Ta6-SFT 的表达量并不比正常条件下有所增强。由此说明逆境诱导型的转基因株系在应对非生物胁迫时可以更好地协调植物体内的物质和能量分配，实现物质和能量的高效利用。

2.4 干旱胁迫对转基因株系部分农艺性状的影响

干旱胁迫 0 d，各植株长势旺盛，形态正常。干旱胁迫持续到 18 d 时，转基因株系及非转基因对照都表现出不同程度的萎蔫和叶片皱缩的现象，后者更严重。这些外部形态与测定的株高、茎粗、叶面积数据相一致（图 8、图 9 和图 10）。表 2 表明，如设定非转基因对照在干旱胁迫期间的株高和茎粗的增长量均为 100%，则 rd29A 启动子驱动的 Ta6-SFT 的逆境诱导型表达转基因株系 R2、R3、R5 的株高增长量分别是 193.4%、149.2% 和 213.1%，茎粗的增长量是 736.9%、161.2% 和 1399%；CaMV35S 启动子驱动的 Ta6-SFT 的组成型表达转基因株系 S9 和 S13 的株高增长量分别是 144.3% 和 180.3%，茎粗增长量是 367% 和 336%。

各株系叶面积在干旱胁迫 18 d 后有不同的变化趋势，非转基因对照的叶面积较胁迫前平均减小 4.00 cm²，转基因株系 R2、R3、R5 胁迫后叶面积小幅增加，S9 稍有减小，S13 基本无变化（表 2 和图 10）。

综合干旱胁迫下转基因株系株高、茎粗和叶面积的增长量分析说明，干旱胁迫对转基因烟草株系生长的影响小于非转基因对照，且 rd29A 启动子驱动的 Ta6-SFT 转基因株系的生长势强于 CaMV35S 启动子驱动的 Ta6-SFT 转基因株系。

2.5 细胞质膜透性和丙二醛含量变化

在正常生长情况下，转基因株系和非转基因对照的细胞质膜透性无显著差异（$P <$ 0.05）（图11）。表明Ta6-SFT在烟草中的表达不但未影响植株的生长也未改变其生理生化特性。干旱胁迫处理18 d后各株系相对质膜透性明显上升，逆境诱导型表达转基因株系R2、R3、R5的细胞质膜透性显著低于对照和S13，但与S9无显著差异（图11）。转基因株系丙二醛含量在干旱胁迫前后的变化显著低于对照，各转基因株系间无显著差异（表1和图12）。

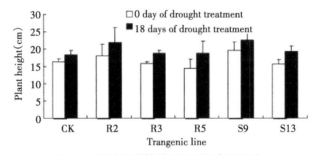

图8 干旱胁迫对转基因株系株高的影响

Fig.8 plant height of the transgenic lines under drought stress

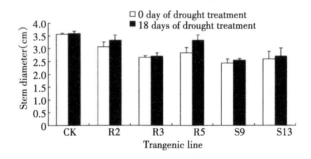

图9 干旱胁迫对转基因株系茎粗的影响

Fig.9 Stam diameter of the transgenic lines under drought stress

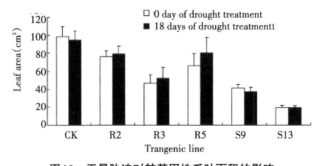

图10 干旱胁迫对转基因株系叶面积的影响

Fig.10 Leaf areas of the transgenic lines under drought stress

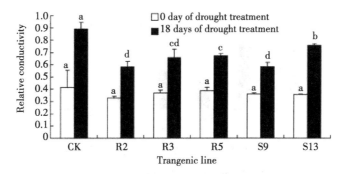

图 11 干旱胁迫对转基因株系质膜透性的影响

Fig.11 Cell membrane permeability of the transgenic lines under drought stress

注：柱形图上不同字母表示株系间差异达到 0.05 的显著水平。

Note: Bars superscripted by different letters are significantly different at *P* < 0.05.

表 2 干旱胁迫后转基因烟草株系部分性状的变化

Table 2 Changes of part of agronomic traits in transgenic lines under drought stress

转基因株系 transgenic line		株高 Plant height (cm)	茎粗 Stem diameter (cm)	叶面积 Leaf area (cm²)
R2	Δ增长量 Increase amount	3.933±0.751 ab	0.253±0.021 b	2.907±7.010
	百分数 Percentage (%)	193.4±36.9	736.9±61.2	—
R3	Δ增长量 Increase amount	3.033±0.208 bc	0.055±0.046 c	5.387±12.660
	百分数 Percentage (%)	149.2 ±10.2	161.2±134.9	—
R5	Δ增长量 Increase amount	4.333±0.862 a	0.480±0.04 a	14.130±41.032
	百分数 Percentage (%)	213.1±42.4	1399.0±117	—
S9	Δ增长量 Increase amount	2.933±0.473 bc	0.126±0.103 c	−3.753±2.130
	百分数 Percentage (%)	144.3±23.2	367.0±300.2	—
S13	Δ增长量 Increase amount	3.667±0.208 ab	0.116±0.012 c	−0.02±4.338
	百分数 Percentage (%)	180.3±10.2	336.9±35.6	—
CK	Δ增长量 Increase amount	2.033±0.404 c	0.034±0.037 c	−4.00±3.600
	百分数 Percentage (%)	100%	100%	—

注：表中数据为平均数±标准误，同一列中标以不同小写字母的值在 0.05 水平上差异显著（*P* < 0.05）叶面积指标中百分数（%）因变化值存在正、负两种数值，不便比较，故略去。

Note: The data are mean±SE，values within a column followed by different letters are significantly different at *P*<0.05. The percentage of leaf areas is elided due to growth amount with both positive and negative.

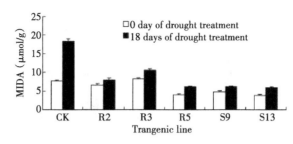

图12　干旱胁迫对转基因株系丙二醛含量的影响

Fig. 12　MDA content of transgenic lines under drought stress

注：柱形图上不同字母表示株系间差异达到0.05的显著水平。

Note: Bars superscripted by different letters are significantly different at $P<0.05$.

3　结论

Ta6-SFT的逆境诱导型表达使转基因株系在干旱胁迫下外源基因表达增强，积累更多的果聚糖，有利于提高植物对干旱胁迫的抗耐性，具有更强的生长势。因此，推荐在转基因植物中逆境诱导型表达抗逆基因，使其发挥最大的作用，减少对转基因植物的其他不良影响。

参考文献（略）

李淑洁，李静雯：甘肃省农业科学院生物技术研究所

张正英：甘肃省农业科学院科研管理处

半夏凝集素基因的克隆
及转基因烟草对蚜虫的抑制作用[①]

摘要：采用同源序列克隆方法，通过设计特异性引物从甘肃西和半夏叶片基因组DNA中克隆到1条1069 bp的半夏凝集素基因pta，与以同科内植物的mRNA为模板扩增得到的凝集素基因序列的同源性很高，达到98%以上，功能区完整，具有1条信号肽和3个甘露糖结合区，GenBank登录号AY725425。用该基因替换pBI121载体的GUS基因，正向插入35S启动子之下，构建了植物表达载体pBI-pta。通过农杆菌介导法转化烟草，从20株Kan抗性植株中得到PCR检测阳性植株14株，证明pta已整合到烟草基因组中。对随机挑取的7株PCR阳性植株进行了抗蚜虫（*Myzus persicae*）筛选试验，结果表明，不同株系蚜口密度抑制率为22.5%～89.4%，平均蚜口密度抑制率为56.2%。

凝集素（1ectin）是一类可逆的结合特异单糖或寡糖的蛋白质，不同的凝集素分子具有特定的氨基酸组分，而且凝集素的糖结合位点也各不相同。对凝集素的研究近年来发展

---

①本论文在《植物保护》2010年第36卷第6期已发表。

迅速，尤其在植物基因工程中，植物外源凝集素基因的抗虫特性越来越受到重视。关于凝集素的杀虫机理，一般认为外源凝集素进入昆虫消化道后，与肠道围食膜细胞表面的糖蛋白结合，降低膜的通透性，从而影响营养物质的正常吸收。此外，这种结合还可能在昆虫的消化道内诱发病灶，引起消化道内细菌和病毒的繁殖等，从而对昆虫本身造成危害。目前研究较多且成功应用于植物抗虫基因工程的凝集素基因有雪花莲凝集素（GNA）基因、豌豆凝集素（P-Lec）基因、麦胚凝集素（WGA）基因和半夏凝集素（PTA）基因。其中，雪花莲外源凝集素在体外或转基因抗虫试验中，已证实对某些咀嚼式和刺吸式口器昆虫均有抗性，如烟草夜蛾、豌豆象、飞虱和蚜虫，但对高等动物没有毒性。

半夏系天南星科半夏属植物，是中国传统的中草药。从掌叶半夏和半夏中提取的凝集素对麦管蚜、棉蚜、桃蚜等有致死作用。当人工饲喂量分别达到1.2 g/L和1.5 g/L时，棉蚜和桃蚜受到明显抑制，是一种有重要应用价值的抗虫资源。国内已有少数实验室正在进行pta的分离克隆，并在水稻、百合、菘蓝等植物上开展了转化，得到了一些工程植株。

蚜虫是危害最严重的世界性农业害虫之一，广泛危害农作物和园艺作物，除取食引起的直接损失外，还传播近100种植物病毒，从而造成作物的更大损失。因此，培育抗蚜虫的作物品种在生产上具有重要意义。抗虫基因工程育种技术克服了常规抗虫育种方法周期长，无法利用远源及异源抗性基因，无法进行多种异源基因同时导入等问题，为抗虫育种提供了一种新途径。

通过克隆甘肃西和半夏凝集素基因、构建植物表达载体pBI-pta，用农杆菌介导法转入烟草中，并对PCR检测阳性植株进行了抗蚜虫能力鉴定。

1 材料与方法

1.1 材料

甘肃省西和县在历史上是中国半夏之乡，2008年获国家"地理标志产品"认证，所产半夏粒大，色白，药用效果好，是半夏中的精品。本试验用西和半夏无菌苗、大肠杆菌DH 5a、农杆菌LBA4404、植物表达载体pBI121、烟草品种（*Nicotiana tabacum* var.）NC89均为甘肃省农科院生物技术研究所遗传工程实验室保存。GEM-T vector购自Promega有限公司，各种限制性内切酶、T4 DNA连接酶、Taq DNA Poly-merase均购自大连宝生物公司；RNase购自Sigma公司；DNA回收试剂盒购自中科开瑞生物公司；其他化学试剂购自国内生物试剂公司，均为分析纯。

根据GenBank中半夏凝集素基因（gi: 37779708）核心序列设计PCR扩增特异引物，引物中的下划线分别表示酶切位点Xba I和Sma I。

引物由大连宝生物公司合成，PEF：5′-CAGTCTA-GACCAGCAGCAACCCGGCTC-3′，PER：5′-CAGGGGCCCACCTATGGCTACGAAGGC-3′。

1.2 方法

1.2.1 半夏凝集素基因的扩增

以按照CTAB法提取的西和半夏无菌苗叶片基因组DNA为模板，PEF、PER为引物，按如下条件进行PCR扩增反应：94 ℃预变性4 min；94 ℃ 40 s、58 ℃ 40 s、72 ℃ 1.5 min，30个循环；72 ℃延伸10 min；4 ℃结束反应。PCR扩增产物的检测、回收、连接、转化及PCR、酶切鉴定和测序均按常规方法操作。

1.2.2 半夏凝集素基因植物表达载体的构建

用限制性内切酶 Xba I 和 Sma I 分别对测序结果正确的半夏凝集素基因和植物表达载体 pBI121 进行双酶切，回收基因片段。按如下体系进行连接：T4 DNA 连接酶（5 U/μL）10μL，反应缓冲液 25 μL，回收的基因片段 75 μL，回收的载体片段 140 μL，加灭菌水至 250 μL。16 ℃连接反应过夜。将构建正确的植物表达载体对大肠杆菌进行转化，并进行 PCR 和酶切鉴定，最终获得由 CaMV35S 启动子驱动 pta，新霉素磷酸转移合成酶（nptII）基因作为筛选标记基因的植物表达载体 pBI-pta。

1.2.3 农杆菌介导的烟草转化及转基因烟草的分子鉴定

采用农杆菌介导法转化烟草叶盘，在愈伤组织培养、分化培养和生根培养阶段用不同浓度抗生素进行选择，对试验获得的 20 株卡那霉素阳性植株进行 PCR 鉴定。

1.2.4 转基因烟草植株抗蚜虫试验

转 pta 的 PCR 阳性烟草植株移栽后，待株高 20 cm 左右时，随机选取 7 株作为试验材料，每株人工接种 2～3 龄桃蚜（*Myzus persicae*）10 头，套上防蚜网罩，以未转基因植株为对照，之后每 5 d 统计 1 次，连续统计 6 次。

蚜口密度抑制率效果评价参照文献。蚜口密度抑制率=（对照植株虫数−参试植株虫数）/对照植株虫数×100%；平均蚜口密度抑制率=各个株系的蚜虫密度抑制率之和/参试株系数×100%。

2 结果与分析

2.1 半夏凝集素基因（pta）扩增

以半夏叶片基因组 DNA 为模板，用合成的特异引物 PEF、PER 进行 PCR 扩增 pta，得到一约 1000 bp 特异片段，其大小与预期片段大小相符。将扩增片段回收后，克隆到 pGEM-T 载体。对重组质粒用 Xba I 和 Sma I 双酶切及 PCR 进行检测（图 1），结果都出现一约 1000 bp 特异片段，说明所扩增的特异片段已正确插入 pGEM-T 载体上。

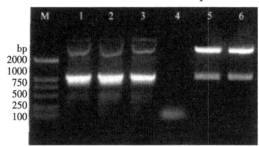

M: DNA Marker DL2000；1，2，3: PCR 产物；
4: 阴性对照；5，6: Xba I 和 Sma I 双酶切
图 1 pGEM-T-pta 重组质粒 PCR 及酶切鉴定

2.2 半夏凝集素基因（pta）序列及其编码的蛋白分析

测序结果表明，扩增得到 pta 序列为 1069 bp，利用 DNAMAN 6.0 对 pta 序列进行分析，发现该基因无内含子，与已知 pta 序列 [gi: 37779708] 同源性为 98.04%。全编码区为 804 bp，编码 268 个氨基酸序列。对所推测的氨基酸序列进行分析表明，该蛋白分子量为 29.1 ku，等电点为 7.77，前段 33 个氨基酸主要是由一些疏水氨基酸组成的肽链，N-端有

21个氨基酸残基的信号肽，剪切位点位于第24位的丙氨酸（A24）和第25位的缬氨酸（V25）之间，3个保守序列 QXDXNXVXY（QDNVY）的甘露糖结合识别区。

综上所述，所克隆半夏凝集素基因与同科植物凝集素具有相同的保守区域和甘露糖结合区，因而也应具有相同的功能。

2.3　植物表达载体 pBI-pta 的构建和鉴定

用限制性内切酶 Xba I 和 Sma I 酶切质粒 pGEM-pta，回收 1069 bp 的目的片段。pBI121质粒经 Xba I 和 Sst I 限制性内切酶消化后，先用预先设计的接头序列补平经 Sst I 酶切消化后的黏端，然后将回收的 pta 通过黏端（Xba I）-黏端（Xba I）、平端（Sst I）-平端（Sma I）连接，得到由 CaMV35S 启动子驱动 pta 的植物表达载体 pBI-pta（图2），导入 E. coli DH5a。进行酶切（图3）和 PCR（图4）鉴定，均得到 1 条 1069 bp 目标条带，与预期结果一致，表明 pBI-pta 表达载体构建正确，该载体以 CaMV 35S 为启动子，新霉素磷酸转移合成酶 npt II 基因作为筛选标记基因。

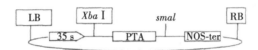

图2　表达载体 pBI-pta 构建示意图

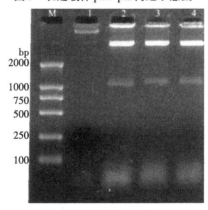

M: DNA Marker DL2000；1: 阴性对照；2，3，4: Xba I 和 Sma I 双酶切

图3　pBI-pta 重组质粒双酶切鉴定

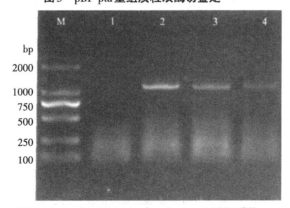

M: DNA Marker DL2000；1: 水；2，3，4: 重组质粒

图4　pBI-pta 重组质粒 PCR 鉴定

2.4　烟草转化体系的建立和优化

将烟草无菌苗叶圆盘浸入浓度为0.5～0.8的农杆菌LBA4404（含重组质粒pBI-pta）菌液中，感染8～10 min后，取出在无菌吸水纸上略为吸干，放在共培养基（MS + 6-BA 2 mg/L + NAA 0.5 mg/L）上28 ℃黑暗培养3～4 d，转入加有适当浓度Kan和Cb的愈伤组织诱导培养基（MS + 6-BA 2 mg/L + NAA 0.5 mg/L + Kan 150 mg/L + Cb 500 mg/L）上进行培养。每隔两周转接一次。当愈伤长到一定程度后，转到加有抗生素的分化培养基（MS + 6-BA 0.5 mg/L + NAA 0.05 mg/L + Kan 150 mg/L + Cb 500 mg/L）上分化出苗。将分化出来的苗剪下，移至生根培养基（1/2 MS + Kan 100 mg/L + Cb 200 mg/L）中进行生根培养。将生根植株分单株扩繁，一部分用于提取DNA进行分子检测，另一部分准备移栽。

2.5　转基因烟草的PCR检测

以卡那霉素阳性植株的叶片为材料，小量提取基因组DNA为模板，以pta特异引物进行PCR扩增，扩增得到的DNA片段与阳性对照相同，约为1069 bp，阴性对照（野生型烟草）没有该扩增产物。20个烟草转基因Kan抗性株系经PCR鉴定，14株为阳性株系，转化率为87%（转化率=PCR阳性植株数/接种的外植体体数×100%）。阳性烟草植株PCR分子鉴定结果初步表明，外源pta已整合到烟草的基因组中（图5）。

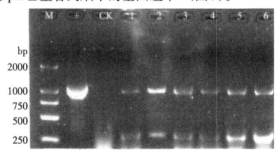

M: DL 2000 Marker；+: 阳性对照；CK: 阴性对照；1～6: 转pta烟草

图5　部分转pta烟草PCR检测

2.6　转基因烟草对蚜虫生长的抑制作用

随机挑取7株PCR阳性植株和非转基因植株（CK）进行了抑制蚜虫生长试验，结果表明半夏凝集素对蚜虫有较强的抑制作用。如图6、图7所示，转基因植株的蚜口密度抑制率在25.5%～89.4%，平均蚜口密度抑制率为56.2%。单株之间有差异，5号和7号株系抑虫效果较好，分别达到77.4%和89.4%，6号株系表现较差，仅为25.5%，这可能与PTA蛋白的表达量有关。PTA蛋白含量的分析检测工作正在进行之中。

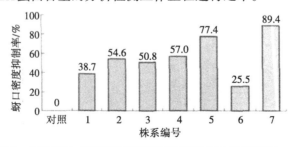

图6　接种后20 d转基因烟草不同株系对蚜虫的抑制率

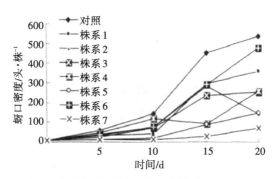

图7 转基因烟草不同株系上蚜口密度

3 讨论

在本研究中转基因植株的蚜口密度抑制率平均为56.2%，略高于Hinder等报道的转GNA基因烟草对桃蚜的平均抑制率50%；高于梁辉等报道的8个转GNA基因小麦植株抗蚜抑制率47%，王关林等报道的转GNA基因菊花平均蚜口密度抑制率39.4%，和周岩等报道的转GNA基因烟草对桃蚜的抑制率45%～60%；低于袁正强等转经过遗传改造后的GNA基因烟草的平均蚜口密度抑制率71.0%。雪花莲凝集素（GNA）基因是植物转基因研究应用较多的一类凝集素，从本研究结果看，半夏凝集素具有和雪花莲凝集素同样的抗虫效果，可以应用到抗虫基因工程育种中。近年来已有转半夏凝集素基因的研究显示，其具有很好的抗虫特性。转半夏凝集素基因烟草植株对蚜虫产生了有效抗性，但并不能杀死或完全抑制蚜虫，这与半夏凝集素的抗虫机理有关，即外源凝集素进入昆虫消化道后，与肠道围食膜细胞表面的糖蛋白结合，降低膜的通透性，影响营养物质的正常吸收而导致昆虫死亡，起到了间接杀虫作用。这一研究结果与已经报道的雪花莲凝集素、麦胚凝集素等植物凝集素的抗虫特性一致。因此，通过对抗虫试验的分析可以认为，本研究中克隆的PTA基因和构建的植物表达载体是成功的，该基因和载体可用于植物抗虫育种研究。

在烟草抗蚜虫试验中，接种后25 d为蚜虫数量消长的转折点，25 d以前转化株系和对照植株的蚜虫数量都在持续上升，但转化株系的蚜虫数量明显低于对照，25 d之后对照植株的蚜虫数量还在继续增加，而转化植株的蚜虫数量迅速下降（数据未列出）。通过对这一现象的分析认为，组成型启动子CaMV 35S驱动pta不断持续表达，当表达量积累到一定程度时，pta的抗虫效果就得到了充分表现。因此，从基因表达的长效机制来分析，如果从烟草的整个生育期来考察pta的抗虫特性，也许效果会更显著。

Hinder等认为，GNA蛋白的含量只要达到蛋白总量的0.1%以上就可以使植株对蚜虫具有明显的抗性。本试验检测了7株转基因烟草植株的抑制蚜虫效果，蚜口密度抑制率为25.5%～89.4%，单株之间有很大差异，这可能与PTA蛋白的表达量不同有关。因此，改造半夏凝集素基因和表达载体、扩大转基因群体仍能够继续提高抑制蚜虫的效果。

参考文献（略）

张正英:甘肃省农业科学院科研处、甘肃省农业科学院生物技术研究所

令利军,王红梅,李淑洁,李静雯:甘肃省农业科学院生物技术研究所

辣椒TPS家族成员的鉴定与CaTPS1的表达分析[①]

海藻糖（trehalose）是广泛存在于生物体中由2个分子葡萄糖组成的非还原性双糖，它不仅能在适宜环境下为生物体的新陈代谢提供和储存能量，也能在生物体处于逆境时（如高寒、高盐、高温和干燥失水等）有效地保护生物膜及蛋白质等生物大分子结构和功能的稳定，对生物体起着不可替代的抗逆保护作用（Crowe et al，1996；Lerbret et al，2005；Alpert，2006；Sundaramurthi et al，2010；Hackel et al，2012）。海藻糖在细菌中有多个合成途径，而在真菌、植物和动物中只有1个合成途径。在植物体内海藻糖主要经TPS/TPP途径合成，首先由海藻糖-6-磷酸合成酶（trehalose-6-phosphate synthase，TPS）催化尿苷二磷酸-葡萄糖与葡萄糖-6-磷酸形成海藻糖-6-磷酸（trehalose-6-phosphate，T6P），然后再由海藻糖-6-磷酸磷酸酶（trehalose-6-phosphate phosphatase，TPP）催化T6P脱磷酸形成海藻糖（Virgilio et al，1994）。已在许多植物中发现了TPS/TPP海藻糖合成途径中酶的编码基因，植物基因组中含有大量具有TPS和TPP结构域的基因。

TPS是T6P合成途径中的关键酶，TPS基因的过表达能明显提高作物的非生物胁迫适应性。此外，植物中的TPS基因都以基因家族的形式存在，且大多数植物TPS基因家族中，只有TPS1具有TPS活性。本试验中利用生物信息学手段分析鉴定了辣椒TPS家族成员，分析其成员分类、染色体定位、基因结构和模体组成，对CaTPS1的低温胁迫表达模式进行分析，以期为进一步研究辣椒CaTPS功能及抗逆分了机理提供一定参考。

1 材料与方法

1.1 材料

试验所用辣椒品种为甘肃省农业科学院蔬菜研究所选育的"陇椒3号"，耐寒性强。辣椒全基因组数据来源于The Pepper Genome Datebase（http：//peppersequence.genomics.cn/）（Qin et al，2015）水稻（*Oryza sativa*）与拟南芥的TPS基因和蛋白序列分别来源于TIGR（http：//www.rice.plantbiology.mau.edu/）（Ouyang et al，2007）和TAIR（http：//www.arabidopsis.org/）（Huala et al，2001）。

1.2 辣椒TPS基因家族成员的鉴定

以双子叶植物拟南芥和单子叶植物水稻中已鉴定的所有TPS基因家族成员cDNA序列为模板，在The Pepper Genome Datebase中进行tblastn，获得辣椒TPS相关基因，进一步利用Pfam数据库工具进行TPS结构域验证，获得辣椒所有TPS基因家族成员，利用DNA-MAN 6.0软件，根据与拟南芥TPS基因家族成员的同源性进行系统命名。

[①]本论文在《园艺学报》2016年第43卷第8期已发表。

1.3 辣椒TPS编码蛋白的系统发育分析

以拟南芥和水稻TPS亚家族成员蛋白序列为参照，运用BioEdit V7.0.1软件对辣椒TPS家族蛋白序列进行联配分析，联配结果使用MEGA V5.1，采用邻接法生成TPS的系统进化树，校验参数bootstrap值设置为重复1000次。

1.4 模体（Motif）结构分析

以辣椒TPS家族成员蛋白序列为参照，通过MEME网站（meme.nbcr.net/meme/intro.html）进行模体结构分析。MEM分析时蛋白质序列内部不能存在空位，每个位置上可能出现的字母构成一个位置特异性概率矩阵（PSPM），利用该矩阵判断序列组中可能存在的模体。参数设计时模体基序长度最小为10，最大为100，保守序列发现数最大为6。

1.5 基因结构分析

以辣椒TPS家族成员基因组序列和编码区序列为参照，通过基因结构预测网站（http://gsds.cbi.pku.edu.cn/）进行基因结构分析（Hu et al, 2015）。网站预测时将基因组序列和编码区序列分别转化为FASTA格式，同时保证同一基因的两种序列一一对应。

1.6 CaTPS1的分离与表达分析

对初花期辣椒苗进8℃低温处理，同时以未处理植株为对照。采用植物总RNA快速抽提试剂盒（生工，上海）分别提取经不同时间（0、1、6、12、24和48 h）处理及未处理的辣椒叶、茎和根RNA，用TIAN Script II cDNA第一链合成试剂盒（天根，北京）反转录成cDNA。以辣椒参考基因组中鉴定到CaTPS1序列设计合成引物（F：TAGGATCCATGCCGGGGAACAAGTAT；R：GCGTCGACTCATGATGCCCCATT，下画线表示酶切位点），扩增克隆CaTPS1序列，送华大基因科技有限公司（北京）测序。

根据测序结果，设计合成荧光定量PCR引物（qF：GACGAGACCTCCACCAC；qR：GCCCATCAGACAACGAC），以辣椒Actin（GenBank Accession：GQ339766.1）为内参基因（qAcF：ATTCAGGCTGTTCTTTCC；qAcR：AGCATAACCCTCATAGATAG），分别对经上述不同时间低温处理的叶、茎和根cDNA进行qRT-PCR分析。采用$2^{-\triangle\triangle Ct}$法（张丹等，2013）计算相对表达量。

2 结果与分析

2.1 辣椒TPS基因家族成员的鉴定与分类

通过生物信息学分析，从辣椒全基因组中共鉴定得到11个TPS家族成员（表1），其中有3个分布于染色体7上，有6个分别分布于染色体1、2、5、8、10和11上，另外有2个未能定位。通过NCBI-CDD和PFAM工具进行蛋白结构域分析，11个辣椒TPS蛋白都含有TPS（Pfam：Glyco-transf-20）和TPP（Pfam: Trehalose-Ppase）两个典型特征结构域，其中CaTPS3含有1个TPS和2个TPP结构域。根据与双子叶植物拟南芥相关TPS蛋白的同源性，将11个辣椒CaTPS基因分别命名为CaTPS1～CaTPS11。辣椒11个CaTPS基因编码蛋白质长度范围从679个氨基酸（CaTPS3）到929个氨基酸（CaTPS1），分子量从77.17 kD（CaTPS3）到104.71 kD（CaTPS1），等电点从5.38（CaTPS7）到8.71（CaTPS3）。

表 1　辣椒 TPS 基因家族成员基本信息

Table 1　Basic information of TPS family genes in pepper

基因 Gene	基因序列号 Gene ID number	染色体 Chromo-some	TPS 结构域位置 TPS domain lo-cation	TPP 结构域位置 TPP domain loca-tion	氨基酸数 Number of amino acid	分子量/kD Molecular mass	pI
CaTPS1	Capana07g002060	7	92～557	592～751	929	104.71	6.08
CaTPS2	Capana00g002284	—	107～536	582～793	903	101.79	6.06
CaTPS3	Capana00g001034	—	258～323	74～255；369～569	679	77.17	8.71
CaTPS4	Capana01g001057	1	59～545	595～829	862	97.21	5.82
CaTPS5	Capana08g000100	8	63～552	602～836	857	97.24	5.74
CaTPS6	Capana10g000293	10	62～545	595～858	885	100.88	5.86
CaTPS7	Capana07g001806	7	61～544	594～825	852	96.64	5.38
CaTPS8	Capana02g001649	2	59～542	592～826	850	96.23	5.65
CaTPS9	Capana05g001390	5	54～537	587～832	867	97.60	5.63
CaTPS10	Capana11g001362	11	59～542	592～825	856	96.71	9.21
CaTPS11	Capana07g000086	7	60～544	595～830	875	98.30	6.04

2.2　辣椒 TPS 蛋白的系统发育分析

系统发育分析表明，辣椒 11 个 TPS 蛋白家族成员分为两大类，参照拟南芥的研究结果，将两类家族命名为 Class I 和 Class II。Class I 包含 CaTPS1～CaTPS3，其余 8 个成员都包含在 Class II（图 1）。辣椒 TPS 蛋白家族成员进化结果与拟南芥、杨树、大豆和水稻中的分析结果（Lunn et al，2007；Zang et al，2011；Xie et al，2012；谢翎等，2014）基本一致。

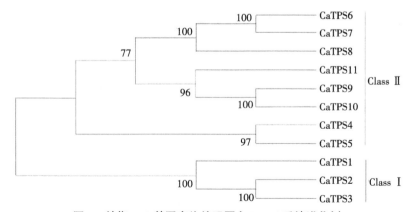

图 1　辣椒 TPS 基因家族编码蛋白 CaTPS 系统进化树

Fig. 1　Phenogenetic tree of TPS in pepper

此外，ClassI 中 CaTPS1～CaTPS3 均含有较多的内含子，分别为 16、16 和 13，Class II 中所有成员均含有 2 个内含了（图2）。该结果与拟南芥、杨树和水稻中的研究结果吻合（Lunn et al，2007；Zang et al，2011；Xie et al，2012）。以上结果说明植物 Class I 和 Class II 经历了不同的进化方式。

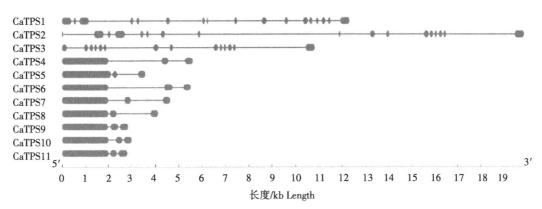

图 2　辣椒 TPS 家族成员的基因结构

Fig. 2　Gene structure of TPS family genes in pepper

2.3　CaTPS 基因家族蛋白模体分析

通过模体分析网站 MEME 对 CaTPS 基因家族蛋白进行 Motif 分析，11 个成员中共找到 6 个 Motif（Motif 1～Motif 6）（图3）。除 CaTPS3 外，其余 10 个成员均含有 Motif 1～Motif 5，且排列顺序完全一致，Motif 1～Motif 4 定位于 TPS 结构域中，而 Motif 5 定位于 TPP 结构域中。CaTPS3 含有 1 个 Motif 4，定位于 TPS 结构域中，同时含有 2 个 Motif 3，分别定位于其 2 个 TPP 结构域中。除此之外，ClassII 的 8 个成员中均存在 1 个特有的 Motif 6，紧挨 Motif 4，横跨 TPS 和 TPP 间区至 TPP 前端氨基酸，是 Motif 成员中最长的 Motif。

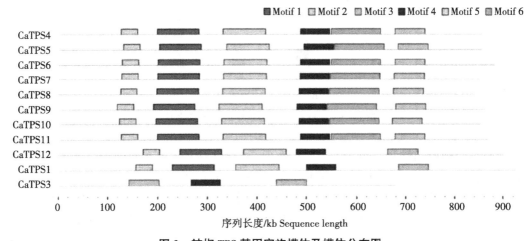

图 3　辣椒 TPS 基因家族模体及模体分布图

Fig. 3　Motifs and their distribution of TPS family in pepper

2.4 CaTPS1 的表达分析

根据辣椒基因组数据库（http://peppersequence.genomics.cn/）鉴定得到 CaTPS 的家族成员 cDNA 序列，设计引物，成功克隆出 CaTPS1（GenBank accession number：KU568375）。测序表明 CaTPS1 的 cDNA 全长 2790 bp，与参考基因组中鉴定到的该基因序列完全一致（图4）。

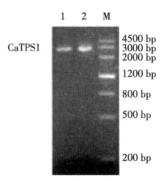

图4 CaTPS1基因扩增电泳图

Fig. 4 Electrophoregram of CaTPS1

1：未经低温处理的叶片；2：低温处理的叶片；M：DNA marker Ⅲ

利用荧光定量 PCR 技术，对 CaTPS1 的组织特异性进行分析，结果表明：CaTPS1 在辣椒幼苗根、茎、叶组织中都有表达，在叶片中的表达量最高，是根和茎中的5～6倍，而根和茎中的表达量基本相同（图5）。

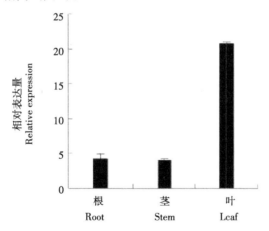

图5 CaTPS1在不同组织中的特异性表达

Fig. 5 The expression of CaTPS1 in different tissues

对初花期辣椒植株进行低温（8 ℃）处理，分析 CaTPS1 在不同处理时间的表达情况（图6）。对照植株根、茎和叶中的 CaTPS1 在不同时间点的表达量基本不变，而在低温胁迫下出现了较为明显的变化。低温胁迫下，在叶片中的表达基本上呈先下降再升高的趋势，在48 h 达到最高，相对表达量是0 h 的1.74倍；而在茎和根中的表达基本呈先上升后下降的变化，分别于12 h 和6 h 在茎和根中的表达量达到最高，分别是0 h 的2.07倍和2.14倍；低温处理后在根和茎中的表达高峰出现时间明显早于叶片，说明不同组织中 CaTPS1 对低温胁迫的应答时间存在一定差异。

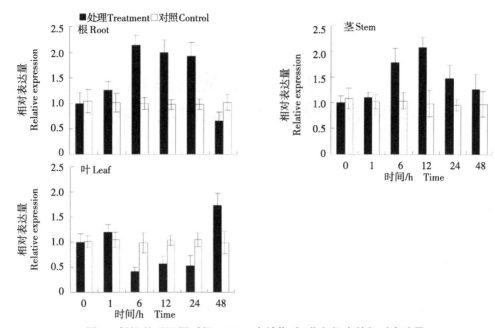

图 6　低温处理不同时间 CaTPS1 在辣椒叶、茎和根中的相对表达量

Fig. 6　The expression of CaTPS1 of different treat times with low temperature in different tissues

3　结论

本试验中共鉴定 11 个辣椒 TPS 基因。辣椒 11 个 CaTPS 基因中，有 3 个（CaTPS1～CaTPS 3）属于 Class I，其余 8 个属于 Class II，辣椒 TPS 蛋白家族成员进化结果与拟南芥（Lies et al，2010）、杨树（Lunn et al，2007）、大豆（谢翎等，2014）和水稻（Zang et al，2011）中的分析结果基本一致。此外，Class I 中 CaTPS1、CaTPS2 和 CaTPS3 均含较多的内含子，分别为 16、16 和 13，而 Class II 中所有成员均含有 2 个内含了，该结果也与拟南芥、杨树和水稻中的研究结果吻合，且 Class II 中的基因比 Class I 多 1 个较长模体。

本试验中从辣椒 CaTPS1 的组织特异性和低温胁迫应答模式的分析来看，CaTPS1 的表达存在组织特异性，且在不同组织中对低温应答反应的敏感性不同，总体来说，在叶中的表达量最高。

因此，TPS 基因可能是通过调节其他胁迫相关基因的表达，以及提高海藻糖、脯氨酸、可溶性蛋白等渗透调节物质的含量，来增强植物的胁迫耐受性。对辣椒 TPS 家族成员的全面了解，有利于全面了解 CaTPS 参与辣椒非生物胁迫应答的代谢机理，同时为利用转CaTPS 基因提高辣椒抗逆性奠定基础。

参考文献（略）

魏兵强，张建农：甘肃农业大学园艺学院

魏兵强，王兰兰，张茹，陈灵芝，张少丽：甘肃省农业科学院蔬菜研究所

马铃薯病毒诱导应答基因
抑制消减杂交文库构建及分析①

马铃薯（*Solanum tuberosum*）为茄科茄属多年生草本块茎植物，是世界上仅次于小麦（*Triticum aestivum*）、水稻（*Oryza sativa*）和玉米（*Zea mays*）的第四大粮食作物，因其块茎部分含有丰富的碳水化合物、蛋白质和各种维生素，是重要的粮菜饲兼用作物及工业原料。中国是世界最大的马铃薯生产国，总产量和人均消费量均处于世界前列水平且稳步增长，但单位面积产量却远远落后于荷兰等马铃薯生产发达的国家，影响单产的因素很多，其中病毒等病害积累引起的种薯退化是重要的原因之一。已报道的在田间条件下能侵染马铃薯的病毒有近30种，它们引起马铃薯植株花叶、褪绿、卷叶、矮缩以及坏死等症状，严重时导致植株生长发育异常，块茎产量下降，特别是复合侵染时可使产量损失80%以上，有些还会严重影响块茎品质和商品性。

由于马铃薯病毒病的特殊性，目前尚无有效的化学方法防治马铃薯病毒病，利用茎尖分生组织培育健康无毒的马铃薯已成为预防马铃薯病毒病最为有效的方法之一。但茎尖脱毒组织培养技术本身具有成本高、对操作人员技术要求高、是否完全脱毒监测困难、脱毒种薯在栽培过程中易于再次感染的局限性，加上受经济条件、认知等原因的影响很难全面应用与生产。因此，培育抗病毒马铃薯品种可能是从根本上缓解这一问题的可行办法。但由于栽培种马铃薯一般是四倍体无性繁殖材料，育种中存在基因分离复杂、花粉不育和现有栽培种基因库狭窄等缺陷，极大地限制了可以利用的基因资源。以转基因、分子标记辅助育种为代表的现代生物育种技术是有效弥补不足的可行方法，可以加速实现马铃薯抗病毒特性的改良目的，但需要对病毒入侵后马铃薯的应答反应相关主要功能基因及其作用机理有较为清晰的认识。

抑制消减杂交（suppression subtractive hybridization，SSH）技术是1996年由Diatchenko等以mRNA差异显示技术为基础建立起来的一种利用抑制性PCR和差减杂交技术为基础筛选差异表达基因的方法，由于该方法具有高效和假阳性率低的特点，目前已广泛应用于植物抗病、抗逆、发育等差异表达基因筛选研究中，但在马铃薯病毒病相关研究中的应用尚未见报道。

本研究以马铃薯病毒病携带植株叶片cDNA为试验组（Tester），以脱毒种苗叶片cDNA为驱动组（Driver），构建了马铃薯病毒诱导应答基因抑制消减杂交cDNA文库，筛选与马铃薯病毒病致病、防御相关的应答基因并研究其转录模式，以期为在整体水平上了解马铃薯与病毒互作的分子机理、克隆抗病基因奠定基础。

---

①本论文在《草业学报》2017年第26卷第12期已发表。

1　材料与方法

1.1　试验材料与试剂

本试验于2014年7月–2016年4月进行，以甘肃省农业科学院马铃薯研究所育成品种"陇薯8号"（对花叶病毒病和卷叶病毒病具有很好的田间抗性）叶片为受试材料，试验组感病植株是从田间选取，驱动组脱毒种苗取材于马铃薯脱毒种苗繁育专用温室，均随机选取5株后混合取样。供试Clontech SMARTerTM PCR cDNA synthesis Kit、Clontech SMARTerTM PCR cDNA synthesis Kit、SYBR Premix ExTaq购自大连TAKARA公司，RNA提取试剂TRIzol购自上海Invitrogen公司，测序、引物合成及克隆载体pUCm-T、DH5α感受态细胞、质粒提取试剂盒、非酶DNA清除剂、PCR产物回收、纯化试剂盒购自上海生工生物工程有限公司。

1.2　RNA的提取、纯化及SSH文库构建

取约100 mg马铃薯叶片于液氮中研磨后参照Invitrogen公司TRIzol试剂说明书抽提总RNA，在氯仿抽提前加一步酚：氯仿（24：1）纯化步骤，最后RNA溶液用上海生工非酶DNA清除剂纯化，进一步提高了RNA的质量。

所获得的RNA合成双链cDNA后，分别以感病植株cDNA为试验组，以脱毒种苗cDNA为驱动组，按照PCR-SelectTM cDNA Subtraction Kit（Clontech，Cat.No.637401）试剂盒说明书进行Rsa I酶切消化、接头连接、杂交、PCR扩增等操作，每步操作均设置3个平行试验；采用StTublin基因引物PCR检测杂交效率，分别在18、20、22、24、26、28、30、32个循环取PCR产物进行凝胶电泳检测。利用DNA回收试剂盒回收第2次PCR差减产物连接到pUCm-T克隆载体，转化大肠杆菌感受态细胞DH5α。

1.3　差减文库的鉴定及ESTs测序分析

随机挑选转化平板的白斑用pUCm-T载体M13引物（表1）PCR验证为阳性克隆后送交生工生物工程（上海）股份有限公司测序。将测序结果用VectorScreen分离出载体序列，再对EST序列进行比对后获得非冗余序列，再用tblastx（Search translated nucleotide database using a translated nucleotide query）进行同源性搜索分析基因功能。

1.4　候选基因Real-time PCR验证

应用Invitrogen公司TrIzol试剂提取对照组和处理组的叶片总RNA，应用Clontech SMARTerTM PCR cDNA synthesis Kit试剂盒反转录合成cDNA，进行qRT-PCR分析，参考试剂盒说明书建成20 μL反应体系，反应条件为95 ℃预变性2 min，95 ℃变性20 s，58 ℃退火30 s，72 ℃延伸30 s，共40个循环，延伸阶段收集信号，从58 ℃到95 ℃，采集熔解曲线荧光信号。选取其中2个差异表达基因，利用Primer Premier 6.0软件分别设计差异表达ESTs正、反向引物，以马铃薯持家基因StTublin为内参，做3次重复，计算基因的相对表达量（表1）。

表1 所用引物序列

Table 1 Primers used in the experiments

引物名称 The primer name	正向引物序列 5′-3′ Forward sequence	反向引物序列 5′-3′ Reverse sequence
StTublin	CACTCACTTGGTGGAGGGACT	TGGCAGAAGCTGTCAGGTAACG
M13	TGTAAAACGACGGCCAGT	CAGGAAACAGCTATGACC
EST1 qRT-PCR	TCTTGATGGCTATGGATACG	CTCTTCTAAGTTAGGACAGTCT
EST2 qRT-PCR	CCTGATGCGGTTATGAGTA	GATCTTGGTGGTAGTAGCA

2 结果与分析

2.1 RNA的分离与质量检测

图1是用Invitrogen公司Trizol试剂盒提取马铃薯叶片总RNA图谱，总RNA经1%琼脂糖凝胶电泳检测，其28S和18S RNA带型清晰可见，且比例适当，表明总RNA质量好、纯度高，满足文库构建的要求。以该RNA为模板，以OligodT18为引物进行反转录，获得第一链cDNA，再进一步合成双链cDNA用于后续试验。

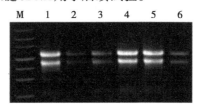

M: DNA marker；1～3: 驱动组总RNA Driver total RNA；4～6: 试验组总RNA Tester total RNA

图1 马铃薯块茎RNA电泳图谱

Fig. 1 Total RNA tested by agarose gel

2.2 双链cDNA酶切效果检测

为了验证长片段双链cDNA是否被充分消化成小片段，用1%琼脂糖凝胶电泳检测酶切前后的双链cDNA，酶切前双链cDNA分布在100～2000 bp（图2: Lane1、3），经高频四碱基内切酶RsaⅠ酶切后，双链cDNA分布范围明显下移（图2: Lane 2、4），说明RsaⅠ已将较长的双链cDNA消化成带有黏性平末端的小片段，达到了试验预期效果，保证了试验操作的准确性。

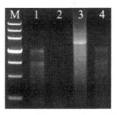

M:DNA marker；1,3:未经过RsaⅠ酶切的驱动组双链cDNA、

试验组双链cDNA Driver ds-cDNA and Tester ds-cDNA；2,4:经过RsaⅠ酶切的驱动组双链cDNA、

试验组双链cDNA Driver ds-cDNA and Tester ds-cDNA after RsaⅠ digestion

图2 双链cDNA酶切效果验证

Fig. 2 ds-cDNA enzyme digestion efficiency

2.3　接头连接及连接效率检测

ds-cDNA与接头连接效率的高低是决定抑制性消减杂交成败非常关键的一步。将经酶切验证可用的试验组双链cDNA分成两份，分别连接接头Adaptor 1和Adaptor 2R以便于后续的消减杂交。连接产物分别用试剂盒提供引物Primer 1和马铃薯持家基因StTublin反向引物组合以及马铃薯持家基因StTublin正反向引物组合（扩增片段内不含RsaI酶切位点）进行PCR扩增检测。结果显示（图3），持家基因的3′反向引物与接头的外侧引物Primer 1组合的扩增片段（连接接头的PCR产物）大于StTublin正反向引物组合的扩增片段，与预期结果一致。

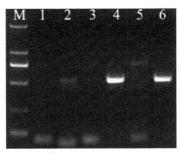

M: DNA marker；1，2: 与接头1的连接产物Ligased with adaptor 1；3～6: 与接头2R的连接产物Ligased with adaptor 2R；1，3，5: PCR Primer1和StTublin 3′引物组合PCR产物Product of Primer 1 and StTublin 3′ primer；2，4，6: StTublin引物PCR产物Product of StTublin primer

图3　接头连接效果PCR验证

Fig. 3　Detection of ligation efficiency of adaptor

2.4　巢式PCR产物检测

消减杂交后富集的差异表达基因片段再经过两次PCR扩增，第1次仅末端具有不同接头的双链cDNA呈指数扩增，在第2次巢式PCR将进一步降低背景和富集差异表达序列。试验结果显示，第2轮巢式PCR在扩增到15个循环时已经有较多的扩增产物出现，大小分布在100 bp到500 bp之间（图4），可以保证后续试验的顺利进行。

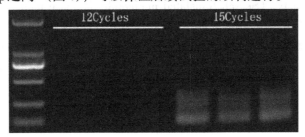

图4　巢式PCR产物检测

Fig. 4　Nested PCR products tested by agarose gel

2.5　消减效率的PCR分析

用马铃薯内标基因StTublin引物进行PCR验证消减效率，结果显示在消减杂交产物中均不能扩增出目标产物，而非消减杂交对照组在22个循环就有目标条带出现（图5），说明本试验消减杂交成功，消减效率较高。

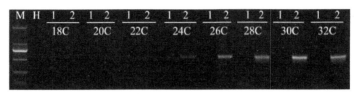

M: DNA marker；H: H₂O；1: 消减组 cDNA Subtracted Cdna；2: 未消减 cDNA Unsubtracted cDNA；

18 C～32 C: 循环数 Cycles number

图5　消减效率的 PCR 检测

Fig. 5　Reduction efficiency by PCR analysis

2.6　阳性克隆的获得与筛选

2 次 PCR 产物纯化后连接到克隆载体 pUCm-T 后转化大肠杆菌感受态细胞 DH5α，转化后涂布在含有 X-gal 和 IPTG 的 Amp 抗性 LB 平板上生长 16 h，将其于 4 ℃放置 24 h 后，挑选白斑于液体 LB 培养基培养 10 h。以菌液为模板 PCR 鉴定阳性克隆结果显示，在随机挑选的 28 个克隆中，阳性克隆为 27 个，片段大小分布在 200 bp 到 600 bp 之间（图6），阳性重组率大于95%，满足随机挑选克隆测序要求，从而成功建立了马铃薯淀粉合成积累相关抑制消减杂交文库。

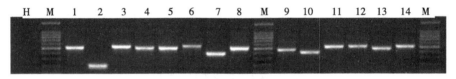

M: DNA marker；H: H₂O；1～14: PCR扩增的插入片段 The PCR products of the inserts

图6　阳性克隆PCR筛选电泳

Fig. 6　PCR products of positive clones which were selected randomly

2.7　差异表达ESTs测序与分析

根据所获得的 PCR 产物大小随机挑选了 98 个阳性克隆经 PCR 验证后送交上海生工测序后，将测序结果用 VectorScreen 分离出载体序列，再对 EST 序列进行比对后获得 45 条非冗余序列，再用 tblastx（Search translated nucleotide database using a translated nucleotide query）进行同源性分析基因功能。结果显示（表2），45 条非冗余序列中有 9 条序列尚无同源序列，14 条序列属于马铃薯病毒基因片段，此外还有与植物抗病毒相关 LRR 类转录因子、衰老相关基因等，说明本文库质量较高，差异表达基因与马铃薯病毒致病及防御过程密切相关。

表2　非冗余序列 Blast 注释结果

Table 2　Non redundant sequence Blast annotation results

Blast 同源基因 Blast homologous gene	ESTs 数目 ESTs number	NCBI登录号 NCBI Reference Sequence	Blast 同源基因 Blast homologous gene	ESTs 数目 ESTs number	NCBI登录号 NCBI Reference Sequence
马铃薯病毒基因 Potato virus gene	14	YP_006522434.1	核糖体 RNA Ribosomal RNA	7	KP718627.1
		YP_006522435.1			YP_009108242.1
		YP_006522436.1			XR_001669565.1

续表2

Blast 同源基因 Blast homologous gene	ESTs 数目 ESTs number	NCBI登录号 NCBI Reference Sequence	Blast 同源基因 Blast homologous gene	ESTs 数目 ESTs number	NCBI登录号 NCBI Reference Sequence
		YP_006522437.1			KF492694.1
		YP_006522438.1			EU029653.1
		YP_006522439.1			AY465739.1
		YP_001165305.1	乙酰乳酸合成酶基因 Acetyl synthetase gene	2	XM_006361678.2
		AGS56991.1			HM114275.1
衰老相关基因 Senescence-related gene	4	ACA30301.1	蛋白酶抑制剂 Protease inhibitor	1	KJ788161.1
		Xp_013443005.1	角质形成蛋白 Keratinocyte protein	1	XM_006351068.2
		Xp_013442969.1	泛素载体蛋白 Ubiquitin carrier protein	1	NM_001288227.1
F-box /LRR-repeat	1	XM_006348812.2	Misc RNA Miscellaneous RNA	3	XR_001457388.1
醛脱氢酶家族 Aldehyde dehydrogenase	1	XM_006342863.2			XR_001473364.1
DNA 聚合酶 DNA polymerase	1	WP_053236285.1			XR_368590.2
未知功能基因 Functional unknown	9	—			

2.8 差异表达基因 Real-time PCR 验证

选取文库中出现频率较高、片段较长而易于设计引物的2个ESTs：一个是与植物抗病毒相关 LRR 类蛋白基因 （EST1），一个是 Blast 比对无同源序列的 EST （EST2）。用 qRT-PCR 技术，检测上述 ESTs 代表的基因在马铃薯病毒侵染前后的表达情况。结果发现，这两个 ESTs 在脱毒种苗中表达量很低或者几乎没有表达，但是在感染病毒的植株中表达水平急剧升高 （图7），两个 ESTs 在病毒侵染前后的相对表达量差异均达到了极显著水平（P_{EST1}=0.000219 < 0.01，P_{EST2}=0.00038 < 0.01），初步说明上述两个 ESTs 所代表的基因参与了马铃薯对病毒侵染胁迫的应答反应。

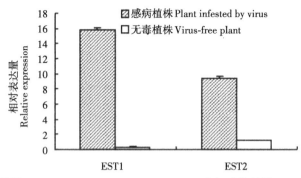

EST1: LRR 类转录因子 LRR type transcription factor；EST2: 未知功能基因 Functional unknown gene

图7 差异表达 ESTs 的 qRT-PCR 验证

Fig. 7 Validation for the differential expression ESTs by qRT-PCR

3 讨论

3.1 SSH 文库的构建

基因的差异表达是调控生命活动的核心，通过比较同一植物组织在不同的病理条件下的基因表达差异是揭示植物病害致病机理及植物对病害防御机理的重要手段，抑制消减杂交技术的应用加快了基因差异表达分析的速度。目前为止，抑制消减杂交技术已广泛应用于植物抗逆、抗病及生长发育相关领域，但在马铃薯病毒病入侵及抗病机理方面还没有相关研究报道。本研究以马铃薯病毒病携带植株的 RNA 为试验组（Tester），脱毒种苗 RNA 为驱动组（Driver），构建了马铃薯病毒诱导应答基因抑制消减杂交 cDNA 文库，筛选出病毒入侵前后的差异表达基因，为进一步深入研究马铃薯病毒入侵机制，克隆马铃薯抗病毒基因并利用基因工程手段创制抗病毒马铃薯新种质奠定了基础。

但是抑制消减杂交技术也存在着一些不足，如：对试验材料的需求量较多，不适于来源困难的样品；得到的 cDNA 是限制酶消化后的小片段，进一步研究还需要扩增全长序列；要求对比试验组之间的差异性较低等。此外，试验本身的技术环节也存在不足，如酶切不完全、cDNA 与接头的连接效率不高等，都会降低消减效率，致使消减结果存在一定的假阳性。在本文库的构建过程中，在每一个关键环节都进行了相应的验证，保证了试验结果的可靠性，差异表达 ESTs 测序结果显示文库内含有较多的病毒基因片段，选取的两个差异表达 ESTs 在病毒浸染后的相对表达量均显著提高，说明该消减文库构建比较成功，文库内包含的 ESTs 应该都是试验组所特有的基因片段。

3.2 马铃薯抗病毒基因的筛选

由于马铃薯生产中造成产量下降的一个主要原因就是种薯感染病毒，再加上脱毒种薯的生产成本较高，因此，科学家一直致力于抗病毒马铃薯新品种的培育。而由于转基因技术的独特优势，科学家也利用了多种转基因策略创制抗病毒马铃薯新种质，尤其是在马铃薯中表达病毒外壳蛋白基因和利用病毒反义 RNA 技术创制抗病毒种质方面开展了较多的研究，然而大多收效甚微或只能对一种病毒具有较好的效果，应用价值不高。因此，缺乏有效的抗病毒基因是利用基因工程技术培育马铃薯抗病毒品种所面临的最大困难。

R 基因能够赋予植物对病毒、细菌、真菌等多种病原物的抗性，这种主动抗性依赖于寄主的 R 基因产物与病毒编码的无毒因子（Avr）之间的特异性识别，是目前为止所知道的能够赋予植物抗病性最好的基因。目前克隆鉴定出来的植物抗病毒R基因中，绝大多数都是属于NBS-LRR蛋白，这类蛋白因为都有保守的核酸结合位点（nucleotide binding site，NBS）和亮氨酸重复结构域（leucine-rich repeats，LRR）而得名。NBS-LRR类基因是在植物中发现的成员最多、多样性最丰富的基因家族之一，很多植物的基因组中含有很多个NBS-LRR蛋白家族成员，有报道指出二倍体栽培种马铃薯基因组中含有738个部分和完整的NBS-LRR序列。目前从马铃薯中已克隆两个抗PVX基因Rx1和Rx2，它们均编码CC-NBS-LRR类型蛋白，特异性识别PVX的外壳蛋白（coat protein，CP），两者核酸序列也高度同源，转基因烟草和马铃薯也表现出了对PVX的极端抗性。

　　本研究所构建的马铃薯病毒诱导应答基因SSH文库中就包含有一个具有亮氨酸重复结构域的LRR类蛋白基因，经Real-time PCR分析结果表明，该基因在不感染病毒的马铃薯植株中不表达，感染病毒植株中高度表达。因此，该基因很可能是一个新的马铃薯抗病毒R基因，值得进一步深入研究。

　　参考文献（略）

李忠旺、陈玉梁、欧巧明、叶春雷、裴怀弟、刘新星、王红梅、罗俊杰：甘肃省农业科学院生物技术研究所

第二章 植物转基因及种质创新研究

半夏凝集素pta抗虫基因转化马铃薯的研究

马铃薯（*Solanum tuberosum*）是继水稻、小麦和玉米之后的第四大作物，在世界范围内广泛栽培。虫害也是严重影响马铃薯产量和品质的主要因素之一。由于马铃薯抗虫资源缺乏，通过常规杂交育种手段很难在较短时间内育成抗虫性状突出的优良品种，利用转基因技术，把对同翅目昆虫具有抗性的半夏凝集素抗虫基因pta导入马铃薯，极有可能获得对某些害虫具有一定抗性的马铃薯新种质。本研究通过农杆菌介导法将pta基因导入马铃薯，以期选育出抗虫转基因新品系，为马铃薯产业的发展提供新的种质材料。研究结果如下：

1 pBIpta质粒转化根癌农杆菌

用直接导入法将载体pBIpta质粒导入根癌农杆菌LBA4404中，经卡那霉素（Kan）平板筛选阳性克隆，并用限制性酶切电泳检测，证明该外源基因已整合到根癌农杆菌的Ti质粒上。

2 高效植株再生体系的建立

以MS为基本培养基，从设计出的一系列培养基中按效果筛选出马铃薯茎段和微型薯薯片愈伤组织诱导和芽分化培养基 MS+ 6-BA 2.5 mg/L+2,4-D 0.1 mg/L 为诱导陇薯3号（L3）、新大坪（XDP）、渭薯1号（W1）茎段愈伤组织的培养基，MS+ 6-BA 2.5 mg/L+NAA 0.2 mg/L+GA₃5.0 mg/L 为诱导L3、XDP芽分化的培养基；MS+ 6-BA 4.0 mg/L+NAA 0.05 mg/L 为诱导陇薯6号（L6）茎段愈伤组织适宜培养基，MS+6-BA 2.5 mg/L+GA₃5.0 mg/L 为诱导L6和W1芽分化培养基；MS+ ZT 2.0 mg/L+IAA 1.0 mg/L 为诱导四个基因型马铃薯薯片愈伤组织再生培养基。W1芽诱导频率最高达到96.25%，陇薯3号薯片再生频率较高，为38.46%。本研究建立了马铃薯植株高效再生体系，为更多外源基因导入马铃薯进行性状改良奠定基础。

3 农杆菌介导的马铃薯基因转化及影响转化效率的因素分析

在利用根癌农杆菌介导法进行马铃薯遗传转化的过程中，设置了农杆菌浸染浓度、预培养时间、共培养时间、马铃薯基因型和外植体类型5个因素，研究分析了这些因素对遗传转化效果的影响。结果显示，以获得Kan抗性芽外植体频率为指标，发现马铃薯基因型和外植体类型对转化效率均有较大影响，直接影响着转化效率；采用预培养2 d和3 d的茎段和微型薯片，用农杆菌侵染5～8 min，可获得最高的转化效率。本试验对农杆菌转化条件进行了较为系统的比较研究，旨在建立一种转化效率高、稳定性好的马铃薯农杆菌转化体系。

4　对转基因植株的检测与鉴定

通过含一定浓度Kan的选择培养基对转基因试管苗生根进行二次筛选，淘汰部分不能生根的植株。对筛选出的再生植株通过PCR特异扩增和Southern杂交，证明外源目的基因pta已整合到马铃薯基因组中。本试验获得了一批转基因马铃薯植株，这为以后在生产实践中选育抗虫转基因作物提供了材料和依据。

王红梅：甘肃农业大学，甘肃省农业科学院生物技术研究所

半夏凝集素基因对油菜的遗传转化及 REAL-TIME PCR 分析[①]

半夏凝集素是一种新的抗虫资源，研究表明，其粗提液对刺吸式同翅目害虫具有明显的抗虫性，对麦管蚜、棉蚜和桃蚜等有致死作用，是一种有重要应用价值的抗虫基因。目前已得到了转pta基因的水稻、烟草、百合和苜蓿，pta基因对油菜的遗传转化还未见报道。

SYBR GREEN I REAL-TIME PCR 能通过熔解曲线有效区分特异性产物、非特异性产物以及引物二聚体，是基因鉴定检测的新方法。本研究以半夏凝集素基因为目的基因，采用农杆菌介导法转化油菜，并用实时荧光定量PCR方法对转基因油菜中的外源基因（半夏凝集素基因，pta）和内参基因（油菜磷酸烯醇式丙酮酸羧化酶基因，pep）进行分析，优化了实时荧光定量PCR反应条件和反应体系，为采用SYBR Green I荧光染料法进行转基因油菜中外源基因的检测提供参考。

1　材料与方法

1.1　材料

1.1.1　油菜材料及其预培养

供试材料为甘蓝型油菜（*Brassica napus*）陇油2号种子（由甘肃省农业科学院作物研究所提供）。选取籽粒饱满、大小均匀的油菜种子，用70%乙醇消毒1 min，15% NaClO溶液消毒6 min，0.1% $HgCl_2$溶液消毒5 min，无菌水冲洗3遍，接种于MS培养基。取3～4 d苗龄的无菌苗子叶为转化受体材料，接种到预培养基YY上（成分见表1），25 ℃暗培养2

①本论文在《作物杂志》2010年第4期已发表。

～3 d。

表1 油菜组织培养及农杆菌转化培养基列表

培养基类型	具体成分
预培养基	YY: MS+2,4-D 1.0 mg/L+6-BA 0.2 mg/L
分化培养基	YR1: MS+NAA 0.1 mg/L+6-BA 2.5 mg/L
	YR2: MS+NAA 0.1 mg/L+6-BA 2.5 mg/L+GA₃ 0.5 mg/L
壮苗培养基	MS
生根培养基	MS+NAA 0.1 mg/L

1.1.2 农杆菌菌株和载体

用于本研究的pBIpta-1/LBA4404为甘肃省农业科学院生物技术研究所保存，重组质粒结构见图1。

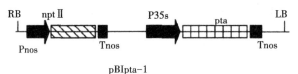

图1 pBIpta-1/LBA4404质粒结构图

1.1.3 引物序列

试验中所用引物均由Invitrogen公司合成。ptaF、ptaR为外源基因pta的扩增引物，pep prime-upper、pep prime-lower为内参基因pep的扩增引物，选pta基因全长序列中高度保守区域中145 bp的pta₂为荧光定量PCR扩增的目的片段，pta₂ prime-upper、pta₂ prime-lower为pta₂的扩增引物。pat、pep、pta₂引物序列见表2。

表2 pta、pep、pta₂引物序列

引物	引物序列	扩增片段长度(bp)
pta-F	5′-CAGTCTAGACCAGCAGCAACCCGGCTC-3′	1069
pta-R	5′-CAGGGGCCCACCTATGGCTACGAAGGC-3′	
pep prime-upper	5′-CCAGTTCTTGGAGCCGCTTGA-3′	121
pep prime-lower	5′-AAGGGCCAGTCCAAATGCAGA -3′	
pta₂ prime-upper	5′-AGCAGGGTGACTACGTCTTC -3′	145
pta₂ prime-lower	5′-TCGCTTATTTCACCTTCTCC -3′	

1.2 方法

1.2.1 农杆菌介导的油菜遗传转化及转基因植株的常规PCR检测

① AgNO₃在子叶愈伤组织分化中的作用。取预培养2～3 d的油菜子叶转接到YR1、

YR2、YR1+5 mg/L AgNO₃ 和 YR2+5 mg/L AgNO₃ 4 种愈伤组织分化培养基上，分别统计绿苗分化率，研究 AgNO₃ 在油菜子叶愈伤组织分化中的作用。

②含目的基因的农杆菌菌液的制备及对油菜的感染。农杆菌经平板培养、小量培养、大量培养逐级激活，OD_{600} 值为 0.5～0.8 时，5000 r/min 离心 10 min，收集菌体，用等体积 MS 液体培养基重悬，最后使 OD_{600} 值约等于 0.5。将预培养 2～3 d 的油菜子叶在上述准备好的菌液中感染 3～5 min，然后转移到共培养基（附加 200 μmol/L 的乙酰丁香酮，其他同表 1 中分化培养基 YR_1）暗培养 3 d。

③愈伤组织分化、植株再生和抗性植株筛选。共培养结束后将材料转入附加有 500 mg/L 羧苄西林的分化培养基 YR_1 上，采用 25 ℃，16 h 光照（光照强度约为 1600 lx）培养。当分化苗长至 1～2 cm 时，转接至附加有 18 mg/L 卡那霉素和 400 mg/L 羧苄西林的壮苗培养基（见表 1）进行培养。培养约 7 d 出现白化或叶片变紫的非抗性苗。将抗性苗转接到含 200 mg/L 羧苄西林根培养基上继续培养生根。

④卡那霉素抗性植株的常规 PCR 检测。采用 CTAB 法提取油菜抗性植株的基因组 DNA，以表 2 中 pta-F、pta-R 为特异引物进行 pta 基因的 PCR 扩增。PCR 反应程序为：94 ℃ 预变性，4 min；94 ℃，1 min；58 ℃，45 s；72 ℃，1 min 20 s，30 cycle；72 ℃，10 min；4 ℃，保存。扩增片段长度为 1069 bp，PCR 产物用 1% 的琼脂糖凝胶电泳检测。

1.2.2　常规 PCR 阳性植株的 REAL-TIME PCR 分析

以油菜磷酸烯醇式丙酮酸羧化酶基因（pep）作为油菜的内参基因，以未转基因油菜为对照，水为空白对照，进行 pta₂ 目的片段的 REAL-TIME PCR 分析。

①转基因植株中 pep 基因、pta2 片段的 REAL-TIME PCR 分析。pep 基因扩增的反应条件为 94 ℃，5 min；94 ℃，20 s；56 ℃，30 s；72 ℃，40 s；84 ℃，5 s；plateread，40 个循环。pta₂ 片段扩增的反应条件为 94 ℃，5 min；94 ℃，15 s；58 ℃，15 s；72 ℃，20 s；84 ℃，5 s；plateread，40 个循环。转基因植株、未转基因植株对照、空白对照同时进行扩增，均设 3 个平行。PCR 产物用 1.5% 的琼脂糖凝胶电泳检测。

②熔解曲线分析。pep 基因、pta2 片段熔点曲线的测定均是从 65 ℃到 90 ℃，每隔 0.2 ℃/2 s 测定吸光值 1 次。数据由 Opticon Monitor™3 软件采集、分析。愈伤组织分化率和转化率计算公式：

愈伤组织分化率=（分化的愈伤组织数目/接种的愈伤组织数目）×100%

转化率=（转化植株数目/接种的外植体数目）×100%

2　结果与分析

2.1　影响油菜遗传转化的因素及转基因植株的常规 PCR 检测

2.1.1　AgNO₃ 在愈伤组织分化中的作用

AgNO₃ 作为乙烯抑制剂，是油菜组织培养中常用的添加剂，可以促进外植体分化，防止其褐化，从而较大幅度地提高油菜再生频率及再生芽数。从试验结果看，添加 5 mg/L AgNO₃ 后，外植体的褐化现象大大降低，其再生频率比对照（未加 AgNO₃）提高了约 27%（表 3）。这与王景雪和石淑稳等报道的油菜下胚轴、子叶再生培养时，向分化培养基中加入定量的 AgNO₃ 有利于大幅度地提高不定芽分化率的结论一致。

表3　AgNO₃对愈伤组织分化率的影响

AgNO₃添加状况	接种外植体数	愈伤组织分化率(%)	平均分化率(%)
YR1+5 mg/L AgNO₃	65	61.5	57.69
YR2+5 mg/L AgNO₃	65	53.8	
YR1+0 mg/L AgNO₃	65	23.1	30.76
YR2+0 mg/L AgNO₃	65	38.5	

2.1.2　预培养时间对遗传转化的影响

外植体在用农杆菌感染前,一般要经过一段时间的预培养,以刺激外植体细胞进行脱分化细胞分裂,而处于分裂状态的细胞更容易整合外源DNA使转化率提高。在农杆菌感染油菜子叶之前,用含1.0 mg/L 2,4-D和0.2 mg/L 6-BA的预培养基对外植体进行一定时间的预培养可以提高转化率;而未经预培养阶段直接用农杆菌感染,材料褐化十分严重且大量死亡,在筛选培养中几乎得不到绿芽。预培养时间过短 (1 d),外植体材料对培养基不适应,细弱,感染后会产生较严重的褐化和死亡现象。预培养时间超过4 d,外植体创伤处会呈现疏松状,且切面创伤逐渐愈合致使农杆菌难以侵染,从而使再生频率降低。试验表明,对子叶进行3 d农杆菌感染前预培养可得到较高的转化率,达到3.3% (表4)。

表4　预培养时间对转化效率的影响

预培养时间(d)	接种外植体数目	分化率(%)	转化率(%)
0	60	0	0
1	60	5	0
2	60	6.7	1.7
3	60	25	3.3
4	60	1.7	0

2.1.3　农杆菌菌液浓度×感染时间对转化的影响

适宜的农杆菌感染浓度和感染时间是影响遗传转化成功与否的重要因素。试验采用3种农杆菌菌液浓度×感染时间的组合,分别统计绿苗分化率和转化率,以研究农杆菌菌液浓度×感染时间组合因素对油菜遗传转化效率的影响。试验结果 (表5) 表明,采用OD_{600}值为0.5,感染5 min可获得较高的转化率 (3.3%)。

表5　菌液浓度×感染时间对油菜遗传转化的影响

菌液浓度×感染时间	接种数	分化率(%)	抗性株数	转化率(%)
0.2×5 min	60	15	0	0
0.2×8 min	60	11.7	4	1.7
0.5×3 min	60	10	5	3.3
0.5×8 min	60	1.7	0	0

2.1.4 卡那霉素抗性植株的PCR检测

以5株卡那霉素抗性植株的基因组DNA模板进行pta基因的PCR检测，结果有3株扩增出了与阳性对照（载体质粒）相同大小的目的片段，而阴性对照（转基因植株）和空白对照（水）未出现扩增（见图2）。由此初步证明，半夏凝集素基因已整合到油菜的基因组中。

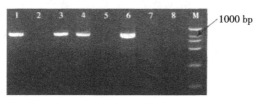

1，3，4：转基因阳性植株；2，5：阴性植株；6：阳性对照；

7：阴性对照；8：空白对照；M：DNA Marker DL2000

图2 转基因油菜植株的PCR检测

2.2 PCR阳性植株的REAL-TIME PCR分析

从图3、图4的扩增曲线可以看出，转基因植株及未转基因对照都扩增出了121 bp的pep基因，而只有转基因植株才扩增出了145 bp外源的pta_2片段。这两个基因的熔解曲线都是单峰型，说明在PCR扩增过程中，没有出现非特异性扩增，由此推断定量PCR扩增所获得的数据是可靠的。荧光定量RCR扩增产物的琼脂糖凝胶电泳结果（图5、图6）也证明转基因植株中内参基因和外源基因的扩增为特异性扩增。

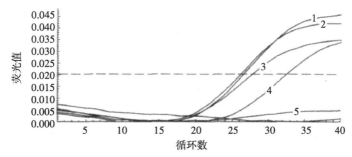

1，3，4：转基因植株；2：未转基因对照；5：空白对照

图3 样本中pep基因的扩增曲线

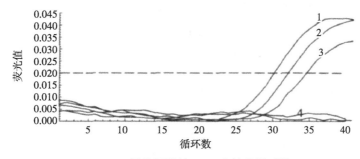

1，2，3：转基因植株；4：未转基因对照

图4 样本中pta2基因的扩增曲线

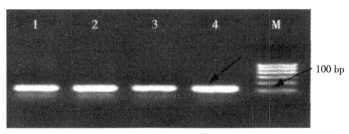

1，2，3：转基因植株；4：未转基因对照；M：DNA Marker I

图5　转基因油菜pep基因PCR检测

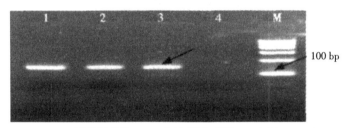

1，2，3：转基因植株；4：未转基因对照；M：DNA Marker I

图6　转基因油菜pta2基因PCR检测

3　结论与讨论

　　本试验选用甘肃省油菜主栽品种陇油2号无菌苗子叶作为研究材料，建立了针对陇油2号的稳定的再生体系，适宜的预培养培养基为MS+2,4-D 1.0 mg/L+6-BA 0.2 mg/L，分化培养基为MS+NAA 0.1 mg/L+6-BA 2.5 mg/L+AgNO$_3$ 5 mg/L。试验结果表明，在预培养阶段采用2,4-D与低浓度的6-BA配合可使外植体处于最佳的生理和转化状态。与王景雪等、石淑稳等认为2,4-D对诱导愈伤组织是必需的，2,4-D配合6-BA诱导愈伤组织的绿苗分化率明显提高的结论相吻合。在愈伤组织分化阶段，分化培养基添加5 mg/L的AgNO$_3$后，外植体的褐化现象显著减轻，分化率平均提高了约27%，这与唐桂香等报道的AgNO$_3$可明显增加甘蓝型油菜子叶外植体的芽再生频率，提早形成芽的结论一致。在油菜遗传转化中，AgNO$_3$的使用浓度在不同的报道中差异很大，但都取得了较好的效果，这可能是AgNO$_3$和油菜基因型之间存在互作效应以及培养材料的生理状态不同所致。

　　根据本试验结果，优化了农杆菌介导的油菜遗传转化体系，确定预培养3 d农杆菌菌液OD$_{600}$值为0.5，感染5 min获得较高的转化率（3.3%）；建立了针对陇油2号的稳定的遗传转化体系，为开展该品种的基因改良奠定了基础。油菜的遗传转化率不同的基因型有较大差异，本试验的遗传转化率不高，可能与所选材料的基因型有关。

　　参考文献（略）

　　　　　　李淑洁，王红梅，张正英：甘肃省农业科学院生物技术研究

半夏凝集素基因对小麦的遗传转化研究①

　　凝集素是一类可逆的结合特异单糖或寡糖的蛋白质，部分具有杀虫作用。目前研究较多且成功用于植物抗虫基因工程的凝集素基因有雪花莲凝集素（GNA）基因、豌豆凝集素（P-Lec）基因、麦胚凝集素（WGA）基因和半夏凝集素（Pinellia Ternate Agglutinin，PAT）基因。其中，半夏凝集素基因是一类广泛用于提高植物抗蚜性的凝集素基因。本研究所用的外源半夏凝集素基因克隆自甘肃省西和县半夏无菌苗，转半夏凝集素基因烟草株系的蚜口密度抑制率最高达89.4%，抗蚜效果显著。但关于半夏凝集素基因转化小麦的研究很少见报道。因此，本研究将半夏凝集素基因转入甘肃省的两个小麦品种（系）中，初步建立了农杆菌转化体系，现报道如下。

1　材料与方法

1.1　植物材料及幼胚预培养

　　研究所用的春小麦品种陇春22和品系9614由甘肃省农业科学院生物技术研究所提供。供试材料开花后14～16 d剪取麦穗，剥出籽粒，70%乙醇浸泡1 min，20% NaClO溶液表面灭菌15 min，无菌水冲洗3遍，分离出幼胚，盾片一面朝上接种在PIC1愈伤组织诱导培养基（MS附加500 mg·L⁻¹谷氨酸、1950 mg·L⁻¹乙磺酸、100 mg·L⁻¹水解酪蛋白、100 mg·L⁻¹维生素C、4%麦芽糖、2 g·L⁻¹植物凝胶、2 mg·L⁻¹2,4-D）中，24 ℃黑暗条件下诱导愈伤组织。

1.2　农杆菌菌株及培养

　　农杆菌菌株C58c1由美国内布拉斯加大学生物技术中心提供。用于转化的质粒pBIpta（图1）携带由CaMV3S启动子驱动的pta基因（半夏凝集素基因），npt Ⅱ基因为选择标记基因。将农杆菌划线培养在含Kan 50 mg·L⁻¹，rif 50 mg·L⁻¹、Str 50 mg·L⁻¹、Genta 50 mg·L⁻¹的YEP固体培养基中，28 ℃避光培养2 d后挑选单菌落接种到含相同抗生素浓度的YEP液体培养基中，28 ℃，250 r·min⁻¹避光振荡培养。

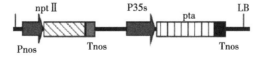

图1　pBI pta　质粒结构简图

Fig.1　General frame of plasmid pBIpta

①本论文在《麦类作物学报》2012年第32卷第2期已发表。

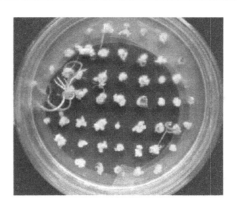

图2　胚性愈伤组织的诱导

Fig.2　Transgenic embryogenic

1.3　愈伤组织与农杆菌的共培养

将达到对数生长期的菌液倒入一无菌离心管中，室温下5000 r .min⁻¹离心5 min，收集的菌体用重悬培养液（1/10MS附加500 mg·L⁻¹谷氨酸、1950 mg·L⁻¹乙磺酸、100 mg·L⁻¹水解酪蛋白、100 mg·L⁻¹维生素C、1%葡萄糖、2 mg·L⁻¹ 2,4-D 200 μmol·L⁻¹乙酰丁香酮）重悬，再离心收集菌体，用重悬培养液稀释使菌液OD₆₀₀值等于0.6左右。将预培养4 d的幼胚愈伤组织用农杆菌侵染30 min，共培养3 d。

1.4　愈伤组织的选择与植株再生

共培养结束时，将侵染过的愈伤组织转接至含500 mg·L⁻¹ Carb的PIC1愈伤组织诱导培养基中，24 ℃暗培养15～20 d。然后转接到PIC2愈伤组织诱导培养基（除2,4-D为0. 5 mg·L⁻¹外，其余成分与PIC1培养基相同）中。20 d继代一次，其间挑选生长良好的胚性愈伤组织（见图2）转接到添加有500 mg·L⁻¹Carb的PR分化培养基（N₆附加1950 mg·L⁻¹ MES、100 mg·L⁻¹维生素C、4%麦芽糖、2 g·L⁻¹ Phytagel、0. 2 mg·L⁻¹2,4-D）中进行分化培养（图3），16 h（24 ℃）/8 h（20 ℃）光照培养。当分化苗长至2～3 cm时，转接至含300 mg·L⁻¹ Carb、25 mg·L⁻¹ G418的1/2MS培养基中进行生根培养，并筛选抗性苗。

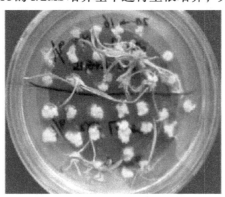

图3　愈伤组织的分化

Fig.3　Regeneration of transgenic embrvogenic calli

1.5　转化植株的PCR分子检测

获得G418（25 mg·L⁻¹）抗性植株21株，分别提取基因组DNA。以抗性植株基因组DNA为模板，以pta基因引物为特异引物进行PCR扩增，以检测抗性植株中目的基因pta

的整合情况。PCR引物序列为：F 5′-CAG TCT AGA CCA GCA GCA ACC CGG CTC-3′；R 5′-CAG GGG CCC ACC TAT GGC TAC GAA GGC-3′。目标片段长度1069 bp，PCR产物用1%的琼脂糖凝胶电泳检测。

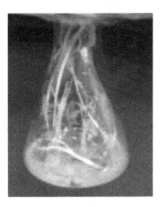

图4　用25 mg·L⁻¹ G418筛选抗性植株

Fig.4　Transgenic wheat plant selected by 25 mg·L⁻¹ G418

图5　抗性植株移栽

Fig.5　Transgenic wheat plant culture in pot

1.6　用SYBR Green I 荧光定量PCR方法测定转基因植株中目的基因的拷贝数

用PCR检测为阳性的转基因植株为试验材料，小麦蜡质基因（wx012）作为内参基因。未转基因小麦基因组DNA为内参基因标准品进行5倍梯度稀释，得到内参基因C_T值与起始模板量的相关性标准曲线；以含pta的质粒DNA为目的基因标准品进行5倍梯度稀释，建立目的基因C_T值与起始模板量的相关性标准曲线。通过SYBR Green I REAL-TIME PCR分别获得每一转基因植株中目的基因和内参基因的C_T值，将C_T值分别代入内参基因标准曲线、目的基因标准曲线，计算该材料中内参基因和目的基因的起始模板量，目的基因与内参基因起始模板量比值即是目的基因在该转基因植株中的拷贝数。

2　结果与分析

2.1　T₀代植株PCR检测结果

以小麦抗性植株基因组DNA为模板，以pta特异引物进行PCR扩增，琼脂糖凝胶电泳显示，9614-6、9614-10、9614-16、9614-17、陇春22-20、陇春22-22、陇春22-23等7个植株都扩增出了与阳性对照相同的约1000 bp目标片段（图6箭头所示），其大小与预期片段大小相符，其他抗性植株中都没有扩增到目标片段，初步确定9614-6、9614-10、

9614-16、9614-17、陇春22-20、陇春22-22、陇春22-23等7个植株为转基因植株。

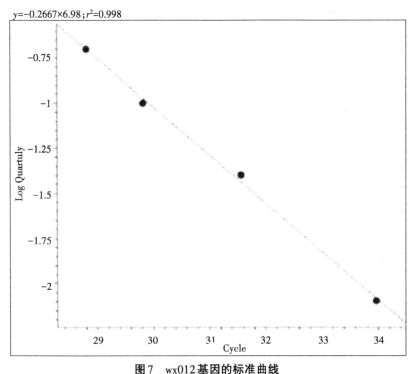

6~10，12，14~18为9614转化的抗性植株，19~23为陇春22转化的抗性植株；"＋"：质粒pBI pta阳性对照；"－"：阴性对照；水：模板对照；M：DNA Marker DL 2 000；图中箭头示约1 000 bp的目标片段

图6　小麦抗性植株PCR扩增产物琼脂糖凝胶电泳图

Fig.6　PCR analysis of transgenic wheat

2.2　转基因植株中目的基因的拷贝数

以 C_T 值为 X 轴，以起始模板拷贝数的对数为 Y 轴，分别建立了内参基因和外源基因的标准曲线。由图7、图8可见，模板 C_T 值与该模板起始浓度或拷贝数的对数存在线性关系，内参基因标准曲线为 $y=-0.2667x+6.98$，$r^2= 0.998$；外源基因的标准曲线为 $y=-0.2118x+4.53$，$r^2=0.997$。

从图9、图10和表1可以看出，所有的小麦植株中都扩增出了内参基因，而空白对照扩增曲线一直没有扬起，内参基因没有得到扩增，说明没有发生交叉污染，扩增结果可信。样本中内参基因的扩增都是特异性扩增，在熔解曲线中表现为单峰，熔点为87 ℃（见表1）。

图7　wx012基因的标准曲线

Fig.7　Standard curve of wx012 between C_T value and templates

$y=-0.2118\times4.53\,;r^2=0.997$

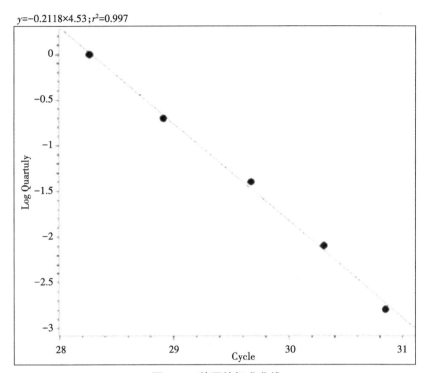

图8　pta基因的标准曲线

Fig.8　Standard curve of pta between C_T value and templates

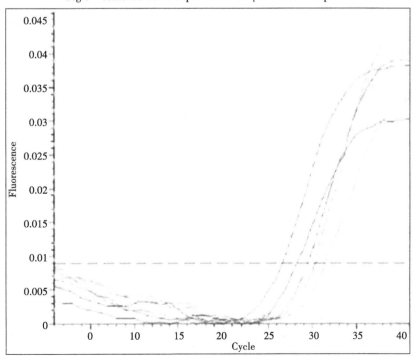

图9　样本中wx012基因的扩增曲线

Fig.9　Fluorescence Data Graph of wx012 Gene

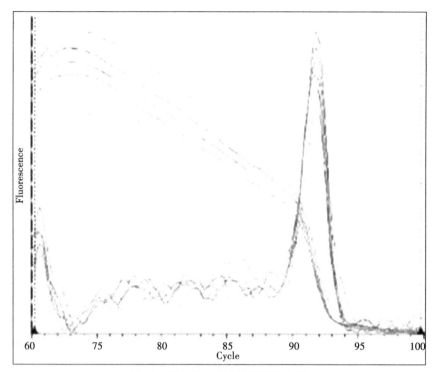

图10 样本中wx012基因熔解曲线

Fig.10 Melting Curve of wx012 Gene

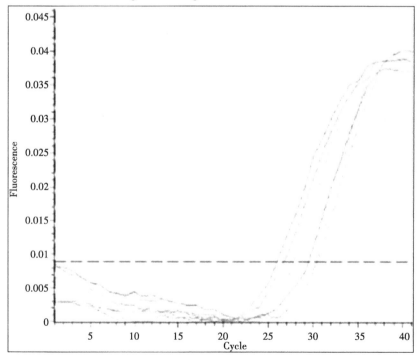

图11 样本中pta基因扩增曲线

Fig.11 Fluorescence Data Graph of pta Gene

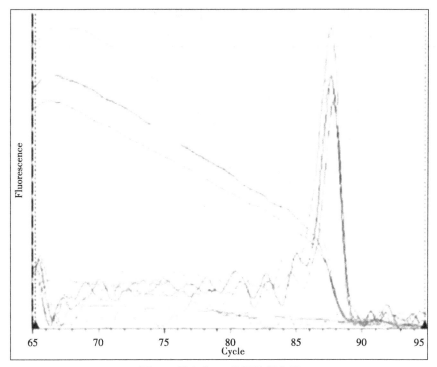

图12　样本中 pta 基因熔解曲线

Fig.12　Melting Curve of pta Gene

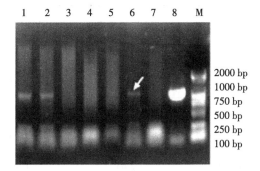

1，2，3，4，5，6：T₁代植株；7：阴性对照；8：阳性对照；9.DNA Marker DL 2000；箭头所指表示与阳性对照同等大小的目标条带

图13　T₁代植株中外源基因的 PCR 检测

Fig.13　PCR analysis of T₁ progeny transgenic wheat

从图11、图12和表1可以看出，转基因植株除9614-17以外其他都扩增出了目的基因。各转基因植株扩增曲线的 C_T 值各不相同，介于28～33之间，阴性对照及空白对照无扩增。pta 基因的熔解曲线是单峰曲线，熔点为87.6 ℃。

根据表2的计算结果，外源 pta 基因在9614-6有中3个拷贝、9614-10中有4个拷贝、9614-16中有4个拷贝、陇春22-20中有2个拷贝、陇春22-22中1个拷贝、陇春22-23中有3个拷贝。

表1　待测样本中内参基因、外源基因的 C_T 值及 T_m 值

Table 1　Ct and Tm value of wx012 and pta genes in transgenic wheat

株系	wx012		pta	
	C_T	$T_m/℃$	C_T	$T_m/℃$
9614-6	29.43	87	33.82	87.6
9614-10	28.20	86.8	32.07	87.8
9614-16	27.43	87	28.04	87.6
9614-17	26.59	87	N/A	N/A
陇春22-20	30.24	86.8	33.19	87.47
陇春22-22	32.48	87	32.77	87.6
陇春22-23	28.96	86.8	31.24	87.6
阴性对照	27.65	86.8	N/A	N/A
空白对照	N/A	N/A	N/A	N/A

N/A表示无扩增。

表2　转基因植株中外源基因拷贝数的估算

Table 2　Estimation of copy number of pta gene in transgenic wheat

株系	wx012定量结果	pta定量结果	pta/wx012	拷贝数
9614-6	-0.869	-2.633	3.02	3
9614-10	-0.514	-2.262	4.18	4
9614-16	-0.336	-1.409	4.19	4
陇春22-20	-1.0805	-2.500	2.304	2
陇春22-22	-1.674	-2.412	1.441	1
陇春22-23	-0.7436	-2.0866	2.806	3

2.3　T_1 代植株中外源基因的PCR检测结果

对整合有2个拷贝pta基因的陇春22-20的 T_1 代6个转基因株系进行PCR检测，结果如图13，有3个株系扩增出了与阳性对照同等大小的目标条带（见图13箭头所示）。证明pta基因在转基因小麦后代中得到了遗传。

3　讨论

适宜的培养基是成功转化的先决条件。笔者在小麦幼胚再生体系建立阶段尝试了W14、C17、B5、 MS四种基本培养基与外源添加物组合的近10种愈伤组织诱导培养基、7种愈伤组织分化培养基发现：

①外源添加物如谷氨酰胺、水解酪蛋白、脯氨酸、天冬酰胺、乙磺酸等成分的添加与诱导的愈伤组织质量密切相关；

②在小麦愈伤组织诱导阶段可以不附加任何种类和水平的细胞分裂素，一般需在MS培养基中附加 $0.5\sim2$ mg·L^{-1} 2,4-D 及其他外源添加物，如谷氨酰胺、水解酪蛋白、脯氨酸、天冬酰胺等氨基酸类物质和 $AgNO_3$、Vc 等防止愈伤组织褐化类的物质；

③从小麦愈伤组织诱导到分化阶段要逐渐降低 2,4-D 浓度至零，小麦愈伤组织能否分化取决于愈伤组织本身状态，与分化培养基中是否添加细胞分裂素关系不大；

④愈伤组织在转接到分化培养基之前进行 $5\sim7$ d 的干燥处理，可显著提高分化率。

9614 部分愈伤组织经干燥处理后分化率比常规培养的愈伤组织分化率提高约 10%，陇春 22 愈伤组织干燥处理后分化率从原来的 0 提高到 3.56%（文中未列出相关图表），这与 Iann M. Rance 等水稻成熟胚愈伤组织干燥处理可显著提高水稻再生频率的研究结论一致。

侵染前幼胚的生长状态和农杆菌菌株对小麦遗传转化效率的影响很大。本试验以诱导 4 d 的幼胚作为转化受体，获得的转化植株率均高于预培养 $0\sim3$ d 和 6 d 的幼胚。幼胚培养 4 d 后愈伤组织逐渐形成，对农杆菌侵染有较强的耐受力，而且在侵染后可以立即进入细胞旺盛分裂，有利于外源基因的整合。同时，研究发现不同的农杆菌菌株对小麦幼胚愈伤组织的侵染能力不同。本课题组在小麦转基因研究试验中先后采用了 LBA4404、EHA105、C58c1 三个菌株进行 9614、陇春 22 的遗传转化，LBA4404 和 EHA105 两个菌株均未得到转化株，C58c1 侵染得到 6 株转化植株。说明在农杆菌介导的小麦遗传转化中 C58c1 较 LBA4404 和 EHA105 的转化效果好。

Southern 杂交是经典的检测转基因植株中外源基因拷贝数的方法，实时荧光定量 PCR 技术是一种新的 DNA 定量方法。研究发现，利用 Southern 杂交和荧光实时定量 PCR 这两种方法检测转基因拷贝数结果十分接近，但也发现有小部分结果不一致，主要表现为用荧光实时定量 PCR 法检测的转基因外源拷贝数常多于 Southern 杂交法的检测结果。理论上来说，荧光实时定量 PCR 所检测出的拷贝数可能更接近于客观事实。本研究选用 SYBR Green I 荧光染料，采用相对标准曲线法计算出了转基因植株中外源 pta 基因的拷贝数分别为单拷贝的有 1 株，2 个拷贝的有 1 株，3 个拷贝和 4 个拷贝的各有 2 株。

外源基因以不同拷贝数整合进小麦基因组后，其能否在后代稳定遗传是值得关注的，本研究得到的整合有 2 个拷贝 pta 基因的陇春 22-20 的 T_1 代，6 个转基因株系中有 3 个株系外源基因得到了遗传，外源基因在 T_2、T_3 及更多后代群体中的遗传规律还需进一步追踪研究。

参考文献（略）

李淑洁，张正英：甘肃省农业科学院生物技术研究所

转录因子DREB1A基因和Bar基因双价植物表达载体的构建及对马铃薯遗传转化的研究[①]

干旱响应转录因子可以调控一系列耐旱相关基因的表达，是一种更加有效地提高耐旱性的途径。目前研究结果显示，转录因子DREB1A可以调控40多个与干旱、高盐和低温胁迫有关的功能基因的表达。因此，以rd29A启动子驱动DREB1A转录因子在转基因植物中表达，可以大大减小因基因组成型表达（如植物基因工程中常用的35S启动子驱动下的表达）给转基因植株带来的不利影响，并避免转入单个功能基因作用单一的局限性，对提高植物抗逆性更有优势。

本研究从拟南芥（*Arabidopsis thaliana*）中克隆了rd29A启动子和DREB1A转录因子，利用DNA重组技术构建了诱导型启动子rd29A驱动转录因子DREB1A基因和CaMV35S启动子驱动Bar基因的双价植物表达载体，并通过农杆菌介导法对马铃薯进行遗传转化，获得了转基因植株，为改良马铃薯种质资源和薯类作物的抗逆性奠定了基础。

1 材料与方法

1.1 材料

植物材料：拟南芥为Columbia生态型，2010年10月在甘肃省农业科学院生物技术研究所培养获得试管苗。马铃薯陇薯10号为2011年4月在甘肃省农业科学院马铃薯研究所种质资源和生物技术研究室脱毒扩繁的试管苗。整个试验完成时间为2010年10月到2013年8月。菌株和质粒：载体pGEM-T vector和大肠杆菌菌株DH5α购自大连宝生物工程有限公司，其余菌株由本实验室保存。Taq酶、各种限制性内切酶、氨苄青霉素、卡拉霉素、IPTG、X-gal等试剂均购自TaKaRa公司；T_4DNA连接酶购自Promega公司；DNA回收试剂盒购自上海华舜生物工程有限公司；其他各种试剂均为国产分析纯。基因测序由赛百盛公司完成。

1.2 拟南芥总基因组DNA的提取和DREB1A基因及rd29A启动子的克隆

分别根据GenBank中检索到的拟南芥DREB1A基因序列（genebank ID：AB007787）、rd29A启动子原序列（genebank ID：D13044），利用PCR技术从拟南芥基因组中分离DREB1A基因和rd29A启动子。通过分子生物学分析软件Oligo 6.0设计合成了以下4条引物（北京赛百盛生物技术公司），DREBIA基因引物，D_1：5′-GCG GGA TCC[Bam H I] ATG AAC TCA TTT TCT GCT TTT TC-3′；D_2：5′-GCG ACT AGT[spe I]TTA ATA ACT CCA TAA CGA TAC-3′。rd29A启动子引物，R_1：5′-GCG AAG CTT[Hind III]AGT ACT[sca I]AAC GCA TGA TTT

---

①本论文在《草业学报》2014年第23卷第3期已发表。

GAT GGA GGA-3′，R_2：5′-GCG GGA TCC^BamHI CTT TCC AAT AGA AGT AAT CAA ACC-3′。

1.3 NOS终止子序列NOS₁和NOS₂的亚克隆

根据NOS终止子序列，通过分子生物学分析软件Oligo 6.0设计合成了以下4条引物（北京赛百盛生物技术公司），NOS序列引物，N_1：5′-GCG GGA TCC^BamHI GAA TTT CCC CGA TCG T-3′，N_2：5′-GCG GAG CTC^SacI ACT AGT^speI GAA TTC CCG ATC TAG TAA CA-3′；NOS₂序列引物，N_3：5′-GCG GAA TTC^EcoRI AAG CTT^HindIII GAA TTT CCC CGA TCG T-3′，N_4：5′-GCG CAC AAA GTG ^DraIII GAA TTC CCG ATC TAG TAACA-3′。

1.4 中间载体pBI121-rd29A-DR的构建

用Sac I和Bam H I酶切植物表达载体pBI121，回收大片段，将回收的大片段与NOS₁序列连接，构建成中间载体pBI121-N1，再用Spe I和Bam H I双酶切pBI121-N1，回收大片段，将回收的大片段与基因DREBIA片段相连接，构建成中间载体pBI121-DR，用Hind Ⅲ和Bam H I双酶切pBI121-DR，回收大片段，将回收的大片段与rd29A启动子片段相连接，构建成中间载体pBI121-rd29A-DR。

1.5 双价植物表达载体pBI121-rd29-BDR的构建

用EcoR I和Bam H I双酶切植物表达载体pBI121，回收大片段，将回收的大片段与用同样酶切pAHC25回收的小片段连接，构建成中间载体pBI121-35S-Bar（图1）。用EcoR I和Dra Ⅲ双酶切pBI121-35S-Bar，回收大片段，将回收的大片段与NOS₂序列连接，构建成中间载体pBI l21-35S-N2，用Hind Ⅲ单酶切pBII21-35S-N2，回收酶切的小片段35S-Bar-NOS，并与用同样酶切pBI121-rd29A-DR所得的载体大片段相连接，构建成双价植物表达载体pBI121-rd29-BDR。

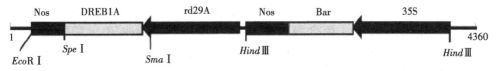

图1 pBI121-rd29A-BDR载体

Fig. 1 Structure of vector pBI121-rd29A-BDR

1.6 马铃薯的遗传转化及其分子检测

1.6.1 根癌农杆菌转化

载体pBI121-rd29-BDR向根癌农杆菌LBA4404的直接转化参照文献。采用液氮冻融法将pBI121-rd29-BDR质粒导入根癌农杆菌LBA4404感受态细胞，涂布在含有50 mg/L利福平（rif- ampicin，Rif）、50 mg/L链霉素（streptomycin，Str）和50 mg/L卡那霉素（kanamycin，Kan）的固体YEB培养基上培养。挑取单菌落进行PCR检测，确定质粒导入农杆菌中，获得可用于植物遗传转化研究的工程农杆菌LBA4404（pBI121-rd29-BDR）。

1.6.2 马铃薯外植体的转化及植株再生

将无菌试管苗切成0.5 cm长，不带腋芽的茎段，在固体培养基（MS + 2 mg/L 6-BA + 0.1 mg/L NAA + 2 mg/L GA₃ + 0.5 mg/L 2,4-D）制成的平板上预培养3 d，随后在制备好的农杆菌工程菌中浸泡8 min，其间不断摇动，取出后用无菌滤纸吸干表面的菌液，转入附加羧苄青霉素（carbenicil-lin，Crb）500 mg/L的固体愈伤组织诱导培养基上，于28 ℃黑暗共培养3 d。暗培养结束后，将茎段转移到附加草丁膦（phosphinothricin，PPT）2 mg/L

和 Crb 500 mg/L 的相同培养基上，经过抗性愈伤的初步筛选后转接到抗性芽分化筛选培养基进行抗性芽的诱导和筛选，连续光照强度 2000 1x，（25±1）℃条件下诱导芽分化。至抗性芽长至 1～2 cm 时，将其切下转入附加 PPT 2 mg/L 和 Crb 浓度逐渐减量的 MS 培养基上，进一步进行阳性转化植株的抗性筛选和诱导生根。

1.6.3 转基因植株的 PCR 检测

参照杨锦芬等的方法，用十六烷基三乙基溴化铵 （cetyltrimethylammoniumbromide，CTAB）法提取转基因马铃薯植株及未转基因马铃薯的叶片总 DNA。即在 2 mL 离心管中，加入 500 μL 的 2×CTAB 和 20 μL β-巯基乙醇，65 ℃ 预热，取待检测试管苗植株叶片 0.5 g，放入经液氮预冷的研钵中，加入液氮研磨至粉末状，用干净的灭菌不锈钢勺转移粉末到预热的离心管中，混匀后置 65 ℃ 水浴中保温 30 min，并不时轻轻转动试管，加等体积的氯仿/异戊醇，轻轻地颠倒混匀，室温下 12000 r/min 离心 10 min，移上清液至另一离心管中，向管中加入 1/100 体积的 RNase A 溶液，37 ℃ 放置 20～30 min，加入 2 倍体积的无水乙醇，会出现絮状沉淀，-20 ℃ 放置 30 min 后，12000 r/min 离心 10 min 回收 DNA 沉淀，用 70% 乙醇清洗沉淀 2 次，吹干后溶于适量的灭菌 ddH$_2$O 中，用 0.8% 琼脂糖凝胶电泳检测基因组 DNA 的完整性。以此 DNA 为模板进行 PCR 检测。

1.6.4 RT-PCR 检测

参照郑琳琳等的方法，用 30% PEG 模拟干旱条件，对马铃薯胁迫 3 d 后分析目的基因的表达情况。马铃薯总 RNA 的提取使用 RNAprep pure Plant Kit （TIANGEN） 试剂盒。cDNA 的合成采用 First strand cDNA Synthesis Kit （THERMO） 试剂盒。以马铃薯 actin 基因为内标，其特异引物为 A1：5′-GGA GAA AAT CTG GCA TCA TAC AT-3′，A$_2$：5′- GTT GGA AGG TAC TTA AAG AAG CC-3′，扩增片段长度为 803 bp。RT-PCR 反应体系 25 μL：包括 10×buffer 2.5 μL，Taq DNA 聚合酶 0.5 μL （5 U/μL），20 mmol/L 上游引物 1 μL，20 mmol/L 下游引物 1 μL，2.5 mmol/L dNTP 2 μL，cDNA 0.5 μL，ddH$_2$O 补至 25 μL。PCR 循环参数：96 ℃ 预变性 5 min 后，95 ℃ 1 min，53 ℃ 1 min，72 ℃ 1.5 min，35 个循环后 72 ℃ 延伸 10 min。

2 结果与分析

2.1 DREB1A 基因和 rd29A 启动子的克隆

以拟南芥总基因组 DNA 为模板进行 PCR 扩增 （引物 D$_1$、D$_2$），用琼脂糖凝胶电泳检测，结果显示，扩增出 1 条约 700 bp 的条带（图 2），其大小与基因 DREB1A 的大小相符。将 PCR 产物连接到 pGEM-T easy 载体上，然后导入大肠杆菌筛选出阳性克隆并进行测序分析，将测序结果与 GenBank 中序列比较，结果其同源性达 99.69%。

利用 PCR 克隆技术在拟南芥总基因组中分离 rd29A 启动子，结果显示，扩增出 1 条约 1000 bp 的特异性条带（图 3），回收特异片段并连接到 pGEM-T easy 中，然后导入大肠杆菌筛选出阳性克隆并进行测序分析。将测序结果与 GenBank 中的 rd29A 序列比较，结果其同源性达到 99.47%。整个序列与原序列有个别碱基不同，其余完全吻合，并且其作为启动子的各个功能元件齐全。

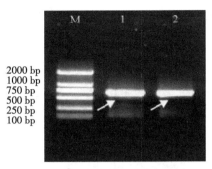

M：D2000 标记 D2000 marker；1，2：以 D_1、D_2 为引物扩增的 DREB1A 片段 Fragment amplified from the template of DREB1A by primers D_1 and D_2.

图 2 基因 DREB1A 的 PCR 结果

Fig. 2 Gene DREB1A fragment amplified by primers D_1, D_2

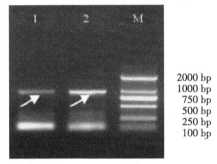

M：D2000 标记 D2000 marker；1，2：以 R_1、R_2 为引物扩增的 rd29A 启动子片段 Fragment amplified from the template of rd29A by primers R_1 and R_2.

图 3 rd29A 启动子的 PCR 结果

Fig. 3 Promoter rd29A fragment amplified by primers R_1, R_2

2.2 中间载体 pBI121-rd29A-DR 的构建

2.2.1 载体 pBI121-N1 的构建及检测

用 Sac Ⅰ 和 BamH Ⅰ 酶切植物表达载体 pBI121，回收大片段，将回收的大片段与 NOS_1 序列按 1∶4 混合，加入 10 U 的 T_4 DNA 连接酶连接，并将连接产物导入大肠杆菌 DH5α 中，筛选重组子，并将重组子分别用 Hind Ⅲ/Spe Ⅰ、Hind Ⅲ/Sma Ⅰ 双酶切，分别得到了约 1200 和 900 bp 的片段（图 4），与预期片段相符，表明 pBI121-N_1 成功构建。

2.2.2 载体 pBI121-DR 的构建及检测

用 Spe Ⅰ 和 BamH Ⅰ 双酶切 pBI121-N1，回收大片段，将回收的大片段与 DREB1A 基因片段按 1∶4 混合，加入 10 U 的 T_4 DNA 连接酶连接，并将连接产物导入大肠杆菌 DH5α 中，筛选重组子，将重组子用 Bam H Ⅰ/Spe Ⅰ 双酶切，以 pBI121-DR 质粒 DNA 为模板，以 D_1、D_2 为引物进行扩增，都得到了约 700 bp 的片段（图 5），与预期片段相符，表明 pBI121-DR 成功构建。

2.2.3 载体 pBI121-rd29A-DR 的构建及检测

用 Hind Ⅲ 和 BamH Ⅰ 双酶切载体 pBI121-DR，回收大片段，将回收的大片段与 rd29A 启动子按 1∶4 混合，加入 10 U 的 T_4 DNA 连接酶连接，并将连接产物导入大肠杆菌 DH5α 中，筛选重组子，将重组子分别用 BamH Ⅰ/Spe Ⅰ/Hind Ⅲ/BamH Ⅰ 双酶切，并以 pBI121-

rd29A-DR 质粒 DNA 为模板，以 D_1、D_2、R_1、R_2 为引物进行扩增，都分别得到了约 700 bp 和 1000 bp 的片段 （图 6）。

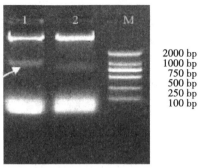

M：D2000 标记 D2000 marker；1：Hind Ⅲ/Spe Ⅰ 双酶切 2 号质粒产物 Digested result of pBI121-N1 by Hind Ⅲ/Spe Ⅰ；2：Hind Ⅲ/Sma Ⅰ 双酶切 pBI121-N1 质粒产物 Digested result of pBI121-N1 byHind Ⅲ/Sma Ⅰ.

图 4　载体 pBI121-N1 酶切分析

Fig. 4　Restriction analysis of pBI121-N1

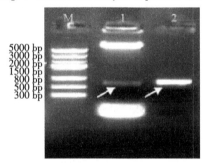

M：Marker Ⅲ 标记 Marker Ⅲ；1：Bam H Ⅰ/Spe Ⅰ 双酶切 pBI121-DR 质粒产物 Digested result of pBI121-DR by Bam H Ⅰ/Spe Ⅰ；2：以 pBI121-DR 质粒 DNA 为模板，以 D_1、D_2 为引物的扩增产物 Fragment amplified from the template of pBI121-DR by primers D_1 and D_2.

图 5　载体 pBI121-DR 鉴定结果

Fig. 5　Restriction analysis and PCR detection of pBI121-DR

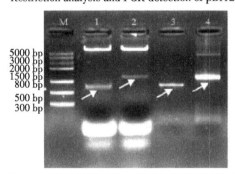

M：Marker Ⅲ 标记 Marker Ⅲ；1，2：分别为 Bam H Ⅰ/Spe Ⅰ、Hind Ⅲ/Bam H Ⅰ 双酶切 pBI121-rd29-DR 质粒产物 Digested result of pBI121-rd29-DR respectively by Bam H Ⅰ/Spe Ⅰ and Hind Ⅲ/Bam H Ⅰ；3，4：以 pBI121-rd29-BDR 质粒 DNA 为模板，分别以 D_1/D_2，R_1/R_2 为引物的扩增产物 Fragment amplified from the template of pBI121-rd29-BDR respectively by primers D_1/D_2 and R_1/R_2.

图 6　载体 pBI121-rd29-DR 鉴定结果

Fig. 6　Restriction analysis and PCR detection of pBI121-rd29-DR

2.3　双价植物表达载体 pBI121-rd29-BDR 的构建

2.3.1　载体 pBIl21-35S-Bar 的构建及检测

用 EcoR Ⅰ 和 BamH Ⅰ 双酶切植物表达载体 pBI121，回收大片段，将回收的大片段与用同样酶切 pAHC25 回收的小片段按 1∶4 混合，加入 10 U 的 T$_4$DNA 连接酶连接，并将连接产物导入大肠杆菌 DH5α 中，筛选重组子，分别用 Hind Ⅲ/EcoR Ⅰ、Hind Ⅲ/BamH Ⅰ 双酶切，分别得到了约 1800 bp 和 900 bp 的片段，与预期片段相符 （图 7），表明 pBI121-35S-Bar 成功构建。

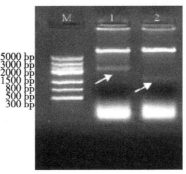

M：Marker Ⅲ 标记 Marker Ⅲ；1：Hind Ⅲ/EcoR Ⅰ 双酶切 pBI121-35S-Bar 质粒产物 Digested result of pBI121-35S-Bar by Hind Ⅲ/EcoR Ⅰ；2：Hind Ⅲ/BamH Ⅰ 双酶切 pBI121-35S-Bar 质粒产物 Digested result of pBI121-35S-Bar by Hind Ⅲ/BamH Ⅰ.

图 7　载体 pBI121-35S-Bar 鉴定结果

Fig. 7　Restriction analysis of pBI121-35S-Bar

2.3.2　载体 pBI121-35S-N2 的构建及检测

用 EcoR Ⅰ 和 Dra Ⅲ 双酶切 pBI121-35S-Bar，回收大片段，将回收的大片段与 NOS 序列按 1∶4 混合，加入 10 U 的 T$_4$DNA 连接酶连接，并将连接产物导入大肠杆菌 DH5α 中，筛选重组子，并将重组子用 Hind Ⅲ 单酶切，得到了约 1700 bp 片段 （图 8），与预期片段相符，表明 pBI121-35S-N2 成功构建。

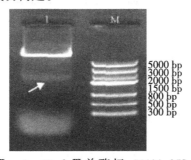

M：Marker Ⅲ 标记 Marker Ⅲ；1：Hind Ⅲ 单酶切 pBI121-35S-N2 质粒的结果 Digested result of pBI121-35S-N2 by Hind Ⅲ.

图 8　载体 pBI121-35S-N2 鉴定结果

Fig. 8　Restriction analysis of pBI121-35S-N2

2.3.3　植物表达载体 pBI121-rd29-BDR 的构建及检测

用 Hind Ⅲ 单酶切 pBI121-35S-N2，回收小片段 35S-Bar-Nos，并与用同样酶切 pBI121-rd29A-DR 所得的载体大片段按 1∶4 混合，加入 10 U 的 T$_4$DNA 连接酶连接，并将

连接产物导入大肠杆菌DH5α中，筛选重组子，并将重组子用Hind Ⅲ单切，得到了约1700 bp片段（图9），与预期片段相符，表明pBI121-rd29-BDR成功构建。

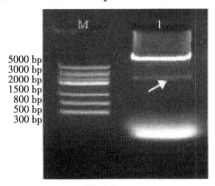

M：Marker Ⅲ 标记 Marker Ⅲ；1：Hind Ⅲ单酶切 pBI121-rd29-BDR 质粒的结果 Digested result of pBI121-rd29-BDR by Hind Ⅲ.

图9 载体 pBI121-rd29-BDR 鉴定结果

Fig. 9 Restriction analysis of pBI121-rd29-BDR

2.4 马铃薯的遗传转化及植株再生

经农杆菌浸染的马铃薯茎段通过共培养、选择培养和生根培养后，PPT筛选到无菌抗性苗22株，抗性苗诱导过程见图10。

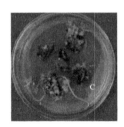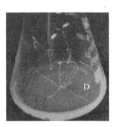

A：共培养3 d的马铃薯茎段 Potato stems after 3 d from coculturing with Agrobacterium；B：含 2 mg/L PPT 筛选培养基上的抗性愈伤组织 Resistant embryogenic calli cultured on selected medium supplemented with 2 mg/L PPT；C：含 2 mg/L PPT 筛选培养基上的抗性苗 Resistant seedlings regenerated on selected medium supplemented with 2 mg/L PPT；D：含 2 mg/L PPT 生根培养基上的抗性苗 Resistant plant on root medium with 2 mg/L PPT.

图10 抗性苗诱导过程

Fig.10 Induction of resistant seedlings

2.5 转基因马铃薯植株的PCR检测

以转录因子DREB1A基因的特异引物为引物进行PCR检测，结果阳性对照（质粒pBI121-rd29-BDR）和18株抗性苗扩增出约700 bp的片段，而空白对照、阴性对照（未转化马铃薯）和部分转化植株无扩增条带（图11为部分转化植株的检测结果）。从图11可以看出，以转化植株4、5、6和8号的基因组DNA为模板扩增出了目的基因条带，而7号没有目的条带出现，说明4、5、6和8号植株的基因组中有DREB1A基因的整合，为转基因植株，而7号没有目的基因的整合，为非转基因植株。

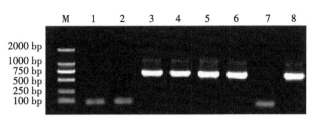

M：D 2000 标记 Marker Ⅲ；1：空白对照 Amplified by D$_1$/D$_2$ of H$_2$O；2：阴性对照 Potato non-transformant；3：阳性对照（pBI121-rd29-BDR）Positive control（pBI121-rd29-BDR）；4～8：转化植株以 D$_1$/D$_2$ 为引物扩增结果 Amplified by D$_1$/D$_2$ of potato transformant

图11　以 D$_1$/D$_2$ 为引物的转基因马铃薯的 PCR 检测

Fig. 11　PCR detection of potato transformant

2.6　RT-PCR 检测

对部分 PCR 阳性植株进行 RT-PCR 分析，以未转化的陇薯 10 号马铃薯为对照，以马铃薯 actin 基因为内参，检测在 30% PEG 胁迫 3 d 后，DREB1A 基因在转基因植株中的表达情况（图 12 所示为部分结果），从图 12 可以看出，基因 DREB1A 在转基因植株中得到了表达，而在非转基因对照中并没有表达。进一步说明，DREB1A 基因已经整合到陇薯 10 号马铃薯基因组中，并能够在转基因植株中转录表达。

1：非转基因植株 Non-transgenic plant；2～4：转基因植株 Transgenic plants

图12　转 DREB1A 基因植株的 RT-PCR 检测

Fig. 12　RT-PCR detection of potato transformant

3　讨论

本研究从与抗旱相关的转录因子 DREB1A 入手构建植物表达载体。用诱导型启动子 rd29A 取代 CaMV35S 组成型强启动子，将会使外源基因在植物细胞缺水时大量表达，细胞不缺水时并不表达，这样既可以满足植物分子育种的需要，又可以减少 CaMV35S 启动子驱动目的基因在所有组织和所有发育阶段表达造成的植株代谢负担，避免物质和能量的巨大浪费。以 Bar 基因替换了抗生素抗性基因，不但克服了抗生素筛选的局限性，而且使转基因马铃薯获得了对除草剂的抗性，使用与抗除草剂基因相配的除草剂，能有效除去杂草，不仅有望解决大田的草荒问题，也可节省大量劳动力。

从试验的结果分析来看，本研究克隆的 rd29A 启动子各个功能原件齐全，DREB1A 基因与已注册的序列（gene bank ID：AB007787）基本一致，构建的双价植物表达载体 pBI121-rd29-BDR 理论上符合基因表达的要求，可用于农杆菌介导 DREB1A 基因在植物中的诱导型表达。农杆菌介导法转化马铃薯的研究中，除草剂 PPT 筛选到了农艺性状良好的转基因植株，PCR 和 RT-PCR 检测证明 DREB1A 基因已整合到陇薯 10 号马铃薯基因组中，并在转基因植株中转录表达，有望提高转基因马铃薯的抗旱性。目前，作者正在进行转基因马铃薯的抗旱性分析研究。

参考文献（略）

贾小霞，齐恩芳，王一航，文国宏，李建武，马胜，胡新元，龚成文：
甘肃省农业科学院马铃薯研究所

王红梅：甘肃省农业科学院生物技术研究所

利用RNAi抑制B-hordein合成
降低大麦籽粒蛋白质含量[①]

大麦（*Hordeum vulgare*）作为继玉米（*Zea mays*）、水稻（*Oryaa sativa*）、小麦（*Triti-cum aestivum*）之后的第四大禾谷类作物，被广泛应用于工农业生产，其中最重要的用途是制成麦芽以酿造啤酒。籽粒蛋白质含量是啤酒大麦的一个重要籽粒品质指标。优质啤酒大麦要求蛋白质含量一般为9%～12%，欧洲酿造协会对大麦籽粒蛋白质含量要求不超过11.5%。有研究表明，籽粒蛋白质含量与麦芽浸出率呈负相关，籽粒蛋白质含量过高，会显著降低麦芽浸出率。同时，也会延长浸麦时间，降低麦芽汁过滤速度，影响啤酒的清澈度以及啤酒泡沫的稳定性。而目前国产啤酒大麦蛋白质含量在12.5%以上，与进口大麦相比，其蛋白质含量一般高出2%，已成为中国啤酒大麦产业健康、持续发展的限制因素。过量施用氮肥和失衡施肥不仅导致蛋白质含量偏高，而且加剧环境污染。因此，培育高氮肥水平低蛋白质啤酒大麦新品种具有十分重要的现实意义和应用前景。

目前，采用RNAi抑制B组醇溶蛋白基因表达改良大麦酿造品质的研究尚未见报道。本研究应用Gateway技术构建大麦醇溶蛋白基因RNA干扰表达载体。以大麦B-hordein为靶基因，利用RNA干扰技术抑制其表达，降低大麦籽粒中蛋白质含量，以期在高氮肥水平筛选出低蛋白质啤酒大麦新种质，探索大麦品质改良育种新途径。

1 材料与方法

1.1 试验时间、地点

以甘肃省农业科学院经济作物与啤酒原料研究所大麦课题组提供的大麦品种Golden Promise为转基因受体材料。2010年5月于甘肃省农业科学院兰州试验田取授粉后12～14 d的幼胚用于遗传转化。T_1～T_3转基因材料在温室中种植。2013年4—6月于甘肃省农业科学院生物技术研究所转基因温室开展氮肥运筹试验。

1.2 试验材料

大肠杆菌DH5α，由甘肃省农业科学院生物技术研究所遗传工程实验室保存。农杆菌菌系AGL-1，由中国农业大学肖兴国老师惠赠。Gateway入门载体pDONR207（spec'）、目

――――――――――

[①]本论文在《中国农业科学》2014年第47卷第19期已发表。

的载体 pBract207（Kan^r），均由英国 JIC Wendy 博士和 Mark Smedley 馈赠。Gateway 重组酶试剂盒、RNA 提取试剂 Trizol 和反转录试剂盒购自 Invitrogen 公司。高保真 DNA 聚合酶，限制性内切酶购自 TaKaRa 公司。DNA 凝胶回收试剂盒、DNA marker、琼脂糖凝胶 DNA 回收试剂盒，购于 TIANGEN 公司。引物，由上海英俊生物公司合成。其他试剂，购自国内生物试剂公司，均为分析纯。

1.3　试验方法

1.3.1　B-hordein 片段的克隆

通过 BLAST 在线分析，找出大麦 B 组醇溶蛋白基因（gi:18928）核心保守序列，利用 Primer Premier 5.0 软件设计扩增 B-hordein 片段的引物 BBH-FBBH-R（表1），为便于后续载体构建，在正向和反向引物 5′ 端分别添加 attB1 和 attB2 位点序列。然后参照 TIANGEN 公司 Plant Genomic DNA Kit 方法从大麦新鲜叶片中提取基因组 DNA 作为模板，进行 B-hordein 目的片段扩增。反应体系为 0.5 μL DNA（约 10 ng）、2 μL 2.5 mmol·L^{-1} dNTPs，20 μmol·L^{-1} 正反向引物各 0.5 μL、2.5 μL 10×PCR buffer、1 U DNA 聚合酶，超纯水补足至 25 μL。扩增程序为 94 ℃ 5 min；94 ℃ 30 s，55 ℃ 1 min，72 ℃ 1 min，30 个循环；72 ℃ 10 min，10 ℃ 保存。克隆片段连接到 T 载体并送交公司测序。测序结果与大麦 B 组醇溶蛋白基因进行同源性比对分析。

表 1　试验所用的引物及其序列

Table 1　Primer pairs used in this study

编号 Number	引物名称 Primer	引物序列 Sequence of primer (5′-3′)
1	BBH-F	<u>GGGGACAAGTTTGTACAAAAAAGCAGGCT</u>CATTTCCACAGCAACCACCAT
	BBH-R	<u>GGGGACCACTTTGTACAAGAAAGCTGGGT</u>GAAAGATAGAGTAGACGATTGCACG
2	HygF	ACTCACCGCGACGTCTGTCG
	HygR	GCGCGTCTGCTGCTCCATA
3	UbiProF1	ATGCTCACCCTGTTGTTTGG
	i18intronR1	CATCGTTGTATGCCACTGGA
4	IV2intronF1	CCAAAATTTGTTGATGTGCAG
	NosTermR1	TGTTTGAACGATCCTGCTTG
5	BAF	CATGGAGTCTTCTGGAATCC
	BAR	AACTGATCCCACAAACACAC
6	BHF	GCAAGGTATTCCTCCAGCAGC
	BHR	TAAGTTGTGGCATTCGCACG

注：BBH-F/BBH-R 引物序列下划线部分分别为 attB1 和 attB2 位点序列。

Note：The underline of BBH-F/BBH-R were site sequence of attB1 and attB2 respectively.

1.3.2　利用 Gateway 技术构建 RNAi 载体

用回收纯化后的带有接头的 PCR 产物与受体载体 pDONR207 进行 BP 反应。取测序结果正确的阳性克隆菌液提取质粒作为入门载体克隆，紫外分光光度计和琼脂糖凝胶电泳检测质粒的浓度和纯度。然后根据试剂使用说明，用 LR 克隆混合酶进行入门载体和目的载体pBract207的LR反应。为检测RNA干涉区段是否同时正确插入到目的载体的2个位点，提取质粒并纯化，分别用限制性内切酶进行酶切鉴定。所构建的植物表达载体命名为pBract207-zz-gp4（图1）。

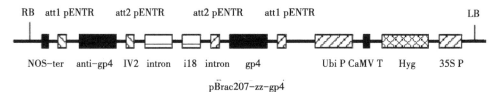

RB：右边界；NOS-ter：NOS终止子；att1 pENTR：入门载体att1；anti-gp4：反向gp4；att2 pENTR：入门载体att2；IV2 intron：IV2内含子；i18 intron：i18内含子；gp4：正向gp4；Ubi P：Ubi启动子；CaMV T：CaMV终止子；Hyg：潮霉素B磷酸转移酶基因；35S P：35S启动子；LB：左边界

RB: Right border；NOS-ter: NOS terminator；att1 pENTR: att1 from pENTR；anti-gp4: gp4 in antisense orientention；att2 pENTR: att2 from pENTR；IV2 intron；i18 intron；gp4: gp4 in sense orientention；Ubi P: Ubi promoter；CaMV T: CaMV terminator；Hyg: Hygromycin B phosphotransferase gene；35S P: 35S promoter；LB: Left border

图1 pBract207-zz-gp4植物表达框架示意图

Fig. 1 Structure map of pBract207-zz-gp4 expression vector

1.3.3 大麦遗传转化及植株再生

采用直接导入法将pBract207-zz-gp4导入农杆菌AGL-1，获得用于进行大麦转化的农杆菌工程菌。大麦幼胚培养、农杆菌介导的遗传转化、抗性愈伤组织的筛选、植株的再生及移栽按照文献方法进行。

1.3.4 转基因大麦的PCR检测及Southern杂交鉴定

采用CTAB法提取T$_1$幼苗及对照植株基因组DNA。为检测干扰框架转入与否，分别设计扩增潮霉素基因引物HygF/HygR、正向反应的引物UbiProF1和i18intronR1、反向反应的引物I V2intronF1和NosTermR1（表1）。以提取的大麦基因组DNA为模板，分别用上述3对引物进行PCR扩增，筛选转基因株系，反应体系同1.3.1，扩增程序中除Hyg同上外，正反向反应退火温度设置为：48 ℃（正）/46 ℃（反），各38个循环。在此基础上对转基因后代进行了Southern blot验证。干涉片段为大麦内源基因B-hordein片段，Southern杂交以内含子部分序列为DNA探针，Xho I酶切PCR检测阳性的转基因大麦基因组DNA，参照Roche公司DIG High Prime DNA Labeling and Detection Starter KitI（货号：11745832001）说明书操作。

1.3.5 RT-PCR检测B-hordein表达水平

采用Trizol试剂提取PCR阳性植株和非转基因植株花后10、15、20和25 d的籽粒RNA，加入DNAaseI（RNase Free，TaKaRa）除去所提RNA中残存的基因组DNA，并用紫外分光光度计对各样品RNA进行精确定量后，参照Invitrogen GoldScript cDNA合成试剂盒（货号：c81401190）合成cDNA第一链。以大麦actin（gi: 24496451）为内参，采用其特异引物BAF/BAR对各样本cDNA均一化，进行转基因大麦灌浆期籽粒B-hordein RT-PCR表达分析，B-hordein引物为BHF/BHR，序列见表1。反应体系同1.3.1，扩增程序为：94 ℃ 5 min；94 ℃ 30 s，55 ℃(actin)/44.2 ℃（B-hordein）30 s，72 ℃ 1 min，28(actin)/30（B-hordein）个循环；72 ℃ 10 min，10 ℃保存。将对照（Golden Promise）的比率设为100.00%，用Image Lab 4.1图像分析软件分析各时期转基因籽粒目的基因的相对含量。

1.3.6　转基因大麦蛋白质含量测定、SDS-PAGE检测

转基因大麦籽粒收获后，种子数量有限，为不损伤种子以进行后续研究，采用近红外谷物分析仪（Foss Tecator，Infratec 1241，Grain Analyser v.3.40）测定蛋白质总含量，每个样品重复测定3次，取平均值进行分析。

取T₃转基因大麦及对照单粒种子，称重，用样品钳夹碎，放入1.5 mL离心管，按1 mg加8 μL的比例加入醇溶蛋白提取液（每100 mL含甲基绿0.05 g，2-氯乙醇25 mL），摇晃均匀后，室温浸提过夜，10000 r/min离心10 min，上清液为醇溶蛋白样品。运用SDS-PAGE（12.5%的分离胶，2.5%的浓缩胶）检测基因大麦籽粒醇溶蛋白组分。每个样品上样量为15 μL。将对照（Golden Promise）B醇溶蛋白比率设为100.00%，用Image Lab 4.1图像分析软件分析各转基因籽粒B醇溶蛋白相对比例。

1.3.7　施氮水平和方式对转基因大麦蛋白质含量的影响

选取蛋白质含量降低的RNAi株系和未转基因材料点播于花盆（22 cm×28 cm×30 cm）中，其中，蛭石∶草炭土＝2∶1。每处理3盆，5株/盆，置于转基因温室进行常规管理：23 ℃/18 ℃（昼/夜），16 h/8 h（光/暗）播种前施以基肥尿素和磷肥（P₂O₅ 180 kg·hm⁻²）。试验共设置2个水平。A：3种氮肥水平，低氮160 kg·hm⁻²（low nitrogen dosage，LN），中氮230 kg·hm⁻²（normal nitrogen dosage，NN），高氮300 kg·hm⁻²（high nitrogen dosage，HN）；B：在高氮肥水平，设置3种施氮方式，HN₁ 300 kg·hm⁻²基肥，HN₂ 300 kg·hm⁻²（基肥施2/3、分蘖期各追肥1/3），HN₃，300 kg·hm⁻²（基肥、分蘖期和拔节期追肥1/3）。籽粒成熟收获后进行蛋白质含量测定和醇溶蛋白SDS-PAGE检测。

1.3.8　转基因大麦农艺性状调查和方差分析

Golden Promise RNAi转基因大麦后代材料按株系种植，每个株系种植1行，行长1 m，随机区组排列，3次重复，每重复中包含1个受体对照。生长期间调查抗病性及抽穗期、开花期等，成熟期从每小区随机取2个株系材料，测量株高、穗长、穗粒数、千粒重等主要农艺性状，全部资料汇总后利用DPS数据处理软件进行方差分析。

2　结果

2.1　目的基因片段的获得及序列分析

以目前甘肃推广面积较大的甘啤4号和甘啤5号DNA为模板，用引物BBH-F/BBH-R通过PCR同源克隆得到2条特异条带（图2-A）。测序结果表明：该片段大小为349 bp。软件分析表明，该序列跟已知大麦醇溶蛋白基因同源性达92%（图2-B），与该基因已登录的mRNA序列同源性高于98%（图2-C）。其中，甘啤4号（Gp4）片段跟甘啤5号（Gp5）片段同源性为98%，确认所得的片段为大麦醇溶蛋白基因片段（图2-B）。

2.2　转基因大麦的获得及分子检测

通过工程菌株AGL-1/ pBract207-zz-gp4转化Golden Promise幼胚共获得28株阳性转基因植株。移栽温室后，其中23株正常成熟并结实，收获T₁种子。以23株转化株T₁幼苗进行PCR检测，11株含有Hyg片段和完整的RNAi构件。

为进一步验证转基因植株，随机选取8株PCR检测呈阳性的T₂和T₃植株，用地高辛标记298 bp的intron探针进行Southern杂交检测。结果表明，阴性对照无杂交信号，所测的8个转基因株系中6个株系有杂交带。说明6个大麦转基因株系的基因组中已整合了RNAi构

件，并且每个转基因植株整合了 1～2 个拷贝的外源基因（图 3）。

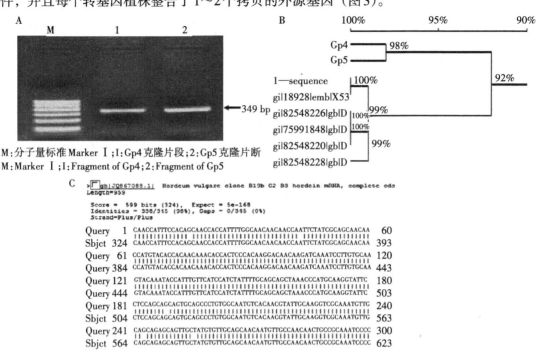

M：分子量标准 Marker Ⅰ；1：Gp4 克隆片段；2：Gp5 克隆片断
M：Marker Ⅰ；1：Fragment of Gp4；2：Fragment of Gp5

A：B-hordein 片段 PCR 扩增；B：克隆片段 Gp4/Gp5 与部分已登录 B-hordein 聚类分析；C：B-hordein 保守区与该基因 mRNA 序列比对
A: The fragments of B-hodein using PCR amplication；B:Cluster analysis between cloned fragments of Gp4/Gp5 and B-hordeins logged in GenBank；C:Sequence alignment between conserve region and mRNA of B-hordein

图 2　B-hordein 片段的克隆和序列分析

Fig. 2　The PCR amplication of B-hordein fragments，cluster analysis and sequence alignment

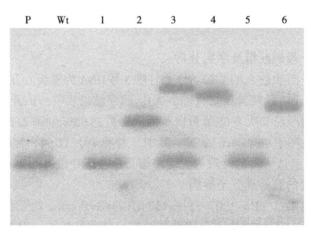

P：阳性质粒对照；Wt：非转基因植株；1、3、5：T₃ 转基因株系；2、4、6：T₂ 转基因株系
P: Plasmid positive control；Wt: Non-transgenic plant；1, 3, 5: T_3 transgeniclines；2, 4, 6: T_2 transgenic lines

图 3　T₂/T₃ 转基因植株 Southern 杂交分析

Fig. 3　Southern blotting analysis of T_2/T_3 transgenic lines

2.3 转基因大麦灌浆期 T₃ 籽粒的 RT-PCR 分析

花后 10、15、20、25 d 随机取 6 株（株系 R4、R8、R15、R19 来自 T₁RNAi-22，R14、R17 来自 T₁RNAi-20）转基因大麦 T₃ 单株籽粒，采用半定量 RT-PCR 方法，对各转基因单株 B-hordein 转录表达进行动态分析（图 4）。结果表明，用内标引物从各株系籽粒 cDNA 都扩增到 540 bp 左右亮度相当的条带（图 4-A），与预期的 actin 片段大小相符，说明用于 PCR 扩增的 cDNA 模板量是一致的。

用 Image Lab 4.1 图像分析软件分析所得的半定量 RT-PCR 电泳图，把非转基因对照 CK 的比率设为 100.00%，并与其他各时期转基因植株比较。取 3 次平均值作折线图（图 4-B）。各 RNAi 株系 B-醇溶蛋白基因转录于籽粒发育初期（花后 0～10 d）开始表达，至 15 d 转录表达量最高；15～20 d 转录表达量逐渐下降，并且 20 d RNAi 株系表达量不仅相比同期对照降低 28.19%～55.19%，而且在各时期中也最低；25 d 时 RNAi 株系表达量较同期对照降低 17.80%～40.33%（图 4-B）。说明 RNAi 在转录后发生了作用，抑制了 B 醇溶蛋白基因表达。

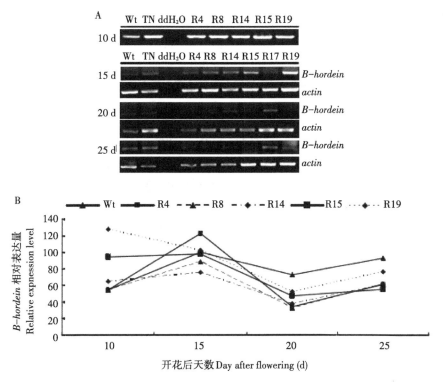

A：花后不同发育时期 T₃ 转基因大麦籽粒 B-hordein 的 RT-PCR 分析；Wt：非转基因植株；TN：转基因阴性对照；R4、R8、R14、R15、R17 和 R19 为 T₃ 转基因大麦；ddH₂O：阴性对照。B：花后不同时期 T₃ 转基因籽粒 B-hordein 的 RT-PCR 分析

A: Semi-quantitative RT-PCR analysis of B-hordein of T₃ transgenic barley after flowering；Wt: Non-transgenic plant；TN: Transgenic negative plant；R4，R8，R14，R15，R17，R19: T₃ transgenic barley；ddH₂O: Transgenic negative plant. B: Development expression pattern of B-hordein in T₃ transgenic barley after flowering

图 4 花后不同发育时期 T₃ 转基因大麦籽粒 B-hordein 转录表达

Fig. 4 Development expression pattern of B-hordein in T₃ transgenic barley after flowering

2.4 转基因大麦籽粒蛋白质含量测定及SDS-PAGE检测

对获得的 T_1 转基因大麦籽粒蛋白质含量采用近红外谷物分析仪进行测定，结果表明，2个转基因株系RNAi-20、RNAi-22蛋白含量较非转基因对照降低4.9%～7.3%，最低达到11.4%，同期Golden Promise蛋白质含量为12.3%。对这两个株系后代材料（经PCR验证含有RNAi构件）进一步分析，RNAi-20和RNAi-22 8份 T_3 材料籽粒总蛋白质含量平均为12.8%，较非转基因对照降低2.2%～11.6%（图5）。

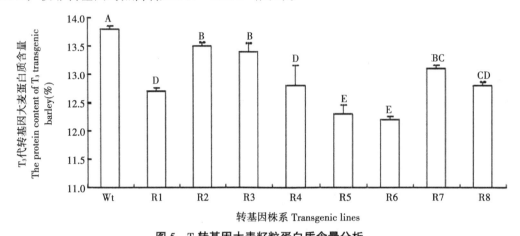

图5　T_3 转基因大麦籽粒蛋白质含量分析

Fig. 5　Analysis of the protein content of T_3 transgenic barley

注：不同大写字母表示差异极显著（$P \leqslant 0.01$）。

Note: The column with different letter are highly significant different （$P \leqslant 0.01$）.

提取RNAi-20和RNAi-22 8份 T_3 转基因大麦及对照籽粒醇溶蛋白进行SDS-PAGE检测（图6）。结果表明，与对照相比，转基因大麦籽粒B-醇溶蛋白条带亮度整体减弱，而且其中一条带亮度极弱（箭头所示）。

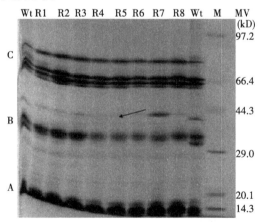

M：蛋白质分子量标准；Wt：非转基因植株；R1～R8：转基因大麦 RNAi-20、RNAi-22 T_3 籽粒；C、B、A位置代表醇溶蛋白各组分

M: Protein molecular weight marker；Wt: Non-transgenic plant；R1–R8: T_3 seeds of RNAi lines R1–R8 from RNAi-20 and RNAi-22. The positions of the C，B and A hordeins are indicated

图6　T_3 转基因大麦籽粒醇溶蛋白SDS-PAGE电泳结果

Fig. 6　SDS-PAGE of the extracted endosperm hordeins from single de-embryonated seeds in T_3 grain

用 Image Lab 4.1 软件分析所得的 SDS-PAGE 电泳图，把非转基因对照 B 组各条带比率定为 100.00%，并与其他各 RNAi 株系比较，取 3 次平均值作柱状图（图 7）。从 SDS-PAGE 数据可以看出，相比对照 RNAi 各株系 B-醇溶蛋白比率有不同程度降低，其中 R4、R5 和 R6 株系 B-醇溶蛋白比率降低明显，平均减幅为 49.42%。

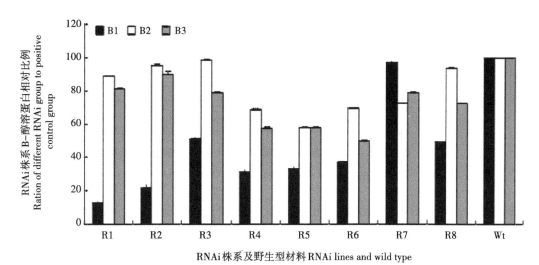

Wt：非转基因植株；R1～R8 为转基因大麦 RNAi-20、RNAi-22 T₃ 代籽粒。图中数据为 B-醇溶蛋白各条带以对照为参照所得相对比例平均数。B1、B2 和 B3 分别表示 SDS-PAGE 电泳图中 B-醇溶蛋白三组条带，其顺序按照分子量大小由高到低排序

The data were mean of ratio of different RNAi group to positive control group. B1，B2，B3 indicate the three bands showed on the SDS-PAGE image，which ordered as the molecular weight from high to low

图 7　T₃ 转基因大麦籽粒 B 醇溶蛋白 SDS-PAGE 相对比例分析

Fig. 7　Semi-quantitative analysis of B-hordein of SDS-PAGE in T transgenic barley

2.5　不同氮肥处理对转基因大麦的影响

为验证 RNAi 转基因大麦高氮肥水平下蛋白质含量变化，对 5 种氮肥处理所收获的籽粒进行了蛋白质含量测定和醇溶蛋白 SDS-PAGE 检测。结果表明：在高氮肥水平 HN₂ 与 HN₃ 处理中，转基因大麦 RNAi-20 蛋白质含量显著低于对照（表 2）。而且施用等量高氮肥时，随着氮肥后移（HN₂ 到 HN₃），与未转基因对照相比，转基因大麦总蛋白含量逐渐降低（图 8）。

表 2　不同施肥水平和方式对转基因大麦蛋白质含量的影响

Table 2　The effect of different nitrogen dosages and application methods on grain protein content in transgenic barley

受试材料 Test material	处理 Treatment				
	LN	NN	HN₁	HN₂	HN₃
对照 Control	13.93±0.291A	14.50±0.058A	14.00±0.058A	14.30±0.058A	14.60±0.058A
转基因大麦 Transgenic barley	14.57±0.088A	14.30±0.153A	13.77±0.120A	13.70±0.058B	13.37±0.033B

注：表中数据为平均数±标准误。同一列不同大写字母表示差异极显著（$P \leqslant 0.01$）。

Note：The data were mean±SE. Values in the same column followed by different letters are highly significant different（$P \leqslant 0.01$）.

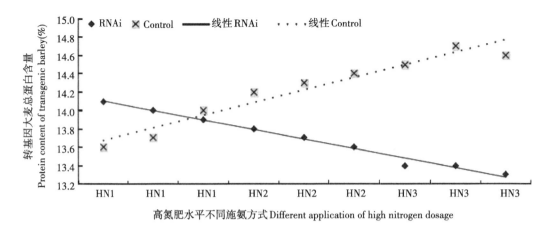

图 8 高氮肥水平 3 种施氮肥方式对转基因大麦蛋白质含量的影响

Fig. 8 The effect of high nitrogen dosage on grain protein content of transgenic barley

醇溶蛋白 SDS-PAGE 检测结果表明（图9），在 5 种氮肥处理下，转基因大麦 B-醇溶蛋白条带亮度均弱于对照，且转基因大麦在 HN₃ 处理中，与对照相比，该条带亮度极弱。

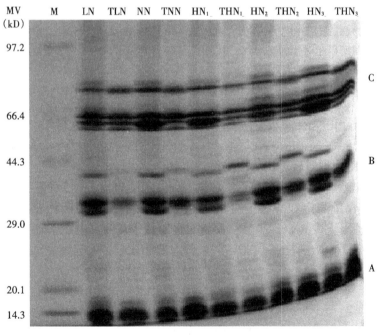

M：蛋白质分子量标准；LN、NN、HN₁、HN₂、HN₃ 表示各氮肥处理下非转基因植株；TLN、TNN、THN₂、THN₃ 表示各氮肥处理下转基因大麦；C、B、A 位置代表醇溶蛋白各组分

M: Protein molecular weight marker；LN, NN, HN1, HN2, HN3 stand for different nitrogen management of non-transgenic plant；TLN, TNN, THN₂, THN₃ stand for different nitrogen management of transgenic barley；The positions of the C, B and A hordeins are indicated

图 9 T₁ 转基因大麦不同氮肥处理下醇溶蛋白 SDS-PAGE 电泳结果

Fig. 9 SDS-PAGE analysis of the extracted endosperm hordeins from single de-embryonated seeds of control and T1 transgenicbarley in different nitrogen treatments

2.6 转基因大麦的农艺性状分析

成熟期随机取2株系进行主要农艺性状调查，对统计数据进行方差分析，结果表明，重复间没有显著差异，而转基因株系与对照间存在显著差异。转基因株系 RNAi20 和 RNAi22穗长、穗粒数与对照相比差异不显著，而株高、千粒重显著低于对照（表3）。

表3 转基因大麦主要农艺性状

Table 3 Major agronomic characteristics of transgenic barley

株系编号 Line number	株高 Plant height (cm)	穗长 Spike length (cm)	穗粒数 Grains per spike	千粒重 1000-grain weight (g)
CK	88±1.080a	7.88±0.335ab	23.5±1.5a	47.95±0.958a
20	67.5±6.538b	7.28±0.803b	25.5±2.901a	31.68±2.013c
22	72.5±1.708b	9.78±0.776a	28.75±1.652a	36.93±0.711b

注：表中数据为平均数±标准误。同一列中小写字母表示在0.05水平上差异显著（$P \leqslant 0.05$）。

Note：The data were mean±SE. Values followed by different letters are significantly different among lines at 0.05 probability levels.

3 结论

RNAi技术能抑制籽粒B-hordein表达，降低B-醇溶蛋白含量，高氮肥水平能显著降低大麦蛋白质含量，改良大麦品质，创新优良大麦种质。

参考文献（略）

李静雯，李淑洁：甘肃省农业科学院生物技术研究所

张正英：甘肃省农业科学院

令利军：西北师范大学生命科学院

马铃薯转GhABF2转录因子苗期耐盐性研究[①]

土壤盐渍化是农作物生长中经常遇到的逆境条件之一，也是严重制约农业生产发展的重要因素。因此，如何提高植物的抗盐性、增加盐胁迫下作物的产量一直是人们关注的焦点。马铃薯（*Solanum tuberosum*）是世界上广为种植的粮菜兼用型作物，属弱耐盐性作物，对水分亏缺和盐非常敏感，盐害不利于其生长，对产量影响极大，目前生产上广泛种植的品种的耐盐性均不是很高，因此选育马铃薯优良品种，提高马铃薯产量、质量以及抗逆性，受到人们的高度重视。在培育马铃薯品种的研究中，利用基因工程技术有较大的优势，因其可以通过块茎无性繁殖，将转基因特性传递给后代而无需经花培纯化或多代选

---

①本论文在《干旱地区农业研究》2015年第33卷第5期已发表。

育。但是通过基因工程提高作物抗盐性方面的工作进展缓慢，主要是因为抗盐的机制没有完全搞清楚，目前还不能确定是哪些基因或者哪些代谢过程在植物的抗盐性中起关键作用。因此，首先要进行的是植物抗盐生理生化的研究，搞清盐害和抗盐机制，以期提出和找到提高植物抗盐能力的有效措施，并且为培育转基因抗盐作物奠定基础。

转录因子又称反式作用因子，是一组通过与顺式作用元件特异结合调控基因表达的蛋白质，在调控植物应答非生物胁迫的过程中起着非常重要的作用。中国农科院生物技术研究所郭三堆成功克隆了棉花中 AREBs 家族基因，主要调控干旱胁迫，并获得了 GhABF2 上下游基因的序列信息，构建了 GhABF2 抗逆基因植物表达载体，有研究表明在拟南芥、烟草上进行了转化，可以显著提高作物的抗逆性。本研究以甘肃省特色作物马铃薯为研究对象，以期通过转录因子 GhABF2 参与植物响应外界环境胁迫的转录调控研究，筛选和创制出一批优良加工专用性的马铃薯抗旱种质，提升甘肃马铃薯抗旱新品种的选育水平，降低因干旱造成的损失，对马铃薯产业的可持续发展具有重要意义。

1 材料与方法

1.1 试验材料

试验在甘肃省农业科学院生物技术研究所实验室进行，供试材料为转 GhABF2 转录因子马铃薯两个株系材料（用 T1 和 T2 表示，在表型上没有显著的差异；用 WT 表示未转基因材料），采用 NaCl 胁迫处理方式。

1.2 处理方式

1.2.1 NaCl 盐胁迫处理

NaCl 用 MS 生根培养基分别配制成浓度为 0、40、80 和 160 mmol/L 的固体培养基，经高压蒸汽灭菌后待用。将生长了 30～40 d 的转 GhABF2 基因马铃薯植株和对照未转基因马铃薯植株放在超净工作台上，取中间生长较为一致的茎段，剪成 1 芽 1 段，接入提前配制好的盐胁迫培养基上，造成盐胁迫，每瓶 10 芽，每处理 6 瓶。处理试管苗放在 25 ℃、16 h/8 h 昼/夜光周期下培养，以正常未转基因试管苗为对照。处理后 25 d，进行相关指标的测定，重复 3 次。

1.2.2 测定项目及方法

采用乙醇丙酮法测定叶绿素含量；考马斯亮蓝染色法测定可溶性蛋白；硫代巴比妥酸（TBA）比色法测定丙二醛（MDA）含量；NBT 光化还原法测定超氧化物歧化酶（SOD）活性；脯氨酸含量的测定采用茚三酮比色法，可溶性糖含量的测定采用蒽酮法，过氧化物酶（POD）活性的测定采用愈创木酚显色法，均参照王韶唐的方法；用烘干法测定植株干重。

1.2.3 数据处理

试验测定的数据通过 Microsoft Excel 和 SPSS （13.0） 软件进行统计分析。

2 结果与分析

2.1 不同浓度 NaCl 胁迫对试管苗干重、鲜重的影响

从表 1 可以看出，NaCl 胁迫条件下，供试材料 WT、T1 试管苗的鲜重和干重随着 NaCl 胁迫浓度的升高呈现下降的趋势；供试材料 T2 的干重和鲜重呈现先升后降的趋势。每一处理下未转基因材料 WT 的鲜重和干重明显小于转 GhABF2 基因马铃薯 T1、T2 的鲜重和干重，说明在 NaCl 胁迫下，转 GhABF2 基因材料具有较高的干重和鲜重。当处理浓度为 40 mmol/L

时，转基因材料T2的鲜重和干重分别达最大值；当NaCl浓度为160 mmol/L时，与对照处理（CK）相比，WT、T1、T2的鲜重和干重下降趋势明显，达到极显著差异（$P < 0.05$）。试验结果表明，转GhABF2基因马铃薯在盐胁迫条件下能够显著增加植株鲜重和干重，表现出了较强的抗逆性。

表1　不同浓度NaCl胁迫对马铃薯试管苗干重和鲜重的影响

Table 1　Effects of NaCl with different concentrations on biomass of potato plantlets

NaCl浓度 （mmol/L）	WT		T1		T2	
	鲜重 Fresh weight （g/瓶）	干重 Dry weight （g/瓶）	鲜重 Fresh weight （g/瓶）	干重 Dry weight （g/瓶）	鲜重 Fresh weight （g/瓶）	干重 Dry weight （g/瓶）
0	0.988±0.073a	0.075±0.007a	2.836±0.523a	0.202±0.045a	1.993±0.295a	0.127±0.045a
40	0.881±0.156a	0.056±0.011b	1.720±0.415b	0.122±0.010ab	1.998±0.112a	0.152±0.010ab
80	0.648±0.051b	0.049±0.004b	1.099±0.368bc	0.087±0.027bc	1.193±0.225b	0.087±0.019b
160	0.360±0.097c	0.032±0.008c	0.381±0.037c	0.041±0.012c	0.326±0.026c	0.036±0.009c

2.2　不同浓度NaCl胁迫对试管苗叶绿素含量的影响

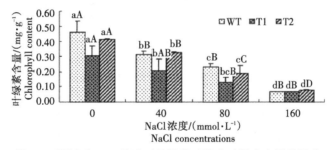

图1　不同浓度NaCl胁迫对马铃薯试管苗叶绿素含量的影响

Fig. 1　Effects of NaCl with different concentrations on Chlorophyll content of potato plantlets

叶绿素是植物光合色素中最重要的一类色素，其含量可受多种逆境胁迫而下降。从图1可以看出，随着NaCl盐胁迫浓度的增加，未转基因材料WT与转GhABF2基因材料T1、T2的叶绿素含量均呈现下降的变化趋势，且两个转GhABF2基因株系材料T1、T2叶绿素含量明显低于未转基因材料WT。试验过程中发现，盐胁迫马铃薯试管苗的叶片与对照处理（CK）叶片相比，均出现叶片失绿，同时叶片变薄，说明逆境对马铃薯试管苗影响显著。

2.3　不同浓度NaCl胁迫对试管苗丙二醛含量的影响

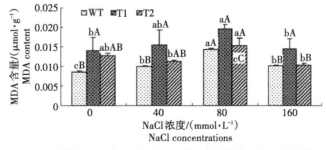

图2　不同浓度NaCl胁迫对马铃薯试管苗MDA含量的影响

Fig. 2　Effects of NaCl with different concentrations on MDA content of potato plantlets

盐胁迫诱导活性氧的产生并对植物造成氧化胁迫，丙二醛是膜脂过氧化的主要产物，其量的变化可以作为衡量逆境胁迫对植物造成氧化伤害的指标。从图2可以看出，随着NaCl盐胁迫浓度的升高，非转基因材料WT与转 GhABF2 基因材料 T1、T2 的丙二醛含量都呈现先升后降的趋势。且非转基因材料 WT 的丙二醛含量明显低于两个转 GhABF2 基因株系材料 T1、T2，说明在 NaCl 盐胁迫下，转 GhABF2 基因马铃薯表现出较高的抗氧化能力。在盐胁迫浓度为 80 mmol/L 时，WT、T1、T2 丙二醛含量均达到最大值，转 GhABF2 基因材料 T1、T2 的丙二醛含量分别高于同浓度下 WT 的丙二醛含量 42.9% 和 14.3%，且与对照处理（CK）相比都达到了差异显著性（$P < 0.05$），说明盐胁迫对于转 GhABF2 基因植株的伤害较小。

2.4 不同浓度 NaCl 胁迫对试管苗可溶性糖含量的影响

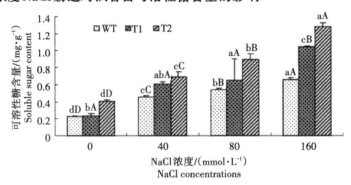

图3　不同浓度 NaCl 胁迫对马铃薯试管苗可溶性糖含量的影响

Fig. 3　Effects of NaCl with different concentrations soluble sugar content of potato plantlets

许多的研究结果表明，植物受到干旱胁迫时可溶性糖含量会出现不同程度增加，用于调节并维持植物细胞内外渗透压平衡，保持体内水分，减轻或消除胁迫所造成的伤害。从图3可以看出，随着 NaCl 盐胁迫浓度的升高，WT、T1、T2 可溶性糖含量都呈现上升的趋势。且对照非转基因材料 WT 的可溶性糖含量明显低于两个转 GhABF2 基因株系材料 T1、T2，同时与对照处理（CK）相比都达到了差异显著性（$P < 0.05$）。

2.5 不同浓度 NaCl 胁迫对试管苗脯氨酸含量的影响

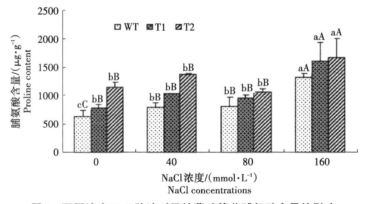

图4　不同浓度 NaCl 胁迫对马铃薯试管苗脯氨酸含量的影响

Fig. 4　Effects of NaCl with different concentrations on proline of potato plantlets

植物在逆境胁迫下可以导致游离脯氨酸含量增加，盐胁迫下脯氨酸的增加是植物适应盐渍环境的显著特征之一。图4表明，NaCl盐胁迫下，WT、T1、T2的脯氨酸含量随着胁迫程度的增加都呈现上升的趋势，且非转基因材料WT的脯氨酸含量明显低于两个转GhABF2基因株系材料T1、T2的脯氨酸含量。在NaCl盐胁迫条件下脯氨酸含量的变化趋势显著，NaCl盐胁迫在浓度为40~80 mmol/L时，与对照相比，WT、T1、T2的脯氨酸含量变化趋势呈现不规律变化，上升趋势不显著；当NaCl浓度大于80 mmol/L时，WT、T1、T2脯氨酸含量增加趋势明显，T1、T2脯氨酸含量与未转基因WT脯氨酸含量相比，分别增加了20.9%和26.7%。说明转GhABF2基因马铃薯在干旱胁迫下具有较强的渗透调节能力。

2.6　不同浓度NaCl胁迫对试管苗可溶性蛋白含量的影响

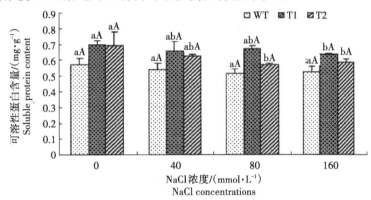

图5　不同浓度NaCl胁迫对马铃薯试管苗可溶性蛋白含量的影响

Fig. 5　Effects of NaCl with different concentrations soluble protein of potato plantlets

同脯氨酸、可溶性糖一样，可溶性蛋白也是一种重要的渗透调节物质。从图5可以看出，随着NaCl浓度的升高，非转基因植株材料WT的可溶性蛋白含量明显低于转GhABF2基因株系材料T1、T2的可溶性蛋白含量，且与对照处理（CK）相比差异均不显著（$P < 0.01$）。

2.7　不同浓度NaCl胁迫对试管苗SOD酶活性的影响

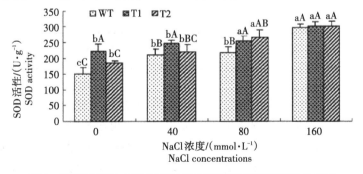

图6　不同浓度NaCl胁迫对马铃薯试管苗SOD酶活性的影响

Fig. 6　Effects of NaCl with different concentrations on SOD activity of potato plantlets

从图6可以看出，随着NaCl浓度的升高，WT、T1、T2的SOD酶活性都呈增加的趋势。随着NaCl胁迫浓度的增加，非转基因材料WT的SOD酶活性明显低于转GhABF2基因材料T1、T2的SOD酶活性，同时与对照处理CK相比都达到了差异显著性（$P < 0.05$）。

2.8 不同浓度NaCl胁迫对试管苗POD酶活性的影响

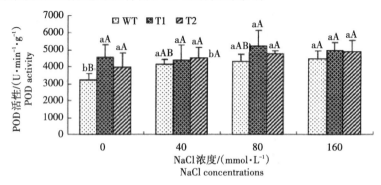

图7 不同浓度NaCl胁迫对马铃薯试管苗POD酶活性的影响

Fig. 7 Effects of NaCl with different concentrations on POD activity of potato plantlets

从图7可以看出，随着NaCl浓度的升高，非转基因植株WT与转GhABF2基因株系材料T1、T2的POD酶活性呈现上升的趋势，但是变化趋势与对照处理（CK）相比，变化趋势均不明显。结果显示，非转基因材料WT的POD酶活性低于转GhABF2基因株系材料T1、T2的POD酶活性，且无显著差异。

2.9 NaCl盐胁迫下马铃薯主要性状指标相关性分析

表2 NaCl胁迫下干物质与主要生理生化指标的相关性分析

Table 2 Correlation analysis on dry matter and biochemical indexes under drought stress

项目 Item	株系 Line	叶绿素 Chlorophyll	可溶性糖 Soluble sugar content	脯氨酸含量 Proline content	丙二醛含量MDA content	可溶性蛋白 Soluble protein	超氧化物歧化酶 SOD activity	过氧化物酶 POD activity
干物质 Dry weight	WT	0.873**	−0.902**	−0.644*	−0.265	0.596*	−0.919**	−0.651*
	T1	0.908**	−0.876**	−0.780**	−0.219	0.490	−0.541	−0.410
	T2	0.897**	−0.702*	−0.511	0.126	0.701*	−0.879**	−0.432

注：*和**分别表示转基因株系与对照在0.05和0.01水平上差异显著。

Note: * and ** meant significant differences between transgenic and untransformed potatoes at 0.05 and 0.01 probability levels, respectively.

干物质与各主要生理指标的相关性分析表明（表2），在NaCl胁迫下未转基因材料WT的干物质与叶绿素含量呈极显著的正相关关系，与可溶性糖、SOD酶活性呈极显著的负相关，与可溶性蛋白呈显著正相关，与脯氨酸、POD酶活性呈显著负相关。而转基因株系材料T1的干物质也与叶绿素含量呈现极显著正相关，与可溶性糖、脯氨酸成极显著负相关。T2与叶绿素含量也呈极显著正相关，与SOD酶活性呈极显著的负相关，与可溶性蛋白含量呈显著正相关，与可溶性糖呈显著负相关。说明盐胁迫条件下，马铃薯植株依靠较强的抗氧化和渗透调节能力，减轻了盐胁迫的伤害。

3 讨论

盐胁迫使植物一系列生理过程发生改变，抑制其生长发育。盐敏感性不同的植物在盐胁迫过程中表现出不同的生理变化。因而，研究植物生理过程的变化可以反映植物耐盐的适应性，揭示植物的抗盐机理。本试验结果表明：未转基因材料 WT 与转 GhABF2 基因马铃薯 T1、T2 相比，每一处理下 WT 的鲜重和干重都明显小于转基因材料 T1、T2，说明在盐胁迫下，转 GhABF2 基因材料具有较高的生物量，表现出了较强的抗逆性。马铃薯叶片的叶绿素含量都随着逆境胁迫浓度的增加而降低，且两个转 GhABF2 基因株系材料的叶绿素含量低于对照未转基因植株的叶绿素含量。许多研究表明，盐胁迫下植物叶片中叶绿素含量降低，且随着 NaCl 浓度的增大和处理时间的延长，叶绿素降低的幅度加大与本试验结果一致。说明盐胁迫使叶绿素的生物合成过程减弱，另一方面可能是盐胁迫引起植物体内活性氧的累积，导致叶绿素分解加快，进而使叶片绿色变淡。

植物在逆境下往往发生膜脂过氧化作用，破坏了细胞膜的结构，积累了许多有害的过氧化物。MDA 作为膜脂过氧化水平的指标已为人们所接受，膜脂过氧化作用愈强，MDA 含量愈高，膜透性愈大，盐胁迫下，MDA 含量随 NaCl 浓度的增大而升高。渗透调节能力是植物耐盐性的基本特征之一，可溶性糖和脯氨酸是植物体内两种重要的渗透调节物质。植物叶片内常积累大量的可溶性糖和脯氨酸作为渗透调节剂，使植物细胞保持正常的膨压以缓和盐胁迫危害，维持细胞正常的功能。另外，在盐、干旱胁迫条件下，有机渗透保护物质，如脯氨酸、可溶性糖及可溶性蛋白等，可以使细胞保持适当的渗透势而防止脱水，同时对生物大分子的结构和功能起到稳定和保护作用。本试验结果表明，转 GhABF2 基因马铃薯叶片的脯氨酸含量、MDA 和可溶性糖含量在盐胁迫下随着胁迫强度的增强而显著增加，且转 GhABF2 基因马铃薯的脯氨酸含量明显高于未转基因材料的脯氨酸含量，这有利于降低植株细胞渗透势，保持植株在逆境胁迫条件下从外界高渗溶液中吸收水分。同脯氨酸、可溶性糖一样，可溶性蛋白也是一种重要的渗透调节物质。随着 NaCl 浓度的升高，未转基因植株材料的可溶性蛋白含量明显低于转 GhABF2 基因马铃薯植株材料，但 3 份材料的可溶性蛋白含量随盐浓度的增加而逐渐降低，这与华智锐等研究发现百合转化苗与非转化苗叶片可溶性蛋白质含量都呈逐渐降低趋势，但转化苗叶片蛋白质含量始终都高于非转化苗试验结果基本一致。

盐胁迫下，植物细胞内自由基代谢的平衡被破坏而有利于自由基的产生，过剩的自由基造成的毒害之一是引发或加剧膜脂过氧化作用，使植物膜系统受到伤害。SOD 和 POD 均为植物内源自由基清除剂，属保护酶系统，在逆境中保护酶活性增强或维持较高的水平，才能清除活性氧自由基使之保持较低的水平，维持细胞膜的稳定性和完整性。本试验结果表明，随着 NaCl 盐胁迫程度的加重，叶片 SOD 和 POD 活性逐渐增强，且转 GhABF2 基因材料 T1、T2 的抗氧化酶活性明显高于未转基因材料 WT，说明 NaCl 盐胁迫条件下，转 GhABF2 基因植株依靠较强的抗氧化和渗透调节能力，减轻了盐胁迫的伤害。

4 结论

在 NaCl 盐胁迫条件下，两个转 GhABF2 基因植株依靠较强的抗氧化和渗透调节能力，减轻了 NaCl 盐胁迫的伤害。主要表现在，随着 NaCl 盐胁迫程度的增加，两个转 GhABF2

基因材料植株干重、鲜重明显高于未转基因材料；从生理生化等抗逆指标来看，转GhABF2基因植株比对照未转基因植株在生长状态、生理生化指标方面都表现出了更强的抗逆性。

参考文献（略）

裴怀弟，李忠旺，张艳萍，陈玉梁：甘肃省农业科学院生物技术研究所

转基因小麦抗旱性鉴定及相关指标灰色关联度分析[①]

全球40%的耕地面积位于干旱区，干旱是影响农业生产的最重要非生物胁迫因子。中国小麦主产区集中在干旱半干旱地区，近年来干旱灾害天气频发，对我国小麦生产造成巨大损失的严重形势下，发掘、利用抗旱节水基因资源进行改良小麦品种的抗旱性尤为重要。分子生物学和基因工程的迅猛发展为利用转基因技术培育抗旱小麦新品种提供了一条有效途径。

研究表明，植物中bZIP类转录因子参与干旱、盐渍等逆境胁迫在内的广泛的生物学反应。中国农业科学院生物技术研究所赵军研究小组利用酵母单杂交的方法克隆到一个可与Cat1基因上游顺式作用元件ABRE2相互作用的bZIP类转录因子ABP9。ABP9参与ABA信号传导及ROS代谢调节。在转ABP9基因的拟南芥、高羊茅、苜蓿、大豆、水稻等植物中的研究表明，该基因可以显著提高植株对干旱、盐渍、低温抗旱等逆境的耐受性。同时，利用基因枪法将ABP9基因导入西北春麦区的主栽品种宁春4号小麦中，获得了稳定的宁春4号转基因系列纯系材料，经前期的抗逆性鉴定，ABP9基因显著地提高了转基因小麦的抗旱性。

本试验以转ABP9基因春小麦纯系材料及受体品种宁春4号为研究对象，在雨养和灌溉两种栽培条件下，对这些材料的主要农艺性状和生化性状进行测定，采用隶属函数法进行抗旱性鉴定和综合评价，同时利用灰色关联度分析法对相关抗旱性状进行评价，以期为抗旱转基因小麦新品种的选育和鉴定提供理论依据。

1 材料与方法

1.1 供试材料

供试材料为9个转基因株系，UC_4-1、UC_4-2、UC_4-3、UC_4-4、UC_4-5、UC_4-6、UC_4-7、UC_4-8、UC_4-9，以及野生型对照宁春4号、非转基因春小麦品种定西35号。

[①]本论文在《干旱地区农业研究》2015年第33卷第1期已发表。

1.2 试验方法

2011年3月将上述材料种植在甘肃省农业科学院小麦转基因隔离试验区，2行区，行长1.8 m，每行均匀点播189粒，行距0.20 m，随机区组设计，3次重复。将其分设为旱地试验和水地试验。水地试验于拔节期、分蘖期、灌浆期各灌溉1次，共3次；灌水每次750 m³·hm⁻²（约为75 mm的降雨量），三次总计2 250 m³·hm⁻²。旱地试验全生育期完全依靠自然降水。甘肃兰州地区2011年在春小麦生育期3—7月降水量约为117 mm，属于较为干旱的年份。测定生化指标时，于小麦抽穗期时取其叶片，用湿纱布擦干净后用液氮冷冻，带回实验室置于低温冰箱中，测定相关指标时取出。丙二醛（MDA）含量的测定采用硫代巴比妥酸方法；脯氨酸含量的测定采用磺基水杨酸法；超氧化物歧化酶（SOD）活性的测定参照Chander的方法，过氧化物酶（POD）活性的测定采用愈创木酚法；在对农艺性状进行考种时，于小麦完熟后每份材料每个重复分别取10株测定株高、穗长、穗粒数、千粒重、单穗粒重、分蘖数、结实小穗数等7项指标。

1.3 数据分析

对所测定的生理生化和农艺性状等共计11项指标，参照相关文献，利用如下公式计算抗旱系数、综合抗旱系数、抗旱指数、隶属函数值、抗旱性量度（D）值；并根据灰色系统理论，对各指标的抗旱系数按照公式（6）进行无量纲化处理，按照公式（7）（8）计算关联系数和关联度。

$$抗旱系数 \qquad PI = X_s/X_r \tag{1}$$

$$综合抗旱系数 \qquad RI = \frac{1}{n}\sum_1^n PI \tag{2}$$

$$抗旱指数 \qquad DI = (X_s/\overline{X}_s) \times PI \tag{3}$$

$$隶属函数值 \qquad \mu(x) = \frac{PI - PI_{i\min}}{PI_{i\max} - PI_{i\min}} \tag{4}$$

$$抗旱性度量值 \qquad D = \sum_{i=1}^n \left[\mu(x) \times \left(\left(|r_i| \div \sum_{i=1}^n |r_i| \right) \right) \right] \tag{5}$$

$$无量纲化值 \qquad X_i'(k) = \left[x_i(k) - x_i \right]/S_i \tag{6}$$

$$关联系数 \qquad \xi i(k) = \frac{\min\limits_i\min\limits_k \left| X_0(K) - X_i(k) \right| + \rho_i^{\max\max}{}_k \left| X_0(k) - X_i(k) \right|}{\left| \left| X_0(K) - X_i(k) \right| + \rho_i^{\max\max}{}_k \left| X_0(k) - X_i(k) \right| \right|} \tag{7}$$

$$关联度 \qquad ri = \frac{1}{n}\sum_{k=1}^n \zeta_i(k) \tag{8}$$

式中，X_s 和 X_r 分别为干旱胁迫和对照下各材料各指标的测定值；$\overline{X}_s$ 为该指标在干旱胁迫下的平均值；$PI_{i\min}$、$PI_{i\max}$ 为各性状抗旱系数的最小值和最大值；r_i 为各性状抗旱系数与综合抗旱指数的相关系数；$X_i'(k)$ 为数据无量纲处理后的结果、$X_i(k)$ 为各材料各指标的抗旱系数、$\overline{X}_i$ 和 S_i 分别为同一指标的平均值和标准差；ρ 为分辨系数，取值为0～1，本研究中取值0.5。所有的计算均采用Excel 2003和SPSS 19.0软件进行数据统计分析。

2 结果与分析

2.1 转ABP9基因春小麦纯系材料的各指标隶属函数值及抗旱性评价

作物的抗旱性是环境胁迫与基因型相互作用的结果，通过不同时期生理、生化及农艺性状等指标发生一系列变化而体现出来。本研究对转ABP9基因小麦在雨养和灌溉两种栽培条件下的7项农艺性状指标（株高、穗长、结实小穗数、千粒重、单穗粒重、有效分蘖、穗粒数）和4项生化指标（MDA含量、SOD活性、POD活性、脯氨酸含量）进行了测定（表1和表2），并利用公式（1）计算出所测定的抗旱系数，通过相关分析计算各性状与综合抗旱系数（抗旱系数的平均值）的相关系数，继而利用公式（5）计算出各材料的隶属函数值。参照王刚、冷益丰、南炳东等直接用平均隶属函数值进行转基因植物抗旱性综合评价的方法，本研究的结果表明（表3），在供试的9份转ABP9基因小麦中，6份材料的平均隶属函数值均高于其受体亲本宁春4号，占参试材料的66.67%，以UC$_4$-8的表现最为突出，超过宁春4号40.80%，其次分别为UC$_4$-2、UC$_4$-6、UC$_4$-4、UC$_4$-9、UC$_4$-1；而且4份转基因小麦UC$_4$-8、UC$_4$-2、UC$_4$-6、UC$_4$-4的平均隶属函数值超过西北春麦区旱地区域试验的非转基因对照品种定西35。

由公式（3）所计算的抗旱性量度（D）值，在多种植物的抗旱性综合评价中得到了广泛应用，许多研究者采用D值对植物的抗旱性进行综合评价，取得了较为理想的结果。本研究对参试的9份转ABP9基因小麦的11项抗旱相关指标计算D值见表4。结果表明，6份转基因小麦的D值超过受体亲本对照，依次分别为UC$_4$-8、UC$_4$-6、UC$_4$-1、UC$_4$-9、UC$_4$-2、UC$_4$-4，其中3份材料的D值超过西北春麦区旱地区域试验的非转基因对照品种定西35；UC$_4$-8的表现依然突出，其D值为0.5768，排名第一，超过受体亲本对照宁春4号39.90%。

由平均隶属函数值和抗旱性量度D值分别对转基因小麦材料进行抗旱性综合评价的结果大体相同，如UC$_4$-8在两种评价方法中均排名第一；转基因小麦UC$_4$-1、UC$_4$-2、UC$_4$-4、UC$_4$-6、UC$_4$-8、UC$_4$-9的抗旱性均超过亲本对照。但也稍有差异，如UC$_4$-2在用平均隶属函数值时其综合抗旱性排名第二，而用D值评价时则只位列第六；UC$_4$-4在前者中的排名为第四，超过非转基因对照品种宁春4号，而在后者中的排名为第七，低于宁春4号3个名次。

2.2 灰色关联度分析

根据灰色系统理论，关联度反映的是构成该系统的各性状组成的比较数列和参考数列间的密切程度，关联度越大，说明该数列和参考数列间的关系越密切。本研究中，按灰色系统理论要求，将测定的7项农艺性状指标和4项生理生化指标的抗旱系数纳入一个灰色系统，各个性状视为该系统的一个灰因素，以产量抗旱指数为参考数列，通过公式（6）对各供试材料所测定的11项性状的抗旱系数数据进行无量纲化处理，再利用公式（7）和（8）分别计算关联系数和关联度，同时对各性状的关联度进行了排序（表5）。由表5可以看出，株高（PH）与产量抗旱指数的关联度最大，为0.6817，其余依次为单穗粒重（SW）、穗长（SL）、SOD活性（SA）、穗粒数（NKS）、结实小穗数（SNE）、有效分蘖数（ET）、POD活性（PA）、千粒重（TKW）、脯氨酸含量（PC）、MDA含量（MC）。

表 1　转基因小麦在雨养条件下(干旱胁迫)的生化指标及农艺性状

Table 1　Biochemical and agronomic traits in transgenic wheat under rain-fed environment (drought stress)

材料 Materials	PH/cm	SL/cm	NS	TKW/g	SW/g	ET	NKS	MC/(μmol·g⁻¹)	SA/(U·g⁻¹·min⁻¹)	PA/(U·g⁻¹·min⁻¹)	PC/(μg·g⁻¹)
UC_4-1	69.33	9.53	15.87	37.74	1.27	1.03	33.93	0.00332	45.1300	2792.5330	478.3210
UC_4-2	68.67	8.68	14.97	41.90	1.34	1.02	31.93	0.00415	55.5560	2854.7560	385.9210
UC_4-3	65.33	8.42	15.03	41.75	1.34	1.06	32.13	0.00323	54.8700	2838.4000	1174.3000
UC_4-4	64.00	9.05	15.57	41.18	1.39	1.11	33.70	0.00323	77.2290	2910.2220	622.8820
UC_4-5	63.33	8.72	14.63	40.83	1.38	1.03	33.90	0.00387	87.5170	2852.6220	324.4450
UC_4-6	66.33	8.69	15.30	40.93	1.41	1.02	34.40	0.00363	70.2330	2825.6000	750.6760
UC_4-7	64.33	8.82	15.47	41.93	1.45	1.09	34.50	0.00365	40.7410	2786.4890	625.1170
UC_4-8	64.33	8.62	15.80	40.02	1.40	1.09	34.73	0.00369	48.5600	2849.0670	353.5060
UC_4-9	67.33	8.64	14.60	40.62	1.26	1.04	30.87	0.00373	62.4140	2870.7560	897.1000
宁春4号 Ningchun 4	66.17	8.44	15.02	38.80	1.36	1.02	35.57	0.00370	49.8600	2877.1600	621.3910
定西35 Dingxi 35	87.50	9.10	16.37	42.77	1.53	1.07	35.55	0.00366	42.9400	2717.2300	312.1500

注：PH，株高；SL，穗长；NS，结实小穗数；TKW，千粒重；SW，单穗粒重；ET，有效分蘖；NKS，穗粒数；MC，MDA含量；SA，SOD活性；PA，POD活性；PC，脯氨酸含量；下表同。

Note: PH，Plant height；SL，Spike length；SNE，Spikelet numbers per ear；TKW，1000-kernal weight；SW，Single spike weight；ET，Effective tillers；NKS，Number of kernel per spike；MC，MDA content；SA，SOD activity；PA，POD activity；PC，Proline content；The same as in the following table.

现代农业生物技术育种

表2 转基因小麦在灌溉条件下的生化指标及农艺性状

Table 2 Biochemical and agronomic traits in transgenic wheat under well-watered environment

材料 Materials	PH/cm	SL/cm	NS	TKW/g	SW/g	ET	NKS	MC /(μmol·g⁻¹)	SA /(U·g⁻¹·min⁻¹)	PA /(U·g⁻¹·min⁻¹)	PC /(μg·g⁻¹)
UC₄-1	93.67	10.64	17.10	43.34	1.83	2.50	42.33	0.00311	42.2500	2690.1330	106.8580
UC₄-2	89.00	10.55	16.47	47.79	2.01	2.89	42.00	0.00311	26.7490	2356.2670	93.4450
UC₄-3	86.00	10.73	17.43	44.21	2.16	2.79	48.67	0.00269	39.3690	2640.3560	78.9150
UC₄-4	87.67	10.60	17.30	43.18	2.06	2.79	47.80	0.00275	32.2360	2701.8670	83.3860
UC₄-5	87.00	11.50	17.43	41.39	2.03	2.80	52.03	0.00281	22.6340	2791.1110	88.6020
UC₄-6	85.67	10.38	16.43	44.36	2.06	2.80	46.43	0.00294	45.6790	2774.4000	78.5420
UC4-7	84.67	10.30	17.37	43.28	2.19	2.86	50.67	0.00316	23.1820	2663.8220	92.7000
UC₄-8	81.67	10.36	16.90	44.75	1.98	2.52	44.23	0.00370	21.5360	2536.8890	80.4050
UC₄-9	84.00	10.72	16.73	46.64	1.98	2.42	42.40	0.00332	28.6690	2638.5780	78.9150
宁春4号 Ningchun 4	5.67	9.78	17.65	44.94	2.10	2.31	47.18	0.00274	46.6390	2787.9110	102.3870
定西35 Dingxi 35	124.67	10.91	18.38	45.02	2.06	2.66	44.07	0.00331	39.1630	2404.9780	93.2590

表 3 转基因小麦农艺性状和生化指标的隶属函数值及抗旱性综合评价

Table 3 Subordinate function values of agronomic traits and biochemical indexes in different transgenic wheat lines as well as comprehensive evaluation of drought resistance in these materials

材料 Materials	PH	SL	SNE	TKW	SW	ET	NKS	MC	SA	PA	PC	平均值 Mean value	位次 Rank
UC4 – 1	0.3842	1.0000	0.9248	0.0602	0.6017	0.6664	0.9670	0.0000	0.0000	0.1016	0.0979	0.4307	7
UC4 – 2	0.6993	0.4693	0.7280	0.1087	0.3784	0.0000	0.7007	0.8617	0.3605	1.0000	0.0679	0.4886	2
UC4 – 3	0.5798	0.1952	0.2402	0.6579	0.0000	0.3045	0.0555	0.4302	0.1163	0.2929	1.0000	0.3518	11
UC4 – 4	0.2824	0.6591	0.6346	0.7336	0.4445	0.5068	0.3447	0.3456	0.4744	0.3038	0.3575	0.4657	4
UC4 – 5	0.2616	0.0000	0.0000	1.0000	0.4858	0.1683	0.0000	1.0000	1.0000	0.0186	0.0273	0.3601	10
UC4 – 6	0.7262	0.5744	0.9614	0.4818	0.5239	0.1280	0.5760	0.5398	0.1677	0.0000	0.5385	0.4743	3
UC4 – 7	0.5810	0.7135	0.5364	0.8565	0.3411	0.3180	0.1891	0.2827	0.2463	0.1429	0.2945	0.4093	9
UC4 – 8	0.8609	0.5370	1.0000	0.2513	0.7086	0.8982	0.8617	0.4341	0.4240	0.5417	0.0910	0.6008	1
UC4 – 9	1.0000	0.3472	0.3488	0.0614	0.1307	0.8668	0.4933	0.1807	0.3963	0.3601	0.6954	0.4437	6
宁春4号 Ningchun 4	0.7075	0.7621	0.1218	0.0000	0.2227	1.0000	0.6599	0.9133	0.0003	0.0702	0.2360	0.4267	8
定西35 Dingxi 35	0.0000	0.5519	0.5367	0.7039	1.0000	0.5565	1.0000	0.1234	0.0101	0.5768	0.0000	0.4599	5

表 4　转基因小麦的 D 值及抗旱性综合评价

Table 4　D value of transgenic wheat lines and comprehensive evaluation of drought resistance in these materials

材料 Materials	PH	SL	SNE	TKW	SW	ET	NKS	MC	SA	PA	PC	D 值 D Value	位次 Rank
UC₄-1	0.0417	0.1082	0.0619	0.0015	0.1144	0.0169	0.1483	0.0000	0.0000	0.0055	0.0238	0.5222	3
UC₄-2	0.0760	0.0508	0.0485	0.0027	0.0719	0.0000	0.1074	0.0140	0.0033	0.0546	0.0165	0.4456	6
UC₄-3	0.0630	0.0208	0.0160	0.0165	0.0000	0.0077	0.0085	0.0070	0.0011	0.1060	0.2427	0.3993	9
UC₄-4	0.3070	0.0752	0.0423	0.0184	0.0845	0.0129	0.0529	0.0056	0.0043	0.0166	0.0867	0.4301	7
UC₄-5	0.0284	0.0000	0.0000	0.0251	0.0923	0.0043	0.0000	0.0162	0.0091	0.0010	0.0066	0.1831	11
UC₄-6	0.0789	0.0621	0.0641	0.0121	0.0996	0.0033	0.0883	0.0087	0.0015	0.0000	0.1307	0.5493	2
UC₄-7	0.0631	.0772	0.0358	0.0215	0.0648	0.0081	0.0290	0.0046	0.0022	0.0078	0.0715	0.3856	10
UC₄-8	0.0935	0.0581	0.0666	0.0063	0.1347	0.0228	0.1321	0.0070	0.0039	0.0296	0.0221	0.5768	1
UC₄-9	0.1086	0.0376	0.0232	0.0015	0.0248	0.0220	0.0756	0.0029	0.0036	0.0196	0.1688	0.4885	5
宁春4号 Ningchun 4	0.0769	0.0824	0.0081	0.0000	0.0423	0.0254	0.1012	0.0148	0.0000	0.0038	0.0573	0.4123	8
定西35 Dingxi 35	0.0000	0.0597	0.0358	0.0177	0.1901	0.0141	0.1533	0.0020	0.0001	0.0315	0.0000	0.5043	4

表5　转基因小麦主要农艺性状和生化指标与抗旱指数的关联度和关联序

Table 5　Correlation degrees and correlation order of agronomic traits，biochemical indexes
and drought-resistance indexes in transgenic wheat lines

项目 Items	PH	SL	SNE	TKW	SW	ET	NKS	MC	SA	PA	PC
关联度 Correlation degree	0.6817	0.6676	0.6363	0.6175	0.6698	0.6330	0.6504	0.5954	0.6574	0.6198	0.6012
关联序 Correlative order	1	3	6	9	2	7	5	11	4	8	10

3　讨论

作物的抗旱性是复杂的数量遗传性状，通过一系列生理生化和形态变化表现出来，具有单项研究的局限性和综合研究的复杂性。多年来，在作物的抗旱性鉴定指标的选择和评价方法上，国内外学者做了大量研究工作，提出了多种抗旱性鉴定指标与评价方法。从抗旱性鉴定指标来看，主要有形态指标、农艺性状指标和生理生化指标，不同的指标与作物抗旱性之间的关系，研究结果并不一致；在评价方法上，大多数研究者认为，由于抗旱性是多种因素综合作用的结果，采用多指标的综合评价比单指标评价更为科学和客观。利用模糊数学的隶属函数分析法得到的抗旱性度量 D 值，既考虑各指标的相互关系，又考虑其重要性，能消除单个指标的片面性，因而可以较准确地评价各材料的抗旱性。

基于上述原因，本研究对用基因枪法转化西北春麦区主栽品种宁春4号所获得的9份转 ABP9 基因春小麦，测定了7项农艺性状和4项生化指标，通过计算各材料各性状的抗旱系数，利用相关分析法，获得了每份小麦材料的平均隶属函数值和抗旱性度量 D 值，参照不同研究者以平均隶属函数值以及用抗旱性度量 D 值的方法进行抗旱性综合评价，结果表明，两种评价方法所获得的结果大体相同，6份转基因小麦 UC_4-1、UC_4-2、UC_4-4、UC_4-6、UC_4-8、UC_4-9 的抗旱性均较受体亲本宁春4号增强，其中以 UC_4-8 的表现最突出；但也有所差异，如 UC_4-2 和 UC_4-6 的抗旱性排名差异稍大（表4、表5）。由公式（5）可以看出，抗旱性度量 D 值与隶属函数值密切相关，但同时考虑了各性状指标的权重及各指标与综合抗旱系数之间的相关系数，由于不同的性状指标对作物抗旱性的贡献并非相同，因此用抗旱性度量 D 值对抗旱性进行综合评价应该更为准确。

灰色系统理论中的关联度分析是对动态系统进行量化比较的分析方法，系统中因素之间的关联度大，说明其变化态势接近，相互关系密切，反之，其相互关系疏远。利用灰色关联度分析法对各性状指标和抗旱性之间的关系进行评价，近年来在各种作物的抗旱性研究中也多有应用。关联序（关联度排名）结果显示（表5），排名前7位的指标依次分别为株高、单穗粒重、穗长、SOD 活性、穗粒数、结实小穗数、有效分蘖数，可以看出，除 SOD 活性外，其余均为农艺性状指标，与王士强等的研究结果有较大差异，这可能与 ABP9基因的作用有关。前期的研究表明，ABP9基因在转基因拟南芥中的组成型表达能够降低细胞内活性氧（ROS）水平，降低氧化损伤和细胞死亡，提高大量参与清除和调控活性氧的胁迫应答基因的表达,这样就使得在干旱胁迫环境下,植物体内参与调控活性氧的一些抗氧化酶及相关化学物质含量维持在较低的水平;至于ABP9在转基因小麦中的确切机制,还需要进一步研究。当然,由于抗旱性研究的复杂性,也不能排除供试材料的基因型、生长环境及取材时期等因素对研究结果的影响。

参考文献(略)

罗影:甘肃农业大学资源与环境学院

赵军:中国农业科学院生物技术研究所/国家作物基因资源和基因改良重大科学工程

王剑虹:兰州职业技术学院生物工程系

裴怀弟,叶春雷,李进京,欧巧明,王红梅,王炜:

甘肃省农业科学院生物技术研究所

张斌科:甘肃农业大学农学院

第三章　细胞工程育种技术研究

甘肃主栽小麦品种及骨干亲本花药培养特性评价及分析①

单倍体育种因具有杂种后代纯合快、育种周期短、选择效率高等优点，受到育种者的广泛重视。其中花药培养是产生小麦单倍体最主要的途径之一。因此，对重要种质资源的花药培养特性进行评价，并筛选出具有较高花药培养力的基因型是小麦花培育种中重要的基础性工作。近年来国内外相关研究者已筛选出石4185、新春9号等优良花培亲本。

小麦（*Triticum aestivum*）是甘肃最主要的粮食作物之一，常年种植面积在100万 hm²以上。长期以来，常规杂交育种技术作为甘肃多家育种单位采用的主要育种方法，已育成了一大批小麦新品种，在生产中发挥了重要作用；近年来，随着品种更新换代速度加快，花培育种技术的优势凸显，然而，由于对甘肃重要小麦材料的花药培养特性至今仍不明确，致使该地区花培育种进展缓慢。

本研究对甘肃近年来审定和主栽的小麦品种及部分骨干亲本进行花药培养，以获得愈伤组织诱导率、分化率等数据，分析这些材料的花药培养特性，鉴定并筛选出具有较高花药培养力的材料并对其应用潜力进行分析，以期为小麦花培育种及相关研究提供参考。

1　材料与方法

1.1　材料

供试材料为甘肃省主栽品种及骨干亲本，共86份，其中春小麦品种18份，品系7份，冬小麦品种37份，品系24份，由甘肃省农业科学院小麦研究所及生物技术研究所、定西市农业科学院、天水市农业科学研究所等提供。种植于甘肃省农业科学院兰州市试验地，行长1.2 m，行距0.2 m，手锄开沟撒播，每份材料种植5行，冬小麦于2013年10月9日种植，每行108粒，春小麦于2014年3月16日种植，每行126粒，常规田间管理。

1.2　方法

挑选每个基因型中大小一致、经镜检其大部分花药中小孢子发育至单核后期的小麦幼穗，置4 ℃冰箱内低温处理2～3 d，接种前在超净工作台上用75%的乙醇喷雾进行表面消毒，无菌水冲洗3次，取出处于麦穗中部2/3处的小穗，将其中的花药接种于诱导培养基上。接种后32 ℃高温处理7～10 d，之后转入24 ℃暗培养，待愈伤组织块状直径为2～3 mm时转至分化培养基中，置于24 ℃、光16 h/暗8 h进行分化培养。诱导花药愈伤组织培

---

①本论文在《核农学报》2016年第30卷第6期已发表。

养基为 W14+2,4-D（2.0 mg·L^{-1}）+KT（0.5 mg·L^{-1}）+AGP（400 mg·L^{-1}）+蔗糖（9%），分化培养基为 MS+KT（2.0 mg·L^{-1}）+IAA（0.15 mg·L^{-1}）+蔗糖（3%）。每份材料接种 3 瓶，每瓶接种 50 枚花药，重复 3 次。按以下公式计算相关指标：

愈伤组织诱导率=产生的愈伤组织块数/接种花药数×100%

绿苗分化率=分化绿苗数/转分化愈伤数×100%

绿苗生产率=分化绿苗数/接种花药数×100%

白苗分化率=分化白苗数/愈伤组织块数×100%

1.3 统计分析

利用 Excel 和 SPSS 19.0 软件对数据进行统计分析。方差齐性检验用 Duncan 法检测，非齐性检验用 Tamhane's T$_2$法检测。

2 结果与分析

2.1 愈伤组织诱导及绿苗分化情况分析

愈伤组织诱导率是反映花药培养特性的最重要的指标之一。在供试的 86 份材料中，35 份无愈伤组织产生，均为冬小麦材料，占供试材料总数的 40.70%，分别为兰天 10 号、兰天 14 号、兰天 15 号、兰天 17 号、兰天 18 号、兰天 19 号、兰天 20 号、兰天 24 号、兰天 25 号、兰天 27 号、兰天 30 号、天选 45 号、天选 50 号、清农 1 号、陇鉴 386、平凉 44 号、平原 50 号、PASCAL、长武 131、川麦 107、航选 01、兰 092、天 S98351、天 01-29、天 01-104-3-1、天 02-204-1、CP20-30-1、CP04-46-2-1-2、00155-5-1-1-2-2-1-1-1、05-140、甘冬 017、陇原 034、条 601、863-13、96-313。其余可诱导出愈伤组织的 51 份材料中，春小麦为 25 份，冬小麦为 26 份。

由表 1 可知，在 25 份春小麦材料中（序号 1~25），愈伤组织诱导率为 0.67%~88.67%，平均为 18.26%，愈伤组织诱导率超过 12% 的材料有 10 份，其中 9016 的诱导率最高（88.67%），其次是 9629-16，为 81.33%；陇春 21 号、陇春 27 号、陇春 31 号、陇春 32 号、宁春 4 号、定丰 12 号、4-8 和 9614 的花药也较易诱导愈伤组织；而陇春 26 号、西旱 2 号、定丰 9 号、定丰 16 号、定丰 17 号和 89122 等材料的花药愈伤组织诱导相对较难。在 26 份冬小麦材料中（序号 26~51），愈伤组织诱导率为 0.67%~31.33%，平均为 9.03%。有 7 份材料的愈伤组织诱导率超过 12%，以兰天 094 的诱导率最高，兰天 21 号、环冬 6 号、兰天 094、04-13-10、04-550-2-2-1、04-341 和 PL44 也是较易诱导愈伤组织的材料；兰天 2 号、天选 39 号、陇鉴 103、P474 等则属于较难进行诱导花药愈伤组织的材料。

绿苗分化率是反映花药培养特性的又一重要指标，愈伤组织能否分化成绿苗或绿苗分化率的高低是决定花药培养成效的关键因素。在有愈伤组织产生的 51 份材料中，经对其愈伤组织转接进行分化培养，结果表明，在 25 份春小麦材料中，绿苗分化率为 0~143.74%，平均为 33.34%，其中 9 份未能分化出绿苗；14 材料的绿苗分化率超过 21%，以定丰 12 号的分化率最高，达到 143.74%；而 2013s2 较难分化出绿苗。在 26 份冬小麦材料中，绿苗分化率为 0~100.00%，平均为 11.12%，其中 17 份未能分化出绿苗；绿苗分化率超过 21% 的有 5 份材料，从高到低依次为陇鉴 103、兰天 31 号、中梁 26 号、陇鉴 196 和陇鉴 108（表 1）。

在本试验体系条件下，花药培养时春小麦较冬小麦材料更易于诱导愈伤组织并分化出

表 1　不同基因型小麦的花药愈伤组织诱导率及绿苗分化率

Table 1　Callus induction and green plantlet differentiation frequency in the wheat anther culture of different genotypes /%

序号 Serial number	品种 (系) Variety	愈伤组织诱导率 Callus Induction frequency	绿苗分化率 Green plantlet Differentiation frequency	序号 Serial number	品种 (系) Variety	愈伤组织诱导率 Callus Induction frequency	绿苗分化率 Green plantlet Differentiation frequency	序号 Serial number	品种 (系) Variety	愈伤组织诱导率 Callus Induction frequency	绿苗分化率 Green plantlet Differentiation frequency
1	陇春21号	31.33e	55.31defg	18	定丰17号	1.33no	0	35	陇鉴196	11.33hij	29.12hij
2	陇春22号	6.00jklmno	69.32cde	19	5509-3	6.67jklmn	59.66cdefg	36	陇鉴301	4.00lmno	0
3	陇春23号	6.67ijklmn	42.33fghi	20	89122	3.33lmno	0	37	平凉50号	5.33klmno	0
4	陇春26号	2.67mno	24.44ijkl	21	4-8	53.33c	19.11jkl	38	西峰20号	8.00hijklm	0
5	陇春27号	12.67gh	70.38cd	22	9614	32.67de	48.98defg	39	环冬6号	19.33f	3.491
6	陇春28号	5.33klmno	0	23	9016	88.67a	62.41cdef	40	陇育2号	5.33klmno	0
7	陇春30号	3.33lmno	0	24	2013s2	8.67hijkl	7.69jkl	41	陇育4号	6.00jklmno	0
8	陇春31号	37.20de	46.14fghi	25	9629-16	81.33b	28.87hij	42	鲁原502	4.00lmno	0
9	陇春32号	17.33fg	0	26	兰天21号	22.00f	0	43	兰05-9-1-4	3.33lmno	0
10	宁春4号	19.33f	48.67efgh	27	兰天23号	2.67mno	0	44	兰天094	31.33e	0
11	西旱2号	0.67o	0	28	兰天26号	3.33lmno	0	45	天02-195-7-4-3	10.67hijk	0
12	定西38号	2.67mno	0	29	兰天29号	4.00lmno	0	46	04-13-10	18.67f	6.99jkl
13	定西41号	2.00no	0	30	兰天31号	5.33klmno	71.11cd	47	04-550-2-2-1	12.67gh	5.52kl
14	定丰9号	0.67o	0	31	中梁26号	10.00hijk	41.33ghi	48	04-341	22.67f	0
15	定丰10号	10.00hijk	26.47ijk	32	天选39号	1.33no	0	49	陇鉴P450	3.33lmno	0
16	定丰12号	20.00f	143.74a	33	陇鉴103	0.67o	100.00b	50	P474	2.00no	0
17	定丰16号	2.67mno	80.00c	34	陇鉴108	5.33klmno	25.90jk	51	PL44	12.00hi	5.66kl

表 2 不同基因型材料的绿苗生产率

Table 2 Green plantlet production frequency in the wheat anther culture of different wheat genotypes /%

品种(系) Variety	绿苗生产率 Green plantlet production frequency	品种(系) Variety	绿苗生产率 Green plantlet production frequency	品种(系) Variety	绿苗生产率 Green plantlet production frequency	品种(系) Variety	绿苗生产率 Green plantlet production frequency	品种(系) Variety	绿苗生产率 Green plantlet production frequency
陇春21号	17.33d	陇春31号	56.67a	5509-3	4.00f	9629-16	23.33e	陇鉴196	3.33f
陇春22号	4.00f	宁春4号	9.33e	4-8	10.00e	兰天31号	3.33f	环冬6号	0.67f
陇春23号	2.67f	定丰10号	2.67f	9614	16.00d	中梁26号	4.00f	04-13-10	1.33f
陇春26号	0.67f	定丰12号	28.67b	9016	55.33a	陇鉴103	0.67f	04-550-2-2-1	0.67f
陇春27号	8.67e	定丰16号	2.00f	2013s2	0.67f	陇鉴108	1.33f	PL44	0.67f

表 3 不同基因型材料的白苗分化率

Table 3 Albino plantlet differentiation frequency in the wheat anther culture of different wheat genotypes

品种(系) Variety	白苗分化率 Albino plantlet differentiation frequency /%	绿苗/白苗 Ratio of green plantlet and albino plantlet	品种(系) Variety	白苗分化率 Albino plantlet differentiation frequency /%	绿苗/白苗 Ratio of green plantlet and albino plantlet
陇春22号	10.23cd	6.00	5509-3	31.25b	2.00
陇春23号	16.67bcd	2.00	4-8	8.72cd	2.14
陇春27号	25.12be	2.60	9614	6.03cd	8.00
陇春31号	10.59ed	4.25	9016	9.94cd	6.38
宁春4号	3.21d	14.00	2013s2	7.89cd	1.00
定丰10号	60.92a	0.44	9629-16	7.55cd	3.89
定丰12号	29.52b	4.78	陇鉴108	10.82cd	2.00

绿苗。25份春小麦材料均有愈伤组织产生，超过一半的冬小麦材料则对花药培养无反应；而春小麦材料的平均绿苗分化率是冬小麦的3倍。同时，未能产生绿苗的大部分材料的愈伤组织诱导率较低，而部分材料尽管其愈伤组织诱导率并不低，但也未能分化出绿苗，如兰天094；反之，绿苗分化率高的材料其愈伤组织诱导率也不一定高，如5509-3。相关分析结果表明，愈伤组织诱导率和绿苗分化率并不具有相关性（$r=0.287$，$P=0.379$）。

2.2　不同基因型材料的绿苗生产率分析

绿苗生产率，又称绿苗产率或绿苗生产力，由于直接将绿苗数和接种花药数结合而略去了中间的愈伤组织诱导情况，更能较大程度地反映花药培养成效，因此是花药培养力的重要指标。

本研究选取可分化出绿苗的25份材料计算绿苗生产率，结果表明，不同基因型材料的绿苗生产率为0.67%～56.67%，平均为9.92%。绿苗生产率在8%以上的材料有9份，均为春小麦品种（系），其中品种5份，分别为陇春21号、陇春27号、陇春31号、宁春4号和定丰12号，品系4份，分别为4-8、9614、9016和9629-16。陇春31号和9016的绿苗生产率最高，均达到50%以上（表2）。参考赵林妹等将同时在愈伤组织诱导率、绿苗分化率和绿苗生产率上分别达到12%、21%及8%以上作为具有高培养力的标准，结合表1和表2对9份材料分析可知，除4-8外有8份材料均达到这一标准，4-8的愈伤组织诱导率、分化率和绿苗生产率分别53.33%、19.11%和10.00%，而在表1中其分化率与定丰10号的分化率26.47%之间无显著差异，因此可认为4-8亦达到这一标准。由此证明了绿苗生产率作为花药培养力重要指标的有效性和可行性。

2.3　白化苗分化情况分析

在51份产生愈伤组织的材料中，有14份材料的愈伤组织可分化出白苗，占27.45%，除陇鉴108外，其余均为春小麦材料。白苗分化率达到20%以上的材料有4份，其中最高的为定丰10号，达到60.92%；其次为5509-3、定丰12和陇春27号；而宁春4号、9614、9016等材料最低。就绿苗与白苗之比而言，定丰10号产生的白苗数量是绿苗的2倍多，为0.44，其次为2013s2，为1.00，说明其白苗产生的数量和绿苗的数量相同（表3）。综合表1、表3可知愈伤组织诱导率和绿苗分化率高的材料也易分化出白苗，但同时发现，在同一基因型中，愈伤组织诱导率和白苗分化率之间并不具有直接相关性。

3　结论

绿苗生产率是评价小麦花药培养力的重要指标，本研究从86份甘肃主栽小麦品种（系）和骨干亲本中筛选出9份具有较高花药培养力的材料，为利用甘肃小麦种质资源进行花培育种提供了重要的参考依据。

参考文献（略）

王炜，陈琛，叶春雷，王方，罗俊杰：甘肃省农业科学院生物技术研究所
贺小宝，杜旺喜，王云贵：兰州职业技术学院生物工程系
杨芳萍，杨文雄：甘肃省农业科学院小麦研究所
杨随庄：西南科技大学生命科学与工程学院

利用响应面法优化野生白刺茎段增殖培养基①

白刺，灌木，蒺藜科，是天然分布比较广泛的旱生、盐生及荒漠植物，在防止风沙危害，改良荒漠化土壤，保持沙区生态平衡中起着重要作用。另外，其果实富含多种氨基酸、微量元素和维生素，具有很大开发利用价值。然而据调查，白刺有雄性不育现象，种间杂交混乱以及种子存在高度休眠等问题，这为人工大面积栽培和良种选育带来了很大的困难，离体繁育技术则是保持白刺优良性状稳定性的重要途径之一。

关于白刺组培再生方面的研究已有不少报道，发现不同品种的白刺茎段腋芽分化增殖所需的植物生长调节剂种类差异很大，这是组培研究工作中普遍存在的问题。植物生长调节剂是植物组织培养的关键物质，虽用量极小，但在植物组织培养中起着重要和明显的调节作用，因此组培研究中，对添加植物激素的种类和浓度的研究较为普遍。我们在对甘肃荒漠野生白刺再生体系的研究中，针对这一问题，着重对白刺茎段腋芽分化增殖这一环节在单因素试验的基础上进行了响应面法优化研究。一是为今后在细胞或分子水平上研究野生白刺提供更优化的技术支持，二是为后期与锁阳实生种子接种研究提供更丰富的技术储备。

响应面分析法（RSM，Response Surface Method）采用多元二次回归的方法，将多因子试验中因子指标的相互关系用多项式近似拟合，通过对函数响应面和等高线的分析，能够精确地研究各因子与响应值之间的关系。响应面分析法能够以最经济的方式对所选实验参数进行全面的分析和研究。

1　材料与方法

1.1　试验材料

荒漠野生白刺种子于2012年7月下旬采自巴丹吉林沙漠边缘，2013年1月温室内进行种子发芽，从发芽得到的实生苗上剪取幼嫩茎段，流动自来水冲洗30 min，放于超净工作台用75%酒精消毒30 s，再用10%次氯酸钠处理15～18 min，用无菌水冲洗4～5次，接于MS培养基上，获得无菌试管苗。待其生长一段时间，剪取无菌试管苗幼嫩茎段，去掉基部叶片，用此单芽茎段作为试验材料进行离体腋芽分化增殖培养。

1.2　培养条件

试验基本培养基为含有3%蔗糖和0.7%琼脂的MS培养基，附加各种激素，pH值为5.8～6.0。组培室温度（25±2）℃，光照强度2000～3000 lx，光照时间14 h/d（如无特别说明均是以上培养环境）。所用试剂为国产化学纯药品，所用设备为植物组培实验室常用

①本论文在《中国沙漠》2015年第35卷第6期已发表。

仪器。

1.3　试验方法

1.3.1　增殖诱导单因素试验

取单芽茎段接于附加有不同浓度 NAA、IBA、IAA 与 6-BA 组合的增殖诱导培养基中。浓度水平和组合如表 1，其中设置的简化培养基为不加任何激素的 MS 培养基，简写为 MS_0。每处理 4 瓶，每瓶接 5 株外植体，重复 3 次。诱导过程中，定期观察增殖情况，统计增殖系数。增殖系数=有效增殖芽数／接种茎段数。

表 1　添加的外源激素浓度水平和组合（单位：$mg \cdot L^{-1}$）

Table 1　Addition of exogenous hormone concentration and combination（Unit：$mg \cdot L^{-1}$）

培养基编号	激素及配比	培养基编号	激素及配比
1	6-BA(1)+NAA(0.2)	7	6-BA(1)+IBA(0.5)
2	6-BA(0.5)+ NAA(1)	8	6-BA(1.5)+IBA(0.5)
3	6-BA(1)+IAA(0.3)	9	6-BA(2)+IBA(0.5)
4	6-BA(0.5)+ IAA(0.5)	10	6-BA(2.5)+IBA(0.5)
5	6-BA(1)+IBA(0.2)	11	IBA(0.5)
6	6-BA(0.2)+IBA(0.5)	12	MS_0

1.3.2　增殖诱导响应面法优化试验

采用统计软件 Design-expert 8.0 进行中心组合试验（Central Composite Design，CCD）设计。根据 CCD 中心组合试验设计原理，在前期单因素试验结果的基础上，选取中心组合试验因子和响应值，进行响应面试验设计。每处理 10 瓶，每瓶接 5 株外植体，重复 3 次。诱导过程中，定期观察增殖情况，统计增殖系数。

1.3.3　数据处理

单因素试验数据分析采用 DPS（7.0）软件，优化试验数据分析使用 Design-expert 8.0 软件。

2　结果与分析

2.1　单因素试验不同激素对白刺增殖影响的结果

从结果看，不同激素对白刺试管苗茎段的腋芽分化增殖效果，在加有激素 6-BA 的情况下，另加入激素 IBA（0.5 $mg \cdot L^{-1}$）的 6 号培养基上增殖系数达到最高值 3.63，与其差异不显著的是 11 号培养基，增殖系数为 3.24；其余激素的加入对白刺茎段腋芽增殖的效果均较之降低，差异达极显著（$P < 0.01$）。这里参比的简化培养基 MS_0 的增殖效果仅低于 6 号和 11 号，却显著高于其他激素。而且，只有在这 3 种培养基中，茎段芽苗的增殖生长状态是健康的（表 2）。

表2　不同激素对白刺增殖影响的结果

Table 2　Results of different hormone on the proliferation of *Nitraria sibirica*

培养基	接种数	增殖系数	0.05水平	0.01水平	增殖状态
1	60	1.45	c	C	偶丛生,生长慢,叶绿
2	60	1.2	efg	DEF	偶丛生,生长慢,叶微黄
3	60	1.05	g	F	少丛生,叶小,发黄
4	60	1.26	def	CDEF	偶丛生,叶小,发黄
5	60	1.42	cd	CD	偶丛生,有生长,叶绿
6	60	3.63	a	A	丛生,拔节生长快,茎壮,叶绿
7	60	1.33	cde	CDE	偶丛生,生长慢,叶黄白
8	60	1.07	g	F	少丛生,生长慢,叶黄白
9	60	1.16	fg	EF	偶丛生,生长慢,叶黄白
10	60	1.19	efg	EF	偶丛生,生长慢,叶黄白
11	60	3.24	a	A	生根,拔节生长快,茎壮,叶绿
12	60	2.36	b	B	生根,拔节生长,茎细,叶绿

2.2　响应面优化试验的方案与分析结果

在单因素诱导试验的基础上,6-BA和IBA配合使用对增殖效果最好。根据CCD中心组合试验设计原理,采用6-BA和IBA 2因素5水平的响应面分析方法,以第6个配方浓度为中心参考,试验设计所得各水平分别为:6-BA,0.05 mg·L⁻¹、0.1 mg·L⁻¹、0.2 mg·L⁻¹、0.35 mg·L⁻¹、0.4 mg·L⁻¹;IBA,0.1 mg·L⁻¹、0.22 mg·L⁻¹、0.5 mg·L⁻¹、0.8 mg·L⁻¹、0.92 mg·L⁻¹。

2.2.1　模型的建立与显著性检验

对6-BA浓度 X_1、IBA浓度 X_2 做如下变换,以增殖系数作为响应值 Y:$x_i = (X_i - X_0) / X$;式中:x_i 为自变量的编码值;X_i 为自变量的真实值;X_0 为试验中心点处自变量的真实值;X 为自变量的变化步长。共13个试验点,试验号1~8是析因试验,9~13是中心试验,零点试验重复5次,以估计试验误差。试验设计方案与试验结果见表3。

表3　中心组合试验设计与结果

Table3　Central composite design and its experiment result

试验序号	因素		响应值增殖系数(Y)	试验序号	因素		响应值增殖系数(Y)
	6-BA(X_1)	IBA(X_2)			6-BA(X_1)	IBA(X_2)	
1	−1	−1	1.92	8	0	1.4	2.21
2	1	−1	1.42	9	0	0	3.61
3	−1	1	2.31	10	0	0	4.08
4	1	1	2.23	11	0	0	3.87
5	−1.4	0	2.41	12	0	0	3.95
6	1.4	0	2.49	13	0	0	3.92
7	0	−1.4	1.45				

所得数据经Design-expert 8.0软件进行回归分析，以芽增殖系数为响应值，经回归拟合后，得到最终的回归预测方程：$y = -1.95145+19.95830x_1+13.31227x_2+2.89655x_1 \cdot x_2 - 48.67200x_1^2-12.72889x_2^2$。式中：$y$为增殖系数；$x_1$为6-BA浓度，mg·L^{-1}；$x_2$为IBA浓度，mg·L^{-1}。回归方程的失拟检验$P=0.3799>0.05$，差异不显著；总回归方程F检验$P=0.0001<0.01$，差异达到极显著。方程一次项的影响中，x_1的$P=0.4015>0.05$（差异不显著），x_2的$P=0.0033<0.01$（差异极显著）；二次项x_1^2和x_2^2的P值均<0.0001（差异极显著）；两因素间的交互作用$x_1 \cdot x_2$的$P=0.2933>0.05$（差异不显著），校正决定系数$R^2=0.9648$，表明96.48%的试验数据可用此模型解释。由此可以看出，该回归方程对试验拟合情况好，可以很好地描述各因素与响应值之间的真实关系。IBA（x_2）对白刺增殖的影响最大。

2.2.2　响应曲面分析

根据拟合方程，绘制两因素对白刺茎段腋芽分化增殖系数的响应面和等高线图（图1）。响应曲面图形是特定的响应值y对应自变量构成的一个三维空间图。从响应面图上可清晰地看出最佳参数及各参数之间的相互作用关系。当特征值为正值时响应面分析图为山丘形曲面，可以得到极大值；当所有特征值为负值时则为山谷曲面，有极小值存在；当特征值有正有负时为马鞍形曲面，无极值存在。由图1中响应曲面图可较为直观地看出，6-BA和IBA存在极点值。两因素对白刺增殖系数的影响：IBA对增殖系数的影响较为显著，表现为曲线较陡；6-BA对增殖系数的影响不显著，表现为曲线较平缓。再从等高线图1可以看出存在极值的条件在圆心处，等高线形成的图形也显示了两因素交互效应的强弱，椭圆形表示两因素交互作用显著，而圆形则与之相反。图1中等高线表现为接近圆形，表明6-BA、IBA两因素交互作用较小。

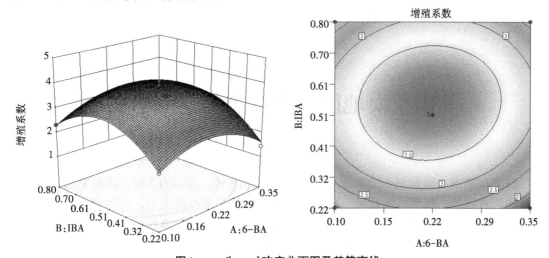

图1　$y = f(x_1, x_2)$响应曲面图及其等高线

Fig. 1　Response curved surface figure and its equal-height line of $y = f(x_1, x_2)$

2.2.3　最佳配方的验证

由以上试验回归模型预测的白刺茎段腋芽分化增殖最佳培养基配方为：IBA浓度为0.55 mg·L^{-1}，6-BA浓度为0.22 mg·L^{-1}。用所得最佳值进行响应面法所得结果的可靠性验证试验，每次10瓶，重复3次。统计增殖系数，实际得到的增殖系数为3.90，为理论预测值的99.82%，与理论预测值基本吻合，因此，采用中心组合试验设计优化得到的最佳腋芽分化增殖配方准确可靠，具有实用价值。

3　讨论与结论

从增殖诱导的前期单因素试验结果看，在加有激素6-BA（0.2 mg·L^{-1}）+IBA（0.5 mg·L^{-1}）、IBA（0.5 mg·L^{-1}）的培养基上增殖效果均较好。另外，在简化MS$_0$培养基上也有有效的增殖生长，这一结论与之前何正伦、张红晓等的研究结果不同，可能与所采用的实生苗茎段较外界生长的枝条茎段幼嫩有关，其分生能力强，在MS$_0$培养基上能够直接生根、拔节生长。这使得在MS$_0$培养基上增殖生长，成为一种可取的简化增殖方式，避免了复杂的激素组合配比试验，为今后不同品种的白刺进行初步再生体系的建立提供了参考。

从响应面分析法试验结果看，优化出的野生白刺茎段腋芽分化增殖诱导最佳培养基为：MS+6-BA（0.22 mg·L^{-1}）+IBA（0.55 mg·L^{-1}）。优化后的培养基增殖系数从之前单因素试验所得最高增殖系数3.63提高到了3.90，为野生白刺组培后续研究奠定了基础。

本文中应用的响应曲面分析法相对于传统的统计方法，是一种试验次数少，回归方程精度高，能研究多种因素间交互作用的回归分析方法，能反映出各因素连续变化趋势以及各因素相互作用下的理论最佳工作条件，求得的各参数组合更加精确，可以大大降低生产实践过程中造成的原料浪费，是一种经济、高效、实用的试验方法。

参考文献（略）

张艳萍：甘肃省农业科学院生物技术研究所

赵玮：甘肃省农业科学院作物研究所

董治宝，罗万银：中国科学院寒区旱区环境与工程研究所沙漠与沙漠化重点实验室

甘肃荒漠地区野生白刺的组织培养[①]

白刺，灌木，蒺藜科，全世界有12种，我国有8种，甘肃有5种，其根系发达，具有很强的防风固沙、抗旱、抗盐碱、耐热、耐土壤瘠薄和耐沙埋能力，可明显改良土壤物理性状，提高土壤肥力。此外，白刺根寄生的锁阳为传统名贵的温补药材，白刺果含多种营养成分和丰富的微量元素，具有极高的营养和药用价值。近年来，从野生植物资源中寻找新的、潜在的药食同源植物，已成为国内外学者研究的热点，而沙生植物白刺则是经过长期的自然筛选而保留下来的优胜者之一，白刺因其顽强的生命力和优良的遗传基因而受到沙区人们的喜爱。然而据调查，白刺种间杂交混乱，分化严重，同时随着自然环境的严重恶化和人为的大幅度破坏，白刺出现了不同程度的退化，大面积死亡或生长不良，结实率下降或不结实，使得这一特殊野生资源的种群繁衍面临着严重的威胁。因此，为可持续利

[①]本论文在《江苏农业科学》2015年第43卷第9期已发表。

用这一野生资源，保持其优良性状的稳定性，采用离体繁育技术就成为重要途径之一。

目前，较多学者对白刺进行过多方面的研究，其中关于白刺组培再生方面的研究已有不少，研究发现不同品种的白刺分化增殖所需的激素种类差异很大。西伯利亚白刺和唐古特白刺需要6-BA和IBA的浓度与配比存在很大差异，添加一定量的IAA和GA更利于天津野生白刺的增殖。可见，不同区域品种的基因型不同，所需激素不同，这是组培研究工作中普遍存在的问题。本试验以甘肃荒漠野生白刺为材料，对其组培快繁进行研究，以期建立一套较为简易的组培方法，为甘肃地区野生白刺的离体繁育提供参考。

1　材料与方法

1.1　试验材料

试验材料为荒漠野生白刺，采自甘肃省酒泉市巴丹吉林沙漠边缘，地理坐标为39°44′N、98°31′E，海拔1000～1500 m。2次采样：第1次于2012年7月下旬采摘带果实的枝条，将其装入冰盒内带回实验室，剪取顶端幼嫩枝条备用，同时采摘果实收集种子备用；第2次于2013年4月下旬剪取当年旺盛新枝，将其装入冰盒内带回实验室备用。2次采样均为同株野生白刺枝条。

实生苗获得：2013年2月，将收集的野生白刺种子种于温室花盆内，即可获得实生苗。

1.2　试验方法

1.2.1　取材和消毒处理

取7月和4月野外白刺单株茎段，流动自来水冲洗30 min，放于超净工作台上用75%乙醇消毒30 s，0.1%氯化汞处理4、6、8、10 min；取4月野外采集的茎段和种子发芽得到实生苗的茎段，流动自来水冲洗30 min，放于超净工作台上用75%乙醇消毒30 s，10%次氯酸钠处理7、10、12、15、18 min。消毒剂处理完之后，用无菌水冲洗4～5次，接于MS培养基上，在温度（25±2）℃、光照强度2000 lx、光照周期16 h/d下培养1周，统计消毒率和无菌苗成活率。

1.2.2　增殖培养基筛选

取启动培养获得的无菌苗茎段，接种于添加不同激素浓度配比的MS培养基中，激素浓度水平和组合见表1。以简化MS培养基为对照，简化培养基以自来水配置，市售白糖代替蔗糖，简写为MS_0。60 d后调查增殖系数。

1.2.3　生根诱导

将切取的单芽茎段接种于添加不同浓度IBA和IAA的1/2 MS培养基中，进行生根诱导，浓度水平和组合见表2，以简化培养基MS_0作为对照。记录生根时间，40 d后调查生根率（%）、根数（条）、根长（mm）。

以上试验，每处理4瓶，每瓶接5个外植体，重复3次。培养条件为温度：（25±2）℃，光照强度2000 lx，光照周期16 h/d。

1.3　数据处理

数据用Excel 2003进行整理，用DPS 7.0进行数据分析。

表 1　添加的外源激素浓度水平和配比

培养基编号	激素及配比(mg/L)	培养基编号	激素及配比(mg/L)
1	6-BA(1.0)+NAA(0.2)	7	6-BA(1)+IBA(0.5)
2	6-BA(0.5)+NAA(1.0)	8	6-BA(1.5)+IBA(0.5)
3	6-BA(1.0)+IAA(0.3)	9	6-BA(2.0)+IBA(0.5)
4	6-BA(0.5)+IAA(0.5)	10	6-BA(2.5)+IBA(0.5)
5	6-BA(1.0)+IBA(0.2)	11	IBA(0.5)
6	6-BA(0.2)+IBA(0.5)	12	MS_0

表 2　添加的外源激素浓度水平

培养基编号	激素及配比(mg/L)	培养基编号	激素及配比(mg/L)
1	IBA(0.25)	4	IAA(0.50)
2	IBA(0.50)	5	MS_0
3	IAA(0.25)		

2　结果与分析

2.1　不同取材与消毒方法对启动培养的影响

7月和4月在荒漠取的枝条，采用第1种消毒方案，随着消毒时间的增加消毒率呈逐渐上升趋势，成活率呈先微升后降趋势（表3）。2个时期采摘的枝条活性均较弱（表3），消毒8~10 min，外植体基本褐化死亡，消毒4~6 min，消毒不彻底，外植体污染严重。0.1%氯化汞处理10 min，消毒率最高，7月下旬和4月上旬采摘的枝条消毒率分别高达91.67%和96.67%，可相对应的成活率都为0；消毒6 min，2个时期的枝条成活率达到了各自的最高值，分别仅为5%和8.33%，相对应的消毒率分别为18.33%和21.67%。

4月采摘的荒漠枝条和种子发芽所得的实生苗采用10%次氯酸钠进行消毒，随着消毒时间的增加，消毒率和成活率都呈逐渐上升趋势（表3）。种子发芽实生苗茎段灭菌效果和成活率远高于野外茎段，消毒18 min种子萌芽实生苗茎段的消毒率和成活率最高，分别达到96.67%和76.67%，而4月野外茎段虽然也达到最高，但仅有8.33%的消毒率和5%的成活率。从试管苗生长状态看，种子萌发实生苗选取茎段灭菌获得的试管苗比荒漠枝条萌动快，生长的状态健康。

2.2　不同激素配比对白刺增殖的影响

从表4可以看出，6号培养基（MS+6-BA 0.2 mg/L+IBA 0.5 mg/L）增殖系数最高，达4.08；其次是MS+IBA 0.5 mg/L的11号培养基，增殖系数达3.94，二者差异不显著；简化培养基MS_0的增殖系数达2.36，显著低于6号和11号培养基，却显著高于其他激素组合。其余激素组合的增殖系数在1.05~1.45之间，增殖率均较低。从试管苗生长状态看，6号、11号和12号这3种培养基中茎段芽苗的增殖生长状态是健康的。

表3　不同取材与消毒方案的结果

消毒剂	消毒时间 (min)	消毒率(%)			成活率(%)			外植体状态		
		7月枝条	4月枝条	实生苗	7月枝条	4月枝条	实生苗	7月枝条	4月枝条	实生苗
0.1%HgCl₂	4	0.00	1.67	0.00	0.00	1.67	1.67	有生长迹象	有生长迹象,缓慢	有生长迹象,缓慢
	6	18.33	21.67	20.00	5.00	8.33	8.33	慢慢黄化,不生长	慢慢黄化,不生长	
	8	53.33	53.33	50.00	3.33	1.67	1.67	部分逐渐褐化,死亡	部分逐渐褐化,死亡	
	10	91.67	96.67		0.00	0.00		快速褐化,死亡	快速褐化,死亡	
10%NaClO	7	0.00	0.00	0.00		0.00	0.00		消毒不彻底	消毒不彻底
	10	0.00	0.00	20.00		0.00	10		消毒不彻底	带有茎尖的拔节长高
	12	0.00	0.00	50.00		0.00	33.33		消毒不彻底	带有茎尖的拔节长高
	15	6.67	6.67	88.33		3.33	70.00		保持绿色,腋芽萌动	带有茎尖的拔节长高
	18	8.33	8.33	96.67		5.00	76.67		保持绿色,腋芽萌动	带有茎尖的拔节长高

表4 不同激素对白刺增殖的影响

培养基	增殖系数	增殖状态
1	1.45c	偶丛生,生长慢,叶绿
2	1.20efg	偶丛生,生长慢,叶微黄
3	1.05g	少丛生,叶小,发黄
4	1.26def	偶丛生,叶小,发黄
5	1.42cd	偶丛生,有生长,叶绿
6	4.08a	丛生,拔节生长快,茎壮,叶绿
7	1.33cde	偶丛生,生长慢,叶黄白
8	1.07g	少丛生,生长慢,叶黄白
9	1.16fg	偶丛生,生长慢,叶黄白
10	1.19efg	偶丛生,生长慢,叶黄白
11	3.94a	生根,拔节生长快,茎壮,叶绿
12	2.36b	生根,拔节生长,茎细,叶绿

注:同列数据后不同小写字母表示在0.05水平上差异显著。

2.3 不同激素对白刺生根的影响

不同激素对白刺苗的生根效果见表5。加入0.25、0.5 mg/L IBA 的1号、2号培养基生根率相对较高,分别达到91.67%和96.67%,二者差异不显著,但显著高于加入0.25、0.5 mg/L IAA 的3号、4号培养基和简化培养基对白刺茎段的生根率。从生根时间来看,加入0.5 mg/L IBA 的2号培养基生根仅需10~12 d,1号、3号、4号培养基多在18~25 d生根。从生根数来看,茎段在加有激素的培养基上基本都是基部微膨大处长出1条粗根,只有在简化培养基MS_0中培养的茎段是从基部直接长出2~3条又细又长的根。

表5 不同激素对白刺生根影响的结果

培养基	生根时间 (d)	根数 (条)	平均根长 (mm)	生根率 (%)	根的状态
1	18~20	1	65cC	91.67aA	基部微膨,生出1条主根,其上再生长若干细根
2	10~12	1	74bB	96.67aA	基部微膨,生出1条长主根,其上再长较多带绒毛细长根
3	23~25	1	39dD	75.00bB	基部微膨大,生出1条主根,短粗,其上会再生长2~3条细根
4	18~20	1	42 dD	68.33bcB	基部膨大,生出1条主根,短粗,其上会再生长2~3条细根
5	>20	2~3	89aA	65.00cB	基部直接生出几条主根,细而长

注:表中同列不同的小写、大写字母分别表示在5%、1%的水平下差异显著。

参考文献(略)

张艳萍:甘肃省农业科学院生物技术研究所

赵玮:甘肃省农业科学院作物研究所

董治宝,罗万银:中国科学院寒区旱区环境与工程研究所沙漠与沙漠化重点实验室

陇绿棉3号胚性愈伤组织的诱导及植株再生[①]

国内外不少学者对棉花组织培养植株再生进行了探讨，并建立了不同的培养程序或方法，获得了抗虫、抗除草剂等转基因棉株，但这些研究均是采用一些模式品种，待获得转基因植株后经过杂交转育的方法将抗虫、抗除草剂等性状转育到当前主栽品种中去，使转基因棉花的培育时间长，不利于新成果的快速应用。高效的植株再生体系是遗传转化成功与否的重要前提条件。研究证明，以棉花胚性愈伤组织为受体进行遗传转化是最高效、简易的转基因途径，其前提就是体细胞胚胎的发生。通过营养和微环境调节进行代谢胁迫，可以缩短培养时间、提高成胚频率和降低畸形胚频率，以胚性愈伤作为受体的遗传转化可以有效缩短转化周期。

本研究通过对绿色棉-陇绿3号的再生条件进行试验研究，在前人对陆地棉和海岛棉研究相对成熟的再生体系基础上，首次开展了特早熟彩色棉品种的胚胎发生机理研究，并建立了稳定高效的彩棉再生方法，拓展了可再生彩色棉花的基因型，为进一步的转基因研究奠定基础。

1　材料和方法

1.1　供试材料

供试材料为特早熟绿色棉品种-陇绿棉3号，是甘肃省农业科学院作物所自育品种。

1.2　无菌苗的培养

精选经硫酸脱绒后的试验种子，先用70%乙醇涮洗30 s杀菌，再用30%过氧化氢浸泡3 h灭菌，后用无菌水冲洗5～8遍，并在无菌水中浸泡过夜。种子露白后，于超净工作台中剥去种皮，接种于1/2 MSB发芽培养基中培养。培养温度为（28±1）℃，光照强度2000 lx，以光照和黑暗培养相交替为设计依据，设置4个发苗处理：暗4 d；暗3 d/光3 d；暗4 d/光2 d；暗5 d/光2 d。每处理重复3瓶（100 mL三角瓶），每瓶5粒种子。处理完毕后切取下胚轴，转入添加0.1 mg·L^{-1} KT+0.1 mg·L^{-1} 2,4-D的MSB培养基诱导愈伤组织。

1.3　愈伤组织的诱导与增殖

将获得的无菌苗下胚轴在超净工作台上切成5～8 mm小段，平放于愈伤诱导培养基上。此设计以MSB培养基为基础，采用不同激素、不同浓度组合，共设置9个处理（表1）。每处理重复10瓶，每瓶放置6段无菌苗，30 d后统计出愈数量，观察愈伤组织状态，计算不同处理下愈伤组织诱导率（诱导率=诱导出愈伤组织的外植体数/接种的外植体数×100%）。将诱导出的愈伤组织统一继代到添加0.1 mg·L^{-1} KT+0.05 mg·L^{-1} 2,4-D的MSB培养基上，25 d继代一次，继代一到两次。

_____

[①]本论文在《棉花学报》2012年第24卷第6期已发表。

表1 愈伤诱导培养基不同处理

Table 1 The different media of callus induction（mg·L⁻¹）

处理 Treatment	KT	2,4-D	IAA
0	0.01	0.1	
1	0.05	0.1	
2	0.1	0.1	
3	0.1	0.1	0.1
4	0.3	0.1	
5	0.5	0.2	
6	0.1	0.01	
7	0.1	0.05	
8	0.1	0.2	

1.4 胚性愈伤组织的诱导与增殖

当愈伤组织在增殖培养基上生长直径达 1～2 cm 时，采取直接转入和剔除下胚轴两种方式转接至去除激素并添加 1.9 g·L⁻¹ KNO₃ 和 2.0 g·L⁻¹ gelrite 的胚性愈伤诱导培养基上。待分化出初性胚性愈伤后，将其转入三种不同浓度 NH₄NO₃ 处理的 MSB 培养基上，分别为 MSB/MSB（NH₄NO₃ 减半）/MSB（去除 NH₄NO₃），并添加 1.9 g·L⁻¹ KNO₃、1.8 g·L⁻¹ 凝固剂 gelrite、0.1 g·L⁻¹ 天冬酰胺和 0.1 g·L⁻¹ 谷氨酰胺。20 d 继代一次，继代一到两次。

1.5 体细胞胚胎的发生与植株再生

将增殖后的胚性愈伤转入去除 NH₄NO₃ 的 MSB 培养基上，并设置三种不同浓度的 IBA 处理，分别为 0.1 mg·L⁻¹ KT+0.01/0.1/0.4 mg·L⁻¹ IBA。15 d 继代一次，继代两次后统计体胚诱导率。挑选出成熟的子叶胚置于 1/2 MSB 培养基中培养，25 d 继代一次，直至发育成苗。

2 结果与分析

2.1 光暗培养周期与无菌苗生长的关系

四种光暗周期交替处理研究结果表明：暗 4 d 培养的彩棉无菌苗生长矮小，茎段过细；经培养后，愈伤组织不易膨大，诱导率低。培养 7 d（暗 5 d/光 2 d）的无菌苗切割时韧性大，愈伤组织诱导和生长缓慢。总培养时间为 6 d 的处理棉苗均生长状态良好，但暗 4 d/光 2 d 处理的棉苗下胚轴明显比暗 3 d/光 3 d 处理粗壮、均匀，愈伤组织诱导的初始时间同比提前 1～2 d。这可能与下胚轴幼嫩度有关，即外植体愈幼嫩，其细胞和组织分生能力愈强，脱分化能力愈强；而老化部位脱分化能力较弱。这与于娅等研究的近子叶端的下胚轴切段较近根端出愈速度快的原理一致。因此，暗 4 d、光 2 d 处理是陇绿棉 3 号无菌苗培养的最佳光培养条件。

2.2 外源激素对愈伤组织的诱导与增殖的影响

试验结果表明（表2），附加有 0.1 mg·L⁻¹ 2,4-D+（0.05～0.3）mg·L⁻¹ KT 和 0.1 mg·L⁻¹

2,4-D+0.1 mg·L^{-1} KT+0.1 mg·L^{-1}IAA 的 MSB 培养基上，诱导形成的愈伤组织质地疏松，生长旺盛，有利于胚性愈伤组织的分化。以 0.1 mg·L^{-1} 浓度为界限，KT 高于或低于这个浓度，对愈伤组织的生长状况影响不大，对出愈的起始时间有明显影响；高于 0.1 mg·L^{-1} 浓度的 KT 组合下出愈时间同比其他处理提前 2～3 d。2,4-D 浓度高于 0.1 mg·L^{-1}，愈伤组织生长稀松，易出现水渍化及褐化倾向；低于此浓度，下胚轴两端出愈慢，愈伤组织生长致密且呈白色，不易膨大。研究结果显示，受体材料对 2,4-D 的浓度更敏感，适宜浓度的生长素与一定浓度范围内的分裂素组合有利于彩棉愈伤组织的诱导。

诱导出愈伤组织以后，将其转至 2,4-D 减半的培养基继代培养。2,4-D 虽然是脱分化最有效的植物生长调节剂，但对体细胞胚胎的发生有阻碍作用。因此在愈伤组织形成以后，应及时减弱或去除 2,4-D 胚性细胞才能正常发育，否则前期 2,4-D 累积使用会在后期抑制体细胞胚的发育和成熟。

2.3　愈伤组织继代方式的优化

棉花下胚轴在愈伤组织诱导培养基上继代 1～2 次后，愈伤块直径会达到 1～2 cm；将此愈伤再继代到胚性愈伤诱导培养基上时，需要剔除下胚轴后再进行继代。关于继代方法，张寒霜等认为：为了保持愈伤组织的活力，可将下胚轴与愈伤组织一起转接到继代培养基上，这与本研究结果恰好相反。本研究结果表明，剔除下胚轴的彩棉愈伤组织生长较快，状态疏松，呈黄绿色。未剔除下胚轴进行继代，下胚轴因脱分化变得干瘪，转入新鲜培养基后容易从愈伤底部起发生褐变，从而导致愈伤褐化死亡，不利于愈伤组织的分化。

2.4　胚性愈伤的挑选与增殖的影响因素

研究表明，在愈伤组织的诱导生长过程中，愈伤状态通常可分三类：第一类是呈黄绿色或灰白色，质地疏松，生长旺盛，培养基消耗慢；第二类是深绿色、白色或是绿色上带白色突起，质地坚硬，生长缓慢；第三类则是色泽鲜亮，质地特别疏松，生长旺盛，繁殖迅速，培养基消耗快，呈疯长型。第二和第三类型较难诱导出胚性愈伤，应尽早淘汰。第一类的愈伤组织中，还有一种愈伤底部逐渐出现褐化。试验证明，这类愈伤组织虽然有褐化现象，但只要其质地疏松，仍旧有分化胚性愈伤的可能性，可进行保留继代。

本研究将诱导出的愈伤组织转接到愈伤组织分化培养基上，一般经过 2～4 次继代，可观察到在愈伤组织的侧边缘或是底部有淡黄色松散的初性胚性愈伤的形成。将其挑出转接到胚性愈伤增殖培养基上，使其扩繁。研究结果表明，放置在 MSB 培养基上的胚性愈伤增殖较慢，而放置在去除 NH$_4$NO$_3$ 的 MSB 培养基上的初性胚性愈伤会逐渐褐化死亡。经过继代 40 d 后观察得出：NH$_4$NO$_3$ 减半、KNO$_3$ 加倍的 MSB 培养基最适宜该品种的胚性愈伤组织扩繁，其增殖倍数是 MSB 处理的 1.5 倍。

2.5　体细胞胚胎的发生条件和分化成苗方法的优化

棉花体细胞胚胎分化阶段主要包括：球形胚、心形胚、鱼雷胚和子叶胚等四个阶段，其中球形胚、心形胚、鱼雷前期胚均不能萌发成苗，只有子叶胚和鱼雷后期胚可以萌发成苗。因此选择适宜的培养基和培养条件，获得更多的子叶胚是胚性愈伤分化培养的重要目标。研究结果表明：0.1 mg·L^{-1} KT+0.01 mg·L^{-1} IBA 处理对胚性愈伤的影响不大，此处理下有少量球形胚发生；0.1 mg·L^{-1} KT+0.1 mg·L^{-1} IBA 处理可诱导胚性愈伤向球形胚发育，诱导率达 90% 以上；添加 0.1 mg·L^{-1} KT+0.4 mg·L^{-1} IBA 处理可诱导子叶胚直接发生，诱导率达 75%。

表2 外源激素对陇绿3号愈伤组织诱导的影响

Table 2 The effect of exogenous hormone combinations on green cotton's callus induction in Longlv 3

处理 Treatment	KT Kinetin / (mg·L⁻¹)	2,4-D / (mg·L⁻¹)	IAA / (mg·L⁻¹)	接种数 Number of inoculation	出愈数 Number of callus induction	出愈率 Callus inducing ratio/%	出愈起始天数 Initial day of callus induction /d	愈伤组织生长状况 Growth conditions of callus
0	0.01	0.1		60	56	93%	11	Gray, white, hard and dense, less growth
1	0.05	0.1		60	60	100%	11	Gray, loose
2	0.1	0.1		60	60	100%	11	Gray, loose,vigorous growth
3	0.1	0.1	0.1	60	60	100%	8	Gray, lax
4	0.3	0.1		60	60	100%	10	Gray, loose
5	0.5	0.2		60	60	100%	8	Gray, sloppy, serious browning in later stage
6	0.1	0.01		60	38	76%	11	Expansion on one end, white, dense, extremely less growth
7	0.1	0.05		60	55	92%	11	Gray, dense, slow-growing
8	0.1	0.2		60	60	100%	11	Gray, browning, lax

将子叶胚挑选出来，置于撤除激素的1/2 MSB培养基上继代2～4次可分化成苗。针对体胚成熟诱导阶段，缩短获得成熟体细胞胚胎的周期，有利于提高彩棉再生体系的效率。

3　结论

以陇绿棉3号为试验材料，针对从外植体培养到胚状体发生及分化成苗整个组织培养过程的不同阶段，研究探索绿色棉-陇绿棉3号的再生条件，获得再生植株，为拓宽彩色棉再生基因型和转基因研究奠定了基础。研究结果表明，陇绿棉外植体的最适培养条件为：暗4 d，光2 d处理；愈伤组织诱导最佳激素组合为0.1 mg·L^{-1} 2,4-D+（0.05～0.3）mg·L^{-1} KT或0.1 mg·L^{-1} 2,4-D+0.1 mg·L^{-1} KT+0.1 mg·L^{-1} IAA的MSB（MS培养基无机盐+B5培养基有机成分）培养基；愈伤分化的最适条件为MSB中添加1.9 g·L^{-1} KNO$_3$和2.0 g·L^{-1}凝固剂gelrite；胚性愈伤增殖培养基为MSB（NH$_4$NO$_3$减半）中添加1.9 g·L^{-1} KNO$_3$并添加1.8 g·L^{-1}凝固剂gelrite、0.1 g·L^{-1}天冬酰胺和0.1 g·L^{-1}谷氨酰胺。在去除NH$_4$NO$_3$，添加0.1 mg·L^{-1} KT和0.4 mg·L^{-1} IBA的MSB培养基上胚胎发生率和子叶胚萌发率均达到峰值，且子叶胚在1/2 MSB培养基上可成功分化成苗。

本研究主要针对彩色棉组织培养中各阶段的一些影响因素进行了初步探讨，希望能为开展彩色棉的进一步研究工作奠定基础。

参考文献（略）

刘新星,罗俊杰,陈玉梁,陈子萱,李忠旺,厚毅清,石有太,裴怀弟：
甘肃省农业科学院生物技术研究所
曲延英:新疆农业大学农学院

第四章　作物种质资源及优良性状基因挖掘

甘肃省主要优质小麦品种品质性状分析及和尚头品质性状QTL定位

　　品质性状分析是小麦品质育种的基础。高分子量麦谷蛋白亚基组成、淀粉颗粒特性、黄色素含量和1B/1R易位系等都是影响小麦籽粒品质的主要因素。

　　本研究通过对甘肃省小麦高分子量麦谷蛋白亚基组成、淀粉颗粒特性、黄色素含量和1B/1R易位系等的分析，阐明了主要品质基因的种类及分布，为加快小麦品质改良进程和品质育种提供理论依据。主要研究结果如下：

　　1.利用SDS-PAGE电泳分析了43个小麦品种的HMW-GS组成，结果表明：Glu-AI位点检测到3个等位变异（Null、1、2*），分别有21个品种携带Null或1亚基，均占48.84%；Glu-BI位点检测到6个等位变异（7+8、17+18、22、7、7+9、14+15）。携带优质亚基7+8的品种最多，有25个，占58.14%，其次为优质亚基17+18（9个），占20.93%；Glu-DI位点检测到4个等位变异（5+10、2+12、2+11、2+10），分别有18个品种携带5+10或2+12亚基，均占41.86%。对Glu-1位点亚基组合分析发现，Null、7+8、2+12的品种数最多（10个），占23.26%；而全优亚基组合1、7+8、5+10和1、17+18、5+10的品种只有8个，占18.6%。HMW-GS优质亚基和亚基组合的比率低是甘肃省小麦品质普遍较差的原因之一。

　　2.对品质表现差异明显的4个小麦品种的淀粉特性分析发现：总淀粉含量宁春4号最高，甘春20号最低；直链淀粉含量宁春4号最高，和尚头最低；支链淀粉含量和尚头最高，甘春20号最低；甘春20号、宁春4号和武春121的直/支比和膨胀势差异不大，而和尚头的直/支比明显小于其他三个品种，膨胀势明显高于其他三个品种。4个品种的A型淀粉粒形状均为扁球形，而且直径越大形状越扁；而B型淀粉粒形状在不同品种间存在一定的差异，和尚头、甘春20号和宁春4号多呈球形，武春121多为不规则形状，可能是武春121的淀粉粒较易破碎所致。A型淀粉粒的平均直径和尚头最大，甘春20号最小；B型淀粉粒的平均直径武春121最大，甘春20号最小。

　　3.利用Dx5、Bx7、By8、By9、YP7A、YP7B和IB/IR特异性分子标记对33个春小麦品种进行检测，结果表明，含基因Dx5、Bx7、By8、By9和1B/1R易位系的品种分别占总品种数的60.61%、69.70%、51.52%、45.45%和42.42%。含基因Psy-A1a、Psy-A1b、Psy-BIa和Psy-BIb的品种分别占总品种数的78.79%、21.21%、75.76%和24.24%。不同变异组合类型Psy-A1a/Psy-B1a、Psy-A1a/Psy-B1b、Psy-A1b/Psy-B1a和Psy-A1b/Psy-B1b的分布频率分别为54.55%、24.24%、21.21%和0。其中，Psy-A1a/Psy-B1a所占比例最高。总体

来看，甘肃春小麦品种中单个品质优质基因频率较高，而优质基因组合的比例较低，高黄色素含量品种比例非常高。

4.杂交组合武春1号×和尚头F₂群体单株间农艺性状和近红外品质分析结果变异幅度很大，说明所选亲本代表性强，差异明显，后代分离类型多，用其对品质性状的QTL定位结果具有较强的代表性。本研究共检测到QTL-P-gau-1A、QTL-P-gau-6A、QTL-P-gau-2A、QTL-P-gau-4A、QTL-WG-gau-3D、QTL-TW-gau-2A.1、QTL-TW-gau-2A.2、QTL-Z-gau-3D、QTL-Z-gau-5D、QTL-ST-gau-2A 和 QTL-ST-gau-5D 等12个QTL位点，分别与蛋白质含量、湿面筋含量、容重、沉降值和稳定时间等5个品质性状相关。同时，QTL-P-gau-2A、QTL-TW-gau-2A 和 QTL-ST-gau-2A 在染色体的区域位置相同，均位于 Xgwm312-Xgwm526 之间，可能为同一基因，均与蛋白质含量、容重和稳定时间相关，具有一因多效，或者为该基因簇中的不同基因。

参考文献（略）

王世红：甘肃农业大学农学院

辣椒胞质雄性不育恢复性的主基因+多基因混合遗传分析[①]

植物胞质雄性不育系不仅是作物杂种优势利用的重要材料，也是研究核质互作的理想材料。业已证明胞质雄性不育主要由线粒体基因的重排引起，而核内恢复基因的存在能够抑制不育基因的表达，从而使育性恢复（Hanson et al，2004）。Peterson（1958）首次报道了辣椒胞质雄性不育系，其不育性受线粒体不育基因S和核内1对隐性基因（rf1）共同控制，目前已克隆出相关不育基因（Kim et al，2006；Kim et al，2007）。而就恢复性而言，不同的研究者采用不同的研究方法得出不尽一致的结果（Novak et al，1971；Wang et al，2004）。另外，低温能使育性暂时性恢复，表明温度能够影响部分育性修饰基因的表达（Shifriss et al，1997）。作者在研究中也发现在不育系与恢复系的F₂分离群体中，植株育性呈不连续分布，因此用经典遗传分析方法很难全面分析其遗传模式。

近年发展起来的植物数量性状主基因+多基因混合遗传模型分析法可检测和鉴定数量性状主基因和多基因的存在，并可对基因效应和方差等遗传参数进行估计（盖钧锰等，2003）。该方法已在黄瓜（王建科等，2013）、番茄（李纪锁等，2006）和茄子（庞文龙等，2008；乔军等，2011）蔬菜作物上得到应用。本试验中应用植物数量性状主基因+多基因混合遗传模型分析方法对辣椒胞质雄性不育恢复性进行遗传分析，目的是进一步阐明恢复性的遗传模式，为恢复系的选择和三系育种提供理论指导。

---

① 本论文在《园艺学报》2013年第40卷第11期已发表。

1 材料与方法

1.1 供试材料

2010年以辣椒（*Capsicum annuum*）胞质雄性不育系8A为母本，恢复系F19为父本，配制杂交组合。2011年种植杂交组合F_1，F_1自交得F_2。2012年种植父本、母本及其F_1和F_2，亲本各14株，F_1共28株，F_2共163株，开花结果期调查育性指数。所有试验均在甘肃省农业科学院蔬菜研究所兰州试验基地塑料大棚进行。

1.2 育性调查方法

参照张宝玺等（2002）的方法，每个单株调查5朵花，取含花朵数最多的育性指数作为最终育性指数。

1.3 数据分析

应用盖钧镒等（2003）、章元明和盖钧镒（2000）、刘兵等（2013）提出的植物数量性状主基因+多基因混合遗传模型P_1、P_2、F_1和F_2世代联合分析的方法。通过极大似然法和IECM（itertated expectation and conditional maximization）算法对混合分布中的有关成分分布参数做出估计，然后通过AIC（Akaike's information criterion）值的判别和一组适合性测验，选择最优遗传模型，并估计主基因和多基因效应值、方差等遗传参数。数据分析软件由南京农业大学章元明教授惠赠。

2 结果与分析

2.1 育性指数分布

不育系8A整体表现为不育，育性指数全部为0，恢复系F19整体表现为高度可育，育性指数全部为4，F_1绝大多数表现为高度可育，仅有4株育性指数为3，而F_2育性指数介于0~4之间，表现为不连续分布，大致呈双峰曲线分布，且双峰高度存在较大差异（图1）。

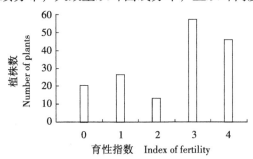

图1 F_2代育性指数次数分布图

Fig. 1 Frequency distribution for fertility index of F_2 generations

2.2 恢复性主基因+多基因遗传模型分析

经辣椒胞质雄性不育恢复性的主基因+多基因混合遗传模型P_1、F_1、P_2和F_2世代联合分析，获得1对主基因、2对主基因、多基因、1对主基因+多基因和2对主基因+多基因等5类24种遗传模型的极大对数似然函数值和AIC值，并选出AIC值相对低的7个模型作为备选模型（表1），备选的7个模型均属于2对主基因范畴，因此可以推断辣椒胞质雄性不育恢复性的遗传受2对主基因控制，有可能有多基因修饰。

表1 不育系8A×恢复系F19组合恢复性备选遗传模型极大似然值和AIC值

Table 1 Max likelihood values and AIC values of candidate genetic models for restoration in a cross of

CMS 8A × restorer F19

模型 Model	极大似然值 LMV	AIC值 AIC value
2MG-ADI	-197.867	417.7329
2MG-AD	-206.217	426.4345
MX2-ADI-ADI	-201.446	426.8926
MX2-ADI-AD	-197.681	413.3611
MX2-AD-AD	-211.881	433.7624
MX2-A-AD	-212.109	430.2181
MX2-AED-AD	-212.078	430.1554

对7个备选模型进行一组适合性测验（均匀性检验、Smirnov检验和Kolmogorov检验的5个统计量U_1^2、U_2^2、U_3^2、nW^2和D_n）后，发现2MG-ADI、MX2-ADI-ADI和MX2-ADI-AD模型有9个统计量达到显著水平，而其余模型有10个统计量达到显著水平（表2）。MX2-ADI-AD的AIC值最小，说明不育系8A×恢复系F19组合4个世代育性数据与MX2-ADI-AD模型最适配。

MX2-ADI-AD模型是两对加性—显性上位性主基因+加性—显性多基因模型，因此推断不育系8A×恢复系F19组合恢复性的遗传机制可能由两对加性—显性上位性主基因+加性—显性多基因控制。

2.3 遗传参数估计

遗传参数估计结果见表3，不育系8A×恢复系F19组合4个世代育性数据的群体均值m=2.1098，第1对主基因的加性效应（d_a）与显性效应（h_a）分别为0.9314和1.1549，均使恢复性增加。第2对主基因的加性效应（d_b）与显性效应（h_b）分别为-0.5276和-0.193，均使恢复性降低。多基因加性效应（[d]）与显性效应（[h]）分别为-2.4038和0.1036，加性效应使恢复性降低，显性效应使恢复性增加。主基因加性×加性互作效应（i）为-0.1076，显性×显性互作效应（l）为0.7055，第1对主基因的加性效应×第2对主基因的显性互作效应（j_{ab}）为0.8292，而第2对主基因加性×第1对主基因显性互作效应（j_{ba}）为0.9281。综合来看，第1对主基因的加性效应和显性效应均明显大于第2对主基因，第1对主基因的加性效应绝对值几乎是第2对主基因的2倍，且效应值为正，而第2对主基因的加性效应值为负，第1对主基因的显性效应绝对值几乎是第2对主基因的6倍，且效应值为正，而第2对主基因的加性效应值为负。而多基因的加性效应较大，且效应值为负，因此，在实际应用中不得不考虑多基因的存在。

群体总方差为1.9328，主基因方差为1.8858，主基因表现出很高的遗传力，遗传率高达97.57％，而多基因方差和遗传力均为0，环境方差仅为0.047，说明恢复性在早期世代就能充分表现，据此便可对恢复性做出有效选择。

表2　不育系 8A×恢复系 F19 组合恢复备选模型的适合性检验

Table 2　Tests of restoration data for goodness−of−fit of candidate models in a cross of CMS 8A × restorer F19

模型 Model	群体 Population	U_1^2	U_2^2	U_3^2	$_nW^2$	D_n
2MG-ADI	P_1	0.5909(0.4421)	3.0485(0.0808)	16.0538(0.0001)**	1.2159(0)**	0.5593(0.0001)**
	F_1	8.9673(0.0027)**	9.611(0.0019)**	0.6446(0.4221)	2.4235(0)**	0.2304(0.0865)
	P_2	1.14(0.2856)	0.0054(0.9417)	14.766(0.0001)**	1.2617(0)**	0.4176(0.01)*
	F_2	0.0063(0.9369)	0.0288(0.8652)	0.1386(0.7097)	0.1135(1)	0.0961(0.0921)
2MG-AD	P_1	1.4441(0.2295)	4.4162(0.0356)*	14.076(0.0002)**	1.287(0)**	0.5927(0)**
	F_1	12.0116(0.0005)**	14.3276(0.0002)**	2.9509(0.0858)	2.7137(0)**	0.202(0.1773)
	P_2	0.0662(0.7969)	0.6268(0.4285)	17.3349(0)**	1.1722(0)**	0.4801(0.0017)**
	F_2	0.0012(0.972)	0.0156(0.9006)	0.1322(0.7161)	0.1375(1)	0.1012(0.0661)
MX2-ADI-ADI	P_1	0(1)	1.0937(0.2956)	17.5(0)**	1.1667(0)**	0.5(0.0009)**
	F_1	4.1241(0.0423) *	2.9637(0.0852)	0.9584(0.3276)	1.9306(0)**	0.2918(0.0132)*
	P_2	0(1)	1.0937(0.2956)	17.5(0)**	1.1667(0)**	0.5(0.0009)**
	F_2	0.0295(0.8636)	0.0761(0.7826)	0.1922(0.6611)	0.1308(1)	0.0833(0.1963)
MX2-ADI-AD	P_1	0.0027(0.9583)	1.2018(0.273)	17.4932(0)**	1.1669(0)**	0.504(0.0008)**
	F_1	4.1485(0.0417)*	3.0101(0.0827)	0.8998(0.3428)	1.9353(0)**	0.2911(0.0135)*
	P_2	0.0027(0.9583)	1.2018(0.273)	17.4932(0)**	1.1669(0)**	0.504(0.0008)**
	F_2	0.0423(0.8371)	0.1346(0.7137)	0.4505(0.5021)	0.1376(1)	0.0714(0.3597)
MX2-AD-AD	P_1	0.802(0.3705))	0.0141(0.9054)	15.5524(0.0001)**	1.2335(0)**	0.4309(0.0071)**
	F_1	8.4513(0.0036)**	8.6362(0.0033) **	0.2458(0.6201)	2.3563(0)**	0.2376(0.071)
	P_2	0.802(0.3705)	0.0141(0.9054)	15.5524(0.0001)**	1.2335(0)**	0.4309(0.0071)**
	F_2	0.0291(0.8646)	0.0477(0.8271)	0.0453(0.8314)	0.1422(0.9999)	0.1097(0.0365)*
MX2-A-AD	P_1	0.6965(0.404)	0.0345(0.8527)	15.8021(0.0001)**	1.2247(0) **	0.4356(0.0062)**
	F_1	8.1347(0.0043)**	8.1816(0.0042)**	0.1561(0.6928)	2.3256(0)**	0.241(0.0647)
	P_2	0.6965(0.404)	0.0345(0.8527)	15.8021(0.0001)**	1.2247(0)**	0.4356(0.0062)**
	F_2	0.02(0.8875)	0.0615(0.8041)	0.1975(0.6567)	0.1563(0.9995)	0.1141(0.0263)*
MX2-AED-AD	P_1	0.6774(0.4105)	0.0393(0.8428)	15.8475(0.0001)**	1.2231(0)**	0.4365(0.0061)**
	F_1	8.0747(0.0045)**	8.096(0.0044)**	0.1413(0.707)	2.3198(0)**	0.2416(0.0635)
	P_2	0.6774(0.4105)	0.0393(0.8428)	15.8475(0.0001)**	1.2231(0)**	0.4365(0.0061)**
	F_2	0.1457(0.7027)	0.2877(0.5917)	0.4454(0.5045)	0.1528(0.9997)	0.1195(0.0174)*

注：U_1^2、U_2^2、U_3^2为均匀性检验检验统计量；$_nW^2$为Smirnov检验统计量；D_n为Kolmogorov检验统计量。*表示在0.05水平上显著，**表示在0.01水平上显著。

Note: U_1^2, U_2^2, U_3^2 are the statistic of Uniformity test; $_nW^2$ is the statistic of Smirnov test; D_n is the statistic of Kolmogorov test. * indicates the different significance at 0.05 level; ** indicates the different significance at 0.01 level.

表3 不育系 8A×恢复系 F19 组合恢复性的 MX2-ADI-AD 模型的遗传参数

Table 3 Estimates of genetic parameters（MX2-ADI-AD）of restoration in a cross of CMS 8A× restorer F19

一阶参数 1st order parameter	意义 Implication	估计值 Estimate	二阶参数 2nd order parameter	意义 Implication	估计值 Estimate
m	群体均值 Mean of graduation	2.1098	δ^2_p	表型方差 Phenotypic variance	1.9328
d_a	第1对主基因加性效应 Additive effects of the first major gene	0.9314	δ^2_{mg}	主基因方差 Main gene variance	1.8858
d_b	第2对主基因加性效应 Additive effects of the second major gene	-0.5276	δ^2_{pg}	多基因方差 Polygene variance	0
h_a	第1对主基因显性效应 Dominant effects of the first major gene	1.1549	δ^2_e	误差方差 Error variance	0.0470
h_b	第2对主基因显性效应 Dominant effects of the second major gene	-0.1930	h^2_{mg}	主基因遗传率 Majorgene heritabilite	0.9757
i	2个主基因间加性×加性互作效应 The epistemic effect of additive × additive between two major gene	-0.1076	h^2_{pg}	多基因遗传率 Polygene heritability	0
j_{ab}	第1对主基因加性效应×第2对主基因显性互作效应 The epistemic effect of additive of the first major gene × dominant of the second major gene	0.8292			
j_{ba}	第2对主基因加性效应×第1对主基因显性互作效应 The epistemic effect of additive of the second major gene × dominant of the first major gene	0.9281			
l	2个主基因间加性×显性互作效应 The epistemic effect of dominate × dominant between two major gene	0.7055			
[d]	多基因加性效应 Additive effects of the polygene	-2.4038			
[h]	多基因显性效应 Dominant effects of the polygene	0.1036			

3 结论

本研究利用植物数量性状主基因+多基因混合遗传模型世代联合分析法，表明辣椒胞质雄性不育恢复性的遗传机制可能由两对加性—显性上位性主基因+加性—显性多基因控制。第1对主基因的加性效应和显性效应均明显大于第2对主基因。第1对主基因的加性效应几乎是第2对主基因的2倍，且效应值为正，而第2对主基因的加性效应值为负；第1对主基因的显性效应几乎是第2对主基因的6倍，且效应值为正，而第2对主基因的显性效应值为负。可见，虽然为2对主基因控制，但2对主基因的遗传效应差异较大，且效应相反，这与Novac等（1971）的研究结果又有不同之处。而多基因的加性效应较大，且效应值为负，因此，在实际应用中不得不考虑多基因的存在。主基因的遗传率很高，说明在早期世代便可对恢复性进行有效选择。

参考文献（略）

魏兵强，王兰兰，陈灵芝，张茹：甘肃省农业科学院蔬菜研究所

甘肃省小麦品种抗条锈病和白粉病基因分析及应用

由专性寄生菌条形柄锈菌（*Puccinia striiformis* f. sp. tritici）和布氏白粉菌（*Blumeria graminis* f. sp. tritici）引起的小麦条锈病和白粉病是发生于甘肃省及我国小麦生产上主要的真菌性病害，种植抗病品种是防治两种病害最经济有效且有利于保护环境的措施。

本文通过温室和田间相结合，对已知抗条锈病和白粉病基因进行有效性评价，对重要小麦生产品种（系）及抗源材料进行成株期抗病性评价和苗期抗病基因分析，选用含有不同抗病基因的品种混种和感病品种与其他作物间种，研究作物多样性防治小麦条锈病和白粉病效果。通过4年研究，得到如下结果和结论：

1 已知抗病基因有效性评价与利用

（1）在兰州温室，分别对采自甘肃各地的430个和192个小麦条锈菌及白粉菌单孢菌系接种在含有已知基因载体品种上进行毒性频率测定，同时结合多年多点成株期异地自然诱发鉴定结果，发现：Yr5、Yr10、Yr15、Yr24/Yr26及Pm2、Pm4b、Pm13、Pm21、Pm2+6、Pm1+2+9、Pm2+Mld目前抗病性较好，是今后一段时期利用的重点。对Yr10、Yr24/Yr26具有联合毒性作用的新菌系贵农22致病类群近年来出现频率持续上升，目前已达到14.8%，应引起育种和生产上的高度重视。采自甘肃陇南麦区的白粉菌对Pm21、Pm4b的毒性频率高于中部麦区，且对这两个基因有毒性的菌系主要出现在陇南低海拔和高海拔地区。田间抗性鉴定及监测结果显示，兰天16号等10个品种（系）具有成株抗条锈病特性，兰天14号等10个品种（系）具有慢条锈特性；陇原034等6个品种（系）具有成株抗白粉病特点。

2 小麦品种（系）抗病基因分析

（1）选用26个来自国内外具有不同毒性谱的条锈菌单孢菌系，对50个甘肃省主要生产品种（系）及抗源材料进行苗期条锈病抗性鉴定，结合系谱分析，发现有Yr3、Yr3a、Yr4a、Yr9、Yr10、Yr12、Yr16、Yr26、YrMor、YrCle等10个抗病基因分布于16个品种（系）中。

（2）对小麦生产品种（系）陇鉴9343、陇鉴9811、陇鉴9821和93保4-4进行苗期抗条锈性遗传分析结果发现：陇鉴9343对CYR29的抗病性由2对显性抗性基因控制；对CYR32和CYR33的抗病性均由1对显性基因控制。93保4-4对CYR29、CYR32、CYR33的抗病性均由2对显性基因控制。陇鉴9811对CYR32的抗病性由1对隐性基因控制，可能来自外源基因玉米，暂定为YrLongjian9811。陇鉴9821对CYR33的抗病性由1对显性基因控制，可能来自外源基因高粱，暂定为YrLongjian9821。

（3）对40个小麦品种（系）抗条锈基因分子检测结果发现：兰天14号等14个品种（系）含有Yr9，兰天17和92R178含有Yr26。

（4）选用17个致病力不同的小麦白粉病菌单孢菌系，对64个甘肃省主要生产品种（系）及抗源材料进行苗期白粉病抗性鉴定，结合系谱分析，初步推定有Pm5、Pm6、Pm8、Pm19和Pm21分布于10个小麦品种（系）中。

3 利用生物多样性控制小麦条锈病和白粉病研究

（1）2008—2010年，利用抗病和感病品种混种进行小麦条锈病和白粉病防治效果研究，结果表明：品种混种后病情指数、早春病点率和病叶率显著低于单种感病品种；筛选出了具有较好控病增产作用，且具有一定利用价值的山区品种组合——洮157/中梁22组合，该组合与单种感病品种洮157相比较，其对小麦条锈病的相对防效为48.71%～64.33%，相对增产率稳定保持在5.71%～12.63%。

（2）感病小麦生产品种与其他作物间种防治小麦条锈病和白粉病结果发现：与对照单种小麦相比较，小麦与玉米间种处理对条锈病和白粉病的相对防效分别为16.73%～45.69%和14.74%～36.99%，产量相对增加率为52.41%～139.99%；小麦与油葵间种处理，对条锈病和白粉病的相对防效分别为5.89%～28.86%和11.74%～18.37%，产量相对增加率为-1.4%～24.81%。经方差分析，两组合处理相对防效、产量相对增加率与单种小麦处理间差异显著，在甘肃陇南值得推广利用。小麦与马铃薯、小麦与辣椒间种组合，对条锈病和白粉病的相对防效为-4.51%～11.68%和-15.38%～5.23%，产量相对增加率在150%以上，对其利用尚需进一步研究。

参考文献（略）

曹世勤：甘肃农业大学

胡麻温敏雄性不育产量相关性
主基因+多基因混合遗传分析①

胡麻（油用亚麻）是我国西北和华北地区重要的油料作物之一，因其抗旱、耐寒、耐瘠薄，并且富含对人体有益的α-亚麻酸等多种营养保健成分，在我国西北和华北干旱、高寒区人们的生产及生活中扮演着重要角色。

胡麻产量相关性状属于典型的植物数量性状。有关胡麻数量性状的遗传研究，前人主要从传统遗传学方面探讨了基因加性效应和非加性效应在胡麻产量、农艺、品质等性状遗传中的作用。这些研究虽然对胡麻数量性状的总体基因效应进行了估计，但对于是否存在主基因和多基因遗传则不得而知。应用主基因+多基因混合遗传模型对胡麻相关数量性状进行研究还少有报道。胡麻温敏雄性不育产量相关性状的遗传是否也存在主基因，主基因的数目及基因效应大小还有待探究。因此，本研究以世界首例胡麻温敏雄性不育系1S及新近育成不育系113S为母本，分别选用生产上主栽的油用型品种陇亚10号和纤用型品种黑亚15号为父本组配杂交组合，构建了2套四世代群体材料（P₁、P₂、F₁、F₂），采用数量性状主基因+多基因混合遗传分离分析方法，初步分析了胡麻温敏雄性不育产量相关性状的遗传机制，旨在为进一步提高胡麻两系杂种优势利用效率提供理论依据。

1 材料与方法

1.1 材料

配置了2个杂交组合，组合Ⅰ：113S×陇亚10号，组合Ⅱ：1S×黑亚15号。其中，母本1S为本单位利用抗生素诱变获得的首个胡麻温敏雄性不育系，113S为经多代系选而成的1S后代材料，两者在育性特征、株型形态、生育期等性状上存在明显差异，均为目前正在生产应用的不育系；父本陇亚10号和黑亚15号分别为国内育成的油用型和纤用型常规品种。2013年冬季在云南元谋人工授粉配置杂交组合，收获F₁种子；2014年夏季在甘肃兰州种植F₁，获得F₂种子，从而构建P₁、P₂、F₁和F₂四世代群体材料。

1.2 方法

田间试验设在甘肃省农业科学院兰州本部试验田。于2015年夏季同时种植2个组合各4世代群体材料，亲本P₁、P₂各播种1行，F₁播种2行，F₂播种5行，每行播种200粒，行长1.5 m，行距20 cm，四周设保护行。田间管理与大田生产一致，成熟后随机取样考种，考察单株产量、单株果数、每果粒数、千粒重4个产量相关性状，P₁、P₂各15株，F₁ 60株，F₂ 200株左右。

---

①本论文在《中国油料作物学报》2016年第38卷第2期已发表。

1.3 统计分析

采用章元明等提出的利用亲本 P_1、P_2、F_1 和 F_2 四世代数量性状主基因+多基因混合遗传分离分析方法，对4个产量相关性状进行联合世代遗传模型分析。首先计算各种可能遗传模型的极大似然函数值（Max-likelihood-values，MLV）和AIC（Akaike、information criterion）值，再根据AIC准则初步选定AIC值最小及与之接近的2个模型作为备选模型，然后进行适合性检验，包括5个统计量：U_1^2、U_2^2、U_3^2、nW^2（Smirnov 检验）和 D_n（Kolmogorov 检验），最后从中选择AIC值较小且统计量达到显著水平个数最少的模型作为最优模型。在此基础上，采用最小二乘法估计遗传模型的一阶、二阶遗传参数。

主基因遗传率 h_{mg}^2（%）$= \sigma_{mg}^2 / \sigma_p^2 \times 100$；

多基因遗传率 h_{pg}^2（%）$= \sigma_{pg}^2 / \sigma_p^2 \times 100$。

其中：σ_{mg}^2 为主基因方差，σ_{pg}^2 为多基因方差，σ_p^2 为表型方差。遗传分析软件采用Windows软件包SEA-G4F2，由南京农业大学章元明教授提供。

2 结果与分析

2.1 各世代产量相关性状表型值的分布

从亲本及 F_1 的4个产量相关性状表型值来看（表1），2个组合4个亲本的单株产量介于0.21 g到0.62 g之间，且恢复系（P_2）的单株产量明显高于不育系（P_1），组合I恢复系（油用型）的单株产量也明显高于组合2的恢复系（纤用型）；F_1 单株产量分别为1.36 g和0.77 g，均明显高于相应组合的双亲值。2个组合4个亲本的单株果数介于 $6.6 \sim 12.0$，在亲本间和组合间也呈现出同样的表现；F_1 单株果数分别达25.57和18.70，显著高于它们的双亲值。2个组合恢复系（P_2）和不育系（P_1）的每果粒数分别在7.97 g /7.89 g 和4.09 g/4.43 g。F_1 表型值组合I介于双亲值之间，组合II高于双亲值。2个组合4个亲本的千粒重除组合II的恢复系（纤用型）较小（4.28 g）外，其余在 $7.08 \sim 7.80$ g，而2个组合 F_1 千粒重均介于双亲之间。

F_2 群体2个组合4个产量相关性状的统计值和正态性检验值列于表2，从中可以看出，组合I 4个性状的表型值较 F_1 还略有提高，而组合II 4个性状的表型值较 F_1 有一定的降低。从 F_2 群体的变异性看，单株产量和单株果数的变异系数较大（57.94% ~ 64.33%），每果粒数和千粒重的变异系数相对较小（7.8% ~ 17.33%）。4个性状 F_2 表型值均呈连续性分布，其分布特征函数偏度和峰度绝对值多大于1，其中单株产量和单株果数呈右偏离正态分布，每果粒数左偏离正态分布，千粒重在组合I中左偏、在组合II中右偏离正态（图1），且正态性检验 $P_{0.05}$ 值均小于0.05，表明这4个产量相关性状均属于非正态分布，可能存在主效基因。

2.2 最适遗传模型选择及适合性检验

利用植物数量性状主基因+多基因混合遗传模型的多世代联合分析方法，对2个杂交组合4世代的单株产量、单株果数、每果粒数、千粒重进行模型分析，从而获得1对主基因（A）、2对主基因（B）、多基因（C）、1对主基因+多基因（D）和2对主基因+多基因（E）共5类24种模型的极大对数似然值和AIC值（表3）。

表 1　亲本及 F_1 群体产量相关性状的平均值和标准差

Table 1　Average value of 4 yield − related traits in parents and F_1 generation

组合 Cross	世代 Generation	性状 Trait			
		单株产量 Yield per plant/g	单株果数 Capsules per plant	每果粒数 Seeds per capsule	千粒重 1000−seeds weight/g
I	P_1	0. 23 ± 0. 06	8. 67 ± 3. 06	4. 09 ± 1. 23	7. 08 ± 0. 66
	F_1	1. 36 ± 0. 49	25. 57 ± 8. 37	7. 45 ± 0. 94	7. 49 ± 0. 51
	P_2	0. 62 ± 0. 16	12. 00 ± 4. 06	7. 97 ± 0. 74	7. 80 ± 0. 25
II	P_1	0. 21 ± 0. 08	6. 60 ± 2. 01	4. 43 ± 0. 82	7. 66 ± 0. 93
	F_1	0. 77 ± 0. 18	18. 70 ± 4. 22	8. 03 ± 0. 70	5. 52 ± 0. 84
	P_2	0. 37 ± 0. 12	11. 40 ± 3. 81	7. 89 ± 0. 79	4. 28 ± 0. 78

表 2　F_2 群体产量相关性状的统计值和正态性检验

Table 2　Statistics and normal distribution test for 4 yield − related traits in F_2

组合 Cross	性状 Trait	均值 Mean	极差 Range	标准差 SD	变异系数 CV/%	偏度 Skewness	峰度 Kurtosis	W	$P_{0.05}$
I	单株产量 Yield per plant/g	1.47	4.41	0.94	63.44	1.28	1.69	0.90	0.00
	单株果数 Capsules per plant	25.83	70.00	14.96	57.94	0.94	0.56	0.93	0.00
	每果粒数 Seeds per capsule	7.83	3.45	0.68	8.70	−0.93	1.22	0.99	0.00
	千粒重 1000−seeds weight/g	7.01	2.40	0.55	7.80	−0.32	−0.33	0.98	0.01
II	单株产量 Yield per plant/g	0.52	1.60	0.33	64.33	1.19	1.21	0.91	0.00
	单株果数 Capsules per plant	13.48	40.00	8.27	61.40	1.35	1.76	0.88	0.00
	每果粒数 Seeds per capsule	7.27	6.29	1.26	17.33	−1.21	1.35	0.90	0.00
	千粒重 1000−seeds weight/g	5.18	6.18	0.83	16.02	1.71	5.68	0.89	0.00

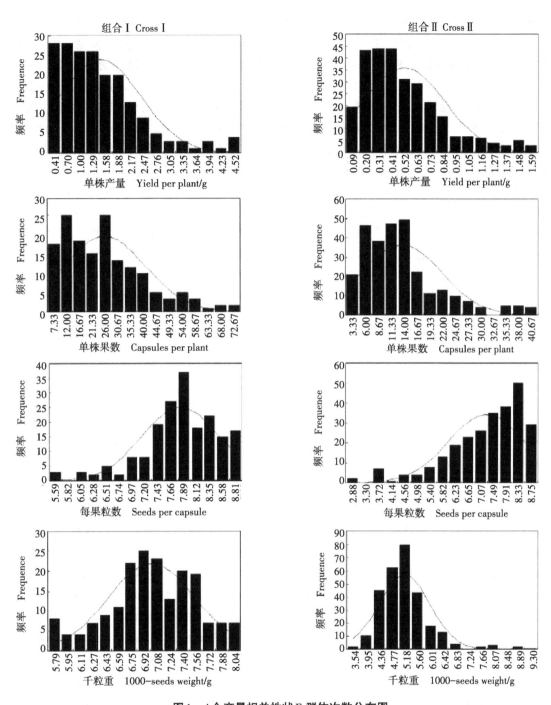

图1　4个产量相关性状 F_2 群体次数分布图

Fig.1　Frequency distribution of four yield – related traits in F_2

　　首先，根据 AIC 值最小原则进行模型初选，从中选择 AIC 值最小的模型，同时选择与其接近的两个模型作为候选模型。从表3可以看出，单株产量组合 I AIC 值最小的模型为 E-1（634.60），与其接近的模型为 E-0（640.44）和 B-1（647.89）；组合 II AIC 值最小的模型亦为 E-1（168.82），与其接近的模型为 E-0（174.76）和 D-0（176.19）。进一步对备选模型进行适合性检验，包括均匀性检验（U_1^2、U_2^2、U_3^2）、nW^2（Smirnov 检验）和 D_n（Kol-mogorov 检验），从中选择统计量达到显著水平个数最少的模型为最优模型。由表 4 可知，组合 I 3 个备选模型 E-1、E-0、B-1 的 4 世代 20 个统计量中达到显著水平的统计量个数分别是 5、5、6，因此，组合 I 单株产量的最适遗传模型为 E-1，即 2 对加性-显性-上位性主基因+加性-显性多基因模型。组合 II 3 个备选模型 E-1、E-0、D-0 的 4 世代 20 个统计量达到显著水平的个数均为 4，因此，组合 II 单株产量的最适遗传模型同为 E-1，与组合 I 分析结果一致。以此类推可知，单株果数和千粒重 2 个组合的最优模型均为 E-1，即 2 对加性-显性-上位性主基因+加性-显性多基因模型。每果粒数 2 个组合的最优模型均为 E-2，即 2 对加性-显性主基因+加性-显性多基因模型。综上所述，胡麻温敏雄性不育 4 个产量相关性状（单株产量、单株果数、每果粒数、千粒重）受 2 对主基因+多基因遗传控制。单株产量、单株果数和千粒重的主基因遗传效应表现为加性、显性、上位性作用，每果粒数的主基因效应为加性、显性作用；4 个性状的多基因遗传效应均表现为加性、显性作用。

表 3　2 个组合 4 世代联合分析在不同遗传模型下的极大似然函数值和 AIC 值

Table 3　Max-likelihood values and AIC values under various genetic models of
4 generations derived from 2 crosses

代号 Code	模型 Model	单株产量 Yield per plant				单株果数 Capsules per plant			
		I		II		I		II	
		AIC	MLV	AIC	MLV	AIC	MLV	AIC	MLV
A-1	1MG-AD	−371.06	754.12	−134.15	280.31	−1 168.01	2 348.02	−1 288.80	2 589.60
A-2	1MG-A	−379.07	768.15	−134.25	278.49	−1 176.53	2 363.05	−1 288.82	2 587.63
A-3	1MG-EAD	−376.18	762.35	−134.15	278.31	−1 173.91	2 357.82	−1 288.81	2 587.61
A-4	1MG-AEND	−376.69	763.38	−134.49	278.98	−1 173.74	2 357.49	−1 288.96	2 587.92
B-1	2MG-ADI	−312.95	647.89	−84.21	190.43	−1 131.18	2 284.36	−1 236.24	2 494.49
B-2	2MG-AD	−363.64	741.29	−134.12	282.24	−1 160.75	2 335.50	−1 288.78	2 591.57
B-3	2MG-A	−373.82	757.64	−134.25	278.50	−1 170.21	2 350.42	−1 288.81	2 587.63
B-4	2MG-EA	−379.07	766.15	−134.25	276.50	−1 176.54	2 361.08	−1 288.81	2 585.63
B-5	2MG-AED	−394.81	799.61	−123.92	257.85	−1 192.72	2 395.44	−1 277.74	2 565.47
B-6	2MG-EEAD	−376.08	760.17	−134.12	276.25	−1 173.99	2 355.97	−1 288.80	2 585.61
C-0	PG-ADI	−335.46	682.92	−105.42	222.84	−1 144.51	2 301.02	−1 259.36	2 530.71
C-1	PG-AD	−362.96	735.92	−134.13	278.25	−1 160.80	2 331.60	−1 288.78	2 587.57
D-0	MX1-AD-ADI	−318.48	652.96	−80.10	176.19	−1 133.14	2 282.28	−1 228.36	2 472.72
D-1	MX1-AD-AD	−354.63	723.25	−129.09	272.18	−1 151.84	2 317.67	−1 284.89	2 538.79
D-2	MX1-A-AD	−362.90	737.80	−134.12	280.25	−1 160.73	2 333.47	−1 288.78	2 589.57
D-3	MX1-EAD-AD	−362.95	737.91	−134.12	280.25	−1 160.79	2 333.58	−1 288.78	2 589.56
D-4	MX1-AEND-AD	−358.50	729.00	−131.24	274.47	−1 154.12	2 320.23	−1 286.94	2 585.88
E-0	MX2-ADI-ADI	−308.22	640.44	−75.38	174.76	−1 129.47	2 282.95	−1 223.05	2 470.10
E-1	MX2-ADI-AD	−308.30	634.60	−75.41	168.82	−1 129.52	2 277.05	−1 223.21	2 464.42
E-2	MX2-AD-AD	−354.95	719.89	−131.24	272.47	−1 150.80	2 311.61	−1 286.94	2 583.88

代号 Code	模型 Model	单株产量 Yield per plant				单株果数 Capsules per plant			
		Ⅰ		Ⅱ		Ⅰ		Ⅱ	
		AIC	MLV	AIC	MLV	AIC	MLV	AIC	MLV
E-3	MX2-A-AD	-362.88	731.76	-134.12	274.25	-1 160.71	2 327.42	-1 288.78	2 583.57
E-4	MX2-EAED-AD	-362.88	729.76	-134.12	272.25	-1 160.71	2 325.42	-1 288.78	2 581.57
E-5	MX2-AED-AD	-354.03	714.06	-134.93	275.87	-1 150.96	2 307.91	-1 290.68	2 587.36
E-6	MX2-EEAD-AD	-362.95	729.90	-134.12	272.25	-1 160.79	2 325.58	-1 288.78	2 581.56

代号 Code	模型 Model	每果粒数 Seeds per capsule				千粒重 1 000-seed weight			
		Ⅰ		Ⅱ		Ⅰ		Ⅱ	
		AIC	MLV	AIC	MLV	AIC	MLV	AIC	MLV
A-1	1MG-AD	-585.62	1 183.24	-804.43	1 620.85	-618.60	1 249.21	-409.52	831.03
A-2	1MG-A	-652.49	1 314.97	-853.54	1 717.08	-621.93	1 253.85	-467.21	944.42
A-3	1MG-EAD	-586.44	1 182.87	-805.63	1 621.25	-618.66	1 247.32	-417.75	845.50
A-4	1MG-AEND	-656.87	1 323.73	-854.63	1 719.25	-624.36	1 258.72	-483.50	977.00
B-1	2MG-ADI	-564.09	1 150.18	-777.65	1 577.29	-604.29	1 230.58	-397.59	817.19
B-2	2MG-AD	-579.33	1 172.65	-796.50	1 607.00	-618.69	1 251.38	-407.08	828.15
B-3	2MG-A	-651.53	1 313.04	-853.35	1 716.70	-620.90	1 251.81	-453.27	916.55
B-4	2MG-EA	-651.52	1 311.04	-853.35	1 714.70	-620.90	1 249.81	-453.27	914.55
B-5	2MG-AED	-591.89	1 193.79	-812.77	1 635.54	-618.92	1 247.84	-480.15	970.31
B-6	2MG-EEAD	-632.59	1 237.18	-845.28	1 698.55	-618.79	1 245.59	-447.92	903.84
C-0	PG-ADI	-621.27	1 254.54	-844.52	1 701.04	-615.78	1 243.56	-428.01	868.02
C-1	PG-AD	-638.24	1 286.48	-846.01	1 702.02	-616.96	1 243.92	-439.73	889.46
D-0	MX1-AD-ADI	-556.95	1 129.90	-771.65	1 559.30	-615.78	1 247.56	-423.75	863.50
D-1	MX1-AD-AD	-557.01	1 128.03	-772.53	1559.06	-616.83	1 247.65	-442.45	898.90
D-2	MX1-A-AD	-638.24	1 288.48	-846.01	1 704.02	-616.96	1 245.92	-439.73	891.46
D-3	MX1-EAD-AD	-557.04	1 126.08	-773.03	1 558.06	-616.96	1 245.92	-439.73	891.46
D-4	MX1-AEND-AD	-638.24	1 288.48	-846.01	1 704.02	-616.96	1 245.92	-439.73	891.46
E-0	MX2-ADI-ADI	-556.95	1 137.90	-771.33	1 566.65	-578.89	1 181.78	-392.16	808.32
E-1	MX2-ADI-AD	-557.00	1 131.99	-772.12	1 562.25	-583.18	1 184.35	-392.44	802.89
E-2	MX2-AD-AD	-557.04	1 124.08	-773.03	1 556.06	-589.23	1 188.45	-411.78	833.57
E-3	MX2-A-AD	-638.24	1 282.48	-846.01	1 698.02	-616.96	1 239.92	-439.73	885.46
E-4	MX2-EAED-AD	-638.24	1 280.48	-1 696.02	846.01	-616.96	1 237.92	-439.73	883.46
E-5	MX2-AED-AD	-626.72	1 259.44	-844.71	1 695.43	-616.11	1 238.22	-443.04	892.08
E-6	MX2-EEAD-AD	-620.17	1 244.33	-812.90	1 629.81	-616.96	1 237.92	-434.08	872.15

表 4 单株产量最适遗传模型的适合性检验

Table 4 Fitness test of genetic models on yield per plant

组合 Cross	模型 Model	世代 Generation	$U_1^2(p)$	$U_2^2(p)$	$U_3^2(p)$	$_nW^2(p)$	$D_n(p)$
I	E-1	P_1	0.01(0.93)	0.21(0.65)	4.73(0.03)	0.20(>0.05)	0.18(>0.05)
		F_1	0.09(0.76)	0.77(0.38)	5.45(0.02)	0.13(>0.05)	0.01(<0.05)
		P_2	0.00(0.99)	1.01(0.31)	16.33(0.00)	0.73(<0.05)	0.37(>0.05)
		F_2	0.04(0.83)	0.02(0.88)	0.04(0.84)	0.05(>0.05)	0.00(<0.05)
	E-0	P_1	0.01(0.93)	0.21(0.64)	4.81(0.03)	0.21(>0.05)	0.18(>0.05)
		F_1	0.09(0.76)	0.75(0.39)	5.29(0.02)	0.12(>0.05)	0.01(<0.05)
		P_2	0.00(0.99)	1.01(0.31)	16.35(0.00)	0.73(>0.05)	0.37(>0.05)
		F_2	0.04(0.84)	0.02(0.89)	0.06(0.81)	0.05(>0.05)	0.01(<0.05)
	B-1	P_1	0.48(0.49)	1.56(0.21)	5.30(0.02)	0.25(>0.05)	0.22(>0.05)
		F_1	0.11(0.74)	0.72(0.39)	4.44(0.03)	0.11(>0.05)	0.01(<0.05)
		P_2	2.44(0.13)	5.56(0.02)	11.46(0.00)	0.96(>0.05)	0.49(>0.05)
		F_2	0.00(0.96)	0.00(0.99)	0.04(0.85)	0.06(>0.05)	0.00(<0.05)
II	E-1	P_1	0.01(0.91)	0.00(0.96)	0.37(0.54)	0.18(>0.05)	0.07(>0.05)
		F_1	5.07(0.02)	1.53(0.22)	14.25(0.00)	2.19(>0.05)	0.02(<0.05)
		P_2	0.00(0.967)	0.47(0.49)	6.63(0.01)	0.25(>0.05)	0.16(>0.05)
		F_2	0.17(0.68)	0.18(0.67)	0.01(0.92)	0.12(>0.05)	0.01(<0.05)
	E-0	P_1	0.01(0.91)	0.00(0.97)	0.34(0.56)	0.18(>0.05)	0.07(>0.05)
		F_1	5.01(0.03)	1.52(0.22)	13.94(0.00)	2.18(>0.05)	0.02(<0.05)
		P_2	0.00(0.97)	0.47(0.49)	6.71(0.01)	0.25(>0.05)	0.16(>0.05)
		F_2	0.17(0.68)	0.17(0.68)	0.00(0.96)	0.12(>0.05)	0.00(<0.05)
	D-0	P_1	0.00(0.92)	0.00(0.97)	0.07(0.78)	0.17(>0.05)	0.08(>0.05)
		F_1	4.38(0.04)	1.44(0.23)	10.92(0.00)	2.08(>0.05)	0.02(<0.05)
		P_2	0.00(0.97)	0.52(0.47)	7.57(0.01)	0.28(>0.05)	0.17(>0.05)
		F_2	0.23(0.63)	0.54(0.46)	1.21(0.27)	0.15(>0.05)	0.00(<0.05)

表5 2个组合4世代联合分析的遗传参数估计值

Table 5　Estimates of genetic parameters using 4 generations derived from 2 crosses

遗传参数 Genetic parameter		单株产量(E-1) E-1 model on yield per plant		单株果数(E-1) E-1 model on capsules per plant		每果粒数(E-2) E-2 model on seeds per capsule		千粒重(E-1) E-1 model on 1 000-seed weight	
		I	II	I	II	I	II	I	II
一阶 1st order	m	0.71	0.37	13.85	10.19	4.66	4.53	6.48	5.29
	d_a	1.91	0.68	25.46	17.99	3.87	3.36	0.00	0.77
	d_b	1.47	0.67	17.45	17.93	0.00	0.00	0.00	0.77
	h_a	0.34	0.20	2.36	5.31	3.87	3.36	0.31	−0.71
	h_b	0.63	0.42	7.50	10.95	0.00	0.00	−3.20	−0.70
	i	−0.38	−0.21	−3.76	−5.36			−0.31	0.71
	j_{ab}	−1.22	−0.46	−13.70	−12.34			3.51	−0.76
	j_{ba}	−1.07	−0.67	−10.88	−17.92			0.00	−0.77
	l	−1.02	−0.42	−13.78	−10.95			2.90	0.63
	[d]	−3.25	−1.31	−41.56	−34.75	−2.33	−2.53	1.18	−3.23
	[h]	0.56	−0.37	13.12	−10.30	−1.37	−0.98	0.48	1.03
二阶 2nd order	σ^2_p	0.89	0.12	253.03	70.00	3.42	6.36	2.68	0.69
	σ^2_{mg}	0.66	0.06	159.84	40.42	1.49	3.83	0.28	0.24
	σ^2_{pg}	0.00	0.00	0.00	0.00	0.00	0.00	0.00	0.00
	σ^2_e	0.24	0.05	75.19	29.58	1.93	2.53	2.39	0.45
	h^2_{mg}/ %	73.28	56.10	68.01	57.74	43.50	60.27	10.55	34.40
	h^2_{pg}/ %	0.00	0.00	0.00	0.00	0.00	0.00	0.00	0.00

注：m：世代群体平均值；d_a：主基因a的加性效应值；d_b：主基因b的加性效应值；h_a：主基因a的显性效应值；h_b：主基因b的显性效应值；i：两个主基因的加性×加性效应值；j_{ab}：加性（a）×显性（b）效应值；j_{ba}：加性（b）×显性（a）效应值；l：两个主基因的显性×显性效应值；[d]：多基因加性效应值；[h]：多基因显性效应值；σ^2_p：群体表型方差；σ^2_{mg}：主基因方差；σ^2_{pg}：多基因方差；σ^2_e：环境方差；h^2_{mg}：主基因遗传率；h^2_{pg}：多基因遗传率。

Note: m: Population mean; d_a: Additive effect of major gene a; d_b: Additive effect of major gene b; h_a: Dominance effect of major gene a; h_b: Dominance effect of major gene b; i: Additive effect plus additive effect of the two major genes; j_{ab}: Additive effect （a） plus dominant effect （b） ; j_{ba}: Additive effect （b） plus dominant effect （a）; l: Dominant effect plus dominant effect of the two major genes; [d] : Additive effect of polygenes; [h] : Dominance effect of polygenes; σ^2_p: Phenotypic variance; σ^2_{mg}: Major gene variance; σ^2_{pg}: Polygenic variance; σ^2_e: Environmental variance; h^2_{mg}: Major gene heritability; h^2_{pg}: Polygene heritability.

2.3 遗传参数估计

采用最小二乘法估计4个产量相关性状最适遗传模型的一阶、二阶遗传参数（表5）。可以看出，2个组合4个产量相关性状均受主基因+多基因遗传控制，并且存在主基因加性、显性、上位性效应（每果粒数除外）和多基因加性、显性效应。

其中，控制单株产量和单株果数的主基因加性效应和显性效应在2个组合中均为正向，上位性效应（加性×加性、加性×显性、显性×显性）均为负向，2对主基因（主基因a和主基因b）的加性效应、显性效应及互作效应值在组合内和组合间均有所差异，且主基因的加性效应值远大于显性效应值；多基因加性效应2个组合均为负向，显性效应为一正一负，且加性效应的绝对值远大于显性效应的绝对值，表明主基因和多基因的加性效应在单株产量和单株果数的遗传中起主要作用。这两个性状的F_2群体主基因遗传率分别为56.10%～73.28%和57.74%～68.01%。

控制每果粒数的主基因加性效应和显性效应在2个组合中亦均为正向，2对主基因的加性效应和显性效应值存在较大差异，主基因a的加性效应和显性效应值较主基因b具有绝对优势；多基因加性效应和显性效应均为负向，加性效应的绝对值亦大于显性效应的绝对值。2个组合的主基因和多基因加性、显性效应值差异不大，F_2群体主基因遗传率分别为43.5%和60.27%。

控制千粒重的主基因加性效应均为正向，组合内两对主基因的加性效应大小相近，组合间两对主基因的加性效应存在较大差异；2个组合的主基因显性效应、上位性效应及多基因加性、显性效应方向有正有负，作用大小也存在一定差异，F_2群体主基因遗传率分别为10.55%和34.40%。

3 结论

本研究基于已构建的2个杂交组合（113S×陇亚10号和1S×黑亚15号）P_1、P_2、F_1和F_2四世代群体材料，应用主基因+多基因混合遗传分离分析方法，研究了单株产量、单株果数、每果粒数和千粒重4个性状的遗传效应。结果表明：单株产量、单株果数和千粒重受2对加性-显性-上位性主基因+加性-显性多基因控制，每果粒数受2对加性-显性主基因+加性-显性多基因控制。单株产量、单株果数和每果粒数的F_2群体主基因遗传率为43.50%～73.28%，千粒重的F_2群体主基因遗传率为10.55%～34.40%。主基因和多基因的加性效应、显性效应及上位性效应在胡麻温敏雄性不育产量相关性状的遗传中起重要作用，胡麻两系杂种应更好地利用基因加性效应和显性效应，进一步提高杂种优势利用效率。

参考文献（略）

王利民，党占海：甘肃农业大学农学院
王利民，张建平，党照，党占海：甘肃省农业科学院作物研究所

胡麻种质资源成株期抗旱性
综合评价及指标筛选①

摘　要：为了探讨现有胡麻种质资源抗旱性及其与重要育种性状间的关系，研究胡麻抗旱性综合评价方法和鉴定指标，为抗旱育种及抗旱基因资源挖掘、利用提供参考依据。本研究在前期基于15份国内主栽胡麻品种建立的抗旱性综合评价体系，以227份国内外胡麻种质、育成品种、地方品种为材料，考查与其成株期抗旱性相关的5个农艺性状及产量指标，采用抗旱指数、因子分析、模糊隶属函数分析、聚类分析、灰色关联度分析等方法，对其进行抗旱性综合评价、抗旱型划分和评价指标筛选研究。结果显示，被考查性状指标对干旱胁迫的反应程度及关联程度各异，可选择与抗旱性关系密切的产量及其相关性状为优先选择指标；D值与产量指标呈极显著正相关；据D值将供试胡麻种质划分为7个抗旱级别，可较好地反映各供试胡麻种质的抗旱性及其特点。说明有选择地测定与D值密切相关的6个性状指标，以其D值作为评价参数可有效且准确地鉴定胡麻种质抗旱性。

关键词：胡麻；农艺性状；抗旱性综合评价；隶属函数；抗旱性度量值；聚类分析

胡麻（*Linum usitatissimum*）是中国西北、华北等北方旱作农业区重要的油料作物，具有耐瘠、耐旱寒、喜凉等特点；其特殊的生产区域决定其必须具有一定的抗旱性。种质资源是胡麻品种改良的基础性材料，我国胡麻品种资源相对匮乏。而收集、鉴定、评价国内外不同胡麻种质资源及其抗旱性，挖掘和利用其有益抗旱种质/基因资源是提高其抗旱育种效率的基础。

合理有效的鉴定指标及其评价方法是作物抗旱性鉴定与评价的关键。迄今，国内外对作物抗旱性评价方法仍未取得突破性进展。目前普遍认为，多指标多方法相结合的抗旱性综合评价体系更加真实、可靠，且多数已在胡麻、小麦、大豆、油菜、谷子、玉米、棉花等作物上应用。笔者前期曾以抗旱性等级较为确切的15份主栽胡麻品种为材料，研究并建立了胡麻抗旱性综合评价方法及鉴定指标，能有效反映参试品种的抗旱性、抗旱特点、选育和应用区域。

项目组近年先后从国内外收集了大量油用亚麻品种资源，为挖掘和利用其有益抗旱种质/基因资源，提高抗旱育种效率，对其抗旱性进行科学合理的分析和评价是十分必要的。因此，本研究以227份国内外广泛收集的胡麻种质、育成/主栽品种、地方品种为材料，基于前期已建立的抗旱性综合评价方法，进行其抗旱性鉴定与综合评价，试图筛选抗旱种质/基因资源，进一步完善抗旱性综合评价体系及其评价指标，以期为后续胡麻抗旱相关基因挖掘及其抗旱育种提供参考依据。

---

①本论文在《干旱区研究》2017年第34卷第5期已发表。

1 材料与方法

1.1 试验材料与处理

试验材料为227份国内外收集和筛选的胡麻种质、育成品种、地方品种（见图1）。限于篇幅，本文中涉及的227份供试材料均用代号表示，其名称、来源等详细信息请与作者联系。

试验分别于2014和2015年在甘肃省兰州市榆中县良种场进行，有关地理、气候、栽培条件、施肥量等参数、该区域降雨时空分布特点以及在该区域正常年份，利用自然降雨实现对胡麻干旱胁迫及抗旱性研究的可行性分析详见罗俊杰等的报道。

供试材料采用随机区组排列，设干旱胁迫（自然降雨）和对照（全生育期灌水2次）2个处理，2014年设1次重复，2015年设3次重复。每处理227个品种，小区面积0.6 m²，行距0.2 m，于4月7日人工开沟撒播，种植密度900万粒·hm⁻²，干旱胁迫与对照处理间隔5.0 m，边界培土分离，其余按当地大田生产管理。

1.2 考察性状与方法

供试胡麻种质成熟后，各小区各品种按20株取样考种，参照《胡麻种质资源描述规范和数据标准》测定株高、单株分茎数、有效分枝数、单株果数、每果粒数等产量相关性状，全区收获统计小区产量。

1.3 数据统计分析

以2014年和2015年各小区供试胡麻种质农艺性状测定值作为基础数据，进行平均数差异显著性分析，并参考罗俊杰等的方法，分别计算单项抗旱指数（Drought-resistance index，DI）、综合抗旱性量度值（D）、关联度（γ_{0j}）。最后基于D值进行系统聚类分析（欧式距离和WPGMA法）、抗旱级别划分，并以D值为参考序列对各性状抗旱指数进行逐步回归分析。

所有数据均采用Excel 2003和SPSS 18.0分析软件进行处理。

2 结果与分析

2.1 试验材料及处理的代表性分析

在干旱胁迫和正常灌水条件下，227份供试胡麻种质成株期各性状变化程度各异，其测定值平均数差异显著性分析表明（表1），干旱对各性状均有显著影响，处理间差异均达显著或极显著水平；干旱胁迫下株高、单株分茎数、有效分枝数、单株果数、每果粒数、产量分别较正常灌水处理降低21.54%、-12.20%、0.00%、1.15%、-3.08%、26.65%；干旱胁迫下的性状变异幅度为0.112～0.369，单株果数与产量的变异系数较大，每果粒数变异系数较小，说明每果粒数受干旱逆境胁迫影响较小；干旱胁迫和正常灌水条件下各性状测定值间均达显著或极显著正相关。说明供试胡麻种质类型较丰富，所选性状对干旱胁迫反应较为敏感，处理效果较好，具有较好代表性。

表1 胡麻种质各处理的性状相关数据

Table 1 The correlated traits data of tested flax germplasms under different treatments

处理	统计参数	株高/cm	单株分茎数	主茎分枝数	单株果数	每果粒数	产量/g
干旱	平均值	48.749	1.382	3.520	7.773	7.358	89.852
	标准差	9.733	0.226	0.691	2.492	0.822	33.131
	变异系数	0.200	0.164	0.196	0.321	0.112	0.369
灌水	平均值	62.133	1.233	3.524	7.855	7.138	122.504
	标准差	10.096	0.283	0.871	2.915	0.973	37.999
	变异系数	0.163	0.230	0.247	0.371	0.136	0.310
灌水与干旱比较	差数平均值	13.385	−0.149	0.004	0.081	−0.220	32.652
	差数标准误	0.931	0.024	0.074	0.255	0.085	3.346
	t 值	14.381**	6.197**	0.055*	0.319*	2.603**	9.758**

注：*及**分别表示t检验达显著或极显著水平。

2.2 单项性状指标的抗旱性分析

单项性状抗旱指数分析表明（表2），各性状抗旱指数差异较为明显，其中产量抗旱指数的变异系数相对较大，每果粒数抗旱指数的变异系数相对较小。

表2 胡麻种质各性状指标抗旱指数在不同区间的分布及其变异系数

Table 2 The distributions of tested flax germplasms indifferent ranges of drought resistance indexes of tested traits and their variable coefficient

性状指标	0<DI≤1.0		1.0<DI≤2.0		2.0<DI≤3.0		3.0<DI≤4.0		4.0<DI≤5.0		标准差	变异系数
	次数	频次(%)	次数	频次(%)	次数	频次(%)	次数	频次(%)	次数	频次(%)		
株高/cm	181	79.74	45	19.82	1	0.44	0	0.00	0	0.00	0.300	0.369
单株分茎数	71	31.28	154	67.84	2	0.88	0	0.00	0	0.00	0.145	0.177
主茎分枝数	114	50.22	102	44.93	9	3.96	2	0.88	0	0.00	0.513	0.470
单株果数	117	51.54	81	35.68	19	8.37	8	3.52	2	0.88	0.779	0.662
每果粒数	100	44.05	126	55.51	1	0.44	0	0.00	0	0.00	0.239	0.227
产量/g	162	71.37	49	21.59	11	4.85	2	0.88	3	1.32	0.723	0.843

连续变数次数分布统计分析表明（表2），同一区间各性状抗旱指数分布次数和频率相差较大，所有考察性状的DI值在0～1.0和1.0～2.0区间的分布频率均大于21.95%，其余区间的分布频率均小于8.37%，其中株高、主茎分枝数、单株果数及产量的DI值最大值分布在0～1.0区间。可见，株高和产量对干旱胁迫的反应迟钝，单株分茎数和每果粒数则较为敏感，说明不同性状对干旱胁迫的敏感程度各异，且所测指标之间关系复杂且重要性不同。

本文拟通过因子分析及隶属函数分析获得综合抗旱性量度值（D值），以便确定抗旱鉴定指标的重要性，并实现抗旱性综合评价。

2.3 因子分析及性状权重系数、隶属函数分析及综合抗旱性评价

各性状抗旱指数矩阵的因子分析表明（表3），前5个因子的累积贡献率已达到83.33%。取前5个因子，将原单项性状指标转换为5个相互独立的公因子（F_1、F_2、F_3、F_4、F_5），它们分别在单株果数、产量、主茎分枝数与每果粒数、株高、单株分茎数上有较高荷载量。据各公因子贡献率可知，5个公因子的权重系数基本相同。

表3 因子载荷矩阵、特征根及其贡献率及各性状指标与D值的关联度及其位次

Table 3 Component matrix, characteristic root, contribution rate and relevancy between tested agronomic traits and D values

性状指标	因子载荷					关联度	位次	权重系数
	F_1	F_2	F_3	F_4	F_5			
株高	0.485	−0.033	0.240	−0.684	−0.077	0.466	5	0.154
单株分茎数	0.444	0.432	−0.028	0.476	−0.598	0.453	6	0.150
主茎分枝数	0.388	−0.371	−0.531	0.329	0.420	0.526	3	0.174
单株果数	0.635	0.015	0.266	0.048	0.316	0.498	4	0.165
每果粒数	−0.078	−0.314	0.764	0.440	0.125	0.543	1	0.180
产量	−0.087	0.760	0.077	0.041	0.587	0.533	2	0.177
贡献率（%）	16.668	16.667	16.667	16.667	16.666			
累计贡献率（%）	16.670	33.330	50.000	66.670	83.330			
因子权重系数	16.667	16.667	16.667	16.666	16.666			

模糊隶属函数分析所获D值能更准确地评价供试胡麻种质的综合抗旱性，D值越大抗旱性越强。综合抗旱性排序结果显示（表4），精河胡麻、察右后旗小、CAWNPORE NO.483、伊宁红、定亚8号、2009-179、BUDA×（19×112）、ROSARIO、陇亚1号、匈牙利8号等分别居供试胡麻种质前10位。

2.4 系统聚类分析及抗旱级别的划分

基于D值的系统聚类及抗旱级别分析显示（图1、表5），在欧氏距离为0.76水平上，将227份供试胡麻种质按抗旱性分为7大类，其中1级抗旱型（1份，精河胡麻）和2级抗旱型（6份）分别占0.44%、2.64%，3级抗旱型（55份）占24.23%。

表 4　胡麻种质编号及抗旱性度量值（D 值）
Table 4　The number of tested flax germplasms and their D value

种质编号	D值	排序	种质编号	D值	排序	种质编号	D值	排序	种质编号	D值	排序	种质编号	D值	排序	种质编号	D值	排序
1	0.366	91	39	0.357	113	77	0.390	54	115	0.404	31	153	0.410	21	191	0.309	200
2	0.397	42	40	0.368	84	78	0.425	9	116	0.311	194	154	0.384	65	192	0.370	83
3	0.409	23	41	0.374	75	79	0.403	32	117	0.451	3	155	0.339	142	193	0.323	175
4	0.391	53	42	0.292	217	80	0.393	47	118	0.415	18	156	0.328	160	194	0.420	14
5	0.395	43	43	0.294	216	81	0.334	150	119	0.340	139	157	0.341	138	195	0.364	98
6	0.352	123	44	0.324	172	82	0.399	40	120	0.311	196	158	0.358	107	196	0.402	33
7	0.401	38	45	0.332	154	83	0.327	163	121	0.399	39	159	0.356	115	197	0.404	27
8	0.384	64	46	0.337	144	84	0.404	29	122	0.402	35	160	0.347	129	198	0.348	127
9	0.364	94	47	0.306	203	85	0.408	24	123	0.434	7	161	0.364	95	199	0.327	164
10	0.346	130	48	0.300	208	86	0.365	92	124	0.426	8	162	0.385	63	200	0.438	6
11	0.346	131	49	0.373	78	87	0.375	74	125	0.366	90	163	0.306	202	201	0.333	151
12	0.358	105	50	0.382	69	88	0.363	99	126	0.356	114	164	0.320	182	202	0.327	162
13	0.382	68	51	0.353	119	89	0.375	73	127	0.358	112	165	0.320	181	203	0.303	205
14	0.407	26	52	0.388	56	90	0.311	197	128	0.367	87	166	0.358	110	204	0.417	15
15	0.404	28	53	0.323	174	91	0.374	77	129	0.358	109	167	0.322	177	205	0.333	153
16	0.402	34	54	0.372	81	92	0.342	136	130	0.368	86	168	0.335	148	206	0.421	13
17	0.410	20	55	0.361	103	93	0.386	62	131	0.388	55	169	0.374	76	207	0.298	212
18	0.284	219	56	0.404	30	94	0.365	93	132	0.358	111	170	0.342	137	208	0.282	220
19	0.318	186	57	0.364	96	95	0.329	157	133	0.322	178	171	0.328	161	209	0.316	187
20	0.316	188	58	0.401	37	96	0.384	67	134	0.314	190	172	0.326	167	210	0.372	80
21	0.364	97	59	0.344	134	97	0.304	204	135	0.300	210	173	0.313	192	211	0.391	50
22	0.355	116	60	0.451	2	98	0.371	82	136	0.353	118	174	0.321	180	212	0.388	57
23	0.335	149	61	0.401	36	99	0.361	102	137	0.373	79	175	0.351	124	213	0.394	45
24	0.367	88	62	0.362	101	100	0.331	155	138	0.302	206	176	0.338	143	214	0.326	166
25	0.327	165	63	0.287	218	101	0.324	173	139	0.319	184	177	0.340	141	215	0.319	183
26	0.342	135	64	0.387	59	102	0.347	128	140	0.392	49	178	0.298	211	216	0.394	46
27	0.336	145	65	0.336	146	103	0.314	191	141	0.443	5	179	0.345	132	217	0.325	169
28	0.350	126	66	0.444	4	104	0.315	189	142	0.395	44	180	0.318	185	218	0.281	221
29	0.386	60	67	0.358	106	105	0.329	159	143	0.270	223	181	0.326	168	219	0.307	201
30	0.391	51	68	0.387	58	106	0.345	133	144	0.294	215	182	0.333	152	220	0.268	225
31	0.335	147	69	0.416	17	107	0.311	195	145	0.329	158	183	0.277	222	221	0.227	227
32	0.352	122	70	0.479	1	108	0.366	89	146	0.416	16	184	0.268	224	222	0.354	117
33	0.353	120	71	0.386	61	109	0.358	108	147	0.310	198	185	0.340	140	223	0.233	226
34	0.313	193	72	0.409	22	110	0.379	72	148	0.422	12	186	0.322	179	224	0.324	171
35	0.408	25	73	0.352	121	111	0.384	66	149	0.397	41	187	0.324	170	225	0.296	214
36	0.424	11	74	0.300	209	112	0.380	71	150	0.425	10	188	0.323	176	226	0.297	213
37	0.368	85	75	0.330	156	113	0.301	207	151	0.380	70	189	0.360	104	227	0.351	125
38	0.391	52	76	0.413	19	114	0.362	100	152	0.392	48	190	0.309	199			

表5 胡麻种质综合抗旱级别及分布

Table 5　Comprehensive drought-resistant grades and distributions of tested flax germplasms

抗旱级别	品种份数	比例/%	D值
1	1	0.441	0.479
2	6	2.643	0.444
3	55	24.229	0.402
4	72	31.718	0.363
5	83	36.564	0.321
6	8	3.524	0.280
7	2	0.881	0.230
平均	227	100.00	0.360

综合分析显示，位居1、2级抗旱型材料，其D值均远大于其相应平均值，属强抗旱型材料，可作为抗旱资源应用；位居3级抗旱型材料，其D值略大于其相应平均值，属弱抗旱型材料，可作为水旱兼用型资源应用；位居4～7级抗旱型的165份材料，其D值均接近或远小于其相应平均值，可作为水地资源应用。

各性状抗旱指数与D值（参考数列）间的关联度（γ_D）能够反映其对综合抗旱性的重要程度，关联度越大，重要性越大，与D值的密切程度越高。灰色关联分析显示（表3），各性状与D值的密切程度依次为每果粒数、产量、主茎分枝数、单株果数、株高、单株分茎数。说明与供试胡麻种质抗旱性关系最为密切的仍然是与产量相关的性状，对干旱胁迫反映最为直接且所受影响最大。而株高、单株分茎数等可作为辅助参考性状，以提高选择准确性及选择效率。

2.5　逐步回归分析及抗旱性预测评价

逐步回归分析得到回归方程 $Y_D=0.398-0.064X_1-0.119X_2+0.042X_3-0.005X_4+0.073X_5+0.036X_6$，回归诊断显示，方程的F值（842875.828）及偏相关系数R（1.000）均达极显著（$P=0.01$），Durbin-Watson统计量D接近于2（2.094），决定系数$R^2=1$；Pearson卡方检验显示，D值与其预测值及Y_y值间呈极显著正相关（$P=0.01$）。说明模型回归方程（1）（2）（3）的预测值与实际值之间拟合度好，解释能力强，抗旱性评价预测精度高，效果较好。有选择地测定与D值密切相关的6个性状指标，以其D值作为评价参数可有效且准确地鉴定以产量为主要考量目标的胡麻种质抗旱性。

3　讨论

3.1　关于抗旱评价指标的选择问题

指标性状的合理选择是作物抗旱性鉴定的关键。对此国内外研究者已从不同角度提出了抗旱性鉴定的相关性状。多数研究者认为，以产量性状对干旱胁迫最为敏感，且农艺性状的综合指标与品种的抗旱性显著相关。然而，不同鉴定指标对干旱胁迫的敏感程度、不同指标间有何关系，对抗旱性的贡献等问题，目前尚无定论。

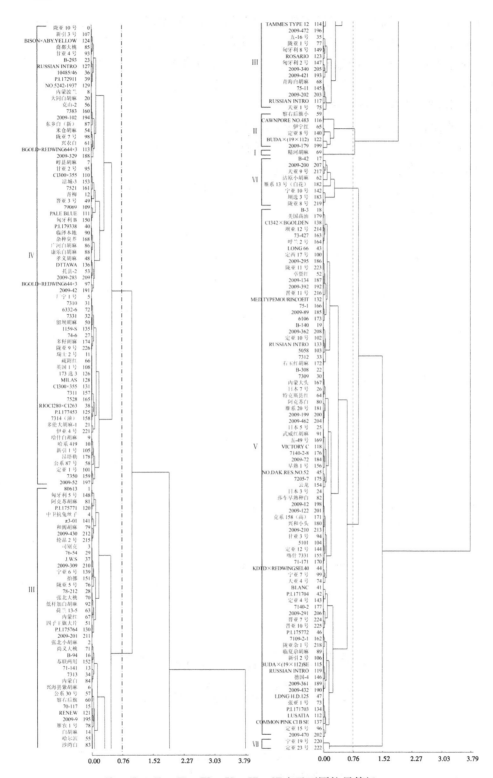

注：Ⅰ、Ⅱ、Ⅲ、Ⅳ、Ⅴ、Ⅵ、Ⅶ表示不同抗旱等级。

图1　基于D值的胡麻种质资源系统聚类图（WPGMA法）

Fig. 1　Fuzzy clustering dendrogram by WPGMA method based on D values of tested flax germplasms

本研究发现每果粒数、产量等性状与供试胡麻种质抗旱性，特别是 D 值关系最为密切，在抗旱性鉴定时需要更加注重其表型测定的准确性。而株高、单株分茎数等性状则不宜作为抗旱性选择的核心指标或可作为辅助性状加以参考，以提高选择准确性及效率，这与前人及项目组前期的研究结果一致，这点与小麦等作物明显不同。

3.2　作物抗旱性的分析方法

目前普遍认为，多指标多方法相结合的抗旱性综合评价比较可靠。祁旭升等研究认为，株高和千粒重对干旱胁迫反应迟钝，单株粒数和单株粒重较为敏感。

本研究认为各性状指标权重及最终核心综合评价指标的确定往往是抗旱性综合评价的关键，并在前期研究基础上，以 227 份国内外胡麻种质资源为材料，进一步验证和优化了其成株期抗旱性综合评价方法，并认为有选择地测定与 D 值密切相关的 6 个性状指标，以其 D 值作为评价参数可有效且准确地鉴定以产量为主要考量目标的胡麻种质抗旱性。如强抗旱型的精河胡麻、阿克苏胡麻、伊宁红等，均来源于年降雨量小于 200 mm 的干旱、半干旱区或干旱荒漠区，抗旱性是其育种的基本指标。

此外，对照笔者前期研究的 15 份对照品种，本研究对天亚 9 号、宁亚 19 号的抗旱性划分略有出入外，其余均与前期研究比较相符，且多数品种在本研究中没有被划分至 Ⅰ、Ⅱ级抗旱型。这说明来自甘、新、宁等干旱或干旱荒漠区的精河胡麻、察右后旗小、伊宁红等诸多地方种质的抗旱性强于天亚 9 号、伊亚 4 号等抗旱型栽培品种，其产量性状较上述栽培品种可能不尽突出，但其可作为抗旱基因资源在育种中利用。

4　结论

采用抗旱性综合评价方法，以抗旱性度量值（D 值）为综合评价指标，进行聚类分析和抗旱型划分，并结合灰色关联分析、逐步回归分析筛选出关键性状指标，建立了回归方程，能有效反映各供试胡麻种质的抗旱性、抗旱特点，为供试胡麻种质育种、抗旱基因挖掘与资源利用及其他品种（系）的抗旱性鉴定提供有价值的参考。

参考文献（略）

欧巧明,叶春雷,李进京,陈军,崔文娟,王立光,厚毅清,罗俊杰:
甘肃省农业科学院生物技术研究所

油用紫苏种质主要农艺性状
及品质特征鉴定与评价

摘　要：为筛选优异紫苏种质资源及优良育种亲本，提高紫苏育种效率，本研究以 159 份油用紫苏种质资源为试验材料，通过对不同紫苏种质 11 个主要农艺性状及 5 个关键品质特性的鉴定、变异分析及主成分和系统聚类分析等的多元统计分析与评价，结果表明，供试紫苏种质主要农艺性状及品质特征的变异系数为 2.60%～35.42%，各种质间主要农艺性状及品质特性遗传变异丰富，类型广泛，选择利用的前景较好；主成分分析将主要农艺性状及品质特征聚为6个主成分即分枝数因子、α-亚麻酸因子、油酸因子、生育期因子、千粒重因子及产量因子，总变异贡献率分别为40.943%、21.549%、12.332%、5.810%、4.486%、4.243%，累计贡献率为89.36%，可代表所考察性状的大部分信息；系统聚类将供试材料聚为五大类群，聚类结果表明，不同类群材料间各农艺性状及品质特征存在较明显的特异性；此外，本试验确定了主要农艺性状及品质特征划分标准，揭示了叶色、粒色等不同类型紫苏种质在产量、α-亚麻酸含量等关键指标上的差异性规律，评价筛选的高产及特异性明显的优异种质，可作为优异基因资源及育种改良亲本应用到生产中。

关键词：紫苏；种质资源；农艺性状及品质特征；主成分分析；聚类分析

紫苏（*Perilla frutesceus*）属唇形科（Labiatae）紫苏属（*Perilla*）一年生草本植物，具特异芳香，是目前发现的种子油中α-亚麻酸含量最高的植物，也是中国、印度、日本、韩国、朝鲜等部分亚洲国家传统的药材、食品、油料、蔬菜、香料兼用植物，广泛分布于海拔260~2 010 m，北纬20°~34°区域。我国紫苏种质资源较为丰富，主要分布于东北、山东、甘肃、四川、浙江和安徽等地区，是国家卫生部首批颁布的60种药食兼用作物之一，北方以油用为主，其中西北、东北2个传统产区，兼作药用；南方以药用为主，兼作香料和食用。作为紫苏品种改良的基础性材料，国内外优异紫苏种质资源的搜集、鉴定与评价始终是必要且需长期进行的基础工作。

前人对紫苏种质资源进行了大量的研究，包括其农艺性状及品质特征鉴定、遗传多样性评价及优异种质筛选等，已有许多变种被发现。其中赵玉昌、张太平对紫苏多个农艺性状及品质特征进行鉴定与评价；白玉生、廖扬春等分别针对甘肃油用紫苏种质资源农艺性状进行考察与评价，并筛选出一批优异种质。沈奇等、严兴初分别对紫苏种质资源的考察标准及描述规范进行研究，并制定了相应技术标准。周晓晶等对紫苏品质性状鉴定，发现多份高α-亚麻酸优质优异的种质；蔡乾蓉等研究认为白苏籽含油量和亚油酸含量相对较高。Nitta等借助130多份紫苏种质农艺性状聚类分析，油含量丰富的品种被聚为一类。Lee等和Park等分别利用AFLP（amplified fragment length polymorphism，扩增片段长度多态性）和SSR（Simple Sequence Repeats，简单重复序列）标记评价了紫苏种质遗传多样性。王仕玉等基于ISSR（inter-simple sequence repeat，简单序列重复区间扩增）标记对云南紫苏资源进行研究，为紫苏的变种分类提供了分子依据。此外，目前主成分分析、聚类分析、灰色关联分析等种质资源评价的多元统计方法已在胡麻、苜蓿等多种作物中广泛应用。

甘肃省是我国油用紫苏的重要产区之一，年播种面积约1.3万 hm²。近年来，甘肃省农业科学院生物技术研究所分子育种研究室先后搜集国内外紫苏种质资源200多份，对其主要农艺及关键品质性状开展必要的鉴定评价和育种利用，极大丰富了我国油用紫苏种质基因库及亲本材料，为其品种改良及产业开发提供了有效科技支撑。

本研究以159份油用紫苏种质资源为材料，采用主成分分析和系统聚类分析等多元统计分析方法对其主要农艺及关键品质性状进行鉴定评价，以期筛选丰产、优质、适应性好、综合性状优良的品种资源及特异种质，为紫苏遗传育种提供优良亲本材料及理论参考。

1 材料与方法

1.1 材料

供试材料为来自国内不同地区的159份油用紫苏种质资源（种质名称、来源等信息详见表1）。

1.2 试验方法

试验于2015—2016年设在兰州市榆中县良种场试验基地，有关其地理、气候、栽培条件、施肥量等参数参照罗俊杰等的方法。

试验采用随机区组设计，设2次重复，3月下旬温室育苗，4月下旬移栽至大田，小区面积1.8 m²（行长3 m，行距60 cm，株距60 cm，2行区），其余参照当地大田常规生产管理，对照品种为甘肃主栽品种陇苏1号（Longsu No.1）。供试材料生长期间考察生育期（growth period，GP）、叶色（leaf colour，LC），待成熟后，各参试材料按随机10株取样考种，测定株高（plant height，PH）、主茎节数（pitch number on main stalk，PM）、一级分枝数（primary branch number per plant，PBN）、主穗长（main ear length，MEL）、总穗数（total ear number，TEN）、一级分枝主穗长（main ear length on primary branches，MELPB）、主穗有效角果数（effective pod numbers on main ear，EPN）、主穗单蒴果粒数（seed amount per capsule on main ear，SAC）等，并全区收获风干后考察粒色（Seed colour，SC）、千粒重（1000-seeds weight，SW）及产量（yield，Y），并取2016年试验及其考察数据的平均值作为主要农艺性状基础数据。

取2016年供试紫苏种子50～60 g，采用DA7200型近红外品质分析仪（瑞士Perten公司生产），利用已优化定标的近红外透射预测模型，对紫苏种子含油率（oil content，OC）、木酚素（lignan content，LC）、α-亚麻酸（α-linolenic acid content，α-LA）、硬脂酸（stearic acid content，SA）、油酸（oleic acid content，OA）、棕榈酸（palmitic acid content，PA）等6个油用品质成分进行测定，每样品设3次重复，取平均值作为品质性状基础数据。

1.3 数据统计分析

利用Excel 2003和SPSS 18.0软件进行基础数据处理及农艺性状指标变异、主成分及聚类分析。

2 结果与分析

2.1 主要农艺性状及品质的变异分析

所考察的17个主要农艺性状及品质的变异性相对较大，其变异幅度为2.60%～35.42%，其中产量变异度最大，生育期变异度最小，其中变异系数大于10.0%的7个性状从大到小依次为：产量>主穗长>木酚素>棕榈酸含量>硬脂酸含量>含油率>株高（表2）。

相关性分析结果表明（表2），生育期与一级分枝数、主穗有效角果数、α-亚麻酸含量呈极显著正相关，但与千粒重及油酸含量呈极显著负相关；株高与主茎节数、一级分枝数、总穗数、主穗单蒴果粒数以及产量呈显著或极显著正相关，但分别与千粒重和木酚素含量呈极显著及显著负相关；产量与株高、主茎节数、一级分枝数、总穗数呈极显著正相关；千粒重与株高、主茎节数、一级分枝数及一级分枝主穗长呈显著或极显著负相关；产量除与α-亚麻酸含量呈极显著负相关外，与株高、主茎节数、一级分枝数、总穗数、含

表1　紫苏种质资源相关信息

Table 1　Information about *Perilla frutescens* germplasms resources

编号 Code	品种名称 Germplasms	生育期 Growth period/d	粒色 Seed colour
CK-0	陇苏1号 Longsu No.1	161	黑灰 Dark gray
S-1	山甲苏子 Shanjiasuzi	154	黑灰 Dark gray
S-2	西坡苏子 Xiposuzi	156	黑灰 Dark gray
S-3	定祥苏子 Dingxiangsuzi	158	黑灰 Dark gray
S-4	盘克苏子 Pankesuzi	159	黑灰 Dark gray
S-5	邵寨苏子 Shaozhaisuzi	160	黑灰 Dark gray
S-6	高平苏子 Gaopingsuzi	161	黑灰 Dark gray
S-7	平泉-1 Pingquan No.1	159	黑灰 Dark gray
S-8	平泉-2 Pingquan No.1	159	黑灰 Dark gray
S-9	索罗苏子 Suoluosuzi	162	黑灰 Dark gray
S-10	白水-1 Baishui No.1	158	黑灰 Dark gray
S-11	白水-2 Baishui No.2	157	黑灰 Dark gray
S-12	恭门-1 Gongmeng No.1	161	黑灰 Dark gray
S-13	恭门-2 Gongmeng No.2	161	白灰 White gray
S-14	渭南苏子 Weinansuzi	161	黑灰 Dark gray
S-15	玉泉苏子 Yuquansuzi	160	黑灰 Dark gray
S-16	长道苏子 Changdaosuzi	163	黑灰 Dark gray
S-17	城关苏子 Chengguansuzi	158	黑灰 Dark gray
S-18	四龙苏子 Silongsuzi	163	白灰 White gray
S-19	什字苏 Shizisu	158	黑灰 Dark gray
S-20	上良苏 Shangliangsu	160	黑灰 Dark gray
S-21	独店苏 Dudianzu	160	黑灰 Dark gray
S-22	上孙苏 Shangsunsu	160	黑灰 Dark gray
S-23	西屯苏 Xitunsu	162	黑灰 Dark gray
S-24	密须苏 Mixusu	156	黑灰 Dark gray
S-25	大王苏 Dawangsu	159	黑灰 Dark gray
S-26	中台苏 Zhongtaisu	160	黑灰 Dark gray
S-27	新集苏 Xinjisu	162	黑灰 Dark gray
S-28	北沟苏 Beigousu	161	黑灰 Dark gray
S-29	吊街苏 Diaojiesu	162	白灰 White gray
S-30	五星苏 Wuxingsu	159	黑灰 Dark gray
S-31	朝那苏 Chaonasu	161	黑灰 Dark gray
S-32	荔堡苏 Libaosu	162	黑灰 Dark gray
S-33	罗汉苏 Luohansu	162	黑灰 Dark gray
S-34	袁口苏 Yuankousu	161	黑灰 Dark gray
S-35	木林苏 Mulinsu	157	黑灰 Dark gray
S-36	九功苏 Jiugongsu	163	黑灰 Dark gray
S-37	锦屏苏 Jingpingsu	163	黑灰 Dark gray
S-38	合道苏 Hedaosu	160	黑灰 Dark gray
S-39	杨庄苏 Yangzhuangsu	162	黑灰 Dark gray
S-40	香莲苏 Xiangliansu	159	黑灰 Dark gray
S-41	策底苏 Cedisu	162	黑灰 Dark gray
S-42	周家苏 Zhoujiasu	162	黑灰 Dark gray

续表1

编号 Code	品种名称 Germplasms	生育期 Growth period/d	粒色 Seed colour
S-43	西华苏 Xihuasu	158	黑灰 Dark gray
S-44	南川苏 Nanchuansu	162	黑灰 Dark gray
S-45	龙山苏 Longshansu	157	黑灰 Dark gray
S-46	北道苏 Beidaosu	159	黑灰 Dark gray
S-47	石佛苏 Shifousu	170	黑灰 Dark gray
S-48	仁大苏 Rendasu	163	黑灰 Dark gray
S-49	黄陈苏 Huangchensu	169	黑灰 Dark gray
S-50	索池苏 Suochisu	169	黑灰 Dark gray
S-51	索池苏-1 Suochisu No.1	169	白灰 White gray
S-52	成县苏 Chengxiansu	169	白灰 White gray
S-53	口头苏 Koutousu	169	白灰 White gray
S-54	月明苏 Yuemingsu	163	黑灰 Dark gray
S-55	永正苏 Yongzhengsu	160	黑灰 Dark gray
S-56	永正苏-1 Yongzhengsu No.1	159	白灰 White gray
S-57	石家老苏 Shijialaosu	163	黑灰 Dark gray
S-58	苏里娜 Sulina	170	白灰 White gray
S-59	罗川苏 Luochuansu	163	黑灰 Dark gray
S-60	永和苏 Yonghesu	158	黑灰 Dark gray
S-61	坡寨苏 Pozhaisu	158	黑灰 Dark gray
S-62	新宁苏 Xinningsu	162	黑灰 Dark gray
S-63	肖嘴苏 Xiaozuisu	160	黑灰 Dark gray
S-64	太莪苏 Taiesu	162	黑灰 Dark gray
S-65	固城苏 Guchengsu	160	黑灰 Dark gray
S-66	吉岘苏 Jixiansu	159	黑灰 Dark gray
S-67	九倾苏 Jiuqingsu	159	白灰 White gray
S-68	宫河苏 Gonghesu	162	黑灰 Dark gray
S-69	春荣苏 Chunrongsu	158	黑灰 Dark gray
S-70	早胜苏 Zaoshengsu	158	黑灰 Dark gray
S-71	新庄苏 Xinzhuangsu	158	黑灰 Dark gray
S-72	坳幼马苏 Aoaomasu	158	黑灰 Dark gray
S-73	温泉苏 Wenquansu	156	黑灰 Dark gray
S-74	吊堡子苏 Diaobaozisu	159	黑灰 Dark gray
S-75	红河苏 Honghesu	161	黑灰 Dark gray
S-76	飞云苏 Feiyunsu	160	黑灰 Dark gray
S-77	王村苏 Wangcunsu	160	黑灰 Dark gray
S-78	太平苏 Taipingsu	162	黑灰 Dark gray
S-79	庙渠苏 Miaoqusu	162	黑灰 Dark gray
S-80	崇信苏 Chunxinsu	162	黑灰 Dark gray
S-81	铜城苏 Tongchengsu	157	黑灰 Dark gray
S-82	赤城苏 Chichengsu	168	黑灰 Dark gray
S-83	草峰苏 Caofengsu	160	黑灰 Dark gray
S-84	马峡苏 Maxiasu	160	黑灰 Dark gray
S-85	山寨苏 Shanzhaosu	161	黑灰 Dark gray

编号 Code	品种名称 Germplasms	生育期 Growth period/d	粒色 Seed colour
S-86	万全苏 Wanquzansu	158	黑灰 Dark gray
S-87	柳梁苏 Liuliangsu	160	黑灰 Dark gray
S-88	田堡苏 Tianbaosu	158	白灰 White gray
S-89	刘坪苏 Liupinvgsu	158	黑灰 Dark gray
S-90	秦安苏 Qinansu	163	黑灰 Dark gray
S-91	秦安-1Qinansu No.1	156	白灰 White gray
S-92	陇城苏 Longchengsu	167	黑灰 Dark gray
S-93	陇城-1Longcheng No.1	168	白灰 White gray
S-94	黄门苏 Huangmengsu	167	黑灰 Dark gray
S-95	清水苏 Qingshuisu	169	黑灰 Dark gray
S-96	新阳苏 Xinyangsu	168	黑灰 Dark gray
S-97	玉磨苏 Yumosu	160	黑灰 Dark gray
S-98	玉磨-1Yumo No.1	160	白灰 White gray
S-99	银杏苏 Yinsingsu	161	白灰 White gray
S-100	下曲苏 Xiaqusu	162	黑灰 Dark gray
S-101	康县苏 Kangxiansu	159	黑灰 Dark gray
S-102	硬王苏 Yingwangsu	161	黑灰 Dark gray
S-103	龙泉苏 Longquansu	162	黑灰 Dark gray
S-104	北湾苏 Beiwansu	160	白灰 White gray
S-105	乌兰苏 Wulansu	156	黑灰 Dark gray
S-106	临潭苏 Lintansu	157	黑灰 Dark gray
S-107	硬王-1Yingwang No.1	158	黑灰 Dark gray
S-108	新庄-1Xinzhuang No.1	161	白灰 White gray
S-109	密须-1Moxu No.1	158	白灰 White gray
S-110	独店-1Dudian No.1	161	白灰 White gray
S-111	策底-1Cedi No.1	160	白灰 White gray
S-112	泾明苏 Jingmingsu	160	白灰 White gray
S-113	平洛苏 Pingluosu	158	白灰 White gray
S-114	陇山苏 Longshansu	155	黑灰 Dark gray
S-115	曲流苏 Quliusu	162	黑灰 Dark gray
S-116	东庄苏 Dongzhuangsu	158	黑灰 Dark gray
S-117	老庄苏 Laozhuangsu	171	黑灰 Dark gray
S-118	赵沟苏 Zhaogousu	161	黑灰 Dark gray
S-119	右集苏 Youjisu	167	黑灰 Dark gray
S-120	双庙苏 Shuangmiaosu	158	黑灰 Dark gray
S-121	户坪苏 Hupingsu	162	黑灰 Dark gray
S-122	喂马苏 Weimasu	159	黑灰 Dark gray
S-123	熊池苏 Xiongchisu	159	白灰 White gray
S-124	玉泉-1Yuquan No.1	156	黑灰 Dark gray
S-125	渭南-1 Weinan No.1	161	黑灰 Dark gray
S-126	礼县苏 Lixiansu	160	黑灰 Dark gray
S-127	千户-1Qianhu No.1	159	黑灰 Dark gray
S-128	兰田红苏 Lantianhongsu	160	白灰 White gray

续表1

编号 Code	品种名称 Germplasms	生育期 Growth period/d	粒色 Seed colour
S-129	黄陈-1Huangchen No.1	159	白灰White gray
S-130	甘泉苏 Ganquansu	151	黑灰 Dark gray
S-131	玉泉-2Yuquan No.2	161	黑灰 Dark gray
S-132	成县-2Chengxian No.2	160	黑灰 Dark gray
S-133	吉县-1Jixian No.1	160	黑灰 Dark gray
S-134	永正-2Yongcheng No.2	160	白灰 White gray
S-135	平泉-3Pingquan No.3	161	黑灰 Dark gray
S-136	931-2	161	白灰 White gray
S-137	942-1	159	黑灰 Dark gray
S-138	941-1	156	黑灰 Dark gray
S-139	永昌苏 Yongchangsu	148	黑灰 Dark gray
S-140	兰州-1Lanzhou No.1	168	黑灰 Dark gray
S-141	兰州-2Lanzhou No.2	168	黑灰 Dark gray
S-142	S-94006	168	黑灰 Dark gray
S-143	S-94007	168	黑灰 Dark gray
S-144	S-94013	170	黑灰 Dark gray
S-145	S-94014	168	黑灰 Dark gray
S-146	S-94023	168	黑灰 Dark gray
S-147	S-94033	167	黑灰 Dark gray
S-148	S-94035	168	黑灰 Dark gray
S-149	S-94036	168	黑灰 Dark gray
S-150	S-94040	168	黑灰 Dark gray
S-151	S-94052	171	黑灰 Dark gray
S-152	S-94063	168	黑灰 Dark gray
S-153	S-94070	171	黑灰 Dark gray
S-154	S-94078	170	黑灰 Dark gray
S-155	S-0355	162	黑灰 Dark gray
S-156	S-0361	162	白灰 White gray
S-157	S-0364	170	黑灰 Dark gray
S-158	S-94039	168	黑灰 Dark gray

表2　紫苏种质主要农艺性状及品质特征变异及其相关性分析

Table 2　Variations, correlation analysis of main agronomic and quality traits of tested oil *Perilla frutescens* germplasms

性状 Traits	平均数 Mean	极差 Variability	变异系数 CV/%	GP/d	PH/cm	PM	PBN	MEL	TEN	MELPB	EPN	SAC	SW	Y	OC	LC	α-LA	SA	OA	PA	关联度 产量 Y	关联度 α-亚麻酸含量 α-LA
生育期 GP/d	161.5±4.22	23.00	2.60	1																	0.475	0.545
株高 PH/cm	158.0±16.43	108.80	10.36	0.19*	1																0.498	0.477
主茎节数 PM	10.5±1.09	7.10	8.72	0.20*	0.983**	1															0.503	0.475
一级分枝数 PBN	21.5±1.87	12.80	8.58	0.23**	0.917**	0.967**	1														0.501	0.481
主穗长 MEL/cm	15.8±1.35	8.40	23.06	0.08	0.033	0.052	0.070	1													0.528	0.461
总穗数 TEN	88.2±20.34	95.30	9.02	−0.05	0.654**	0.669**	0.668**	0.117	1												0.606	0.440
一级分枝主穗长 MELPB/cm	12.0±1.08	8.90	8.55	0.19*	0.059	0.075	0.102	0.774**	0.067	1											0.489	0.479
主穗有效角果数 EPN	29.2±2.49	14.40	8.53	0.31**	0.078	0.091	0.100	0.742**	0.070	0.737**	1										0.495	0.475
主穗单蒴果粒数 SAC	3.0±0.26	1.50	8.73	0.14	0.159*	0.146	0.140	0.060	0.105	0.149	0.104	1									0.496	0.471
千粒重 SW(g/1000seeds)	4.1±0.36	1.28	8.70	−0.23*	−0.306**	−0.317**	−0.305**	−0.040	−0.050	−0.200*	−0.127	−0.124	1								0.475	0.451
产量 Y(kg/667m²)	115.1±40.78	251.58	35.42	−0.17	0.233**	0.237**	0.232**	0.022	0.740**	−0.050	−0.030	−0.028	0.160*	1							1.000	0.473
含油率 OC/%	38.5±4.86	23.67	12.62	−0.31**	0.03	0.02	0.03	0.27**	0.36**	0.01	0.04	0.12	0.31**	0.50**	1						0.556	0.424
木酚素含量 LC/%	17.7±3.70	32.17	20.89	0.13	−0.16*	−0.15	−0.15	−0.12	−0.16*	−0.15	−0.12	−0.14	−0.04	−0.13	−0.32**	1					0.518	0.599
α-亚麻酸含量 α-LA/%	61.5±3.60	19.91	5.85	0.39**	0	0.01	0.02	−0.17*	−0.34**	0.02	0.02	−0.09	−0.30**	−0.45**	−0.88**	0.39**	1				0.459	1.000
硬脂酸含量 SA/%	16.4±2.61	16.99	15.97	0.08	−0.15	−0.14	−0.15	−0.16*	−0.18*	−0.15	−0.13	−0.13	−0.08	−0.12	−0.54**	0.78**	0.56**	1			0.494	0.588
油酸含量 OA/%	19.43±1.65	9.23	8.50	−0.24*	−0.07	−0.08	−0.09	−0.11	−0.08	−0.09	−0.09	−0.04	0.05	−0.08	0.04	−0.50**	−0.18*	−0.36**	1		0.484	0.502
棕榈酸含量 PA/%	6.7±1.27	8.5	19.03	0.17*	−0.06	−0.06	−0.05	−0.1	−0.09	−0.05	−0.05	−0.09	−0.06	−0.1	−0.26*	0.72**	0.15	0.49**	0.75**	1	0.494	0.544

注：GP、PH、PM、PBN、MEL、TEN、MELPB、EPN、SAC、SW、Y、OC、LC、α-LA、SA、OA、PA分别表示生育期、株高、主茎节数、一级分枝数、总穗数、主穗长、一级分枝主穗长、主穗有效角果数、主穗单蒴果粒数、千粒重、产量、含油率、木酚素含量、α-亚麻酸含量、硬脂酸含量、油酸含量、棕榈酸含量，下同；相关系数临界界值，α=0.05时，r=0.1557，*表示0.05水平差异显著（P<0.05）；α=0.01时，r=0.2037，**表示0.01水平差异极显著（P<0.01）。

Note: GP, PH, PM, PBN, MEL, TEN, MELPB, EPN, SAC, SW, Y, OC, LC, α-LA, SA, OA, PA show growth period, plant height, pitch number on main stalk, primary branch number per plant, main ear length, total ear number, main ear length on primary branches, effective pod numbers on main ear, seed amount per capsule on main ear, 1000-seeds weight, yield, oil content, lignan content, α-linolenic acid content, stearic acid content, oleic acid content and palmitic acid content respectively, similarly hereinafter. The threshold of correlation coefficients, r=0.1557, *means significant difference at 0.05 level (P<0.05); r=0.2037, **means significant difference at 0.01 level (P<0.01).

表3 油用紫苏种质品质成分分析结果（仅列出前40位）

Table 3　The analysis results of the quality components of tested oil *Perilla frutescens* germplasms (Only the top 40 listed)

编号 Num	品种名称 Varieties names	株高 PH /cm	产量 Y (kg/667m²)	产量排序 Rank	α-亚麻酸 α-LA /%	α-亚麻酸排序 α-LA Rank	含油率 OC /%	木酚素 LC /%	饱和脂肪酸 SFA /%	不饱和脂肪酸含量 UFA /%	叶色 Leaf colour
82	赤城苏 Chichengsu	202.4	258.43	1	59.48	108	41.73	17.00	22.19	79.76	全绿 All green
130	甘泉苏 Ganquansu	195.2	216.18	2	60.09	97	42.33	14.60	20.12	79.40	全绿 All green
113	平洛苏 Pingluosu	188.1	207.81	3	58.35	134	44.66	14.99	19.45	78.56	背紫 Purple back
83	草峰苏 Caofengsu	165.5	201.56	4	58.67	129	42.01	16.90	23.20	78.42	全绿 All green
78	太平苏 Taipingsu	153.2	196.36	5	57.13	152	43.56	15.89	22.52	76.54	全绿 All green
89	刘坪苏 Liupinvgsu	182.9	194.54	6	60.73	79	42.41	14.81	21.82	78.28	全绿 All green
86	万全苏 Wanquansu	151.1	188.95	7	60.44	86	41.72	17.30	22.77	81.07	全绿 All green
84	马峡苏 Maxiasu	164.4	186.60	8	58.92	123	42.28	16.44	22.66	78.86	全绿 All green
49	黄陈苏 Huangchengsu	180.9	186.41	9	61.49	61	42.44	16.53	20.44	79.67	全绿 All green
39	杨庄苏 Yangzhuangsu	164.4	178.17	10	57.94	142	42.14	16.09	22.05	78.27	全绿 All green
51	索池苏-1 Suochisu No.1	190.1	174.08	11	62.51	42	39.94	18.54	23.69	76.24	全绿 All green
140	兰州-11 Lanzhou No.1	191.1	168.99	12	58.72	127	41.09	15.15	21.16	78.18	全绿 All green
92	陇城苏 Longchengsu	167.5	166.72	13	66.44	18	34.28	19.14	23.63	84.63	全绿 All green
77	王村苏 Wangcunsu	157.3	161.63	14	57.82	145	42.29	16.42	21.38	78.60	全绿 All green
28	北沟苏 Beigousu	174.7	161.49	15	59.42	109	43.05	16.74	22.34	79.19	全绿 All green
19	什字苏 Shizisu	145.0	160.81	16	60.07	98	41.35	17.68	21.08	81.20	全绿 All green
67	九峡苏 Jiuqinsu	191.1	159.60	17	59.23	114	42.87	14.65	19.41	80.70	正绿背紫
36	九功苏 Jiugongsu	143.9	158.79	18	59.88	101	41.51	15.96	21.43	80.13	全绿 All green
45	龙山苏 Longshansu	135.7	158.37	19	58.82	126	39.58	16.23	22.57	77.96	全绿 All green
23	西屯苏 Xitunsu	154.2	109.3	20	59.53	107	42.39	16.93	22.55	78.53	全绿 All green
0	陇苏1号 Longsu No.1	165.5	152.84	57	61.37	64	39.47	16.46	22.19	79.76	全绿 All green

续表3

编号 Num	品种名称 Varieties names	株高 PH /cm	产量 Y (kg/667m²)	产量排序 Rank	α-亚麻酸 α-LA /%	α-亚麻酸排序 α-LA Rank	含油率 OC /%	木酚素 LC /%	饱和脂肪酸 SFA /%	不饱和脂肪酸含量 UFA /%	叶色 Leaf colour
153	S-94070	163.4	6.85	170	75.45	1	23.37	8.15	21.06	95.50	背紫 Purple back
150	S-94040	166.5	68.30	151	72.79	2	26.09	28.21	35.32	89.30	背紫 Purple back
148	S-94035	157.3	71.42	148	70.98	3	26.39	28.59	34.42	87.84	背紫 Purple back
151	S-94052	158.3	154.38	25	70.45	4	25.73	10.13	19.78	91.52	背紫 Purple back
144	S-94013	176.8	26.27	168	70.39	5	30.04	15.82	18.45	91.58	背紫 Purple back
132	成县苏-2 Chengxiansu No.2	153.2	46.73	161	70.21	6	29.07	30.93	34.50	85.60	背紫 Purple back
143	S-94007	176.8	33.38	166	69.93	7	21.03	10.63	24.04	90.98	背紫 Purple back
52	成县苏 Chengxiansu	169.6	80.87	144	69.83	8	33.65	23.36	23.07	89.75	背紫 Purple back
128	兰田红苏 Lantianhongsu	147.0	12.82	169	69.68	9	29.71	28.03	31.72	86.84	全紫 All purple
53	口头苏 Koutousu	120.3	110.50	101	68.92	10	28.79	40.32	37.44	85.48	背紫 Purple back
8	平泉苏-2 Pingquansu No.2	152.1	155.62	24	68.91	11	25.29	19.10	29.37	89.37	全绿 All green
157	S-0364	167.5	50.59	160	67.84	12	31.22	28.45	32.33	85.95	背紫 Purple back
2	西坡苏 Xiposu	133.7	65.13	152	67.70	13	28.47	15.87	26.06	87.59	全绿 All green
64	太赉苏 Taiesu	154.2	37.28	163	67.51	14	27.39	18.36	25.43	87.85	全绿 All green
147	S-94033	154.2	82.04	140	66.73	15	32.20	24.47	28.28	84.86	背紫 Purple back
48	仁大苏 Rendasu	140.8	36.32	164	66.66	16	30.14	17.64	24.40	87.07	全绿 All green
58	苏里娜 Sulina	154.2	112.02	98	66.44	17	30.10	27.76	35.74	80.28	背紫 Purple back
92	陇城苏 Longchengsu	167.5	166.72	13	66.44	18	34.28	19.14	23.63	84.63	全绿 All green
68	宫河苏 Gonghesu	154.2	119.66	84	66.18	19	34.15	19.97	25.95	86.95	全绿 All green
145	S-94014	183.9	68.30	150	66.17	20	31.71	18.85	25.01	85.57	背紫 Purple back
0	陇苏1号 Longsu No.1	165.5	152.84	64	61.37	57	39.47	16.46	22.19	79.76	全绿 All green

注：对照品种为陇苏1号，SFA，UFP分别表示饱和脂肪酸，不饱和脂肪酸；背紫表示叶正面绿色，背面紫色。下同。
Note: Longsu No.1 is control in the study. SFA, UFP show saturated fatty acid, unsaturated fattyacid respectively. Purple back show green above and purple back. The same as following.

油率均呈极显著正相关；其他几个产量相关因子与品质性状大多呈负相关；而含油率与主穗长、总穗数、千粒重、产量呈极显著正相关，但与生育期、木酚素含量、α-亚麻酸含量、硬脂酸含量、棕榈酸含量呈极显著负相关；α-亚麻酸含量与生育期、木酚素含量、硬脂酸含量、棕榈酸含量呈极显著正相关，但与主穗长、总穗数、千粒重、产量、含油率及油酸含量呈极显著负相关。而表3中供试紫苏种质中产量及α-亚麻酸含量排序位居前40位的材料未出现重叠，也进一步说明两者的显著负相关关系。

灰色关联分析表明，产量与总穗数及含油率的关系最为密切，而α-亚麻酸含量与木酚素含量、硬脂酸含量、棕榈酸含量及生育期的关系较为密切，这与相关性分析结果一致。

此外，由表3可知，供试材料的产量（前20位的材料）的叶色90%为全绿型，株高、含油率平均值较高，但饱和脂肪酸及不饱和脂肪酸含量平均值较低；而α-亚麻酸含量（前20位的材料）的叶色70%为全紫或背紫型，株高及含油率平均值相对较低，但饱和脂肪酸、不饱和脂肪酸含量平均值相对较高。

2.2 主成分分析

主成分分析表明，主成分特征根中前6个主成分（分枝数因子、α-亚麻酸因子、油酸因子、生育期因子、千粒重因子及产量因子）的累计贡献率达到89.36%，提取前1～6个主成分即可代表所考察性状的绝大部分信息（表4）。因此，可以用这6个主成分对供试材料进行分析评价。

表4 紫苏不同性状的因子载荷矩阵、特征根及其贡献率
Table 4 Rotated factor pattern, characteristic root and contribution rate of tested oil *Perilla frutescens* germplasms

性状 Traits	第1主成分 The first PC	第2主成分 The second PC	第3主成分 The third PC	第4主成分 The fouth PC	第5主成分 The fifth PC	第6主成分 The sixth PC
生育期 GP	0.063	0.254	−0.151	−0.559	0.497	−0.432
株高 PH	0.351	0.079	−0.059	0.027	−0.046	0.093
主茎节数 PM	0.361	0.086	−0.060	0.035	−0.042	0.100
一级分枝数 PBN	0.364	0.090	−0.058	0.000	0.010	0.103
主穗长 MEL	0.331	−0.016	0.116	0.067	0.133	0.064
总穗数 TEN	0.303	−0.105	0.244	0.194	0.034	−0.295
一级分枝主穗长 MELPB /cm	0.344	0.081	−0.050	0.032	0.008	0.110
主穗有效角果数 EPN	0.325	0.099	−0.086	−0.127	0.042	0.115
主穗单蒴果粒数 SAC	0.350	0.043	−0.011	0.062	−0.001	0.147
千粒重 SW	−0.099	−0.207	0.244	0.098	0.780	0.469

性状 Traits	第1主成分 The first PC	第2主成分 The second PC	第3主成分 The third PC	第4主成分 The fouth PC	第5主成分 The fifth PC	第6主成分 The sixth PC
产量 Y	0.148	−0.208	0.394	0.238	0.115	−0.599
含油率 OC	0.076	−0.398	0.299	−0.259	−0.090	0.056
木酚素含量 LC	−0.092	0.369	0.339	0.160	−0.031	0.105
α−亚麻酸含量 α−LA	−0.056	0.413	−0.269	0.218	0.227	−0.140
硬脂酸含量 SA	−0.096	0.380	0.193	0.456	0.069	−0.048
油酸含量 OA	−0.020	−0.279	−0.433	0.377	0.042	−0.001
棕榈酸含量 PA	−0.052	0.333	0.410	−0.256	−0.199	0.179
特征根 Eigenvalue	6.960	3.663	2.097	0.988	0.763	0.721
贡献率 Contribution rate/%	40.943	21.549	12.332	5.810	4.486	4.243
累计贡献率 Cumulative contribution rate/%	40.943	62.492	74.825	80.635	85.121	89.364

　　注：第一主成分：分枝数因子；第2主成分：α−亚麻酸因子；第3主成分：油酸因子；第4主成分：生育期因子；第5主成分：千粒重因子；第6主成分：产量因子，表中黑框分别标注他们的因子载荷矩阵。

　　Note：The first PC, the second PC, the third PC, the third PC, the fouth PC, the fifth PC, the sixth PC represented pitch number factor, α−linolenic acid factor, oil content factor, growth period factor, 1000−seeds weight factor, yield factor respectively. Thire rotated factor pattern was marked with black case in table 4.

　　第1主成分的贡献率为40.943%，其特征根较大（>0.3）的性状有8个（株高、主茎节数、一级分枝数、主穗长、总穗数、一级分枝主穗长、主穗有效角果数和主穗单蒴果粒数），且贡献率相对接近，表明第1主成分主要由以上8个性状综合决定。此外，考虑到分枝数因子与株高、总穗数、产量、生育期等呈正相关关系及与千粒重的负相关关系，主茎节数高的品种通常产量、株高也较高，但千粒重及籽粒直径较小。

　　第2主成分的贡献率为21.549%，其特征向量因子中α−亚麻酸含量贡献最大。考虑到其与生育期等4个性状的正相关性及与产量、含油率等的负相关性，α−亚麻酸含量的提高往往伴随生育期及饱和脂肪酸含量的增加及产量、千粒重及油酸含量的下降。

　　第3主成分的贡献率为12.332%，其特征向量因子中油酸含量贡献最大。由于其特征向量揭示油酸与除含油率以外的所有测试性状的负相关关系，表明考虑产量等重要育种因子，油酸含量不宜过高，且高油酸含量材料通常具有早熟性。

　　第4主成分的贡献率为5.810%，其特征向量因子中生育期贡献最大。考虑到其与产量、千粒重的负相关性及α−亚麻酸含量的正相关性，早熟材料通常具有高α−亚麻酸特性，但需考虑其与产量性状的协调性。

第5主成分的贡献率为4.486%，其特征向量中千粒重贡献最大。考虑到其与含油率的正相关性及α-亚麻酸含量的负相关性，千粒重不宜过高，需要综合考量产量、α-亚麻酸的高低。

第6主成分的贡献率为4.243%，其特征向量因子中产量贡献最大。考虑到其与含油率的正相关性及α-亚麻酸含量的负相关性，在保证丰产的同时，需兼顾其品质性状。

此外，只有综合考虑所有对变异贡献较大的主成分，才能充分体现材料间的基因型差异及分类特点，而本研究中第1、第2主成分累计贡献率达到62.49%，其特征向量因子中，除含油率外，均表现出与产量及α-亚麻酸的正相关关系，且关联性状较多。因此，需要综合考虑第1和第2主成分中的多个性状，才能较好地区分供试材料，并确定关键评价因子或关键育种性状。

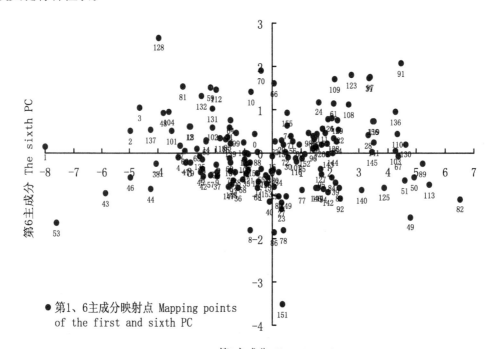

图1 第1主成分与第6主成分的二维映射图

Fig. 1 Scatter plot based on the first PC and the sixth PC

由图1可知，第6主成分揭示的是其与产量的负相关关系，故产量较高的种质主要分布在横坐标的下方（区域Ⅰ及其附近），其中产量较好的编号为82、130、113、83、78、89、86、84、49、39等，10份种质的第6主成分值居前10位；第1主成分（分枝数因子）值较大的种质主要分布于纵坐标的右侧。考虑到产量与一级分枝数、主茎节数等的正相关关系，居二维排序图右下角的材料具有丰产、分枝数高等特点。

由图2知，第2主成分值较大的种质主要分布于纵坐标右侧（区域Ⅱ及其附近）；考虑到产量与α-亚麻酸含量的负相关关系，居二维排序图右下角的材料兼具有丰产和高α-亚麻酸等特点，如编号为151、92、125、51、5等，特别是8、92、151兼具高产和高α-亚麻酸特性。

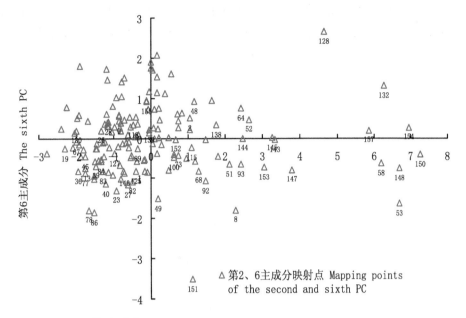

图2 第2主成分与第6主成分的二维映射图

Fig. 2　Scatter plot based on the second PC and the sixth PC

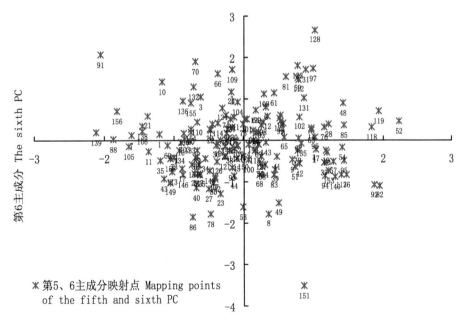

图3 第5主成分与第6主成分的二维映射图

Fig. 3　Scatter plot based on the fifth PC and the sixth PC

由图3可知，第5主成分值较大的种质主要分布于纵坐标的右侧（区域Ⅲ及其附近），而居二维排序图右下角的材料兼具丰产和高千粒重等特点，如编号为151、53、8、92、49、86等的材料，特别是92号材料兼具高产、高α-亚麻酸、高千粒重的特性，可在育种中重点利用。

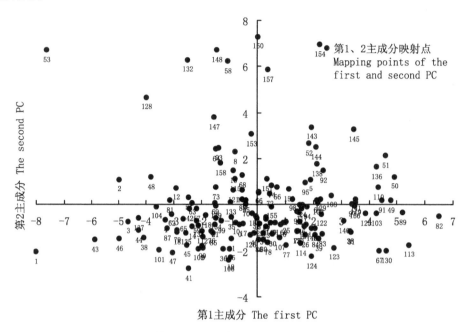

图4　第1主成分与第2主成分的二维映射图

Fig. 4　Scatter plot based on the first PC and the second PC

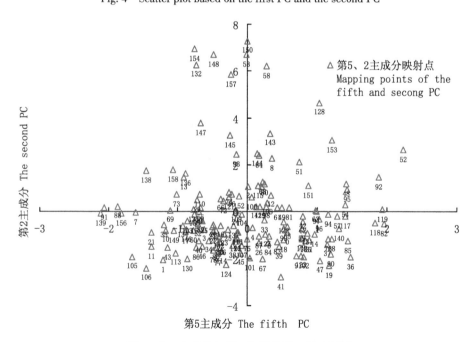

图5　第5主成分与第2主成分的二维映射图

Fig. 5　Scatter plot based on the fifth PC and the second PC

　　由图4可知，第2主成分及第1主成分值均较大的种质主要分布于二维排序图的右上方（区域Ⅰ及附近），具有高α-亚麻酸、高分枝数及丰产的特点，如编号为49、51、92等材料。

　　由图5可知，第2主成分及第5主成分值均较大的种质主要分布于二维排序图右上方（区域Ⅱ及其附近），具有高α-亚麻酸、高分枝数等特点，如编号为128、153、51、52、138等材料，特别是51号材料兼具高α-亚麻酸、高分枝数、高千粒重等特点，可在育种中重点加以利用。

　　由图6可知，第1主成分及第5主成分值均较大的种质主要分布于二维排序图的右上方（区域Ⅰ及其附近），考虑到一级分枝数、千粒重与产量的正相关关系，它们通常具有高分枝数、高千粒重及丰产的特点，如编号为92、51、140、49、82等材料，可在育种中重点利用。

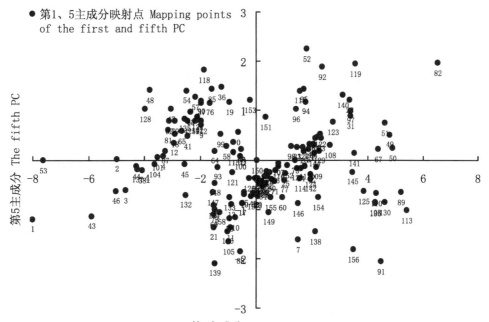

图6　第1主成分和第5主成分二维映射图

Fig. 6　Scatter plot based on the first and the fifth PC

2.3　基于主要农艺性状及品质特征的聚类分析

　　主要农艺性状及品质特征系统聚类分析显示，159份紫苏种质在欧氏距离（离差平方和法）D=29.52处被划分为五大类群（图7、表5）。

　　第Ⅰ大类群包括52份材料，其生育期（均值为159.92 d）及株高（均值为153.56 cm）最小，其他性状处于中等水平；考虑到该类群产量较高（均值为113.51 kg/667 m²）、α-亚麻酸含量中等，其可作为早熟、矮秆、丰产的亲本利用。

　　第Ⅱ大类群包括9份材料，其生育期（均值为159.92 d）及油酸含量（均值为21.02%）最高，但产量（均值为58.96 kg/667m²）、千粒重（均值为3.47 g/1000-seeds）及木酚素（均值为11.76%）、硬脂酸（均值为13.29%）、棕榈酸（均值为5.22%）含量最低，其他性状均居中等水平；且其产量及千粒重变异系数最小，但α-亚麻酸含量变异系数最大，可

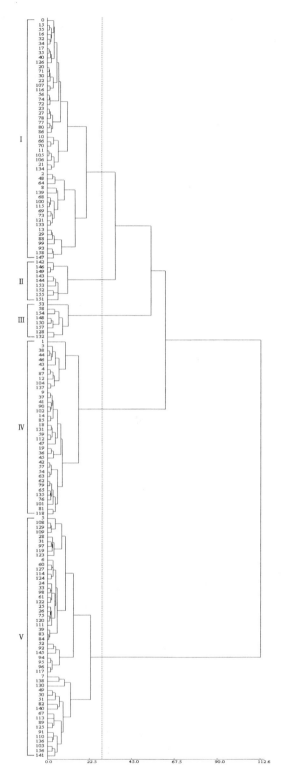

图7　供试紫苏种质主要农艺性状及品质特征系统聚类图

Fig.7　Fuzzy clustering dendrogram of based on main agronomic and quality traits of tested

Perilla frutescens germplasms

表5　供试油用紫苏种质各聚类类群主要农艺性状及品质特征统计

Table 5　Statistical parameter of main agronomic and quality traits for sevev groups of tested *Perilla frutescens* germplasms

类群 Group	数目 Number	统计参数 Statistical parameter	生育期 GP/d	株高 PH/cm	主茎节数 PM	一级分枝数 PBN	主穗长 MEL	总穗数 TEN	一级分枝主穗长 MELPB/cm	主穗有效角果数 EPN	主穗单蓬果粒数 SAC	千粒重 SW(g/1000-seeds)	产量 Y(kg/667m²)	含油率 OC/%	木酚素含量 LC/%	α-亚麻酸含量 α-LA/%	硬脂酸含量 SA/%	油酸含量 OA/%	棕榈酸含量 PA/%
I	52	Mean/%	159.92	153.56	10.22	21.03	15.47	87.47	11.75	28.74	2.98	3.90	113.51	38.43	17.99	61.32	16.72	19.73	6.55
		CV/%	0.020	0.033	0.033	0.029	0.041	0.190	0.032	0.029	0.039	0.053	0.308	0.115	0.100	0.052	0.107	0.071	0.151
II	9	Mean/%	168.22	166.96	11.18	22.78	15.33	73.25	12.75	31.14	3.05	3.47	58.96	31.39	11.76	66.40	13.29	21.02	5.22
		CV/%	0.016	0.040	0.061	0.037	0.025	0.221	0.039	0.038	0.037	0.020	0.773	0.251	0.235	0.080	0.221	0.067	0.142
III	8	Mean/%	166.88	155.34	10.36	21.29	15.16	68.27	11.92	29.10	2.89	3.76	70.65	29.05	29.89	69.05	24.44	16.05	10.18
		CV/%	0.026	0.110	0.116	0.103	0.084	0.268	0.104	0.104	0.088	0.108	0.482	0.066	0.146	0.035	0.056	0.095	0.124
IV	38	Mean/%	160.75	139.87	9.27	19.30	14.57	71.20	10.80	26.38	2.74	4.45	110.90	39.73	17.19	60.42	15.96	19.68	6.61
		CV/%	0.016	0.061	0.066	0.057	0.076	0.213	0.057	0.057	0.058	0.042	0.260	0.067	0.092	0.029	0.104	0.053	0.119
V	52	Mean/%	161.62	174.55	11.60	23.28	17.07	107.05	12.99	31.29	3.27	4.11	136.41	40.34	17.03	60.35	15.61	19.17	6.58
		CV/%	0.029	0.071	0.062	0.051	0.061	0.079	0.066	0.066	0.053	0.071	0.284	0.081	0.108	0.043	0.082	0.085	0.148

注：下划虚线、实线黑框分别表示五个聚类类群所对应的该性状平均值的最大值和最小值。

Note: the alue with dotted line or full black line box showed their maximum mean minimums mean of the traits corresponding to the five cluster groups in table 5.

作为晚熟亲本利用，但需谨慎筛选。

第Ⅲ大类群包括8份材料，其木酚素（均值为29.89%）、α-亚麻酸（均值为69.05%）、硬脂酸（均值为24.44%）及棕榈酸（均值为10.18%）等含量最高，但总穗数（均值为68.27）、含油率（均值为29.05%）、油酸含量（均值为16.05%）最低，其他性状均为中等水平；但产量及千粒重相对较低，其变异系数亦最大，可作为高α-亚麻酸的优质育种亲本充分加以利用。

第Ⅳ大类群包括38份材料，其千粒重最高（均值为4.45 g/1000-seeds），但除产量、生育期、株高外的其他农艺性状均最低，其他性状及其变异系数为中等水平，可考虑作为高千粒重亲本材料谨慎加以利用。

第Ⅴ大类群包括52份材料，其株高（均值为174.55 cm）、产量（136.41 kg/667 m²）及其主要相关农艺性状、含油率（均值为40.34%）均最高，千粒重水平较高（均值为4.11 g/1000-seeds），且变异系数相对较低，但α-亚麻酸含量最低（均值为60.35%），其他品质性状及生育期为中等水平，可作为高产及综合农艺性状优良的材料重点利用。

2.4 不同类型紫苏种质主要性状比较

对比不同叶色型及粒色型紫苏种质的主要性状（表6），紫叶型种质生育期、株高、α-亚麻酸含量、饱和脂肪酸及不饱和脂肪酸含量相对较高，但其总穗数、千粒重、产量、含油率相对较低。t检验显示，除饱和脂肪酸含量外，上述性状在不同叶色型种质间差异达极显著。

白灰型种质株高、饱和脂肪酸含量相对较高，但不饱和脂肪酸含量相对较低，产量与α-亚麻酸含量则无明显差异。t检验显示，仅不饱和脂肪酸在不同粒色型种质间差异达极显著。

2.5 主要农艺性状及品质特征划分标准

根据现有油用紫苏品种及种质资源的农艺性状及品质特征的分析报道、甘肃现有育成品种性状特点及甘肃紫苏主产区育种产业需求，按照测试主要农艺及关键品质性状指标高或低各占10%～20%的比例，制定了相应的特异性农艺性状及品质特征划分标准（表7），有利于下一步对种质资源及育种材料的选择与创新。据此标准，供试紫苏种质中，有54份材料具备高产（16份）、高α-亚麻酸（16份）或兼具高产和高α-亚麻酸（3份，编号为8、92、151）的特性，以上优异材料有望在育种中进一步挖掘和利用。

3 讨论

优质种质资源是定向育种的重要基础性材料，掌握不同种质的亲本差异性能，可有效提高育种效率。本研究对紫苏主要农艺及关键品质性状的鉴定评价极大丰富了我国紫苏种质基因库。

本研究中紫苏种质主要农艺性状及品质特征的差异较大，遗传变异类型丰富。但不同性状遗传稳定性不同，生育期、主茎节数、总穗数等9个性状相对稳定，而产量、含油率、株高等7个性状变异较大，这与魏忠芬等对贵州紫苏种质的研究中得出的主茎节数性状相对稳定的结论一致，但在总穗数的变异程度方面存在不同之处。研究结果有助于在紫苏育种研究中，针对不同变异程度的性状，区别对待，以提高育种选择效率。

表 6 不同类型紫苏种质主要农艺性状及品质特征比较

Table 6 Compare of main agronomic and quality traits of different type tested *Perilla frutescens* germplasms

性状 Traits / 类型 Type	生育期 GP/d	株高 PH/cm	主茎节数 PM	一级分枝数 PBN	主穗长 MEL	总穗数 TEN	一级分枝主穗长 MELPB /cm	主穗有效角果数 EPN	主穗单穗果粒数 SAC	千粒重 SW (g/1000 seeds)	产量 Y(kg/667m²)	含油率 OC/%	木酚素含量 LC/%	α-亚麻酸含量 α-LA/%	硬脂酸含量 SA/%	油酸含量 OA/%	棕榈酸含量 PA/%	饱和脂肪酸含量 SFA/%	不饱和脂肪酸含量 UFA/%
叶色 Leaf colour																			
绿色 Green	160.8±3.46	156.8±16.51	10.4	21.3	15.8	90.3±20.04	11.9	28.9	3.0	4.1±0.306	122.24±35.80	39.6±3.53	17.3	60.6±2.47	16.1	19.5	6.6	22.7±1.84	80.1±2.80
紫色 Purple	165.1±5.57	164.0±14.95	10.9	22.3	15.7	78.2±19.13	12.4	30.4	3.0	3.7±0.342	80.37±46.20	33.0±6.50	19.7	65.8±4.91	17.7	19.1	7.2	24.9±7.07	84.9±4.72
t检验 t-test F	2.592**	1.219	—	—	—	1.097	—	—	—	1.253	1.665	3.373**	—	3.937**	—	—	—	14.716**	2.843**
t检验 t-test t	3.955**	2.090*	—	—	—	2.861**	—	—	—	6.917**	5.255**	5.180**	—	5.358**	—	—	—	1.588	5.039**
粒色 Seed colour																			
黑灰 Black grey	161.5±4.30	157.0±16.01	10.4	21.3	15.6	87.6±20.04	11.9	29.0	3.0	4.1±0.36	115.39±41.34	38.4±5.00	17.3	61.6±3.50	16.3	19.7	6.5	22.8±3.13	81.3±3.52
白灰 White-gray	161.6±3.89	162.7±17.95	10.8	22.1	16.4	91.4±21.85	12.3	29.9	3.1	4.1±0.35	113.85±38.62	38.8±4.15	19.9	61.0±4.00	16.5	18.2	7.7	24.2±4.48	79.2±3.89
t检验 t-test F	1.223	1.257	—	—	—	1.187	—	—	—	1.024	1.146	1.448	—	1.308	—	—	—	2.043**	1.218
t检验 t-test t	0.1375	1.638	—	—	—	0.886	—	—	—	0.272	0.179	0.384	—	0.703	—	—	—	1.541	2.708**

表7 紫苏种质资源主要农艺性状及品质特征划分标准

Table7 The dividing criterion of main agronomic and quality traits *Perilla frutescens* germplasms

性状 Traits	生育期 GP/d	株高 PH/cm	千粒重 SW(g/1000-seeds)	产量 Y(kg/667m²)	含油率 OC/%
低 Low	≤150	≤140	≤3.5	≤80.0	≤30.0
中 Middle	150～170	140～180	3.5～4.5	80.0～160.0	30.0～42.5
高 High	≥170	≥180	≥4.5	≥160.0	≥42.5
性状 Traits	木酚素 含量 LC/%	α-亚麻酸 含量 α-LA/%	硬脂酸 含量 SA/%	油酸含量 OA/%	棕榈酸 含量 PA/%
低 Low	≤15.0	≤58.0	≤14.0	≤18.0	≤5.5
中 Middle	15.0～20.0	58.0～66.5	14.0～18.5	18.0～21.5	5.5～8.5
高 High	≥20.0	≥66.5	≥18.5	≥21.5	≥8.5

　　本研究中紫苏产量等农艺及品质性状相关性分析结果与蔡乾蓉等报道的紫苏属植物千粒重、总穗数和穗粒数是影响单株籽粒产量的主要因素的结论相一致。此外，本研究得出α-亚麻酸含量与产量、含油率呈极显著负相关的结论，表明生产上优质高产紫苏品种的选择需要慎重并综合考量，因以产量、含油率等变异性较大的指标作为主要育种考量指标，兼顾α-亚麻酸含量等其他指标，注重大粒、多穗型品种的选择。此外，高产材料与高α-亚麻酸材料在α-亚麻酸含量、株高、含油率、饱和脂肪酸、不饱和脂肪酸含量及叶色等指标上存在明显差异，表明在考虑紫苏产量、α-亚麻酸含量等育种关键性状间的显著负相关关系的同时，还需关注与产量、α-亚麻酸含量密切关联的其他性状的负相关关系，这对提高紫苏育种选择效率具有重要指导意义。赵利等也曾报道油用亚麻的α-亚麻酸含量与其产量、硬脂酸含量等呈显著负相关。故推测油料作物α-亚麻酸含量等与其产量的负相关关系可能存在普遍性，该结论有待进一步深入的研究。

　　绿叶型紫苏种质的产量、千粒重、含油率等指标相对较高，但紫叶型的α-亚麻酸及不饱和脂肪酸含量较高。这与代春华等的研究结果一致。此外，白灰型紫苏种质不饱和脂肪酸含量小于黑灰型种质，其他性状差异不显著。这与蔡乾蓉等得出的白苏籽含油量和亚油酸含量相对较高的结论不同。庄云等研究认为紫苏产量与籽粒颜色存在相关性，千粒重表现为灰苏>白苏，出油率表现为紫苏>白苏>灰苏，产量表现为白苏>紫苏>灰苏。代沙等研究发现，不同品系间单体酚类含量表现为紫苏>白苏。以上研究结果表明，紫苏叶色、粒色与多个农艺性状及品质指标存在一定的相关性。其原因可能主要与紫苏遗传因素有关，但具体原因有待进一步深入的研究。

　　应用主成分分析及系统聚类评价不同类型紫苏种质，能较好地反映作物农艺性状、品质特征、基因型差异及品种分类等特性，且分枝数因子、α-亚麻酸因子、油酸因子、生育期因子、千粒重因子及产量因子，聚类分类特征明显，可代表需要研究性状的大部分信息。目前国内外学者如罗俊杰等、王晋等、胡一波等、Wang等利用系统聚类评价的方法，对胡麻、彩色陆地棉抗旱，大麦群体遗传结构，藜麦和水稻种质农艺性状及品质等进行了有效评价，进一步印证了本研究所采用的紫苏种质评价方法的可靠性。

本研究将有助于丰富我国油用紫苏种质基因库及亲本材料，为紫苏种质资源鉴定评价、优良种质筛选、品种遗传改良及产业开发提供有效科技支撑。今后，在紫苏种质资源精准鉴定评价的基础上，可针对其某个或多个性状开展基于分子标记及基因测序技术的产量、α-亚麻酸等优良性状基因的标记与定位研究，推动紫苏分子育种乃至分子设计育种研究的快速发展。

4　结论

本研究建立了紫苏种质资源农艺及品质性状鉴定与科学评价方法，确定了主要评价筛选因子，能较好地反映作物农艺性状、品质特征、基因型差异及品种分类等特性，明确了紫苏产量及其品质性状的相关性及变异稳定性，确定了主要农艺性状及品质特征划分标准，揭示了叶色及粒色等不同类型紫苏种质在产量、α-亚麻酸含量等关键指标上的差异性规律，并筛选了一批高产及品质性状突出的优异紫苏种质资源，对紫苏种质及优异基因资源的筛选以及后续的育种利用具有重要意义。本研究限于检测设备，对紫苏碘价、亚油酸含量、粗脂肪酸含量等品质指标尚未涉及，有待下一步深入研究。后续研究建议基于上述紫苏种质资源农艺及品质性状鉴定数据，开展育种关键性状相关基因挖掘研究。

参考文献（略）

欧巧明，崔文娟，叶春雷，李进京，陈军，李忠旺，王炜，罗俊杰：
甘肃省农业科学院生物技术研究所

第五章　分子标记及分子标记辅助选择育种研究

花粉管通道法导入高粱DNA引起小麦
抗条锈性遗传变异及其机理分析

在探索合理利用抗病基因策略的同时，寻找和研究高品位抗条锈基因和种质资源，并培育持久抗病品种已成为研究的焦点。而从有关栽培或野生的异种属中去寻找抗病基因，通过外源抗病基因的导入创造抗病新种质，间接或直接提高栽培小麦抗病水平就显得格外重要。花粉管通道法遗传转化等分子育种技术为拓宽小麦抗性基因资源和品质改良提供了新的途径。已有的研究结果表明，花粉管通道法介导的遗传转化及其后代能产生变异，已相继在40多种作物上取得了显著成效；在国外SCI/EI期刊也相继出现报道，并已获得大量优良小麦新品种。

为了能持续获得优良小麦抗锈种质材料，拓宽小麦抗条锈基因资源，本研究拟采用花粉管通道法，将抗逆性强、对条锈病免疫的C$_4$作物高粱（Sorghum bicolor）基因组DNA导入重度感病的稳定品系89122，并通过苗期和成株期抗条锈鉴定加以验证分析，以期引入高粱抗条锈基因，突出抗条锈目标性状的遗传改良，创造优良抗条锈新品种，为小麦抗条锈分子育种及相关研究提供参考。

1　材料与方法

1.1　供试材料

1.1.1　外源DNA供体材料

高粱：禾本科高粱属，一年生草本，体细胞染色体数目2n=20，生育期130 d，分蘖旺盛，抗逆性强，适应性广。由甘肃省农科院生物技术研究所引种。

1.1.2　受体材料

89122：甘肃省春小麦品种，2n=42，株高90 cm，叶宽，旗叶下披，穗长约10 cm，红粒，籽粒粉质，分蘖成穗率中等，耐盐碱，高感条锈病，品质较差。由甘肃省农科院生物技术研究所采用花粉管通道法育成的粉质春小麦品种。

1.2　试验方法

1.2.1　供体总DNA的提取

采用CTAB法，按照刘学春等报道的方法，提取供体高粱基因组DNA，紫外分光光度计检测，A$_{260}$/A$_{230}$=2.13>2.00，A$_{260}$/A$_{280}$=1.87>1.80；琼脂糖电泳呈单一区带，无拖尾现象，表明所提纯的DNA分子量在50 kb以上，蛋白质等杂质已去除干净，达到作物DNA导入所要求的纯度。基因组 DNA 溶于 1×SSC 溶液，4 ℃冰箱储存，导入前用蒸馏水稀释至 300 μg·mL^{-1}。

1.2.2 供体高粱基因组 DNA 的导入

供体高粱基因组 DNA 的花粉管通道法导入参考倪建福等的方法。

1.2.3 导入后代的处理及选择

待导入穗幼胚形成后，记作 D_0 代种子。取其 15～20 d 胚龄的幼胚进行幼胚培养，于 MS 培养基上直接诱导幼胚成苗（D_1），并于温室加代选择，所获 D_1 代种子进行田间点播。D_2 代点播于单株选择圃，选择各种变异株，按单株收取种子；自 D_3 代起播种于株系选择圃，连续选择优良株系，直至获得稳定的变异株系和有价值的育种材料。D_4～D_6 代依次参加高代产量比较试验、品系鉴定试验和品种比较试验，逐代筛选优良品系。自 D_1 代起进行观察、记载和统计分析。

1.2.4 抗条锈性鉴定

自 D_1 代起，连续进行对供体、受体及后代变异株采用新叶涂抹法进行混合菌条锈菌孢子粉田间人工接种，成株期进行条锈病鉴定。自 D_6 代委托省级作物抗病性鉴定机构（甘肃省农业科学院植物保护研究所）进行混合菌和新强毒菌株分生理小种的苗期和成株期条锈病鉴定。条锈病记载及分级标准采用国家质量技术监督局 1995 年颁布的《小麦条锈病测报调查规范》国家标准。

2 结果与分析

2.1 抗条锈病鉴定

2.1.1 田间人工接种混合菌条锈菌的成株期条锈病鉴定

经连续田间成株期人工接种条锈菌混合菌鉴定，结果显示，外源 DNA 导入新品系 2001502-23 连续 8 年对条锈病表现免疫；而外源 DNA 供体高粱经鉴定对条锈病免疫，导入受体 89122 则自 1998 年起逐渐对条锈病丧失抗性（表1），其条锈病反应型从 1998 年的 2 型增加至 4 型（高感条锈病）。

表1 2002—2008 年外源 DNA 供体、导入受体与后代新品系的条锈病抗性鉴定与比较

材料	田间人工接种成株期条锈病抗性鉴定		混合菌和分生理小种的苗期和成株期条锈病抗性鉴定					
	2002—2005	2006—2009	苗期混合菌鉴定	成株期分生理小种鉴定				
				水4	水14	水7	HY8	条中32号
高粱	0	0	0	0	0	0	0	0
89122	3/60/80	4/60/80	4	4	4	4	4	4
2001502-23	0	0	0	0	0	0	0	0

注：记载标准采用 0～4 级分类法，记载项目：反应型/严重度/普遍率。

2.1.2 分生理小种的苗期和成株期条锈病鉴定

自 D_6 代委托省级作物抗病性鉴定机构（甘肃省农业科学院植物保护研究所）进行混合菌和新强毒菌株分生理小种的苗期和成株期条锈病鉴定，结果显示：外源 DNA 导入新品

系2001502-23苗期对混合菌,成株期对水4、水7、水14、HY8、条中32和混合菌均表现免疫;而外源DNA供体高粱经鉴定对条锈病免疫,导入受体89122的苗期对混合菌和成株期分生理小种鉴定均表现高感条锈病(反应型4型)。上述结果证明,采用花粉管通道法将外源高粱DNA导入感条锈病春小麦89122后,实现了小麦抗条锈性状的恢复和高粱抗条锈基因向普通小麦的转移或小麦抗条锈基因的变异(见表1)。

3 结论

本研究将高粱基因组DNA导入高感条锈病的稳定小麦品系,获得1个稳定优良变异新品系,经连续的成株期混合菌人工接种鉴定,以及苗期、成株期混合菌和分生理小种条锈菌委托鉴定,对条锈病免疫,而供体高粱也对条锈病免疫,推测高粱抗条锈基因可能已经转移进入小麦基因组,从而实现了小麦抗条锈性遗传改良。这种相同的异源供体基因组DNA导入不同小麦材料产生了相同的变异情况,其可能的原因是异源高粱基因组DNA的导入对受体基因组中抗条锈基因的转化机理和变异效果相同所致。

异源高粱基因组DNA导入受体小麦后的新品系的条锈病抗性变异机理,正如万文举等(1992)报道,外源DNA导入具有双重作用,直接遗传转化和生物诱变均是外源DNA导入可能的遗传转化机理之一,是一种综合作用的结果。

参考文献(略)

欧巧明,崔文娟,王炜,罗俊杰:甘肃省农业科学院生物技术研究所

抗黄矮病小麦新品系的分子标记检测研究[①]

小麦黄矮病是小麦主要病害之一,由蚜虫传播的大麦黄矮病毒(Barley yellow dwarf virus,BYDV)引起,有"黄色瘟疫"之称,世界上许多小麦主产国常因黄矮病而遭受巨大损失。近年来随着干旱、暖冬现象的发生,麦长管蚜、麦二叉蚜越冬基数明显上升,由于其较强的传毒能力,导致小麦黄矮病在部分区域频繁流行,造成小麦减产20%～40%,局部严重地块高达60%以上。小麦近缘种属中的中间偃麦草是小麦黄矮病的重要抗源,许多学者用它育成了抗BYDV的双二倍体、二体附加系和易位系等抗源材料,现已成为国内外小麦育种的重要种质资源,采用辐射诱变、单倍体育种、转基因技术等也创造了许多抗病新种质。

在BYDV抗性基因向优良小麦品种的转育过程中,一般通过抗病性鉴定来跟踪抗病基因的遗传性。传统的表型鉴定要经过多年田间自然发病或接毒蚜鉴定,常受到饲毒蚜虫、发病条件、季节和经验等因素的限制,而且在田间一年只能鉴定一次抗病材料,严重制约

---

①本论文在《植物保护》2012年第38卷第3期已发表。

着抗BYDV小麦育种的进程。基于PCR技术的DNA分子标记，则可克服上述局限，具有操作简便、灵敏、快速，更适于对田间育种群体的早代选择，因此，建立稳定的特异PCR标记非常必要。

本研究应用分子标记技术对近年来以无芒中4和L1为抗源育成的品种（系）做了研究，并结合田间黄矮病鉴定分析，辅助筛选到了高抗黄矮病小麦新品系。

1　材料和方法

1.1　材料

植物材料包括天水市农科所以无芒中4（$2n=56$）为抗源育成的品种（系）中梁22、90304、93646、远中、87300、81995和张掖市农科所以L1（$2n=44$）为抗源育成的品种（系）张春11号、张春17号、张春20号、2003-2、2003-3、2003-4、2003-5等；黄矮病鉴定以上述材料中的新品系为主，包括2003-2、2003-3、2003-4、2003-5、81995、90304、93646以及小麦常规品种陇辐2号、张春20号。分子标记以无芒中4为抗性对照，抗病鉴定以无芒中4和定筱4号为抗病对照和感病对照。

1.2　方法

1.2.1　抗病基因的分子标记

小麦DNA提取采用CTAB法，PCR反应体系25 μL，其中包含10 mmol/L Tris-HCl，pH 8.3，1.8 mmol/L MgC1$_2$，0.2 μmol/L dNTP，0.25 μmol/L引物，1 U Taq酶，约30 ng基因组DNA。反应程序为：94 ℃ 3 min，35个循环（94 ℃ 45 s，58 ℃ 30 s，72 ℃ 45 s），72 ℃延伸8 min。引物的退火温度范围为50～63 ℃，4 ℃反应结束。RAPD的PCR反应为45个循环，退火温度为36 ℃。扩增产物用2%～3%的琼脂糖凝胶电泳检测，结果用凝胶成像扫描仪拍照并保存。试验中所用生化试剂均为分析纯，引物由大连宝生物技术有限公司合成，DNA Taq酶和电泳试剂购自上海生工公司。参照文献报道，Xg-wm37和SC-W37标记与抗黄矮病基因紧密连锁，目标片段为450 bp；RAPD标记OPF15的扩增产物在880、650和500 bp处出现3条与抗黄矮病基因相关的谱带。

1.2.2　小麦黄矮病抗性鉴定

1.2.2.1　鉴定方法

苗期鉴定试验由甘肃省农科院植保所在甘谷试验站完成，采用了人工接种和自然感病两种方式进行。人工接种在小麦拔节期开始，首先将塑料棚内在燕麦上扩繁的麦二叉蚜、禾谷缢管蚜和麦长管蚜（主要传播黄矮病GAV、GPV株系）从寄主上分离，放入大培养皿盖严，饥饿12 h后，再将经过大量扩繁的具有大麦黄矮病典型症状的燕麦叶片剪成1～2 cm的小段，放入大培养皿盖严，饲毒24 h，最后将上述带有蚜虫的病叶用镊子轻轻接到被鉴定的材料和对照材料上，接种时每株确保接种混合蚜虫10头，之后放入防虫网罩内，在适当的水肥条件下生长。自然感病指在大田条件下自发黄矮病，在试验结束之前不喷药杀虫。

1.2.2.2　病情调查、病害分级及抗性评价标准

病情调查在小麦扬花期和灌浆期进行，对每份材料逐株记载发病情况，并进行群体的病害分级和平均严重度计算。分级标准参照国家农业行业标准《小麦抗病虫性评价技术规范》（NY/T 1443.6-2007）（表1、表2）。抗性评价标准是依据成株期鉴定材料的平均严重

度分级来评价其抗性水平，具体评价标准见表2。

表1　小麦黄矮病成株期病害分级标准

严重度分级	划分标准
0级	所有叶片无黄化
1级	部分叶片尖端黄化
2级	旗叶下1～2片叶叶尖黄化
3级	旗叶黄化面积占旗叶总面积的1/2以下，其他叶片黄化面积占总叶面积的1/2以下
4级	旗叶黄化面积占旗叶总面积的1/2以上，其他叶片黄化面积占总叶面积的1/2以上
5级	几乎所有叶片完全黄化,植株矮化显著,穗变小甚至不抽穗

表2　小麦成株期对黄矮病的评价标准

平均严重度分级	抗性
0	免疫(I)
0 < 平均严重度 < 1.0	高抗(HR)
1.0≤平均严重度 < 2.0	抗病(R)
2.0≤平均严重度 < 3.0	中抗(MR)
3.0≤平均严重度 < 4.0	感病(S)
4.0≤平均严重度	高感(HS)

计算公式：$\overline{S}(\%) = \sum_{i=1}^{n}(X_i \cdot S_i) / \sum_{i=1}^{n} X_i$，式中：$\overline{S}$表示平均严重度；$i$表示病级数（1～$n$）；$X_i$表示病情为$i$级的单元数；$S_i$表示病情为$i$级的严重度值。

2　结果与分析

2.1　抗病基因检测

采用RAPD、SSR和SACR分子标记，对抗病对照无芒中4及各供试材料进行检测，结果如图1～图3所示。RAPD标记OPF15在无芒中4和大多供试材料中，可扩增出3条大约880、650和500 bp与抗黄矮病基因相关的条带，而春小麦品系2003-4例外，没有此3条特异条带。试验经3次重复，结果稳定。SSR标记Xg-wm37的扩增产物中，无芒中4和93646有1条约450 bp的特异带，2003-2有1条约300 bp的条带，该DNA片段与抗病基因相关，远中等材料PCR扩增产物电泳谱带模糊不清，难以分辨。采用由Xg-wm37转化而来的SACR标记SC-W37的扩增产物中，同样除春小麦品系2003-4无扩增以外，无芒中4

和所有检测品种（系）都有450 bp左右的清晰条带，尤其无芒中4、93646、2003-2、张春17号、张春20号和陇辐2号都出现了强带，则证明了这些材料携带抗黄矮病基因。因此，通过分子标记检测可以确定，春小麦品系2003-4为感病材料，其余供试材料携带与抗黄矮病相关的基因。

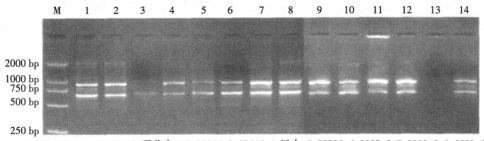

M：DNA Marker DL2000；1：无芒中4；2：90304；3：93646；4：远中；5：87300；6：2003-2；7：2003-3；8：2003-5；
9：张春11号；10：张春17号；11：张春20号；12：81995；13：2003-4；14：陇辐2号

图1　RAPD标记OPF15分子检测

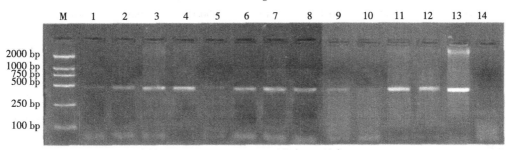

M：DNA Marker DL2000；1：中梁22；2：90304；3：远中；4：无芒中4；5：93646；6：2003-2；7：2003-3；8：2003-5；
9：87300；10：张春11号；11：张春17号；12：张春20号；13：陇辐2号；14：2003-4

图2　SSR标记Xgwm-37分子检测

M：DNA Marker DL2000；1：中梁22；2：90304；3：93646；4：无芒中4；5.远中；6.2003-2；7.2003-3；8：2003-5；9：87300；
10：张春11号；11：张春17号；12：张春20号；13：陇辐2号；14：2003-4

图3　SCAR标记SC-W37检测结果

2.2　小麦抗黄矮病鉴定结果

对人工接种和自然感病两种方式下的发病情况做了详细观察，进行了群体病害分级，记录了抗、感病株数，依据平均严重度分级标准对鉴定材料做了抗性评价，结果如表3所示。从中可以看出，与对照无芒中4相比，9份供鉴材料在整体上抗病性较强，高抗材料占67%，高抗新品系占56%，说明这些品系对甘肃地区流行的黄矮病株系表现出有效抗性。其中春小麦新品系有2003-2、2003-5和81995表现较好，抗性水平优于常规抗病品种张春20号。冬小麦品系90304、93646均表现为高抗，抗性水平接近对照无芒中4。从人工接种毒蚜和自然感病两种鉴定方式来看，结果高度一致，相同检出率72.7%，但自然感病条件下平均严重度普遍高于人工接种，这与自然生态环境条件有关。

2.3 分子检测与抗病鉴定比较

供试材料在室内分子检测和田间抗病性鉴定中，对于感病和抗病材料的判定结果非常一致，同时确定春小麦品系2003-4为感病材料，其余的全部为抗病材料，但抗病能力的高低不是分子标记所能检测出来的，还是要通过田间抗病表现来确定。一般分子标记检测灵敏性非常高，它能快速准确地检测到供试材料中抗病基因的有无，甚至能辨别纯合的或杂合的基因型，因此，对育种中的大量早代分离群体采用分子标记进行辅助选择具有常规育种不可比拟的优越性。

表3　鉴定材料成株期黄矮病抗性

品种／系	人工接种			自然感病			总体抗性
	抗株／感株	平均严重度	抗性	抗株／感株	平均严重度	抗性	
陇辐2号	71/10	0.25	HR	68/28	0.77	HR	HR
张春20	72/8	0.30	HR	15/70	2.80	MR	MR
2003-5	78/6	0.18	HR	46/30	0.97	HR	HR
2003-3	72/10	0.42	HR	44/31	1.01	R	R
2003-4	19/61	2.53	MR	11/117	3.84	S	S
2003-2	76/5	0.10	HR	75/21	0.55	HR	HR
81995	77/8	0.22	HR	55/31	0.84	HR	HR
93646	78/11	0.29	HR	70/25	0.38	HR	HR
90304	76/11	0.44	HR	100/15	0.52	HR	HR
无芒中4（抗病对照）	93/2	0.02	HR	68/8	0.25	HR	HR
定莜4号（感病对照）	31/89	3.60	S	10/125	3.63	S	S

3 讨论

在本研究中利用OPF15标记在除2003-4之外的所有材料中检测到了880、650、500 bp的与抗病基因相关的目标片段，3次重复结果稳定一致。Xg-wm37标记引物特异性强，对试验要求非常严格，PCR扩增效率低，只在无芒中4和93646两个材料中有可分辨出的450 bp目标条带，而由其转化而来的SCAR标记SG-W37标记在除2003-4之外的其他材料中检测到了抗性基因。因此，要更准确、快捷地进行抗病基因的检测和筛选，发掘与抗性基因紧密连锁或共分离的共显性PCR标记尤为必要。

利用分子标记技术从基因型进行抗病基因的检测和筛选，表现出了灵敏、快速、高效等优点，但抗病能力的高低仍要通过常规鉴定才能得以确定，将分子标记技术与常规育种紧密结合，才能更有效地对农作物进行定向改良。

在大田条件下的病害严重度大于人工接种，原因是在土壤、风媒、大量虫媒等综合复因素影响下感染的病毒种类和数量远大于人为控制因素，因此产生的病害更为严重，相应的其鉴定结果更准确。但在育种的早代选择阶段，采用人工接种方式在小范围内进行抗病虫鉴定无疑会提高选择的高效性和加快选择进程。

参考文献（略）

王红梅，张正英，欧巧明，陈玉梁：甘肃省农业科学院生物技术研究所

王浩瀚：甘肃省张掖市农业科学研究所

岳维云：甘肃省天水市农业科学研究所中梁试验站

黄芪与红芪SSR引物的筛选
及鉴定指纹代码的构建[①]

黄芪（*Astragalus membranaceus*）和红芪（*Hedysarum polybotrys*）是常用中草药之一，两者同科不同属，黄芪为黄芪属，红芪为岩黄芪属。《中国药典》上表明，黄芪与红芪都具有益气固表、利尿消肿、脱毒和敛疮生肌的功效，两者经常混用，然而，随着两者比较研究的增多，有学者发现两者的化学成分、药理、药效均存在明显的差异，临床应用需要区分，因此，黄芪和红芪的鉴别研究显得十分必要。

目前，用于中草药鉴别的方法有多种，其中，液相色谱鉴定法（HPLC）和分子标记鉴定法相关的研究较多。液相色谱鉴定法不仅可鉴别中药材内含物的种类和含量，还可以对药材的质量进行评估，而分子标记鉴定法通过分析基因位点的差异，对没有详细背景信息的中药材鉴别更加有效，但从简单实用，成本低廉的方向考虑，分子标记鉴定法有更好的应用前景。

本文省去SSR引物的开发过程，利用近缘种质SSR引物的通用性。收集的豆科SSR引物，逐一筛选和验证，获得可用于鉴定的核心引物，标记电泳图谱中的特异性位点，为黄芪与红芪的分子鉴定提供依据。

1　材料与方法

1.1　材料

参试黄芪与红芪的种子由甘肃省定西市旱作农业科研推广中心提供，黄芪为陇芪1号，红芪为甘肃道地种质，2014年11月份种植于甘肃省农业科学院温室，待隔年出苗后，随机选取黄芪与红芪样本各200份，采集其新出嫩叶进行基因组提取。

---

①本论文在《中国中药杂志》2016年第41卷第10期已发表。

1.2 方法

1.2.1 总基因组的提取与检测

采用"TIANGEN植物基因组DNA提取试剂盒"提取基因组，通过紫外分光光度计检测纯度及浓度，定量基因组为10 ng/μL，将基因组保存于-25 ℃冰箱中备用。

1.2.2 引物筛选

初筛：以黄芪和红芪各一个样本互相对照，对试验中合成的101对SSR引物进行筛选，通过电泳结果选出有差异的引物。

复筛：随机选取32份黄芪样本和30份红芪样本，对初筛获得的引物进行复筛，通过电泳结果选出条带清晰、便于统计的低多态性的引物作为筛选引物，引物序列由生工生物工程（上海）股份有限公司统一合成。

1.2.3 扩增及产物的检测

采用Bio-Rad T100梯度PCR仪对黄芪基因组进行扩增。扩增程序：95 ℃变性5 min，95 ℃变性1 min，47～60 ℃（温度随引物不同而定）退火40 s，72 ℃延伸45 s，共30个循环，72 ℃后延伸5 min，4 ℃冰箱保存；反应体系：25 μL体系中2×Taq Master Mix 12.5 μL，100 μmol/L的上下游引物各1 μL，基因组1 μL，去离子水9.5 μL，Tap DNA Master Mix为Takara品牌，购自宝生物工程（大连）公司。

扩增产物用6%聚丙烯酰胺凝胶进行电泳分离，210 V电泳1.5 h左右。电泳结果用Bio-Gel D6C XR+凝胶成像系统和尼康相机分别观察、拍照及保存。

1.2.4 数据统计与分析

整理电泳照片，人工选取分子量范围为100～500 bp的清晰可辨的扩增条带进行统计分析，对于同一引物的扩增产物，迁移率相同的条带为1个位点，有条带的记为"1"，无带的记为"0"，依次构建数据矩阵。计算引物多态性信息含量（PIC），$PIC_i=2f_i(1-f_i)$，式中，PIC_i表示引物的多态性信息含量，f_i表示有带所占的频率，$1-f_i$表示无带所占的频率。带型频率由PopGen32软件计算。利用NTSYSpc2.10e软件计算参试样品的遗传距离（GD）和遗传相似系数（G_s），然后用非加权配对算术平均法（UPGMA）构建亲缘关系聚类树状图。

1.2.5 鉴定指纹图谱的构建

参照张婉指纹图谱代码构建方法，进行改进，将引物按照顺序进行编号，依次为A、B、C……，再依据扩增条带分子量从大到小的顺序记录黄芪和红芪共有特异性位点处条带的分子量，再记录不同的SSR引物扩增出现的特异条带，如果一份材料经同一引物扩增同时出现多特异鉴别条带，则用"-"连接数字，经过不同的引物扩增后将由字母和阿拉伯数字组成的一系列带型编号，便形成了SSR鉴别代码。

2 结果与分析

2.1 SSR引物筛选结果

101对引物经过初筛后，共获得31份差异引物，差异引物对62份参试样本的扩增电泳结果有两种表现特征，其中引物ZYS7扩增结果泳带较多，PCR产物分子量为100～500 bp，泳带达到20余条，呈现丰富的多态性，而引物ZYS3的PCR扩增电泳结果，泳带主要集中在100～400 bp，不同泳道，有7～9条泳带，泳带清晰，方便统计。针对本次试验目的，舍弃类似引物ZYS7的电泳带型，以引物ZYS3的PCR扩增电泳结果为标准（图1），共计筛选出6对鉴定的核心引物（表1）。

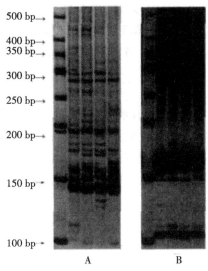

A表示ZYS7引物扩增结果，B表示ZYS3引物扩增结果

图1　不同引物PCR产物凝胶电泳结果

Fig. 1　Gel electrophoresis results different primers PCR products

表1　SSR核心引物序列

Table 1　Primers for SSR

SSR引物 SSR Primers	碱基序列 Sequence (5′—3′)	多态位点数 Number of amplified loci	多态位点百分比 Percentage of polymorphic loci (%)	多态信息含量 Polymorphism information content(PIC)
ZYS3	F: TCACCAGTCACCACCTCA R: GTGTTCGGATGCTTCTATATC	7	100	0.420
MX60	F: AAGAATGACGAAGAGGCGAA R: TCAGAAATTCCCTCCCATTG	11	100	0.405
MX153	F: GGTCCATCCCAATCATTGAA R: GGTTGGGTAGTGCAATTGTG	7	100	0.339
MS324	F: AGGACATCAAAGGGGTTTCATC R: ATATGCCTACACCCATGATTGG	8	100	0.349
MS262	F: TTGGATTAGAGGTGAAATCGG R: CTTCACCCATCATCGGATGC	12	100	0.426
D2	F: TACCCTTAATCACCGGACAA R: AGGGAACTAACACATTTAATCATCA	10	100	0.290

2.2　核心SSR引物的多态性分析

通过分析62份参试样本的电泳图谱，6对核心引物共扩增出55个多态位点，平均多态性位点百分比为100%（表1），引物多态信息含量（PIC）为0.290~0.426，SSR引物多态信息含量是衡量微卫星位点多态性高低的较好指标，当PIC>0.5时，具有高度多态性，当0.25<PIC<0.5时，具有中度多态性，当PIC<0.25时，具有低度多态性，因此，本次试验筛选的核心引物多态性适中。

2.3　聚类分析结果

聚类分析结果显示（图2），在相似系数为0.4处，62份黄芪和红芪混合样本被区分归类，准确率达到100%，其中黄芪样本相似区间为0.68~0.93，红芪样本相似区间为0.7~0.9，各群体内样本分类繁多。该结果表明，筛选获得的6对核心引物可以作为黄芪与红芪SSR电泳鉴别引物，其PCR电泳结果包含黄芪与红芪鉴别的特异性位点。

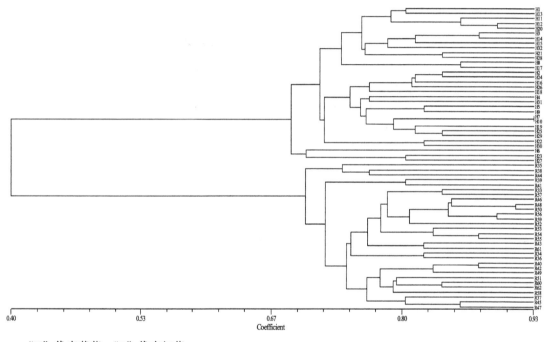

"H"代表黄芪，"R"代表红芪。

图2　62份黄芪、红芪样本基于核心SSR引物遗传相似性的UPGMA聚类图

Fig. 2　Sixty-two Astragali Radix and Hedysari Radix based on SSR genetic similarity of UPGMA clustering

2.4　黄芪与红芪的鉴定指纹图谱

通过统计62份黄芪、红芪样本的电泳图谱，发现了13处特异性位点，其中MS262、MS324和MX60引物各有3处特异性位点，引物MX153有2处特异性位点，引物D2和ZYS3各有1处特异性位点。以引物A—F的顺序（图3），鉴定图谱代码为：A350B340-250-200C400-270-240D200-180-150E280-180F100。

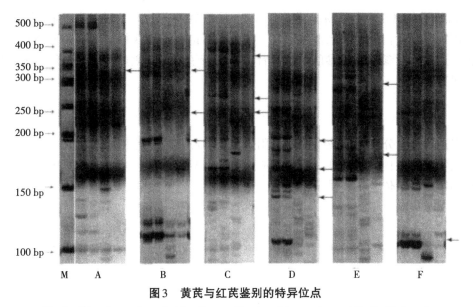

图3　黄芪与红芪鉴别的特异位点

Fig. 3　The electrophoresis identify specific site of Astragalus and Radix Hedysari

　　注：图中M为marker；A—F分别代表引物D2、MS262、MS324、MX60、MX153和ZYS3，每个引物扩增显示的4个泳道，1、2泳道为黄芪扩增产物，3、4泳道为红芪扩增产物；"←"表明该引物的特征位点处。

Note: M as a marker in figure；A－F represent primers D2，MS262，MS324，MX60，MX153 and ZYS3，each primer amplification show four lane，lane 1,2 for astragalus membranaceus amplification products，3,4 lane for Radix Hedysari amplification products；"←" show that the characteristics of primer sites.

3　讨论

3.1　黄芪、红芪分子鉴定SSR引物筛选标准

　　引物多态信息含量是SSR引物筛选的参考标准，一般来说，引物多态信息含量越大，可以对物种进行更丰富、细致的遗传分析，尤其对同种属不同品种的鉴别，更加精准，如张金渝在EST-SSR标记三七选育品系的研究中，所用引物平均多态信息含量为0.78，不仅分析了17份三七材料的基因多样性和遗传分化率，还对参试材料进行了分类，为三七育种提供了依据。宋海斌利用筛选获得的18对SSR引物，平均多态性信息含量为0.68，对105份甜瓜品种（系）进行了指纹图谱库的构建研究，为主要甜瓜品种的鉴定提供参照。但本次试验鉴别的黄芪与红芪，为不同种属物种，鉴定结果力求准确，不求精确，因此，鉴定体系选择了低态信息含量的引物，聚类分析结果显示，低态信息含量的引物构成的鉴定体系可以准确区分参试的黄芪与红芪样本。该结果表明，中低态信息含量的引物，用于物种种属的鉴别是可行的。

3.2　SSR分子标记的优点

　　黄芪与红芪的分子鉴定已有相关研究。龙平在《黄芪与红芪鉴别的特异性PCR位点的研究》中，开发了特异性检测的双向引物，通过PCR琼脂凝胶电泳进行鉴别，该方法特异性高，应该是目前最实用的分子鉴定方法。但是SSR分子标记由多对引物共同鉴别，其鉴别结果更加可靠，此外SSR分子标记还可以对物种的遗传特征进行分析，附加更多的研究

价值，如黄平通过SSR分子标记鉴定了44个月季品种，并对参试品种进行了表型关联、遗传距离等多项遗传分析。邱英雄通过SSR分子标记，不仅获得川明参一个特有的分子鉴定标记，还对明党参和川明参的系统发育关系进行了探讨。因此，黄芪与红芪SSR分子标记值得研究。

4 结论

笔者通过SSR分子标记技术，筛选用于黄芪与红芪鉴定的核心引物，通过聚类分析结果确认引物的有效性和准确性，标记核心引物的特异性位点，生成鉴定图谱代码，为黄芪与红芪的鉴定及遗传分析提供了依据。

参考文献（略）

厚毅清，石有太，张艳萍，刘新星，陈玉梁：甘肃省农业科学院生物技术研究所

马铃薯X病毒的分子生物学方法检测探究[①]

马铃薯X病毒（potato virus X，PVX）是马铃薯上重要的病毒之一，主要症状是轻型花叶，病叶稍有波纹，小叶片上有大小不等、形状不规则的黄绿色斑驳，其自然传播主要依靠种薯和介体。据报道，PVX单独浸染马铃薯可降低产量15%左右，与其他病毒混合浸染可引起种薯大量减产，品种退化，严重影响马铃薯生产。

我国防治马铃薯病毒病的主要方法是选育抗病品种，或从我国马铃薯病毒病发病轻的地区调种，或采用组织培养方法生产脱毒种薯等。然而寻求一种好的病毒检测方法将对脱毒苗的检测和病毒的控制起到至关重要的作用。植物病毒的检测除传统的免疫学方法以外，近年发展起来的生物学方法——反转录聚合酶链反应、实时定量PCR等，因其具有灵敏、快速、特异性强，甚至定量的优点，在植物病毒的检测上已经逐渐广泛应用起来。相关的研究国外报道很多，已经达到病毒的拷贝数定量研究以及多种病毒的同时定量检测等，而在我国，应用这些技术检测马铃薯病毒的报道较少，尤其是马铃薯病毒的定量检测相关报道更少。

本试验按照实时定量PCR方法的要求，根据PVX病毒基因序列设计了一对特异性引物，先通过反转录聚合酶链反应，为PVX病毒用分子生物学手段检测探索出一些基础参数。

1 材料与方法

1.1 试验材料

供试材料：马铃薯病株、健康株均采自甘肃省农科院马铃薯研究所会川马铃薯试验

---

①本论文在《种子》2011年第30卷第12期已发表。

基地。

供试试剂：Trizol 试剂购于 Invitrogen 公司；所需的 M-MLV 反转录酶、RNA 酶抑制剂（RNasin）购于 Promege 公司；Marker、Taq 酶等其他试剂购自 TaKaRa 公司；引物由 Invitrogen 公司合成；其余常用试剂均为国产分析纯。

供试仪器：琼脂糖凝胶电泳系统（JUNYI 600+）、紫外凝胶成像系统（FTI-500）、PCR 扩增仪（MJ PTC-100）、台式高速离心机（Heraeus）。

1.2　试验方法

1.2.1　总 RNA 提取

参照 TRIzol Reagent（Invitrogen™）说明书，并在此基础上进行改进：取 0.1 g 材料，液氮研磨至粉末状，加入 1 mL Trizol 试剂，充分混匀后迅速转移到 1.5 mL 离心管中，室温静置 5 min；以 1 mL Trizol 液加入 0.2 mL 的比例加入氯仿，加盖封严，剧烈摇荡 15～30 s，室温放置 2～3 min；将原方法中 4 ℃改进到常温 10000 r/min 离心 10 min 吸取上清液于一新的离心管，按 1 mL Trizol 液加入 0.5 mL 的比例加入异丙醇，室温放置 10 min；4 ℃改进为常温 10000 r/min 离心 10 min，留取沉淀，按 1 mL Trizol 液加入至少 1 mL 的 75% 乙醇（高压灭菌的超纯水代替原方法中的 DEPC 水配制）的比例加入预冷的乙醇清洗沉淀，在超净工作台上晾干，改进用 ddH₂O 代替 DEPC 水溶解 RNA 沉淀。取 3 μL 总 RNA 母液，加样于 1% 的非变性琼脂糖凝胶（代替常规使用的甲醛变性胶）样品槽内，在 80 V 的电压下，电泳检测 RNA 质量（图 1）。

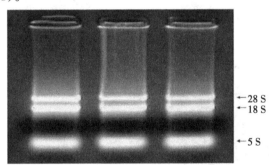

图 1　改进的 Trizol 法提取的马铃薯总 RNA 完整性的 1% 琼脂糖凝胶电泳检测

1.2.2　特异引物的合成

根据 Marianne 等发表的 PVX 核普酸序列，参照 Bright 等的研究合成了一对马铃薯 PVX 病毒的特异性引物：

5′端引物：5′-AAGCCTGAGCACAAATTCGC-3′

3′端引物：5′-GCTTCAGACGGTGGCCG-3′

扩增位点为 6110～6210 bp，目标带大小为 101 bp。

1.2.3　CDNA 的合成

参照 Promege 公司提供的反转录酶（M-MLV）操作程序，合成 CDNA 的第一条链。取 1 μg 的 RNA 作为模板，加入 20 μmol/L 的 3′端引物 1 μL，补充 RNase-Free 水至 12 μL，70 ℃温育 5 min，立即置于冰上 2 min 以上，使 RNA 与互补引物退火，之后合成 CDNA 的第二链，在上述反应中加入反转录缓冲液 4 μL。10 mmol/L dNTP 2 μL，RNasin 20 U，反转录酶 1 μL，补充水至 20 μL，室温下充分混匀，然后 42 ℃温育 1 h。

1.2.4 PCR扩增

在20 μL的反应体系中，取上述反转录产物2 μL，加20 μmol/L的5′端和3′端引物各1 μL，Taq酶缓冲液2 μL，25 mmol/L MgCl₂ 2 μL，10 mmol/L dNTP 1 μL，1 U Taq酶，加水至总体积20 μL，在PCR仪上扩增，反应条件是94 ℃预变性3 min，94 ℃变性15 s，设置50.2、51.2、52.6、54.6、56.8、60 ℃的温度梯度复性30 s，72 ℃延伸30 s，设置30、35、40个不等循环扩增，72 ℃后延伸10 min，取出扩增产物10 μL进行2.5%的琼脂糖凝胶电泳检测（图2、3、4）。

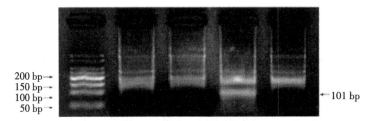

M：Marker 50 bp；1~3：病毒株30、35、40个循环；4：健康株40个循环

图2 马铃薯PVX病毒不同循环数的PCR检测

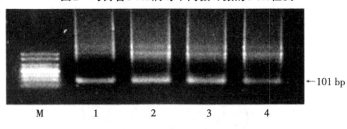

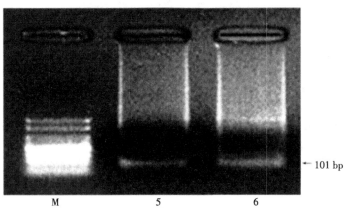

M：Marker 50 bp；1~4退火温度为50.2、51.2、52.6、54.6 ℃；5、6退火温度为56.8、60 ℃

图3 马铃薯PVX病毒不同退火温度的PCR检测

2 结果与分析

2.1 改进方法提取马铃薯总RNA的完整性检测

RNA样品的凝胶电泳分析是判断RNA质量的重要手段，从电泳胶上18S和28S的完整性可以判断RNA有无降解及降解程度，也可以判断有无DNA污染。试验采用改进的Trizol法提取马铃薯总RNA，利用1%普通琼脂糖凝胶电泳对获得的总RNA样品的完整性进行检

测，结果见图1。从图1可以看出，改进的Trizol法提取的总RNA的28S、18S和5S rRNA条带清晰可见，无弥散现象，也无基因组DNA的污染。说明改进的Trizol法提取的总RNA降解程度低，且在不用DNA酶消化的情况下，总RNA纯度也较高。

2.2　马铃薯PVX病毒的RT-PCR探究结果

2.2.1　不同循环数的PCR结果

按照上述试验方法中PCR扩增的基本条件进行了扩增循环数的探究，退火温度选用52 ℃，是根据特异引物序列推算所得理论值。扩增结果从图2可以看出，循环数从30个升至35、40个，扩增的结果只是在循环数40个时能够扩增出101 bp大小的PVX病毒特异性目标带，健康植株和30、35个循环时均无特异性条带。扩增结果还显示非特异性条带较多，故退火温度不是最佳条件，需要进行筛选。

2.2.2　不同退火温度的PCR结果

按上述方法中PCR扩增的基本条件进行了退火温度的探究，扩增循环数为40个。扩增结果见图3，退火温度从50.2 ℃升至51.2、52.6、54.6、56.8、60 ℃，结果都能扩增出101 bp大小的PVX病毒特异性目标带，只是在退火温度为50.2 ℃时，非特异性条带较少，而在其他退火温度，非特异性条带较多。

从PCR检测图可看出，提取的马铃薯总RNA反转录PCR扩增后，电泳检测得到了与预期大小一致的101 bp特异目标带，而对照健康株未出现目标带。

3　讨论

本试验中所采用的RNA提取改进法，省去了对器皿、水的DEPC处理，只要高温灭菌即可。提取过程均在常温下进行，用普通高速离心机代替了冷冻高速离心机。对提取出的总RNA使用高温灭菌的ddH$_2$O直接溶解，进行质量检测，序列完整，试验结果也表明不影响后续RT-PCR分子生物学试验。试验中用普通琼脂糖凝胶代替甲醛变性胶，加大电泳的电压，短时间内完成电泳检测，完全可以满足RNA完整性鉴定的要求。改进的方法，能降低成本，节约时间，方便操作，也避免了使用DEPC和甲醛等有害试剂，是一种可行的RNA提取方法。

本试验运用RT-PCR技术，从退火温度、扩增循环数等基础试验参数进行了研究。研究结果显示，退火温度为50.2 ℃，扩增40个循环，能够灵敏、特异地检测到PVX的存在，方法简单、快速。同时，试验证明所设计的引物特异性很强，PCR扩增时准确地扩增出了101 bp的PVX特异基因片段。所以这套参数不仅可用于马铃薯PVX的RT-PCR检测，也为PVX的定量检测奠定了一些基础。

参考文献（略）

张艳萍,厚毅清,裴怀弟,王红梅,陈玉梁:甘肃省农业科学院生物技术研究所

甘肃小麦种质资源1BL/1RS易位系
和HMW-GS分子检测及品质性状分析①

摘要： 小麦1BL/1RS易位系和高分子量麦谷蛋白亚基（HMW-GS）是影响小麦加工品质的重要因素。为了明确甘肃小麦品种资源中1BL/1RS易位系的分布和HMW-GS组成情况，本研究采用多重PCR体系对552份小麦引进品种、育成品种和高代品系进行分子检测，分析了1BL/1RS和非1BL/1RS易位品种的容重、蛋白质、湿面筋、赖氨酸含量、SDS沉淀值等品质参数。结果表明：供试材料中检出1BL/1RS易位系202份，占总数的36.6%，冬小麦育成品种中易位系的分布频率（51.8%）显著高于引进品种（41%）和春小麦（31.1%）。Glu-1位点优质亚基Ax1/Ax2*、Dx5、Bx14和Bx7^{OE}的分布比例依次是66.2%、52.5%、13.5%、1%，聚合多个优质亚基基因（位点）的品种频率较低。1BL/1RS易位和非1BL/1RS易位品种容重和沉淀值的参数差异达到显著水平（$P < 0.05$）。在遗传背景相似的情况下，Glu-B3位点的正常表达及Dx5优质亚基对1BL/1RS易位导致的品质变差有补偿作用。本研究结果对提高甘肃小麦品质改良效率具有科学指导意义和参考价值。

在小麦品质改良中如何快速、准确判定小麦遗传背景中是否有1BL/1RS易位系及HMW-GS的类型和组成情况，对评价和选育强筋小麦品种有重要的现实意义。十二烷基硫酸钠-聚丙烯酰胺凝胶电泳（Sodium Dodecylsulphate-Polyacrylamide Gel Electrophoresis，SDS-PAGE）是分离和鉴定HMW-GS的传统方法，该方法能一次检测出待测材料的所有亚基，但不能有效鉴别分子量大小和迁移率十分接近的亚基，对操作技术要求高，费工费时。近年来，随着愈来愈多的HMW-GS和LMW-GS等位基因被克隆，其相应的分子标记也不断被发展起来，迄今已相继建立了Dx5、AxNull、Glu-B3、Bx7^{OE}、Glu-A3d和Glu-B3i等优质亚基的分子标记。通过分子标记辅助选择可以加快优质亚基在同一品种的聚合，而与单一PCR方法相比，多重PCR一次可以同时检测多个目标基因，具有低成本、高效率等优点，国内外学者已先后开发了针对不同目标性状的多重PCR体系，可用于小麦品种或育种后代麦谷蛋白亚基基因的鉴定和分子标记辅助选择。

关于甘肃小麦地方种质资源和早期育成品种的HMW-GS组成与品质性状有一些研究，认为甘肃小麦种质Glu-1位点组成比较单一，遗传基础相对狭窄，优质亚基5+10等频率低。但是甘肃小麦品种资源中1BL/1RS易位系的分布及利用情况还未见报道，尤其是新育成品种和大面积推广品种的HMW-GS组成及1BL/1RS易位的情况尚不清楚，育种亲本选配存在一定的盲目性。因此，本研究广泛收集近年来甘肃小麦新育成品种、高代品系及骨干亲本材料，采用STS分子标记技术检测ω-secalin基因和Glu-1位点，明确甘肃省小麦1BL/1RS易位系的分布利用和HMW-GS组成情况，建立小麦种质资源信息平台，以期为甘肃小麦品质改良提供信息和理论依据。

---

① 本论文在《农业现代化研究》2015年第36卷第3期已发表。

1 材料与方法

1.1 实验材料

小麦1BL/1RS易位系检测供试材料552份，包括国内外引进品种100份，冬小麦育成品种110份、新品系107份，春小麦育成品种80份、新品系155份，以我国20世纪70年代从罗马尼亚引进的1BL/1RS易位系代表品种洛夫林13为阳性对照。从中选出小麦育种亲本材料、大面积推广品种及新品种（系）等400份进行HMW-GS组成研究，以已知亚基组成的中国春（Null、7+8、2+12）、中优9507（1、7+9、5+10）、陇鉴338（Null、14+15、2+12）为对照。上述供试材料来自甘肃省东西部小麦种植区近年来引进和选育的冬、春小麦品种（系），具有较好的代表性，分别由甘肃省农业科学院小麦研究所、旱地农业研究所、植物保护研究所、生物技术研究所及天水市农业科学研究所、定西市农业科学研究院等小麦育种部门提供。

1.2 试验方法

1.2.1 小麦基因组DNA提取

选取少量种子用小块干净布包起来用钳子夹碎，再用研钵研成粉末或直接用锤砸成粉末，将大约100 mg的面粉转移到1.5 mL的离心管中，DNA提取采用改良CTAB法进行。采用琼脂糖电泳和紫外分光光度计检测DNA的质量和浓度后，稀释终浓度至100 ng/uL，−20 ℃保存备用。

1.2.2 引物序列及合成

1BL/1RS易位系检测利用1RS位点上黑麦碱ω-secalin基因的STS标记（Sec-P1/Sec-P2）和1BS位点上编码LMW优质亚基Glu-B3标记（Glu-B3F/Glu-B3R）。HMW-GS检测与面筋强度密切相关的Ax1/Ax2*（Glu-A1位点）、Bx14和Bx7^{OE}（Glu-B1位点）及Dx5（Glu-D1位点）优质亚基，其中Glu-A1位点通常编码3种亚基，即Ax1、Ax2*和AxNull，通过鉴定AxNull可以间接反应Ax1/Ax2*亚基的有无。引物序列及其预期扩增片段大小见表1。以上引物由北京invitrogen生物技术有限公司合成。

表1 检测基因引物序列及其扩增片段大小

Table 1 Primer sequences and amplification fragment sizes of the targeted genes

基因位点	引物浓度（20 pmol/uL）	引物序列(5′—3′)	扩增片段大小(bp)	退火温度(℃)	参考文献
Sec-P	0.8 0.8	F:5′– ACC TTC CTC ATC TTT GTC CT –3′ R:5′– CCG ATG CCT ATA CCA CTA CT –3′	1076	61.1–63	Chai et al
Glu-B3	1 1	F:5′– GGT ACC AAC AAC AAC AAC CC –3′ R:5′– GTT GCT GCT GAG GTT GGT TC –3′	630	61.1–63	Van Campenhout
AxNull	1 1	F:5′– ACG TTC CCC TAC AGG TAC TA–3′ R:5′– TAT CAC TGG CTA GCC GAC AA–3′	920	63.3–64.5	Lafiandra
Dx5	0.8 0.8	F:5′– GCC TAG CAA CCT TCA CAA TC–3′ R:5′– GAA ACC TGC TGC GGA CAA G–3′	450	63.3–64.5	D.Ovidio
Bx7^{OE}	0.8 0.8	F:5′– CCA CTT CCA AGG TGG GAC TA–3′ R:5′– TGC AAC ACA AAA AGA AGC TG–3′	844	61–65	Ragupathy
Bx14	1.2 1.2	F:5′– TAA GCG CCT GGT CCT CTT TGCG–3′ R:5′– CTT GTT GTG CTT GTC CTG AT–3′	1256	64.8–66	Li

1.2.3　PCR反应和电泳条件

本研究供试材料群体较大，拟采用多重PCR对6个与小麦加工品质性状相关的基因进行检测，以降低试验成本，提高效率。多重PCR反应体系参照梁强等的方法，主要从引物用量、退火温度、延伸时间和循环数等方面对体系进行调试优化，均衡PCR产物量，通过增大扩增量少的引物用量，减小扩增量多的引物用量（表1），筛选出退火温度接近、扩增产物分子量差别较大的不同标记组建多重PCR，以对照材料进行验证。PCR反应体系为20 μL，模板DNA用量100 ng，2×Taq PCR MasterMix（中科瑞泰北京生物科技有限公司）10 μL，引物用量随扩增产物量的多少进行调整。PCR反应在BIO-RAD T100™型扩增仪中进行，反应程序为95 ℃预变性5 min；94 ℃变性40 s，退火40 s，72 ℃延伸45 s，35个循环；72 ℃延伸10min。PCR产物采用1.5%～1.8%的琼脂糖凝胶电泳检测，缓冲液为1×TAE，120 V电泳40 min。结束后用溴化乙锭染色，凝胶成像系统（BIO-RAD Gel Doc™ XR+）观察照相。

1.2.4　品质性状测定

选取冬小麦育成品种中的1BL/1RS易位与非1BL/1RS易位品种，测定粗蛋白、赖氨酸、湿面筋、沉降值等品质指标。小麦籽粒用瑞典Tecator公司的1093型Sample mill实验磨磨粉，过1 mm的筛片备用。籽粒粗蛋白含量采用德国布朗-卢比公司IA-450型近红外分析仪按国标GB5511—1985测定；湿面筋含量测定按照国标GB/T14608—93采用手工洗涤法；赖氨酸含量测定采用茚三酮显色法；沉淀值测定按照国标GB/T15685—1995采用SDS法。

1.2.5　统计分析

采用SPSS16.0数据统计分析软件进行差异显著性比较。

2　结果与分析

2.1　甘肃小麦种质资源1BL/1RS易位系分子检测

应用小黑麦ω-secalin基因特异标记Sec-P与小麦LMW-GS的Glu-B3位点，采用多重PCR技术检测1BL/1RS易位系，部分育种亲本材料检测结果见图1。从电泳图谱可看出，1BL/1RS阳性对照洛夫林13可扩增出一条1076 bp的特异条带，亲本材料永3002、陇鉴9811、石4185、陇春23、西旱3号、蒙优1号等扩增片段大小与对照相同，表明这些材料为1BL/1RS易位系；非1BL/1RS易位品种可扩增出一条630 bp的目标条带，如津强6号、永1265、宁春4号、垦红19、格来尼、罗布林等。本研究建立的Sec-P与Glu-B3复合PCR产物互补出现，可以相互验证，而且能鉴定该位点的杂合情况。552份供试材料中检测出1BL/1RS易位系202份（包括杂合体45份），占36.6%，非1BL/1RS易位系350份，占73.4%。在不同类型的小麦资源中1BL/1RS易位系分布比例差别较大，其中在冬麦育成品种、引进品种中的比例较高，分别为51.8%和41%（表2）。

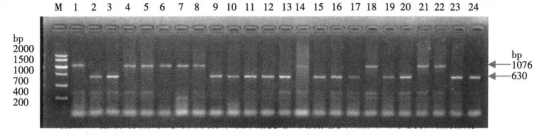

M：DNA Marker Ⅴ；1：洛夫林13；2：津强6号；3：永1265；4：永3002；5：永T28；6：陇鉴9811；7：石4185；8：陇春23；9：宁春4号；10：垦红19；11：格来尼；12:罗布林；13：辽春10号；14：西旱3号；15：武春3号；16：武春5号；17：武春8号；18：2014；19：4035；20：大赖草后代；21：蒙优1号；22：蒙鉴7号；23：新春2号；24：甘春20号

图1　部分甘肃小麦育种亲本材料Sec-P与Glu-B3位点多重PCR检测结果

Fig. 1　Multiplex PCR specific for tested locus Sec-P and Glu-B3 in partial

Gansu wheat breeding parents materials

表2　不同类型小麦品种(系)中1BL/1RS易位系和HMW-GS优质亚基分布

Table 3　Distribution of 1BL/1RS translocation lines and HMW-GS gene in different type

of wheat introduced，improvered varieties and new lines.

类型	品种总数(个)	比例(%)	引进品种		冬小麦				春小麦			
			数量(个)	比例(%)	育成品种		高代品系		育成品种		高代品系	
					数量(个)	比例(%)	数量(个)	比例(%)	数量(个)	比例(%)	数量(个)	比例(%)
1BL/1RS	202	36.6	41	41	57	51.8	31	29.0	26	32.5	47	30.3
Non-1BL/1RS	350	63.4	59	59	53	48.2	76	71	54	67.5	108	69.7
AxNull	135	33.8	16	29.1	25	46.3	49	45.8	8	27.6	37	23.9
Ax1/Ax2*	265	66.2	39	70.9	29	53.7	58	54.2	21	72.4	118	76.1
Dx5	210	52.5	41	74.5	10	18.5	58	54.2	13	44.8	88	56.8
Bx7^{OE}	4	1	4	7.3	0	0	0	0	0	0	0	0
Bx14	54	13.5	4	7.3	4	8	31	27.9	2	6.9	13	8.4

2.2　甘肃小麦种质资源HMW-GS分子检测

2.2.1　AxNull与Dx5位点分子检测结果

由AxNull与Dx5基因特异标记建立的复合PCR体系，在Glu-A1位点，携带AxNull基因的材料可扩增出920 bp的DNA片段；在Glu-D1位点，含Dx5基因可扩增出450 bp的目标条带，该体系扩增条带清晰，重复性好，部分育种亲本材料检测结果见图2。从图中可以看出，陇春23、银麦8号、临麦32等扩增出与中国春相同的目标条带，表明这些材料携带AxNull基因，在Glu-A1位点不编码合成谷蛋白亚基。张春11号、张春16号、蒙花2

号、中8131、永良15号等品种只扩增出450 bp的特异条带，证明Glu–D1位点含Dx5基因，可编码5+10优质亚基，而且Glu–A1位点可编码优质亚基Ax1/Ax2*。同时能扩增出两条带的兰优5706、陇春23、平凉40，说明Glu–D1位点编码5+10优质亚基，但Glu–A1位点不能编码合成Ax1/Ax2*亚基。对400份供试材料检测结果表明，其中210份材料有Dx5基因，占52.5%；135份材料检测到AxNull基因，占33.8%。

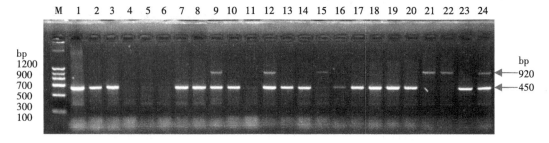

M：DNA Marker Ⅱ；1：中优9507；2：张春11号；3：张春16号；4：甘春21号；5：巴08Q123；6：巴08Q8；7：蒙花2号；8：巴08Q12；9：兰优5076；10：中8131；11：陇春19号；12：陇春23号；13：陇春29号；14：陇春30号；15：中国春；16：宁春35；17：宁春39；18：宁春41；19：青春37；20：银春8号；21：临麦32；22：宁麦9号；23：永良15号；24：平凉40。

图2 部分甘肃小麦育种亲本材料AxNull与Dx5位点多重PCR扩增结果

Fig. 2 Multiplex PCR specific for tested locus AxNull and Dx5 in partial Gansu wheat breeding parents materials

2.2.2 Bx7^{OE}与Bx14多重PCR检测结果

小麦B组染色体Glu–B1位点编码的Bx7^{OE}与Bx14亚基可明显提高面筋强度，是已被公认的优质亚基。本研究利用Bx7^{OE}与Bx14亚基特异PCR标记，对400份供试材料进行检测，发现只有野猫、格莱尼、津强5号和津强6号4个引进品种可扩增出844 bp特异条带，表明Glu–B1位点携带Bx7^{OE}基因，检出率仅为1%，在本地品种中没有检测到Bx7超量表达基因。陇鉴338已知具有14+15亚基，Bx14亚基特异PCR产物可扩增出1256 bp的目标条带，部分小麦高代品系Bx14位点检测结果见图3。图中泳道7、10-15、20、21的DNA片段大小与对照陇鉴338相同，证明这些品系含有Bx14位点。在所有供试材料中检测出54份含有Bx14基因，占总数的13.5%。

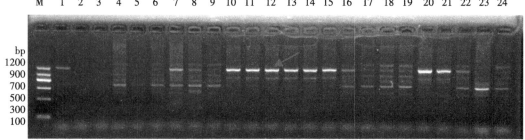

M：DNA Marker Ⅱ；1：陇鉴338；2～24：春小麦新品系

图3 部分甘肃小麦高代品系Bx14位点PCR检测结果

Fig. 3 PCR specific for tested locus Bx14 in partial Gansu spring wheat advanced lines

2.3　甘肃小麦品种(系)1BL/1RS易位系和HMW-GS优质亚基分布

试验数据统计结果表明，在不同类型小麦品种（系）中1BL/1RS易位系和HMW-GS优质亚基的分布存在明显差异（表2）。在552份供试材料中，检测出1BL/1RS易位系202份，占总数的36.6%，其中在引进品种及冬、春小麦品种（系）中分别有41、88和73份，所占比例各自为41%、40.6%、31.1%。110份冬麦育成品种中57份为易位系，所占比例高达51.8%。对小麦HMW-GS优质亚基的研究结果表明，在400份供试材料中，Glu-A1位点有135份材料检测到AxNull基因，占33.8%，由此可推断出编码Ax1/Ax2*优质亚基所占比例为66.2%，尤其在春小麦新品系中分布比例高达76.1%。Glu-D1位点检测出含Dx5基因的材料210份，占总数的52.5%，其中引进品种中Dx5所占比例最高，达到74.5%，在冬麦和春麦高代品系中分别为54.2%和56.8%，但在育成品种中的比例却很低，分别为18.5%和44.8%。Glu-B1位点含Bx7^{OE}与Bx14基因的材料分别有4份和54份，检出率分别为1%和13.5%，Bx14基因在冬小麦新品系中分布较多，占新品系的27.9%。从整体来看，1BL/1RS易位系在冬麦育成品种中分布比例最高，在新品系中分布比例趋于降低；与早期研究结果相比，HMW-GS优质亚基Ax1/Ax2*、Dx5和Bx14出现频率总体呈现上升趋势，优质强筋亚基Bx7^{OE}检出率仅为1%，且全为引进品种，在本地品种（系）中未检出该亚基类型。

2.4　1BL/1RS易位与非1BL/1RS易位品种品质比较

冬小麦育成品种中，1BL/1RS易位系比例高达51.8%，远大于其他品种类型。取冬小麦1BL/1RS易位与非1BL/1RS易位品种各15个，对二者蛋白质、赖氨酸、湿面筋含量、沉降值等品质参数进行了显著性检测（表3）。结果表明，冬小麦育成品种中非1BL/1RS易位小麦与1BL/1RS易位小麦其蛋白质含量、赖氨酸含量、湿面筋含量的参数差异不显著，容重和沉降值的参数差异达到显著水平（$P<0.05$）。据研究，在预测面筋强度方面沉淀值明显优于湿面筋含量，由此可见，非1BL/1RS易位品种的面筋强度优于1BL/1RS易位品种。

表3　1BL/1RS易位与非1BL/1RS易位品种品质比较

Table 3　Comparison of quality parameters between 1BL/1RS and Non-1BL/1RS wheat

类型		千粒重(g)	容重(g/L)	蛋白质含量(%)	赖氨酸含量(%)	湿面筋含量(%)	SDS沉淀值(mL)
非1BL/RS	平均值	41.4a	786.3a	13.9a	0.42a	26.72a	43.6a
易位品种	变幅	32.5～48.8	745.4～813.5	10.9～16.5	0.31～0.5	18.07～37.7	23.2～52.8
1BL/1RS	平均值	39.4a	768.5b	14.4a	0.42a	27.58a	38.1b
易位品种	变幅	31.7～45.9	728.5～813.0	12.9～17.0	0.29～0.54	21.1～37.7	24.3～55

注：平均值后的不同字母表示差异达5%显著水平。

2.5　亲本相似的1BL/1RS易位品种与非1BL/1RS易位品种品质比较

平凉42是非1BL/1RS易位品种，平凉43是1BL/1RS易位品种，二者的亲本材料非常接近（表4），在遗传背景相似的前提下，对二者蛋白质、赖氨酸、湿面筋含量、沉降值等品质指标进行了显著性检测。结果表明，小麦平凉42与平凉43的千粒重、容重、蛋白质含量、赖氨酸含量参数差异不显著，湿面筋含量和SDS沉淀值参数差异达到显著水平（P < 0.05）。从综合检测指标来看，1BL/1RS易位品种平凉43的品质甚至优于非易位品种平凉42，可能的原因是平凉43为1BL/1RS易位杂合体，其Glu-B3位点能正常合成LMW-GS，而且Glu-D1位点能够合成5+10优质亚基。在遗传背景相似的情况下，该研究结果证明了Glu-B3位点的正常表达及5+10优质亚基对1RS易位导致的品质负面影响起到了一定的补偿作用。

表4　亲本相似的1BL/1RS易位品种与非1BL/1RS易位品种品质比较

Table 4　Comparison of quality parameters between 1BL/1RS and Non-1BL/1RS wheat with the similar Parents

性状参数	平凉42	平凉43
亲本	长武131//[平凉38/82(51)]F3	长武131/82(51)-9-5-3-2
1BL/1RS	−	+/−
Ax1/Ax2*	+	+
Bx14	−	−
Dx5	−	+
千粒重(g)	38.9a	36.1a
容重(g/L)	775.4a	781.0a
蛋白质含量(%)	13.0a	15.8a
赖氨酸含量(%)	0.46a	0.47a
湿面筋含量(%)	25.6a	29.3b
SDS沉淀值(ml)	50.8a	55.0b

3　结论

采用STS分子标记技术，检测了小黑麦ω-secalin基因与小麦LMW-GS的Glu-B3位点及Glu-1复合位点上有重要育种价值的优质亚基类型。明确了甘肃小麦种质资源中1BL/1RS易位系分布频率为36.6%，Glu-1位点优质亚基Ax1/Ax2*、Dx5分布比例近年来有所提高，但Glu-B1上HMW-GS优质亚基种类和频率低。建议在小麦品质改良中应减少1BL/1RS易位系出现的频率，加强对具有Ax1/Ax2*、Bx7[OE]、Dx5、Bx14等优质亚基核心亲本的引进和利用。

参考文献（略）

王红梅，厚毅清，欧巧明，石有太：甘肃省农业科学院生物技术研究所

陈玉梁：甘肃省农业科学院黄羊试验站

SSR标记甘肃栽培党参种质资源的遗传多样性分析[①]

党参（*Codonopsis pilosula*）是桔梗科党参属的栽培植物，是我国一种十分常用的中药，也是多年生缠绕草本植物。党参作为我国传统的大宗中药材，以根入药，分布广泛，品种多样，具有良好的药用价值。甘肃具有得天独厚的生态环境和气候条件，拥有非常丰富的药用植物资源，是党参和当归等名贵药用植物的道地产地和主产区。

目前，SSR分子标记技术已在粮食经济作物等标记研究中广泛得以应用，中草药上应用得相对较少。有关党参在DNA分子遗传多样性方面的研究多以RAPD标记居多。李忠虎利用磁珠富集法分离党参基因组微卫星DNA，从而设计出SSR引物对样本材料进行遗传多样性分析；王东通过软件分析党参转录组文库EST序列的SSR位点进行引物设计，最终筛选出15对可使用的微卫星引物。

为了解甘肃党参的遗传背景，为其规范化栽培和育种提供分子生物学依据，本研究利用已公布的党参多态性微卫星引物及本实验室自行设计筛选出的数对SSR引物，对采自甘肃六大主栽区的58份党参种质材料进行遗传多样性研究，探明甘肃党参资源的遗传背景和结构组成，以期为党参种质资源的评价和优异基因挖掘奠定基础。

1 材料与方法

1.1 试验材料

供试党参材料随机采集于甘肃省党参种植的6大主栽区，共58份材料，见表1。采集材料的新嫩叶片用硅胶干燥后带回，实验室进行基因组提取备用。

表1 供试品种的编码及产地来源

Table 1 The coding and origin of test meterials

居群 population	编码 Code	来源 Original	纬度（N） Longitude (N)	经度（E） latitude (E)	海拔/米 altitude/m
	1	宕昌县哈达铺镇	36°59′15.82″	104°25′14.20″	2224
	2	宕昌县狮子乡阴山沟村	33°44′45.00″	104°40′11.71″	2253
pop1	3	宕昌县南阳镇	33°57′47.60″	104°38′11.26″	1828
	4	宕昌县理川镇大金沟村	34°14′50.28″	104°19′17.77″	2266
	5	宕昌县南阳镇	33°57′47.60″	104°38′11.26″	1828

[①]本论文在《中药材》2016年第39卷第8期已发表。

续表1

居群 population	编码 Code	来源 Original	纬度（N） Longitude (N)	经度（E） latitude (E)	海拔/米 altitude/m
	6	漳县石川乡小石门村	34°39′34.48″	104°21′18.99″	2275
	7	漳县三岔镇三岔村	34°52′41.66″	104°20′24.16″	2037
	8	漳县武当乡何家门村	34°45′37.43″	104°31′19.75″	1876
	9	漳县四族乡柴塄岸村	34°41′19.21″	104°23′30.31″	2049
	10	漳县石川乡小石门村	34°39′26.68″	104°21′36.05″	2275
	11	漳县四族乡马莲滩村	34°43′10.08″	104°24′34.89″	2162
	12	漳县三岔镇三岔村	34°52′49.66″	104°19′48.57″	2037
pop2	13	漳县武当乡张坪村	34°45′38.26″	104°33′27.18″	1931
	14	漳县武当乡远门村	34°43′57.28″	104°33′47.47″	2057
	15	漳县四族乡	34°41′19.21″	104°23′30.31″	2049
	16	漳县殪虎桥乡周家庄	34°53′48.78″	104°12′14.75″	2057
	17	漳县武当乡远门村	34°43′57.28″	104°33′47.47″	2057
	18	漳县三岔镇三岔村	34°52′49.66″	104°19′48.57″	2037
	19	漳县殪虎桥乡朱里沟村	34°51′9.87″	104°17′57.54″	2311
	20	漳县四族乡马莲滩村	34°43′10.08″	104°24′34.89″	2162
	21	岷县梅川镇	34°34′23.51″	104°07′7.38″	2315
	22	岷县申都乡永进村	34°24′16.85″	104°22′2.10″	2519
	23	岷县申都乡永进村	34°24′16.85″	104°22′2.10″	2519
	24	岷县梅川镇	34°34′23.51″	104°07′7.38″	2315
pop3	25	岷县茶埠镇大竜村	34°29′46.43″	104°07′49.62″	2400
	26	岷县禾驮乡石家台村	34°25′25.16″	104°16′38.41″	2584
	27	岷县禾驮乡石家台村	34°25′25.16″	104°16′38.41″	2584
	28	岷县梅川镇（红土）	34°34′23.51″	104°07′7.38″	2315
	29	岷县茶埠镇大竜村	34°29′46.43″	104°07′49.62″	2400
	30	陇西县碧岩镇王庙村	35°01′44.53″	104°23′18.38″	2009
	31	陇西县通安驿镇西街村	35°18′14.78″	104°41′0.18″	1891
	32	陇西县菜子镇关家庄村	35°0′3.45″	104°32′27.22″	1973
	33	陇西县通安驿镇上桥村	35°18′14.78″	104°41′0.18″	1891
	34	陇西县通安驿镇西街村	35°18′14.78″	104°41′0.18″	1891
	35	陇西县碧岩镇王庙村	35°01′44.53″	104°23′18.38″	2009
pop4	36	陇西县双泉乡胡家门村	35°08′49.50″	104°25′9.58″	1953
	37	陇西县首阳镇路家门村	35°04′55.88″	104°26′7.16″	1901
	38	陇西县双泉乡胡家门村	35°08′49.50″	104°25′9.58″	1953
	39	陇西县菜子镇菜子村	34°59′21.53″	104°28′22.40″	1975
	40	陇西县碧岩镇石沟村	35°01′44.53″	104°23′18.38″	2009
	41	陇西县菜子镇董家寺村	34°56′55.36″	104°28′45.89″	2112

居群 population	编码 Code	来源 Original	纬度(N) Longitude (N)	经度(E) latitude (E)	海拔/米 altitude/m
	42	渭源县莲峰镇新龙村	35°02′15.89″	104°18′51.84″	2054
	43	渭源县庆坪乡官路村	35°08′7.20″	104°04′26.77″	2206
	44	渭源县齐家庙乡金家坪村	35°07′18.73″	104°02′50.15″	2089
	45	渭源县庆坪乡官路村	35°08′7.20″	104°04′26.77″	2206
	46	渭源县庆坪乡官路村	35°08′7.20″	104°04′26.77″	2206
	47	渭源县莲峰镇新龙村	35°02′15.89″	104°18′51.84″	2054
pop5	48	渭源县莲峰镇新龙村	35°02′15.89″	104°18′51.84″	2054
	49	渭源县庆坪乡清泉村	35°14′6.56″	104°08′2.29″	2249
	50	渭源县莲峰镇截道丌社	35°02′15.89″	104°18′51.84″	2054
	51	渭源县新寨镇新寨村	35°16′47.73″	104°11′3.91″	2053
	52	渭源县齐家庙乡金家坪村	35°07′18.73″	104°02′50.15″	2089
	53	渭源县庆坪乡官路村	35°08′7.20″	104°04′26.77″	2206
	54	会川选育品系	35°01′33.80″	104°03′8.48″	2235
	55	会川选育品系	35°01′33.80″	104°03′8.48″	2235
pop6	56	会川选育品系	35°01′33.80″	104°03′8.48″	2235
	57	会川选育品系	35°01′33.80″	104°03′8.48″	2235
	58	会川选育品系	35°01′33.80″	104°03′8.48″	2235

1.2 引物的设计与合成

本试验从已有的2篇文章中查找到25条SSR引物，并从NCBI （http://www.ncbi. nlm. nih.gov/） 上下载了部分含有微卫星的党参Nucleotide序列及近缘属羊乳的EST序列。应用SSR Hunter和Primer Primer 5.0软件搜索微卫星并设计引物80对，以12份遗传背景差异大的党参为模板共筛选出16对可利用的引物。

1.3 DNA提取

采用天根的植物提取基因组试剂盒进行样品DNA的提取，提取完成后用1%的琼脂糖凝胶电泳进行样品质量的检测，并用紫外分光光度计测定其浓度和纯度，将DNA稀释至20～50 ng/uL，4 ℃保存备用。

1.4 PCR扩增和产物检测

PCR扩增体系总反应体积20 μL，包括2×Taq Master Mix 10 μL，DNase-Free Water 7 μL，Forward Primer 1 μL，Reverse Primer 1 μL，党参基因组1 μL。反应程序：95 ℃热启动3 min，95 ℃变性45 s，48～65 ℃退火30 s，72 ℃延伸1 min，34个循环后，72 ℃终延伸5 min。用6%的非变性聚丙烯酰胺凝胶电泳分离扩增产物，银染色法进行检测。

1.5 数据统计与分析

采用人工读带的方法，将电泳图上可重复的、易分辨的条带记为 "1"，同一位置无带计为 "0"，建立原始数据矩阵。利用PopGen32软件计算群体的观测等位基因数（allele number，Na）、有效等位基因数（effective number of allele，Ne）、Shannon 信息指数（Shannon's information index，I）、遗传一致度（genetic identity）和遗传距离（genetic distance），计算多态性信息含量（polymorphism information content，PIC），PIC=1$-\sum ijp^2_{ij}$，式中，p 表示位点 i 的第 j 个等位变异出现的频率。以 NTSYS-pc 软件计算遗传相似系数（Genetic Similarity，GS），按照非加权配对法 UPGMA 和 SHAN 程序进行聚类分析，按 Eigen 程序进行主成分分析。

2 结果

2.1 引物的多态性分析

筛选出的 16 对引物（见表 2）共扩增出 125 个条带，扩增片段长度为 100～450 bp，每对引物扩增条带数为 3～14 个，平均为 7.8 个，多态性条带为 120 个，多态位点百分率（PPB）为 96%。多态信息含量（PIC）变幅为 0.1979～0.4367，平均为 0.3378。PIC＜0.25，是低度多态位点，共有 1 个 SSR 标记 DS12，其 PIC 值最低；PIC＞0.50 是高度多态位点，没有符合的标记；其余 15 个为中度多态位点（0.25＜PIC＜0.50），其中 DS04 位点的 PIC 值最高，DS05 次之，图 1 为引物 DS10 在 58 份种质材料上的扩增结果。

表 2　党参 SSR 引物序列

Table 2　The SSR primers for *Codonopsis pilosula*

引物编码 code	引物序列 Primer sequence (5′→3′)	检测的位点数 Loci	多态位点数 polymorphic loci	多态性比率 PPB(%)	多态信息含量 PIC
DS01	ACAAATATGTCCTCCAACT CTCTTTCTATCTCCCTTCT	7	7	100	0.3556
DS02	GAGAATTATGACCTTGAGAAGCG GATTCTGCGCTACAATCAAAATC	9	9	100	0.3055
DS03	TCATCCATTGCAACCTAATCAGT TTAGAACTAGGAGCTGCACCATT	8	8	100	0.3782
DS04	TCCCAGCAATGCAGCAAAT TTCAATCCCGTCGTCTTCC	3	3	100	0.4367
DS05	GCGACATGAACTTGAAGAACTTT TGATCTAGTCATTCATGCTCTTCC	5	5	100	0.4122
DS06	GGAAGTAGACCAAGAGTGGGAGT TTGATTCTCAAACAAGTGTCACG	8	7	87.5	0.2745
DS07	TCTTGCTTCTCAAAGATACGACC CTAGCAGGTGAAAGCAAACACTA	7	7	100	0.3428
DS08	CGTCGTGCTTGTGTGTTTGT AATTCTCCTCTCTCCCCGCT	8	8	100	0.2646
DS09	GAAATCGCGTCGTGCTTGTG GTAAGTCCTCCTTTCTTGGA	14	14	100	0.3673

引物编码 code	引物序列 Primer sequence (5′→3′)	检测的位点数 Loci	多态位点数 polymorphic loci	多态性比率 PPB(%)	多态信息含量 PIC
DS10	GGGGTTTAATAATGGTGTT AGCAAGGCAACTAACTGAC	5	5	100	0.3420
DS11	AGGACCCGTTCTTTGATGATATT CAATAGCAATGGCTGACTTATCC	9	8	88.89	0.2971
DS12	AGGACCCGTTCTTTGATGATATT CAATAGCAATGGCTGACTTATCC	7	5	71.43	0.1979
DS13	ATGTTCACCCATTTCCTGTT GTGGTCCGTGGACTACTTTC	10	9	90	0.3133
DS14	GCATGGATGCTCGTTGACTC TGCGGGCACTTATTTGTTAG	13	13	100	0.3837
DS15	GAAATGCCTCAAATACCCT GAAGAGTAATAAAGAGGGAG	6	6	100	0.3586
DS16	CGGACAACGCACCTTGTTTT CGGAGAGTACGAACACGGAG	6	6	100	0.3746
平均 Mean		7.81	7.5	96	0.3378

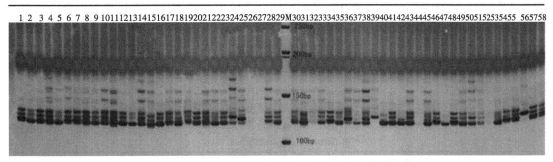

图1 引物DS10对58份党参材料的聚丙烯酰胺凝胶电泳图

Fig.1 The polyacrylamide gel electrophoresis with primer DS10 of 58 materials for *Codonopsis pilosula*

2.2 6个党参居群的遗传多样性与遗传变异分析

供试的6个甘肃栽培党参居群平均等位基因数（N_a）1.9524，平均有效等位基因数（N_e）1.5078，平均 Nei's 基因多样性（H）为0.3061，平均 Shannon's 信息指数（I）为0.4658，多态位点百分率（PPB）为96%。从表3中看出，甘肃党参栽培居群整体遗传多样性高，资源丰富，其中渭源的 N_e、H、I 值和多态位点百分率在6个居群中都具有最大值，表明该地区的党参资源遗传多样性最高，种质资源最为丰富，漳县、宕昌、会川次之，岷县相对较低，表明岷县的栽培党参资源遗传多样性较低。

根据 POPGEN 的分析结果，6个党参居群的总遗传多样度（H_t）为0.3118，居群内遗传多样度（H_s）为0.2655。居群间遗传分化系数（G_{st}）为0.1484，表明14.84%的遗传变异存在居群间，85.16%的遗传变异存在于居群内部，基因流（N_m）为2.8685，表明党参居群间差异很小，但居群内个体的差异较大，居群间有明显的基因交流。

表3 甘肃6个党参居群的遗传多样性参数

Table 3 The genetic diversity for 6 population of *Codonopsis pilosula* in Gansu

居群 population	等位基因数 Number of alleles(N_a)	有效等位 基因数 Effective number of alleles(N_e)	Nei's基因 多样性指数 Nei`s expected heterozygous-ty (H)	Shannon's 信息指数 Shannon`s information index(I)	多态位点数 Polymorphic loci	多态位点 比率/% Percentage of- polymor-phic loci(PPB)
pop1	1.6587	1.4778	0.265	0.3857	83	66.40
pop2	1.7778	1.481	0.2755	0.4094	98	78.40
pop3	1.6111	1.4157	0.2345	0.3442	77	61.60
pop4	1.6984	1.4417	0.2543	0.3767	88	70.40
pop5	1.8333	1.5144	0.2996	0.4461	105	84.00
pop6	1.6587	1.476	0.2639	0.3844	83	66.40
总体	1.9524	1.5078	0.3061	0.4658	120	96.00

2.3 6个党参居群的遗传距离及居群聚类分析

从表4看出，6个党参居群的遗传相似度为0.8699～0.9645，遗传距离为0.0361～0.1394，其中漳县和陇西的遗传距离最小（0.0361），遗传相似度最大（0.9645）；宕昌和会川的遗传距离最大（0.1394），遗传相似系数最小（0.8699）。利用UPGMA，根据遗传相似系数构建居群间的聚类图（图2），6个居群大致呈从属关系，在虚线位置1处可分为两个类群，宕昌单独成群，为I类，第II类包含漳县、岷县、陇西、渭源和会川5个居群。第II类群在虚线位置2处可分为3个亚群，漳县和陇西、岷县和渭源两两成群，会川单独为一个亚群。供试的栽培党参居群间遗传基础较窄，遗传距离与其来源产地的地理位置分布有一定的相关性。

表4 甘肃6个党参居群间的遗传相似度（GI）和遗传距离（GD）

Table 4 The genetic identity (GI) and genetic distance (GD) between 6 populations
of *Codonopsis pilosula* in Gansu

居群	pop1	pop2	pop3	pop4	pop5	pop6
pop1	**	0.9192	0.882	0.9178	0.9157	0.8699
pop2	0.0842	**	0.9385	0.9645	0.9566	0.9132
pop3	0.1256	0.0634	**	0.9445	0.9486	0.9267
pop4	0.0857	0.0361	0.0571	**	0.9383	0.9178
pop5	0.0881	0.0444	0.0572	0.0637	**	0.9167
pop6	0.1394	0.0908	0.0761	0.0858	0.087	**

注：上三角是遗传一致度，下三角是遗传距离。

Note：Nei's genetic identity （above diagonal）·and genetic distance （below diagonal）.

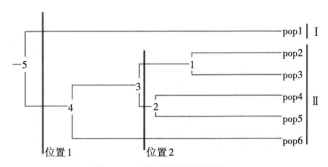

图2 6个党参居群的聚类图

Fig. 2 The cluster analysis dendrogram of 6 population in *Codonopsis pilosula*

2.4 58份党参种质的聚类图

利用UPGMA，根据遗传相似系数构建58个党参种质资源遗传关系聚类图（图3）。结果表明，在阈值0.7时可将58份材料分为2个大类，其中第I类包含55份党参材料，第II类包含材料3、13、58，分别来自宕昌、漳县和会川。聚类分析结果表明，种质资源与其地理分布并不存在明显的相关性，6个主栽区种植的党参互相交错，这与薛德对五节芒的研究结果一致。

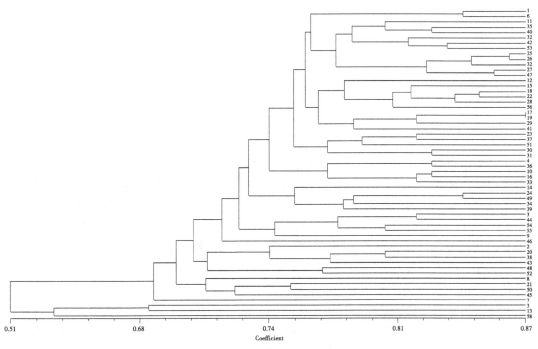

图3 58份党参材料的聚类图

Fig 3 The cluster analysis dendrogram of 58 materials in *Codonopsis pilosula*

2.5 58份党参种质的主成分分析

利用NTSYS软件对遗传相似系数矩阵进行主成分分析，如图4，第1主成分和第2主成分解释变异的贡献率分别为7.08%和6.62%，累计贡献率为13.70%。将位置靠近的党参材料归为一类，可将供试材料归为两大类，与聚类结果一致，表明供试栽培党参种质间遗传相似度高，遗传基础较窄。

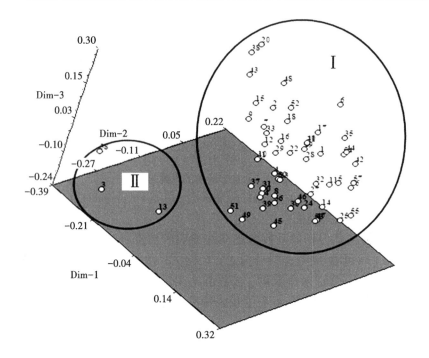

图4 58份党参材料的主成分分析

Fig 4　The principal coordinate analysis（PCOA）for 58 materials of *Codonopsis pilosula*

3 结论

3.1 党参SSR引物开发统计表明，遗传距离相近的物种更可能共用SSR引物。吴根松在梅花的SSR引物开发上就使用了其近缘物种的SSR引物并取得显著成效。本研究结果也验证了从党参近缘属羊乳中开发出的引物在党参材料间检测出多态性，可作为党参的微卫星引物使用。此外，从PIC结果看出，16对引物中有15对具有中度多态标记，仅有1对引物为低度多态标记，表明筛选出来的引物能够很好地进行党参遗传多样性的检测。

3.2 甘肃栽培党参具有丰富的遗传多样性，主要的遗传变异存在于居群内，居群间有明显的基因交流。试验结果表明，甘肃栽培党参在物种水平上具有丰富的遗传多样性，这与前人用AFLP、RAPD及ISSR的研究结果一致。从DNA水平上验证了党参种质间丰富的遗传变异能力，表明党参具有较强的环境适应能力。此外，从居群聚类图上可以看出，漳县和陇西、岷县和渭源的党参优先聚为一类，这与产地来源存在一定关系。

3.3 甘肃栽培党参在遗传组成上具有较高的同源性，遗传基础较窄。从聚类图和主成分分析结果来看，供试58份甘肃栽培党参种质可划分为2大类，6个来源产地的材料相互交错，杨宁利用RAPD分子标记结果表明，甘肃党参资源间的变异范围较小，种间遗传关系较近，与本研究结果一致。据市场调研显示，能自育党参种苗的地区较少，多数材料均来源于同一公司或优势种植地，因此遗传基础相对狭窄。从遗传距离上看，甘肃栽培党参居群间有一定的地域关系，但是种质材料间的遗传距离和产地来源并不相关，有学者的研究结果也表明多样性与地域性没有明显关系。

4　讨论

党参药用历史悠久，品种来源甚多，由于产地、来源和加工方法不同，药材质量有很大差别，商品名称也十分混乱。甘肃是党参的主要产区，产量居全国之首。介于SSR引物开发的难度，加快党参等中草药的引物设计和开发，有助于深入开展SSR在药用作物研究中的应用。党参没有全基因组序列，因此选择的SSR标记不能覆盖党参全基因组，所以获得的试验结果仅反映供试材料在基因组部分区域的遗传多样性。研究结果表明，供试6个甘肃栽培党参居群遗传多样性丰富，总体上遗传背景相似度高，遗传基础狭窄，育种工作有待进一步加强野生种质资源的利用，创新党参育种材料。本研究结果可为保护党参的多样性和开发利用提供技术支持和理论根据。

参考文献（略）

刘新星，陈玉梁，石有太，罗俊杰，厚毅清，张艳萍：甘肃省农业科学院生物技术所

甘肃黄芪资源的遗传多样性和聚类分析[①]

黄芪（*Astragalus membranaceus*），为豆科多年生草本植物，是常用的中草药之一。其根部入药，具有益气固表、利水消肿、脱毒、生肌的功效，在中药中占有重要地位。据统计，以黄芪为原料的中成药多达200余种。由于黄芪入药的根部需生长三年，较为珍贵，而野生黄芪数量急剧减少，因此，现药用黄芪的来源多为人工栽培。甘肃是药用黄芪的主产区之一，近年来，除渭源县、陇西县种植黄芪外，宕昌县、漳县、武都区等地也开始规模种植，由于黄芪种类繁多，而正品黄芪仅为膜荚黄芪和蒙古黄芪两种，因此，甘肃黄芪资源遗传现状的调查显的尤为重要。

SSR分子标记技术是物种遗传分析和品种鉴定的一项流行技术。与传统的遗传分析方法相比，该技术可在分子层面对物种的遗传特征进行阐释，省去了大量的形态、细胞特征等表型的统计工作，减少标记的"人为"特征，可提高能效与准确度。该方法已在不同物种遗传研究中广泛应用，如宋艳梅利用SSR分子标记技术分析了山东同一种植基地不同形态栝楼的遗传多样性和亲缘关系，绘制了7个栝楼样品的指纹图谱。肖承鸿对80份太子参种质资源进行表型遗传多样性分析，最终将参试的种质资源聚类为四个类群。李猛在天然蚬壳花椒种群遗传多样性的ISSR标记分析中将中国西南4省共12个天然蚬壳花椒种群进行遗传多样性分析，得出天然蚬壳花椒在物种和种群水平上均具有较高的遗传多样性，天然蚬壳花椒种群间存在着高度的遗传分化的结论，为蚬壳花椒的遗传多样性分析奠定了理论基础。总之，SSR分子标记是一项成熟、可靠的遗传分析技术。

---

①本论文在《中药材》2016年第39卷第6期已发表。

本文利用近缘物种SSR引物的通用性，在筛选验证9对SSR引物有效的基础上，对甘肃6处主产区的57份黄芪资源进行资源调查及遗传多样性分析，为甘肃黄芪资源的筛选利用提供基础。

1 材料与方法

1.1 材料

参试黄芪样本随机采集于甘肃省境内黄芪主要栽培地区，共57份材料（见表1），各样本采集单株新嫩叶片进行基因组提取。

表1 甘肃黄芪57份种质资源的地理位置

Table 1　The geographical location of *Astragalus membranaceus* 57 germplasm resources in gansu province

居群 Population	编号 Code	采集地点 Location	经度 Longitude (N)	纬度 Latitude (E)	海拔 Altitude/m
P1	G1	宕昌县阿坞乡西迭村	104°09′50.42″	34°16′23.13″	2353
	G2	宕昌县阿坞乡西固村	104°11′01.80″	34°15′32.97″	2308
	J3	宕昌县庞家乡对坡村	104°17′38.01″	34°16′43.17″	2317
	J4	宕昌县理川镇上街村	104°19′24.50″	34°15′10.02″	2288
	J5	宕昌县理川镇杨家庄村	104°19′45.52″	34°15′55.59″	2365
	J6	宕昌县贾河乡同寨村	104°22′31.02″	34°05′34.45″	2134
	J7	宕昌县哈达铺镇上罗村	104°14′45.56″	34°11′36.56″	2168
P2	J8	岷县闾井镇狼渡滩	104°38′36.85″	34°21′44.61″	2803
	G9	岷县茶埠镇吉纳村	104°07′01.02″	34°30′07.00″	2353
	G10	岷县蒲麻镇旗杆沟村	104°24′47.09″	34°27′42.97″	2659
	J11	岷县蒲麻镇红崖村	104°28′15.60″	34°27′47.35″	2436
	J12	岷县蒲麻镇岔套村	104°27′27.92″	34°30′59.65″	2565
	J13	岷县禾驮乡石家台村	104°16′13.37″	34°25′27.10″	2753
	G14	岷县蒲麻镇蒲麻村	104°24′35.35″	34°32′15.73″	2396
	G15	岷县麻子川乡上沟村	104°07′57.31″	34°15′02.28″	2664
	J17	岷县禾驮乡义仁沟村	104°15′03.60″	34°26′49.12″	2634
	J18	岷县申都乡马营口村	104°24′56.38″	34°24′37.54″	2531
	G19	岷县茶埠镇大竜村	104°07′53.20″	34°29′45.47″	2485
	J20	岷县申都乡青土村	104°20′47.08″	34°25′10.34″	2657
	G21	岷县梅川镇红水村	104°04′28.05″	34°31′28.27″	2330
	J22	岷县禾驮乡义仁沟村	104°15′04.84″	34°26′18.57″	2620
	G55	岷县梅川镇茶固村	104°04′15.42″	34°34′27.06″	2422
	G56	岷县麻子川乡麻子川村	104°06′38.71″	34°17′00.11″	2526

居群 Population	编号 Code	采集地点 Location	经度 Longitude (N)	纬度 Latitude (E)	海拔 Altitude/m
P3	D23	陇西县双泉乡胡家门村	104°25′04.88″	35°08′50.19″	1950
	G24	陇西县菜子镇浅河村	104°29′57.14″	34°59′22.55″	1916
	G25	陇西县首阳镇禄家门村	104°23′50.45″	35°04′12.44″	2006
	G26	陇西县柯寨乡虎家岘村	104°30′01.60″	35°04′51.08″	2074
	G27	陇西县首阳镇南门村	104°26′54.99″	35°04′13.48″	1894
	G28	陇西县通安驿镇旧街村	104°40′26.00″	35°17′53.29″	2008
	G29	陇西县碧岩镇王家庄村	104°25′07.68″	35°01′41.60″	1968
	J30	陇西县碧岩镇白家坪村	104°21′23.64″	35°02′30.00″	2150
	G31	陇西县双泉乡崖里村	104°25′29.62″	35°07′43.34″	1932
	G32	陇西县通安驿老城村	104°40′54.73″	35°18′34.86″	1915
	G33	陇西县碧岩镇何家山村	104°24′04.68″	35°02′15.83″	2158
	G34	陇西县柯寨乡柯寨村	104°29′38.58″	35°06′15.83″	2126
	G35	陇西县双泉乡何家沟村	104°23′27.91″	35°10′58.40″	1980
	G36	陇西县首阳镇樵家河村	104°27′14.21″	35°05′10.76″	1869
	G37	陇西县双泉乡碾羊口村	104°24′57.46″	35°07′59.86″	1913
	G38	陇西县首阳镇首阳村	104°26′31.45″	35°05′06.11″	1881
P4	G39	渭源县莲峰镇古迹坪村	104°12′48.11″	34°58′44.97″	2325
	G40	渭源县北寨镇（后川坪）	104°23′09.37″	35°11′55.41″	2007
	J41	渭源县会川镇半阴坡村	104°02′57.63″	35°01′40.03″	2500
	G42	渭源县清源镇七圣村	104°13′18.35″	35°10′18.62″	2193
	J43	渭源县锹峪乡贯子口村	104°12′36.93″	35°04′18.56″	2214
	J44	渭源县会川镇和平村	103°59′57.20″	35°03′0.39″	2491
	G45	渭源县莲峰镇杨家咀村	104°19′33.31″	35°02′59.50″	2030
	G46	渭源县清源镇马家窑村	104°14′50.97″	35°11′16.14″	2173
	G47	渭源县莲峰镇绽坡村	104°18′48.60″	35°04′25.50″	2098
P5	J48	漳县殪虎桥乡竹林沟村	104°13′51.20″	34°52′33.53″	2219
	G49	漳县大草滩小林沟村	104°08′51.65″	34°40′21.81″	2797
	G50	漳县石川乡小石门村	104°21′33.91″	34°39′26.90″	2124
	J51	漳县三岔镇王家门村	104°21′50.46″	34°51′52.97″	2069
	H57	漳县金钟乡寨子川村	104°11′55.52″	34°48′03.82″	2299

续表1

居群 Population	编号 Code	采集地点 Location	经度 Longitude (N)	纬度 Latitude (E)	海拔 Altitude/m
	J52	武都区磨坝乡竹园子村	104°59′12.07″	33°15′49.78″	1800
	G53	武都区磨坝乡潘家湾村	105°00′38.24″	33°13′38.36″	1656
P6					
	J54	武都区磨坝乡罗家山村	104°59′23.20″	33°14′52.97″	1598
	G16	武都区城关镇梁园村	104°10′39.32″	33°26′43.82″	1638

注：编号字母中，"H"代表红芪，"D"代表东俄洛黄芪，"G"代表蒙古黄芪，"J"代表膜荚黄芪。黄芪种质鉴定用基原鉴定法。

Note: The number of letters, "H" on behalf of *Astragalus membranaceus* （Fisch.） Bunge., "D" on behalf of *Astragalus tongolensis*, "G" on behalf of *Astragalus membranaceus* （Fisch.） Bge. var. mongholicus （Bge.） Hsiao, "J" on behalf of *Astragalus membranaceus* （Fisch.）.

1.2 方法

1.2.1 总基因组的提取与检测

采用TIANGEN植物基因组DNA提取试剂盒提取基因组，通过紫外分光光度计检测纯度及浓度，定量基因组为10 ng/μL，将基因组保存于−25 ℃冰箱中备用。

1.2.2 引物筛选

收集已公开亲缘相近作物的引物101对，经过综合评估其多态性、重复性及稳定性，最终筛选出9对引物用于本次试验，引物序列如表2。引物序列由生工生物工程（上海）股份有限公司合成。Tap DNA Master Mix为Takara品牌，购自宝生物工程（大连）公司。

表2　黄芪SSR引物序列

Table 2　Primers for SSR of *Astragalus membranaceus*

SSR引物 SSR Primers	碱基序列 Sequence	扩增位点数 Number of amplified loci	多态位点百分比 Percentage of polymorphic loci/%	多态信息量 Polymorphism information content(PIC)
ZYS3	F: TCACCAGTCACCACCTCA R: GTGTTCGGATGCTTCTATATC	7	100	0.461
MX58	F: CCTCCAAAGAATATGGATGC R: AGGGCTGTCTGCTGGAGTTA	9	90	0.477
MX60	F: AAGAATGACGAAGAGGCGAA R: TCAGAAATTCCCTCCCATTG	9	100	0.486
MX153	F: GGTCCATCCCAATCATTGAA R: GGTTGGGTAGTGCAATTGTG	9	100	0.483
MS214	F: GGTGGTGTAGGGGTGAAGAGA R: TAGGCCACATGTGCAGAAAA	10	100	0.475

SSR引物 SSR Primers	碱基序列 Sequence	扩增位点数 Number of amplified loci	多态位点百分比 Percentage of polymorphic loci/%	多态信息量 Polymorphism information content(PIC)
MS324	F: AGGACATCAAAGGGGTTTCATC R: ATATGCCTACACCCATGATTGG	10	90	0.408
MS229	F: CCTCTCTCTCTCATTTCAAATTTC R: GGGTCCGTTGGAATAACCG	9	90	0.278
MS262	F: TTGGATTAGAGGTGAAATCGG R: CTTCACCCATCATCGGATGC	9	90	0.405
D2	F: TACCCTTAATCACCGGACAA R: AGGGAACTAACACATTTAATCATCA	10	100	0.472

1.2.3 扩增及产物的检测

采用 Bio-Rad T100 梯度 PCR 仪对黄芪基因组进行扩增。扩增程序：95 ℃变性 5 min，95 ℃变性 1min，47～60 ℃（温度随引物不同而定）退火 40 s，72 ℃延伸 45 s，共 30 个循环，72 ℃后延伸 5 min，4 ℃冰箱保存；反应体系：25 μL 体系中 2×Taq Master Mix 12.5 μL，100 μmol/L 的上下游引物各 1 μL，基因组 1 μL，去离子水 9.5 μL。

扩增产物用含 6% 聚丙烯酰胺凝胶电泳分离，210 V 电泳 1.5 h 左右，用 Bio-Gel D6C XR⁺凝胶成像系统和尼康相机分别观察、拍照及保存。

1.3 数据统计与分析

整理电泳照片，人工选取分子量范围为 100～500 bp、清晰可辨的扩增条带进行统计分析，对于同一引物的扩增产物，迁移率相同的条带为 1 个位点，有条带的记为 "1"，无条带的记为 "0"，依次构建数据矩阵。根据表征矩阵统计 SSR 扩增产物的条带总数和多态性条带总数，计算引物多态性信息含量（PIC），$PIC_i=2f_i(1-f_i)$，式中，PIC_i 表示引物的多态性信息含量，f_i 表示有带所占的频率，$1-f_i$ 表示无带所占的频率。采用 PopGen32 软件计算居群间等位变异数（Na）、有效等位基因数（Ne）、基因多样性（H）、香农信息指数（I）、多态位点比率（P）；居群内遗传多样度（Hs）；居群间遗传分化系数（Gst）；基因流（Nm）。利用 NTSYSpc2.10e 软件计算参试样品的遗传距离（GD）和遗传相似系数（Gs），用非加权配对算术平均法（UPGMA）构建亲缘关系聚类树状图。

2 结果与分析

2.1 SSR扩增多态性分析

利用 9 对有效引物对 57 个样本的 DNA 进行 PCR 扩增，PCR 产物的分子量为 100～1200 bp，形成了带型丰富的电泳图谱（图1），其重复性好，清晰度高，通过统计有效引物共扩增出 82 个位点，多态性位点百分比为 95.56%（表3），平均每条引物的多态信息值为 0.438。多态信息含量是衡量微卫星位点多态性高低的较好的指标，一般来说，当 PIC>

0.5时，具有高度多态性；当0.25<PIC<0.5时，具有中度多态性；当PIC<0.25时，具有低度多态性，试验结果表明，参试SSR引物可以使黄芪产生较为丰富的多态性条带。

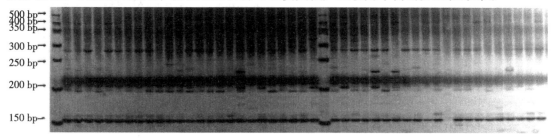

图1 引物ZYS3对57个样本的扩增结果

Fig.1 SSR amplification results of primers ZYS3

表3 黄芪的遗传多样性及遗传分化系数

Table 3 Genetic diversity analysis and Genetic differentiations among of *Astragalus membranaceus*

项目 Item	居群 Populations						平均值 Mean	总计 Total
	P1	P2	P3	P4	P5	P6		
PPB(%)	71.95	84.15	80.49	74.39	81.71	53.66	74.39	97.56
Na	1.720	1.841	1.805	1.744	1.817	1.537	1.744	1.976
Ne	1.407	1.445	1.453	1.383	1.512	1.299	1.417	1.459
I	0.364	0.406	0.405	0.359	0.439	0.277	0.375	0.431
H	0.241	0.267	0.268	0.234	0.294	0.182	0.248	0.279
Ht								0.280
Hs								0.248
Gst								0.117
Nm								3.775

2.2 黄芪的遗传变异与遗传分化

表3结果显示，黄芪在物种水平上Nei's指数为0.279，Shannon信息指数为0.431，各居群内Shannon指数范围为0.277～0.439，Nei's指数范围为0.182～0.294。该结果表明，无论物种水平层面，还是在各居群内部，参试黄芪样本都表现出较高水平的遗传多样性。

黄芪居群的遗传分化情况见表3，57份样本总的遗传多样度Ht为0.280，居群间遗传分化系数Gst为0.117，即11.7%的遗传变异存在于居群间，88.3%的遗传变异存在于居群内部。居群内遗传多样度Hs为0.248，平均基因流Nm为3.7746。该结果表明，黄芪居群间差异很小，但居群内个体的差异较大，居群间有明显基因交流。

2.3 不同居群的遗传距离与聚类分析

黄芪不同居群间遗传一致度和遗传距离的计算结果见表4。陇西县和渭源县黄芪间的遗传距离最小（0.023），遗传一致度最大（0.977），漳县和武都区黄芪间的遗传距离最大

（0.110），遗传一致度最小（0.896）。根据居群间的遗传距离，采用UPGMA法对6个居群进行聚类绘图（图2），类群间大致呈现从属关系，居群亲缘关系的远近与地理距离远近大致相关。

表4 黄芪不同居群间的遗传一致度和遗传距离
Table 4 Genetic identity and distance between different populations of Astragalus membranaceus

居群 Population	P1	P2	P3	P4	P5	P6
P1	****	0.963	0.964	0.968	0.935	0.931
P2	0.038	****	0.975	0.971	0.938	0.945
P3	0.037	0.025	****	0.977	0.947	0.940
P4	0.032	0.029	0.023	****	0.937	0.939
P5	0.067	0.064	0.054	0.066	****	0.896
P6	0.071	0.056	0.062	0.063	0.110	****

注：上三角是遗传一致度，下三角是遗传距离。

Note: Nei's genetic identity （above diagonal） and genetic distance （below diagonal）.

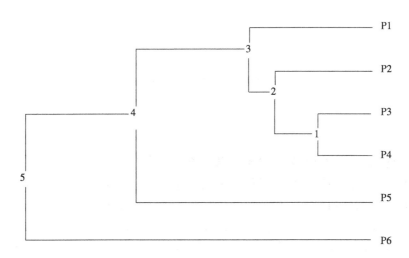

图2 黄芪6个居群的UPGMA遗传聚类图
Fig.2 UPGMA dendrogram of 6 populations for Astragalus membranaceus

2.4 57份样本的聚类分析结果

图3聚类分析结果显示，在相似度为0.46处57份样本分为两类，H57（岩黄芪属）为一类，剩余56份样本（黄芪属）为另外一类；在相似度为0.67处，56份黄芪属样本分为两类，J30、J48、G25、G39、J7为一类，剩余51份样本为一类；在相似度为0.68处，剩余51份样本可划分为两类，一类包括17个样本，其中膜荚黄芪占64.71%，另一类有34个样本，其中蒙古黄芪占76.47%。该结果说明，参试引物形成的聚类分析结果可以区分岩黄芪属和黄芪属，但是不能区分黄芪属中的膜荚黄芪、蒙古黄芪及东俄洛黄芪。

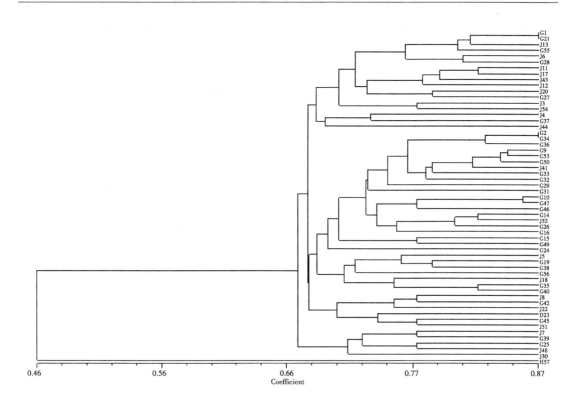

图3　57份黄芪资源基于SSR遗传相似性的UPGMA聚类图

Fig. 3　57 *Astragalus membranaceus* based on SSR genetic similarity of UPGMA clustering

3　讨论

3.1　近缘植物所用SSR引物在黄芪遗传分析上的表现

利用SSR引物的通用性分析近缘科属植物的遗传多样性是一项成熟的分子标记方法，该方法主要针对基因序列报道较少，难以开发出SSR引物的小物种。由于黄芪已知的基因序列公布极少，美国国立生物技术信息中心（NCBI）报道的基因序列仅为401条，不足以开发适宜的SSR引物，因此，本次试验所用引物为近缘科属植物成功应用的SSR引物，通过规范筛选101对SSR引物后，9个有效引物形成的聚类分析结果可以在相似度为0.46处明显区分参试样品中的岩黄芪属与黄芪属，黄芪属中参试样品的相似度区间为0.67~0.87。通过对比以往文献，李水福在早期研究过程中通过植物形态显微结构，赋值量化数据进行聚类分析，黄芪属与岩黄芪属可在相似度为0.50左右区分为两类。吴海燕通过ISSR分子标记技术比较了黄芪属与岩黄芪属的DNA指纹图谱，通过聚类分析，在相似度为0.49处明显区分黄芪属和岩黄芪属，并确定20份黄芪属样品的相似度区间为0.51~0.87。笔者的试验结果与以往研究成果非常接近，因此，本次试验中参试SSR引物对黄芪的遗传多样性分析结果较为可靠。此外，本次试验的聚类分析结果不能准确区分黄芪属中的膜荚黄芪、蒙古黄芪和东俄洛黄芪，岩黄芪属的红芪、黄芪属的东俄洛黄芪在中药药理上与正品黄芪不同，严格划分应属于伪品，因此，黄芪的基因序列还需要进一步的发现和补充，以便开发更精准的分子标记。

3.2　甘肃黄芪遗传多样性特征分析

笔者通过试验发现，甘肃主栽地区的黄芪遗传多样性具有居群内部遗传多样性高、居群间遗传变异率低、基因流动大的特点。吴松权在研究膜荚黄芪传粉特征时发现，异株异花授粉、自由授粉、同株异花授粉和套袋自花授粉4种授粉方式的结实率差异明显，其平均结实率分别为81%、56%、1%和0。冯学金在研究蒙古黄芪的传粉特性中也发现自由授粉、套袋自花授粉的亲和指数分别为1.26和0，因此，黄芪为自交不亲和的异花授粉植物，此外，此次随机采集样品中蒙古黄芪、膜荚黄芪所占比例最高分别为59.65%和36.84%，剩余红芪及东俄洛黄芪占3.51%，因此推测自交不亲和的异花授粉方式及居群内蒙古黄芪与膜荚黄芪的混杂是黄芪居群内部遗传多样性较高的主要原因。由于参试黄芪资源所处地理环境差异小，人工栽培又使黄芪的自然选择压力较小，因此，黄芪居群间遗传分化系数较低。但是，居群间有很高的基因交流系数，基因流系数达到3.775，该结果也在以往研究中频频出现，王敖在蒙古黄芪和膜荚黄芪居群遗传多样性研究中发现，栽培的蒙古黄芪群体间的基因流系数为3.549，而野生膜荚黄芪居群间基因流系数为0.855，并推测栽培黄芪居群之间具有较高基因流的原因是长期以来人为的从不同居群进行引种，从而造成了居群遗传信息的混合，王雪凤在内蒙古地区栽培及野生蒙古黄芪的ISSR遗传多样性研究中也发现蒙古黄芪经过栽培后，其遗传分化降低，基因流增加。笔者认为由于近年来甘肃中药市场逐渐规范化，而市场形成中药种子的流通是居群间基因交流的主要通道。该结果可进一步说明，与自然环境选择相比，受人为干预的生态环境可以导致物种内部基因交流水平发生较大变化。

4　结　论

甘肃黄芪资源较为纯正，其丰富的遗传多样性及小居群间稳定的基因流动态可维持甘肃黄芪的种质特征，此外，渭源县和陇西县的种质资源相对道地，可作为黄芪品种筛选及开发所需的种质资源。

参考文献（略）

厚毅清,张艳萍,石有太,刘新星,陈玉梁:甘肃省农业科学院生物技术研究所

第六章 作物育种新技术、新方法及新品种

花粉管通道法导入高粱DNA创造优良小麦新品系的分子聚合育种[①]

花粉管通道法遗传转化等分子育种技术为拓宽小麦抗性基因资源和品质改良提供了新的途径。已有的研究结果表明，花粉管通道法介导的遗传转化及其后代能产生变异，已相继在40多种作物上取得了显著成效；在国外SCI/EI期刊也相继出现报道，并已获得大量优良小麦新品种。笔者也曾利用花粉管通道法将多种异源高粱基因组DNA导入小麦，成功实现了小麦的抗条锈性、高分子量麦谷蛋白亚基（HMW-GS）以及品质性状的遗传改良。其中将高粱基因组DNA导入受体甘麦8号，获得抗条锈变异系89144系列品系，部分品系已连续21年对混合菌和分生理小种条锈菌均表现免疫，抗锈机理分析显示89144在条锈菌侵染后表现出系统获得性抗性，HMW-GS发生了突变，由受体的2+12亚基变为5+10亚基，是优质且持久抗条锈病的优良种质资源。

为了能持续获得优质、抗锈小麦种质材料，拓宽小麦优质、抗条锈基因资源，本研究拟采用花粉管通道法，将抗逆性强、对条锈病免疫的C_4作物高粱（*Sorghum bicolor L.*）基因组DNA导入高感条锈病的稳定品系89122，以期引入高粱抗条锈基因，进行品质和产量性状改良，突出抗条锈、优质等目标性状的遗传改良，丰富优质、抗条锈小麦基因和种质资源，为花粉管通道法外源DNA导入的分子育种研究提供参考。

1 材料与方法

1.1 供试材料

供体材料：高粱，禾本科高粱属，体细胞染色体数目$2n=20$，分蘖旺盛，根系发达，抗旱，耐盐碱，适应性广，对条锈病免疫。

受体材料：稳定的春小麦品系89122，$2n=42$，叶宽，旗叶下披，红粒，籽粒粉质，分蘖成穗率中等，耐盐碱，高感条锈病，品质较差（由甘肃省农科院生物技术研究所采用花粉管通道法育成的粉质春小麦品种）。

1.2 试验方法

1.2.1 供体总DNA的提取

采用CTAB法，按照刘学春等报道的方法，提取供体高粱基因组DNA，紫外分光光度计检测，$A_{260}/A_{230}=2.13>2.00$，$A_{260}/A_{280}=1.87>1.80$；琼脂糖电泳呈单一区带，无拖尾现象，

---

① 本论文在《干旱地区农业研究》2013年第31卷第2期已发表。

表明所提纯的DNA分子量在50 kb以上，蛋白质等杂质已去除干净，达到作物DNA导入所要求的纯度。基因组DNA溶于1×SSC溶液，4 ℃冰箱储存，导入前用蒸馏水稀释至300 μg·mL^{-1}。

1.2.2　供体高粱基因组DNA的导入及后代的处理与选择

供体高粱基因组DNA的花粉管通道法导入参考倪建福等的方法。

待导入穗形成幼胚后，记作D$_0$代种子。取其15～20 d胚龄的幼胚进行幼胚培养，于MS培养基上直接诱导幼胚成苗（D$_1$），并于温室加代选择，所获D$_1$及D$_2$代种子点播于单株选择圃，选择各种变异株，按单株收取种子；自D$_3$代起播种于株系选择圃，选择优良稳定变异株系。D$_4$～D$_6$代依次参加高代产量比较、鉴定试验等各级试验，逐代筛选优良品系。自D$_1$代起进行生物学特性的观察、记载和统计分析，并同步进行产量、抗病性、品质鉴定、生理生化及分子鉴定。

1.2.3　产量鉴定

D$_4$～D$_6$代参加各级观察和产量鉴定试验；2007—2008年参加甘肃省春小麦区域试验；同时进行多年多点生产示范及适应性分析。

1.2.4　抗条锈性鉴定

自D$_1$代起，连续对供体、受体及后代变异株采用新叶涂抹法进行混合菌条锈菌孢子粉田间人工接种，成株期条锈病鉴定。自D$_6$代委托省级作物抗病性鉴定机构进行混合菌和新强毒菌株分生理小种的苗期和成株期条锈病鉴定。条锈病记载及分级标准采用国家质量技术监督局1995年颁布的《小麦条锈病测报调查规范》。

1.2.5　品质分析

自D$_6$代委托省级作物品质化验分析机构进行各项品质指标的化验分析。

1.2.6　高分子量麦谷蛋白亚基鉴定

高分子量麦谷蛋白亚基检测参考倪建福等报道的方法，略有改动。

1.2.7　过氧化物酶分析

供试样品过氧化物酶活性测定参考《现代植物生理学实验指南》1999年版报道的方法。

1.2.8　统计与分析

所获生物学性状等可定量数据的观察和统计均重复3次以上，取其平均值。

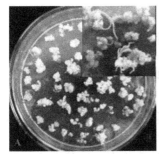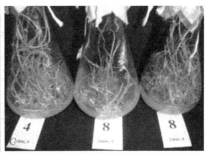

图1　外源DNA导入小麦D$_1$代幼胚离体培养及再生幼苗

注：图A示幼胚脱分化形成愈伤组织；图B示愈伤组织分化成苗；图C示完整幼苗

2 结果与分析

2.1 外源DNA导入小麦D_1代幼胚离体培养及温室加代

外源基因组DNA导入后的D_1代种子由于灌浆不充分,其萌发率较低,大量可能的变异后代因不能正常萌发成苗而遗失,是提高其变异率的制约因素。

本研究经对外源高粱DNA导入受体小麦89122的D_1代幼胚的离体培养研究,获得了适宜取材时间、最适培养基及培养条件、幼苗移栽炼苗、温室栽培条件等关键技术信息,结果显示幼胚取材适宜胚龄期为10～15 d,幼胚大小约1.5 mm,D_1代幼胚培养存在幼胚直接成苗和愈伤组织途径两种成苗途径,虽然幼胚直接成苗率较低(24.1%),但幼胚愈伤诱导率高达74.6%,最终愈伤分化成苗率达90.4%,移栽成活率99.2%,温室可结实率100%,D_2代植株成本较原有技术仅增加3.4%,不但挽救了少数因不能直接形成可育种子而导致的无效导入后代,而且缩短了变异稳定时间,达到了幼胚挽救和温室加代稳定的目标(叶春雷等,2007)。

图2 外源DNA导入受体89122及变异系2001502-23的生物学性状的比较

Fig. 2 Comparison of biological characteristics of receptor 89122
introduced exogenous DNA and variants 2001502-23

注:A.受体89122;B.变异系2001502-23。

图3 外源DNA导入受体89122及变异系2001502-23的籽粒性状比较

Fig. 3 Comparison of grain traits of receptor 89122 introduced exogenous DNA and variants 2001502-23

注:A.受体89122;B.变异系2001502-23。

2.2 生物学性状分析

外源DNA供体高粱、导入受体89122及变异系2001502-23的生物学性状分析显示,新品系2001502-23的生物学性状较受体89122出现不同程度的变异(见表1)。

(1)导入新品系2001502-23的生育期、单株粒重、千粒重等农艺性状介于外源DNA供体高粱与受体小麦89122之间,但多偏向于受体;部分性状,如芒、生育期等与受体接近。这与以往的研究结果类似。

（2）导入新品系2001502-23的分蘖数、单株粒重均较受体89122有所增加，而株高、穗长、千粒重、旗叶面积等受体89122有所减小，尤其是单株穗数和分蘖力明显增加，这与在后期产量鉴定中表现出的产量群体优势相一致。

（3）受体89122旗叶下披，叶面积大，但功能期较短；而导入新品系2001502-23的旗叶叶型上举，单个叶面积缩小，叶功能期长，空间间隙增加，提高了整体光合效率，这也与其分蘖数高、后期产量优势相一致。

（4）受体89122籽粒红色、粉质，落黄较差；而导入新品系2001502-23的株高适中，籽粒白色、硬质，落黄性好，虽表现晚熟，但籽粒灌浆快，表现出明显的生产适应性优势。

表1 外源DNA供体、导入受体与后代新品系的生物学特性及主要农艺性状的统计与分析

Table 1 The statistics and analysis on biological characteristics and agronomic traits of the exogenous DNA donor, receptor and new lines

材料 Materials	生育期 (d) growth period	株高 (cm) plant height	分蘖数 (株) tiller number	芒 (mm) AWN	穗长 (cm) Ear length	单株粒重 (g) grain weight per plant	千粒重 (g) 1000-grain weight	旗叶 叶型 Flag leaf	旗叶面积 (cm²) Flag leaf area
高粱	138	171.0	1.5	—	23.5	13.2	24.8	上举	>6000
89122	106	98.0	8.0	长芒	12.0	7.2	42.0	下披	36.2
2001502-23-25	107	87.0	12.0	长芒	10.6	8.1	39.0	上举	28.7
2001502-23-26	107	90.0	12.0	长芒	10.6	8.1	39.0	上举	28.7

上述结果说明，后代变异系2001502-23的部分生物学性状较受体89122变异程度大；穗长、千粒重等产量性状比较稳定，变异相对较小；生育期等性状易受环境影响，变异也不明显。这些结果可能是外源高粱DNA导入受体89122引起了相应基因表达的变化所致。

2.3 产量鉴定

各级产量试验结果显示，后代新品系2001502除在甘肃省品种区域试验中产量较受体89122低外（原因可能是区域试验选点不完全发挥该品种增产潜力所致），鉴定试验以及生产示范试验均较受体89122分别增产17.24%、5.18%、52.42%（见表2），说明外源DNA导入受体后使其产量性状得到明显改善。

表2 外源DNA供体、导入受体与后代新品系的各级试验产量比较

Table 2 Comparison of the yield of the exogenous DNA donor, receptor and new lines in various tests

材料 Materials	2005年 鉴定试验 （kg/hm²）	2006年 品系比较试验 （kg/hm²）	甘肃省品种区域试验 （kg/hm²）	多年多点生产示范试验 （kg/hm²）
89122	7877.9	5792.4	5268.0	3624.0
2001502-23-25	9236.1	6093.0	4230.0	7616.7
2001502-23-26	9454.0	6275.3	5832.0	/

注："/"表示该项未测定。

Note: "/" indicates untested item.

2.4 抗条锈性鉴定

经连续田间成株期人工接种条锈菌混合菌鉴定结果显示，后代新品系2001502-23连续8年对条锈病表现免疫；而供体高粱对条锈病免疫，受体89122则自1998年起逐渐对条锈病丧失抗性（见表3），其反应型从1998年的2型增加至4型。

图4 后代2001502-23和受体89122田间成株期人工接种条锈菌混合菌下的感病程度

Fig. 4 The rust-resistance degree of variants 2001502-23 and recep

D_6代混合菌和新强毒菌株分生理小种的苗期和成株期条锈病鉴定结果显示（见表3）：新品系2001502-23苗期对混合菌，成株期对水4、水7、水14、HY8、条中32和混合菌均表现免疫；而供体高粱经鉴定对条锈病免疫，导入受体89122经苗期混合菌和成株期分生理小种鉴定显示均表现高感条锈病（反应型4型）。上述结果证明，采用花粉管通道法将外源高粱DNA导入高感条锈病的受体小麦89122后，实现了小麦抗条锈性状的恢复和高粱抗条锈基因向小麦的转移。

表3 2002—2008年外源DNA供体、导入受体与后代新品系的条锈病抗性鉴定与比较

Table 3 The identification of resistance to stripe rust of the exogenous DNA donor, receptor and new lines in 2002—2008

材料 Materials	田间人工接种成株期条锈病抗性鉴定 Adult plant period under artificial inoculation in field		混合菌和分生理小种的苗期和成株期条锈病抗性鉴定 Rust-resistance identification of mixed bacteria and physiological sub-species bacteria in seedling and adult plant					
			苗期混合菌鉴定 mixed bacteria in seedling	成株期分生理小种鉴定 Physiological sub-species bacteria in adult plant				
	2002-2005	2006-2009		水4 Water No. 4	水14 Water No.14	水7 Water No.7	HY8	条中32号 Tiaozhong No.32
高粱 Sorghum	0	0	0	0	0	0	0	0
89122	3/60/80	4/60/80	4	4	4	4	4	4
2001502-23-25	0	0	1	0	0	0	0	0
2001502-23-26	0	0	1	0	0	0	0	0

注：记载标准采用0～4级分类法，记载项目为反应型/严重度/普遍率。

Note: The 0-4 level taxonomy is used in recording. Recording items are reaction type/severity/prevalence rate.

2.5　籽粒和面粉品质分析

外源 DNA 供体、导入受体与后代新品系的籽粒营养及加工品质分析结果显示（见表4），外源 DNA 导入新品系 2001502-23 的容重、蛋白质含量、籽粒粗蛋白含量、赖氨酸含量等较导入受体 89122 和 DNA 供体高粱均出现不同程度的增加。排除高粱作为杂粮作物本身的品质指标较低外，导入新品系 2001502-23 较导入受体 89122 的粗蛋白含量提高17.56%，容重提高 3.80%，赖氨酸含量提高 9.11%，品质类型均属于中筋小麦，籽粒品质得到明显改善，进一步证明高粱外源基因导入小麦引起了相应基因表达和蛋白质等籽粒和面粉品质性状的变化。

表4　外源 DNA 供体、导入受体与后代新品系的籽粒营养及加工品质的比较与分析

Table 4　The grain nutrition and processing quality of the exogenous DNA donor, receptor and new lines

材料 Materials	容重 (g/L) Bulk density	粗蛋白含量 (g/kg，干基) Crude protein content	赖氨酸含量 (g/kg，干基) Lysine content	湿面筋含量 (g/kg，14%水分基) Wet gluten content	Zeleny 沉淀值 (mL，14%水分基) Zeleny sedimentation value	淀粉含量 (%，干基) Starch content	品质类型 Quality type
高粱 Sorghum	708.0	126.9	2.90	/	/	69.23	/
89122	763.0	123.0	4.50	229.2	36.2	59.30	中筋
2001502-23-25	792.0	144.6	4.91	207.8	32.5	612.7	中筋
2001502-23-26	813.0	154.5	3.52	304.7	48.1	644.5	中~强筋

注："/"表示该项未测定。粗蛋白含量、赖氨酸含量和淀粉含量的折算以籽粒干物质重为基础，湿面筋含量和 Zeleny 沉淀值的折算以籽粒含水 14% 为基础。

Note: "/" indicates untested item. The contents of crude protein, lysine and starch are based on dry matter of grains, while the wet gluten content and Zeleny sedimentation value are based on grains with 14% water.

2.6　高分子量麦谷蛋白亚基鉴定

HMW-GS 检测结果显示：后代新品系 2001502-23 含有 7+8、5+10 优质亚基，与导入受体 89122（含有 7+8、2+12 亚基）相比，HMW-GS 发生明显变异，Gul D1 位基因发生等位变异，其表达产物由原来（89122）的 2+12 亚基变为 5+10 亚基（图5），但高粱种子贮藏蛋白中并没有亚基 5+10，从而实现了麦谷蛋白亚基的改良。这与倪建福等（2005）报道的高粱基因组 DNA 的导入春小麦甘麦8号的后代 89144 的 HMW-GS 基因变异情况相同。这种相同的异源供体基因组 DNA 导入不同小麦材料产生了相同的变异情况，其可能的原因是异源高粱基因组 DNA 的导入对受体基因组中 HMW-GS 基因的生物诱变机理和效果相同。

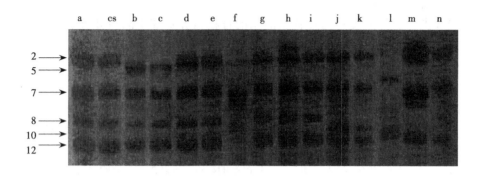

图5 外源DNA导入受体与后代新品系的HMW-GS组成的比较

Fig. 5 The HMW-GS composition of the exogenous DNA donor, receptor and new lines

注：a. 89122；CS. 中国春；b. 2001502-23；c. 2001502-25；m. 小偃54。

Note: a. 89122；CS. Chinese Spring；b. 2001502-23；c. 2001502-25；m. Xiaoyan54.

2.7 过氧化物酶电泳分析

经过氧化物酶电泳结果显示，新品系2001502-23在条带a、b、c、d、e、f、g等处与导入受体89122存在差异，在条带a等几处明显与外源DNA供体高粱相同（图6），说明其过氧化物酶较导入受体89122发生明显变化。而过氧化物酶等蛋白质的类型是相关基因表达的产物，这也进一步证明外源高粱DNA导入受体小麦89122后引起了相应的过氧化物酶基因表达的变化。

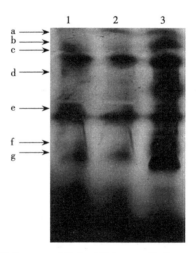

图6 外源DNA供体、导入受体与后代新品系的过氧化物酶电泳分析

Fig. 6 The analysis on EST-PAGE of the exogenous DNA donor, receptor and new lines

注: 1. 89122；2. 2001502-23；3. 高粱. Note: 1. 89122；2. 2001502-23, 3. *Sorghum bicolor*.

2.8 适应性分析

后代新品系2001502-23与导入受体89122在各地区的适应性分析显示，外源春小麦新品系2001502适合在甘肃省兰州、武威、白银、定西以及宁夏、青海等年降雨量500 mm左右的水旱地示范推广，而受体89122适宜在甘肃省高寒阴湿地区进行地膜栽培以及中度盐碱地种植。这说明外源DNA导入引起了受体小麦生物学性状及生理机制的变化，导致其地区适应性的相应变化。

3　讨论

本研究将高粱基因组DNA导入高感条锈病、籽粒粉质的稳定小麦品系，获得1个稳定的优良变异新品系，较供体高粱和受体小麦生物学性状发生明显变异和改良，对条锈病免疫，HMW-GS发生明显变异，Gu1 D_1 位点基因发生等位变异，其表达产物由原来（89122）的2+12亚基变为5+10亚基，但高粱种子贮藏蛋白中并没有亚基5+10，多项品质指标得到改良，过氧化物酶表达发生明显变化，地区适应性结果也说明高粱基因组DNA导入小麦引起了相应基因表达的变化，实现了高粱抗条锈基因和HMW-GS基因的转化和多基因聚合，达到了目标性状遗传改良的目的。推测该新品系优良性状的产生是供体DNA导入并发生重组的结果。

笔者认为花粉管介导的异源高粱DNA导入完全可以实现包括抗条锈基因、HMW-GS基因在内的遗传转化、多基因聚合和目标性状遗传改良，这对促进属间基因交流，扩展小麦基因资源具有重要的科学意义。

参考文献（略）

欧巧明,崔文娟,王炜,倪建福,王红梅,杨芳萍,罗俊杰：
甘肃省农业科学院生物技术研究所

高产、优质、抗病、强分蘖外源
春小麦新品种——陇春32号[①]

陇春32号是甘肃省农业科学院生物技术研究所将 C_4 作物米高粱基因组DNA通过花粉管通道法导入感病受体小麦89122-16后，结合 D_1 代幼胚培养挽救加代稳定技术，经早代表型变异筛选、常规优良性状选拔、分子标记及HMW-GS检测、抗锈性鉴定、品质分析等手段，历经10年选育而成的高产、优质、抗病、强分蘖及综合性状优良的春小麦新品种。该品种于2014年通过甘肃省农作物品种审定委员会审定，品种审定号为甘审麦20140020。

1　生物学特性

该品种苗期芽鞘绿色，春性，幼苗直立，叶色深绿。成株期叶片小且上举，株型紧凑。株高80～85 cm，生育期103～107 d。穗呈纺锤形，长芒，护颖白色，无茸毛。穗长

---

①本论文在《麦类作物学报》2015年第35卷第5期已发表。

8.6～9.6 cm，穗粒数35～39粒。籽粒红色，椭圆，硬质，腹沟较浅，饱满度好，千粒重41.0～43.2 g，容重791.0～813.0 g·L^{-1}。田间表现丰优，最高总茎数660.0万～729.0万·hm^{-2}，成穗数498.0万～573.0万·hm^{-2}，穗层整齐，叶功能好，田间长相好。中抗条锈病，轻感白粉病，抗青干，秆软，晚熟。

2 品质特征

陇春32号含有7+8、5+10优质亚基。2011年经农业部谷物及制品质量监督检验测试中心（哈尔滨）检测，该品种籽粒硬度67.2，容重791.0 g·L^{-1}，粗蛋白含量15.3%，湿面筋含量（以14%水分计）30.3%，降落值207 s，Zeleny沉降值29.0 mL，吸水量56.8 mL·100 g^{-1}，面团形成时间3.3 min，稳定时间2.0 min，弱化度182 F.U，粉质质量指数45 mm，评价值39，最大拉伸阻力170 E.U，R/E比值1.19，属中筋小麦粉，适合做面头和面条。

3 产量表现

在2007年高代产量比较试验中，陇春32号平均产量6111.15 kg·hm^{-2}，较对照品种89122-16增产18.74%，居124份参试材料的第13位。在2008年鉴定试验中，陇春32号平均产量9349.95 kg·hm^{-2}，较对照品种89122-16增产41.71%，居28份参试材料的第10位。在2009—2010年品比试验中，陇春32号平均产量分别为6661.50和7310.10 kg·hm^{-2}，分别较对照品种99514和陇春28号增产10.74%和27.49%，分别居18份和7份参试材料的第1位。2011—2012在甘肃省水地春小麦（东片）区域试验中，两年10点次平均产量5690.93 kg·hm^{-2}，其中7点次增产，最高产量达7335.00 kg·hm^{-2}，连续两年度及两年总评均居参试材料第1位。2013年参加甘肃省水地春小麦（东片）生产试验，5试点平均产量5076.90 kg·hm^{-2}，较对照陇春23号增产3.05%，居参试材料第3位。

4 栽培技术要点

陇春32号适宜在甘肃省中部、沿黄灌区、高寒阴湿区、二阴地区等保灌/不保灌水地及生态条件类似地区种植。由于分蘖成穗力强，增产潜力大，其种植需高水肥条件，应及时浇水，重施基肥、种肥，及时适量追肥，基肥以有机肥和复合肥为主，追肥以氮肥为主。建议适当早播，沿黄灌区应在3月中上旬抢墒播种，高寒阴湿和二阴地区应在3月下旬播完。川水地播量525万粒·hm^{-2}，不保灌地450万粒·hm^{-2}，高寒二阴区375万～525万粒·hm^{-2}，沿黄灌区570万～630万粒·hm^{-2}。播前药剂拌种防虫，苗期重点防治金针虫、蝼蛄、蛴螬，三叶一心期及时灌水追肥促分蘖，抽穗期及早防治蚜虫，灌浆至成熟期则要注意防治吸浆虫；同时要适时防除野燕麦、灰绿藜、冰草、打碗花、雀麦等田间杂草。蜡熟末期（7月中旬前后）适时收获。

参考文献（略）

欧巧明，崔文娟，倪建福，王炜，李进京，罗俊杰：甘肃省农业科学院生物技术研究所
周谦：定西市农业科学研究院

丰产优质花培春小麦新品种——陇春31号[①]

陇春31号是甘肃省农业科学院生物技术研究所通过对太谷核不育小麦的杂种材料进行花药培养，获得加倍单倍体纯系材料，经系谱法定向选育而成的春小麦新品种。该品种于2009—2011年参加甘肃省水地春小麦（东片）区域试验和生产试验，2011—2012年进行大田示范，2013年通过甘肃省农作物品种审定委员会审定，品种审定号为甘审麦20130050。

1 特征特性

1.1 生物学特性

该品种苗期芽鞘绿色，春性，半直立，叶色深绿；成株期叶片半上举，茎基部粗壮，株型紧凑；株高94.3～102 cm，生育期102～107 d。穗呈纺锤形，长芒，护颖白色，无茸毛。穗长8.5～9.5 cm，穗粒数35～42粒。籽粒红色，椭圆，角质，大粒，腹沟较浅，千粒重31.28～51.0 g，容重762.96～797.42 g·L^{-1}。田间表现穗层整齐，抗倒伏，抗条锈病，落黄熟相好。

1.2 品质及抗病性

2009年经甘肃省农业科学院农业测试中心测定，陇春31号粗蛋白含量148.0 g·kg^{-1}，湿面筋含量276.5 g·kg^{-1}，水分含量8.86%，赖氨酸含量4.49 g·kg^{-1}，沉淀值56.8 mL，属中筋小麦。2009—2012年田间记载结果表明，该品种成株期对条锈病表现高抗到免疫；2007年经甘肃省农科院植保所鉴定，该品种苗期对条锈混合菌表现轻度感病，成株期对条中32号、条中33号表现高抗，对Hy8、水4、水7及混合菌表现免疫，总体表现为高抗。

2 产量表现

在2006—2007年品鉴试验中，陇春31号平均产量6480.5 kg·hm^{-2}，较对照陇春23号增产1.44%，居136份参试材料的第5位。在2008年的品比试验中，陇春31号平均产量8241.1 kg·hm^{-2}，较陇春23号增产7.16%，居8个参试品系的第3位。2009—2010年在甘肃省水地春小麦（东片）区域试验中，两年10点（次）平均产量4792.8 kg·hm^{-2}，较陇春23号减产0.55%，其中8点次增产（增产0.65%～4.84%），两年总评居14个参试品系第2位。2011年参加甘肃省水地春小麦（东片）生产试验，5试点全部增产，平均产量5555.10 kg·hm^{-2}，较陇春23号增产8.05%，居参试品种（系）第1位。

[①]本论文在《麦类作物学报》2014年第34卷第3期已发表。

3 栽培技术要点

根据多年多点试验及生产示范结果，陇春31号适宜在甘肃中部沿黄灌区、高寒阴湿区和二阴地区及生态条件相似地区种植。陇春31号丰产潜力大，需高水肥，及时浇水，重施基肥、种肥，及时适量追肥，基肥以有机肥和复合肥为主，追肥以氮肥为主。建议适当早播，沿黄灌区应在3月中上旬播种为宜，高寒阴湿和二阴地区应在3月下旬播完。苗期重点防治金针虫、蝼蛄、蛴螬，抽穗期及早防治蚜虫，灌浆至成熟期则要注意防治吸浆虫。同时要适时防除野燕麦、灰绿藜、冰草、打碗花、雀麦等田间杂草。

参考文献（略）

王炜,叶春雷,陈玉梁,王方,欧巧明,裴怀弟,罗俊杰:甘肃省农业科学院生物技术研究所
杨随庄:西南科技大学生命科学与工程学院

彩色马铃薯新品种陇彩1号①

马铃薯新品种陇彩1号是甘肃省农业科学院生物技术研究所从引进的加拿大食品科学部特色马铃薯品系材料中筛选出来的。2003年从加拿大食品科学部引进特色马铃薯品系材料16份，通过对引进材料进行栽培试验和观察分析，从中筛选出1个具有产量潜力和抗病性较好的新品系，编号：L03-1。2004—2005年对该品系进行了茎尖脱毒和组培快繁，并进行微型薯生产及相关栽培技术研究，最后进入系统选育环节。2006—2008年参加品系鉴定试验，2009—2010年参加品系比较试验，2011—2012年参加甘肃省马铃薯区域试验，2013年参加生产试验示范，2014年1月通过甘肃省农作物品种审定委员会审定，定名为陇彩1号（审定编号：甘审薯2014005）。陇彩1号是甘肃省首次审定通过的彩色马铃薯新品种。

1 特征特性

陇彩1号属中早熟品种，生育期86 d。出苗整齐，株型半直立，分枝中等，叶色深绿，株高60~65 cm，茎粗1.0~1.5 cm，主茎1~3个，茎秆绿带紫褐色、紫带褐色，聚伞花序，花冠蓝紫色，天然浆果结实率高。单株结薯3.5个，薯块椭圆形，芽眼浅，表皮光滑、深紫色，薯肉紫色，商品性好。

2 产量表现

陇彩1号在新品系鉴定试验中平均折合产量1485kg/667m²，较常规对照品种陇薯6号

---

①本论文在《中国马铃薯》2016年第30卷第4期已发表。

（产量2704 kg/667 m²）减产45.1%，居16个参试品系的第6位。

2009—2010年在品系比较试验中原种（微型种薯）播种后平均产量1805 kg/667 m²，较生育期相近的常规中早熟品种LK99减产1.4%；陇彩1号原种播种后平均产量2125 kg/667m²，较对照LK99增产16.08%。

2011—2012年甘肃省区域试验中，受气候干旱影响，平均折合产量837 kg/667m²，较统一对照品种LK99平均减产32.8%；2013年参加彩色马铃薯新品种生产试验，邀请甘肃省种子管理部门的专家进行现场测产，结果显示，白银市白银区平均产量为1550 kg/667 m²，比对照（费乌瑞它，产量1195 kg/667 m²）平均增产29.8%；定西市渭源县旱地平均产量1149 kg/667 m²，比对照（陇薯6号，产量1 609 kg/667 m²）减产28.6%；兰州市榆中县水地平均产量达1923 kg/667 m²，比对照（陇薯6号，平均产量2037 kg/667 m²）减产5.56%。

3　品质分析

2006年和2010年委托甘肃省农业科学院测试中心完成品质检测分析，陇彩1号薯块干物质含量230 g/kg，粗蛋白含量23.3 g/kg，淀粉含量175.4 g/kg，维生素C含量252.3 mg/kg，还原糖含量3.15 g/kg，花青素含量为82 mg/kg（由北京谱尼测试中心测定），是目前已报道马铃薯中花青素含量较高的品种。

4　抗病性鉴定

经甘肃省农业科学院植物保护研究所抗病性鉴定，陇彩1号对花叶病毒病（PVX）表现一定的田间抗性，其病株率为45.0%，病情指数为21.5，对照陇薯6号病株率为30.6%，病情指数为13.3。陇彩1号晚疫病（按5级标准划分）病级为4（病叶率为96.8%，病情指数为57.5），对照陇薯6号晚疫病病级为2（病叶率为73.7%，病情指数为25.0）。田间未见环腐病、黑胫病、纺锤病发生。

5　适宜种植区域

陇彩1号适宜在甘肃半干旱、低温阴湿区及生态条件类似地区推广种植。

王红梅,石有太,张艳萍,厚毅清:甘肃省农业科学院生物技术研究所
陈玉梁:甘肃省农业科学院黄羊试验站